21 世纪高等院校教材

应用型本科大学物理

下册

白晓明　编著

机 械 工 业 出 版 社

本书根据教育部颁布的《理工科类大学物理课程教学基本要求》（2010年版），并结合大学物理课程教学改革实际情况和编者多年教学经验编写而成，内容包括恒定磁场、变化的电场和磁场、简谐振动和简谐波、波的干涉、波的衍射、光的偏振、狭义相对论、量子物理基础等。本书的主要特色是：突出理论联系实际和学以致用，在物理知识应用案例和章后习题中融入大量与生活相关的习题，激发学生的学习兴趣，提高教学的针对性和有效性。

本书为高等院校应用型本科学生的大学物理教材，也可作为其他各层次师生的教学或自学参考书。

图书在版编目（CIP）数据

应用型本科大学物理. 下册/白晓明编著. —北京：机械工业出版社，2022.7（2023.6重印）

21世纪高等院校教材

ISBN 978-7-111-70672-4

Ⅰ. ①应… Ⅱ. ①白… Ⅲ. ①物理学-高等学校-教材 Ⅳ. ①O4

中国版本图书馆CIP数据核字（2022）第076238号

机械工业出版社（北京市百万庄大街22号 邮政编码100037）

策划编辑：李永联 张金奎 责任编辑：张金奎

责任校对：闫玥红 王明欣 封面设计：马精明

责任印制：常天培

固安县铭成印刷有限公司印刷

2023年6月第1版第2次印刷

184mm×260mm · 14.5印张 · 357千字

标准书号：ISBN 978-7-111-70672-4

定价：45.00元

电话服务

客服电话：010-88361066

010-88379833

010-68326294

网络服务

机 工 官 网：www.cmpbook.com

机 工 官 博：weibo.com/cmp1952

金 书 网：www.golden-book.com

机工教育服务网：www.cmpedu.com

封底无防伪标均为盗版

前　言

本书是广州南方学院电气与计算机工程学院的试用教材。

随着2015年10月教育部、国家发展改革委和财政部《关于引导部分地方普通本科高校向应用型转变的指导意见》的正式发布，地方高校转型的方向更加明确。高校的转型不能停留在“口号”上，需要有实际行动。课程设置、课程内容是大学教育体系中极为重要的核心部分，面对知识、信息大爆炸，学时压缩等现实情况，“大学物理”作为高等学校理工科各专业学生必修的重要通识性基础课程，面向应用型本科的教学内容改革成为紧迫的要求。面向未来应用性需要具有前瞻性的课程内容，传递给学生的一定是其受用终身的学科思想和方法，学生获得的一定是其终身实践中独立发现、分析和解决问题的能力。为此，本书从物理思想方法、解决实际问题和学科融合等多角度强调了应用型本科物理教学的指向性和目的性，从物理知识应用、能力培养、学生现实需求和未来需求等多角度诠释了应用型本科教材的应用性特色内涵，从高中物理知识回顾、应用性习题例题等多角度激发学生的学习兴趣，平衡学生接受知识的能力差异，主要做法有：

（1）通过学科融合建立物理与工程实际的联系，由此发散和拓展了思维，强调了物理教育的应用性，展示了科学理论的特殊性与普遍性。例如，把飞机的斤斗运动理想化为铅垂面的圆周运动，取代了传统教材中绳拉球的运动，这样，在激发学生学习兴趣的同时，也解决了教材理论与实际脱节及创新性不足等问题。安排在每一节的“物理知识应用案例”模块，注重用物理学原理解决工程实际应用问题，突出应用型本科教材的特色。

（2）以能力培养牵引教学内容改革，转变传统的知识传授为能力培养，突出学科思想方法，重视思想方法上的学科交叉融合。如物理学的简谐振动与电工电子的交流电，分析、解决问题的思想方法相同，运用类比方法进行讲解，就会大大节省时间，同时建立不同领域知识、思想和方法上的联系，充分体现科学魅力。

（3）在每一章中增加“中学物理知识回顾”模块，重视中学与大学物理知识的衔接。

本书的出版是在广州南方学院电气与计算机工程学院的大力支持下完成的，并始终得到学院领导及机械工业出版社各方面的关注、支持和帮助，特此一并致谢。

由于时间仓促和编者的学识水平、教学经验有限，书中不当之处难免，敬请读者批评指正。

白晓明
于广州南方学院

目　录

第9章 恒定磁场

9.1 电流

前两章研究的是静止的电荷，电荷的定向运动就形成了电流。从本质上说，电流是输送能量的一种方式。从技术角度来看，在电路传输能量过程中，除了带电粒子本身的移动外，没有任何部件的运动。带电粒子的运动使得电源或发电机的电势能转移到设备，从而将能量存储起来或者转换为其他形式，如在立体声音响设备中转换成声音，在烤面包机或灯泡中转换为热和光能。下面介绍电流的形成机理。

9.1.1 中学物理知识回顾

1. 电流的形成

电流是带电粒子（或称为载流子）的定向运动形成的。例如，在金属导体和气态导体中，电流是由电子的定向运动形成的；在电解液中，电流是由正、负离子的定向运动形成的；在N型和P型半导体中，电流则分别由电子和“空穴”的运动形成。因此，形成电流的带电粒子可以是电子、质子、正负离子以及半导体中带正电的“空穴”。这些带电粒子统称为载流子。

规定正电荷的运动方向为电流的方向。按此规定，导体中电流的方向总是沿着电场的方向，从高电势处指向低电势处。

电流还可以分为传导电流和运流电流两种类型。运流电流是指裸露的电荷做机械运动形成的电流，如定向运动的电子束。传导电流是在电场作用下由自由电子或离子定向运动形成的电流。本章讨论在导线中自由电子定向运动形成的传导电流。

在一般导体中，在没有电场作用时载流子只做热运动，不形成电流。在金属导体里，原子的最外层电子（价电子）受原子的束缚较松，容易脱离原子，形成在金属中自由移动的电子。这种自由电子的运动从总体来看，类似于气体中的分子运动，即在一定的条件下可以把自由电子看作电子气，其在一定温度下会在金属中杂乱地向各方向运动。原子中除价电子外的其余部分叫原子实。在固态金属中原子实排列成整齐的点阵，称为晶体点阵。自由电子在晶体点阵间跑来跑去，并不时地彼此碰撞或与点阵上的原子实碰撞，这就是金属微观结构的经典图像。由于自由电子的热运动是杂乱无章的，在没有外电场或其他原因（如电子浓度或温度不均匀）的情况下，它们沿任何方向运动的概率相同，因此电子的不规则热运动不会引起电荷沿某一方向的迁移，所以也不会引起电流。若在金属导体上加了电场，则每个自由电子就将逆着电场方向发生“漂移”。正是这种宏观上的定向漂移运动形成了宏观的电流。电子的定向漂移速率只有10^{-4}m/s量级，较之热运动的速率要小得多。但是，接通电路的瞬间，整个电路的电场实际上几乎是同时建立起来的（建立电场的速度等于光速），导体中的所有自由电荷同时运动起来，于是导体中形成了电流。

综上所述，产生电流需要两个条件：①存在可以自由移动的电荷（载流子）；②存在电场（超导体除外）。

2. 电流

如何描述流过一个截面上电流的强弱呢？电流定义为单位时间内通过导体中某一截面的电荷量。如果在 $\mathrm{d}t$ 时间内通过导体某一横截面 S 的电荷量为 $\mathrm{d}q$，则通过该截面的电流为

$$I=\frac{\mathrm{d}q}{\mathrm{d}t} \tag{9-1}$$

在国际单位制中，电流的单位是安培（A）。1A = 1C/s。电流是标量，它没有严格的方向含义。

用电流只能描述通过导体中某一截面上电荷的整体特征。而在实际问题中，常常会遇到电荷在粗细不均的导线中流动或在大块导体中流动的情形，这时导体中不同部分电流的大小和方向可能都不一样，从而形成一定的电流分布。特别地，对于随时间快速变化的交流电，电荷的流动有趋向表面的特性，称为趋肤效应。在这种比较复杂的情况下，为了能对电流进行更为精确的描述，我们引入能细致描述电流在空间各点分布的物理量——电流密度矢量。

9.1.2 电流密度

1. 电流密度的定义

电流密度 $\boldsymbol{j}$ 的定义：在导体中任意一点，$\boldsymbol{j}$ 的方向为该点电流的流向或正电荷运动方向，$\boldsymbol{j}$ 的大小等于通过该点垂直于电流方向的单位面积的电流（即单位时间内通过单位垂面的电荷量）。

如图 9-1a 所示，设想在导体中某点垂直于电流方向取一面积元 $\mathrm{d}S$，其法向 $\boldsymbol{n}$ 取作该点电流的方向。如果通过该面积元的电流为 $\mathrm{d}I$，按定义，该点处电流密度的大小为

$$j=\frac{\mathrm{d}I}{\mathrm{d}S}=\frac{\mathrm{d}Q}{\mathrm{d}t\mathrm{d}S} \tag{9-2}$$

在国际单位制中，电流密度的单位是 $\mathrm{A/m^2}$（安培每平方米）。

在导体中各点的 $\boldsymbol{j}$ 可以有不同的量值和方向，这就构成了一个矢量场，叫作电流场。像电场分布可以用电场线形象地描述一样，电流场也可用电流线来形象地描述。所谓电流线就是这样一些曲线，其上任意一点的切线方向就是该点 $\boldsymbol{j}$ 的方向，用电流线的密度（通过任一单位垂直截面的电流线的条数）或者说电流线的疏密来表示 $\boldsymbol{j}$ 的大小。

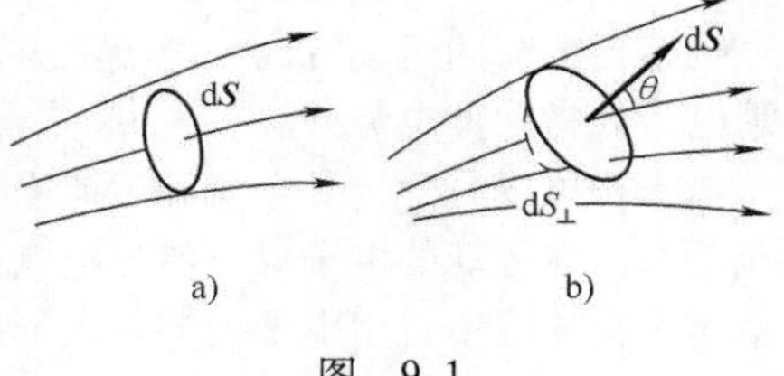

图 9-1

电流密度能精确描述电流场中每一点的电流的大小和方向，其描述能力优于电流。通常所说的电流分布实际上是指电流密度 $\boldsymbol{j}$ 的分布，而电流的强弱和方向在严格的意义上应该是指电流密度的大小和方向。

如图 9-1b 所示，一个面积元 $\mathrm{d}\boldsymbol{S}$ 的法线方向与电流方向成 θ 角，由于通过 $\mathrm{d}\boldsymbol{S}$ 的电流 $\mathrm{d}I$ 与通过面积元 $\mathrm{d}S_{\perp}=\mathrm{d}S\cos\theta$ 的电流相等，所以应有

$$\mathrm{d}I=j\mathrm{d}S_{\perp}=j\mathrm{d}S\cos\theta \tag{9-3}$$

若面积元 $\mathrm{d}S$ **用矢量**表示，即 $\mathrm{d}\boldsymbol{S}=\mathrm{d}S\boldsymbol{n}$，其方向取法线方向，则式（9-3）可写成

$$\mathrm{d}I=j\mathrm{d}S\cos\theta=\boldsymbol{j}\cdot\mathrm{d}\boldsymbol{S} \tag{9-4}$$

这便是通过一个面积元 $\mathrm{d}\boldsymbol{S}$ 的电流 $\mathrm{d}I$ 与 $\mathrm{d}\boldsymbol{S}$ 所在点的电流密度 $\boldsymbol{j}$ 的关系。于是我们可以得到，通过导体中任意截面 S 的电流 I 与电流密度 $\boldsymbol{j}$ 的关系为

$$I=\int\mathrm{d}I=\int_S\boldsymbol{j}\cdot\mathrm{d}\boldsymbol{S} \tag{9-5}$$

从电流场的观点来看，式（9-5）表示截面 S 上的电流 I 等于通过该截面的电流密度 $\boldsymbol{j}$ 的通量。

2. 电流密度与载流子漂移速度的关系

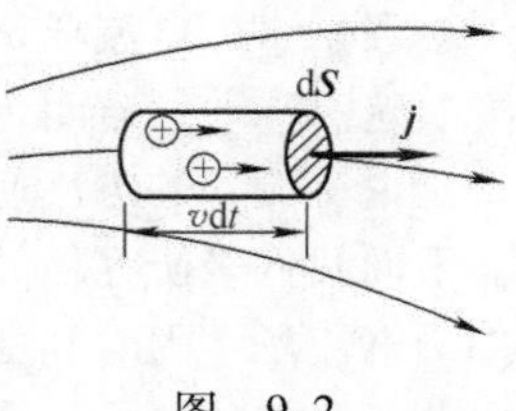

图　9-2

载流子的实际运动是热运动和定向漂移运动的叠加。这里仅考虑导体中只有一种载流子的简单情况（如金属导体），以 n 和 q 分别表示导体中载流子的数密度和电荷量，以$\boldsymbol{v}$表示载流子的漂移速度（电子定向运动的平均速度称为漂移速度）。设想在导体中垂直于 $\boldsymbol{j}$ 取一面积元 $\mathrm{d}\boldsymbol{S}$，如图 9-2 所示。在 $\mathrm{d}t$ 时间内通过 $\mathrm{d}\boldsymbol{S}$ 的载流子应是在底面积为 $\mathrm{d}S$、长为 $v\mathrm{d}t$ 的柱体内的全部载流子。该柱体的体积为 $v\mathrm{d}t\mathrm{d}S$，故在 $\mathrm{d}t$ 时间内通过 $\mathrm{d}\boldsymbol{S}$ 的电荷量为 $\mathrm{d}q=qnv\mathrm{d}t\mathrm{d}S$，通过 $\mathrm{d}\boldsymbol{S}$ 的电流为

$$\mathrm{d}I=\frac{\mathrm{d}q}{\mathrm{d}t}=qnv\mathrm{d}S \tag{9-6}$$

导体中电流密度的大小为

$$j=\frac{\mathrm{d}I}{\mathrm{d}S}=qnv \tag{9-7}$$

式（9-7）可用矢量式表示为

$$\boldsymbol{j}=qn\boldsymbol{v} \tag{9-8}$$

如果载流子为正电荷，即电荷量 $q>0$，则电流密度 $\boldsymbol{j}$ 的方向与载流子漂移速度$\boldsymbol{v}$的方向相同；如果载流子为负电荷，即电荷量 $q<0$，则电流密度的方向与载流子漂移速度的方向相反。

【例 9-1】　(1) 有根半径 $R=1.9\mathrm{mm}$、通有电流 $I=1.5\mathrm{A}$、单位体积内的电子数 $n=8.47\times10^{28}/\mathrm{m}^3$ 的铜导线，求电流密度 j 和电子漂移速率；(2) 有一根硅制成的半导体导线，电流密度 $j=0.65\mathrm{A/cm}^2$，其电子密度 $n=1.5\times10^{23}/\mathrm{m}^3$，求电子的漂移速率。

【解】　(1)

$$j=\frac{I}{\pi R^2}=0.1323\mathrm{A/mm}^2$$

$$v_{\mathrm{Cu}}=\frac{j}{ne}=9.8\times10^{-6}\mathrm{m/s}$$

(2)

$$v_{\mathrm{Si}}=\frac{j}{ne}=0.27\mathrm{m/s}\approx2.755\times10^4 v_{\mathrm{Cu}}$$

3. 电流的连续性方程和恒定电流条件

在导体内任取一闭合曲面 S，根据电荷守恒定律，单位时间由闭合曲面 S 内流出的电荷量必定等于在同一时间内闭合曲面 S 所包围的电荷量的减少，单位时间内由闭合曲面 S 内净流出的电荷量为 $\oint\boldsymbol{j}\cdot\mathrm{d}\boldsymbol{S}$，设闭合曲面 S 包围的电荷量为 q，则下面的关系成立：

$$I=\oint\boldsymbol{j}\cdot\mathrm{d}\boldsymbol{S}=-\frac{\mathrm{d}q}{\mathrm{d}t} \tag{9-9}$$

这就是电流连续性方程的积分形式。如果电荷是以体电荷形式分布的，则式（9-9）可以改写为

$$\oint\boldsymbol{j}\cdot\mathrm{d}\boldsymbol{S}=-\frac{\mathrm{d}}{\mathrm{d}t}\int_V\rho\mathrm{d}V \tag{9-10}$$

由高等数学的散度定理，式（9-10）等号左边等于电流密度散度的体积分，于是可化为

$$\int_V(\nabla\cdot\boldsymbol{j})\mathrm{d}V=-\int_V\frac{\partial\rho}{\partial t}\mathrm{d}V \tag{9-11}$$

式（9-11）的积分在曲面 S 所包围的体积 V 内进行。因为对于任意闭合曲面式（9-11）都成立，所以得到电流连续性方程的微分形式为

$$\nabla\cdot\boldsymbol{j}=-\frac{\partial\rho}{\partial t} \tag{9-12}$$

一般来讲，电流场是一个有源场，它的源就在电荷发生变化的地方，即电流线终止或发出的地方。这意味着，若闭合面 S 内有正电荷积累，则流入 S 面内的电荷量必定大于流出的电荷量。也就是说，流入的电流通量大于流出的电流通量，这时闭合面所围体积内的电荷量是随时间变化的。下面我们来研究最简单的电流场——恒定电流，对于恒定电流来说，其电流场是不随时间变化的。电流场不随时间变化，就要求电流场中的电荷分布也不随时间变化，由分布不随时间变化的电荷所激发的电场，称为恒定电场。既然恒定电场中电荷分布不随时间变化，那么电流连续性方程（9-9）必定具有下面的形式：

$$\oint \boldsymbol{j} \cdot \mathrm{d}\boldsymbol{S} = 0 \tag{9-13}$$

式（9-13）表明：若在导体内任作一个闭合曲面，则从一侧流入闭合曲面的电荷量等于从另一侧流出的电荷量，从而体内的电荷密度不随时间变化。有一点要注意，导体内电荷不是静止的，而是动态平衡的，这一物理描述的数学表达就是通过闭合曲面 S 的电流通量为零。式（9-13）就是恒定电流条件的积分表达形式。由式（9-13）可以得到恒定电流条件的微分表达形式

$$\nabla \cdot \boldsymbol{j} = 0 \tag{9-14}$$

恒定电流条件表明，在恒定电流场中通过任意闭合曲面的电流通量必定等于零。也就是说，无论闭合曲面 S 取在何处，凡是从某一处穿入的电流线都必定从另一处穿出。所以，恒定电流场的电流线必定是头尾相接的闭合曲线，它是无源场。

在恒定条件下，电流连续地穿过任意闭合曲面所包围的体积，它不可能在任何地方中断，而必须是闭合的曲线，这就是恒定电流的闭合性。恒定电流（或直流电）只能在闭合电路中通过就是这个道理。伴随恒定电流场的电场称为恒定电场。实际上，恒定电场和恒定电流场都是由恒定的电荷分布激发的。由于电荷分布不随时间变化，因此恒定电场应与具有同样分布的静止电荷激发的静电场性质类似，都服从高斯定理和电场强度的环路定理，所以两者统称为库仑电场。以 $\boldsymbol{E}$ 表示恒定电场的电场强度，则有

$$\oint_L \boldsymbol{E} \cdot \mathrm{d}\boldsymbol{l} = 0 \tag{9-15}$$

这说明恒定电场也是保守场。根据恒定电场的这一性质，可以引进电势、电势差的概念。由于 $\boldsymbol{E} \cdot \mathrm{d}\boldsymbol{l}$ 是通过线元 $\mathrm{d}\boldsymbol{l}$ 发生的电势降落，所以式（9-15）也常解释为：在恒定电流电路中，沿任何闭合回路一周，电势降落的代数和等于零。在分析解决直流电路问题时，常根据这一规律列出方程。这些方程叫作回路电压方程，也叫基尔霍夫第二方程。

静电场与恒定电场是有区别的。对于静电场，在静电平衡时，导体内部没有剩余的净电荷，电荷全部分布于导体表面，导体内部静电场为零。而对于恒定电场，导体内有电荷分布，只是这种电荷分布不随时间而变化，导体内的电场也可以不为零。由此可见，导体的静电场是恒定电场的电荷分布在导体表面的特例，显然，静电平衡条件比恒定电场的条件更严格。电荷运动时恒定电场力要做功，因此，恒定电场的存在总要伴随着能量的转换，但是静电场是由固定电荷产生的，所以维持静电场不需要外界提供能量。

物理知识应用案例

1. 基尔霍夫第一定律（节点电流定律）

电路中的分叉点称为节点，一个节点可以和若干支路连接。例如，图 9-3 中 O 是一个节点，它和五个支路连接。围绕 O 作一个闭合曲面 S，对于恒定电流，根据式（9-13）可得

$$\oint_s \boldsymbol{j} \cdot \mathrm{d}\boldsymbol{S} = \int_{S_1} \boldsymbol{j}_1 \cdot \mathrm{d}\boldsymbol{S}_1 + \int_{S_2} \boldsymbol{j}_2 \cdot \mathrm{d}\boldsymbol{S}_2 + \int_{S_3} \boldsymbol{j}_3 \cdot \mathrm{d}\boldsymbol{S}_3 + \int_{S_4} \boldsymbol{j}_4 \cdot \mathrm{d}\boldsymbol{S}_4 + \int_{S_5} \boldsymbol{j}_5 \cdot \mathrm{d}\boldsymbol{S}_5 = 0$$

设置外法线为正方向，流出节点为正值，流入节点为负值，上式积分后得

$$I_1 - I_2 + I_3 - I_4 - I_5 = 0$$

上式也可以表示为

$$I_1 + I_3 = I_2 + I_4 + I_5$$

即将流出节点的电流放在等式左端，流入节点的电流放在等式右端。当然，反过来放置也是可以的。

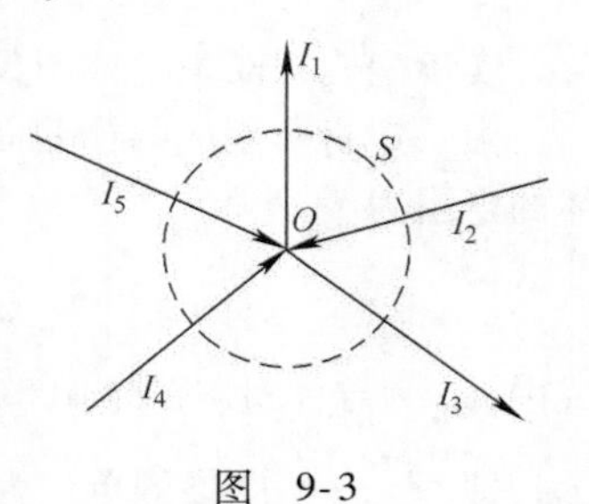

图 9-3

所以，流出节点电流之和等于流入节点电流之和，这称为恒定电流的节点电流定律，也称为基尔霍夫第一定律。一般情况下可写为

$$\sum_i I_i = 0 \tag{9-16}$$

2. 触点及其熔焊

触点是开关电器的重要组成部分，它是控制电路通断的关键环节。各类电器的关键性能，例如，配电器的分断能力、控制电器的电气寿命、继电器的可靠性等都取决于触点的工作性能和质量。同时，触点又是开关电器中最薄弱和最容易出故障的部分。因此，开关电器中触点的电接触可靠性问题已引起人们高度重视。由于触点故障所引起的后果往往是很严重的，已有不少沉痛的教训。1992 年 3 月 22 日我国用长征 2 号 E 捆绑式火箭发射"澳星"时，由于火箭点火控制电路的程序配电器上的控制接点被一块比米粒还要小得多的铝质多余物短路，酿成一级、三级助推火箭误关机的恶果，造成"澳星"中止发射。在民航飞机上也曾有过因电气短路故障而造成机毁人亡的悲剧。

电流流过闭合触点时电流密度增加，热功率密度增大（见 9.1.4 节 $w = j^2\rho$），使触点温度上升，接触不良的触点的电流密度增加更剧烈，由此导致的过高的温度会使触点局部熔化，并焊接在一起，触点无法继续工作，这种故障现象称为触点的熔焊。

当巨大的短路电流流过闭合触点时，由于电流密度线的急剧收缩，电流间安培力会形成触点间的电动斥力，从而导致触点间压力减小，甚至可能使触点完全分离而形成电弧。在压力严重减小的情况下，通过大电流以及形成电弧这两种情况都会使触点局部熔化，短路电流切除以后，电动力消失，熔化的触点重新闭合在一起，极易造成严重的熔焊故障。

当通过闭合触点上的电流达到一定值时，触点的接触电阻下降，接触表面出现熔化痕迹，这时的电流称为熔化电流。继续增大电流，触点接触表面熔化的面积和深度也将继续扩大。当电流超过开始熔化电流的 20% ~30% 时，触点开始焊接，此时要使触点分开需要施加较大的力，对应的电流称为开始焊接电流。电流越大，触点焊接越牢固，焊接力也越大，直至接近和达到触点某基体金属的抗拉强度。这种触点熔焊现象常见于大电流电器，如飞机发电机的输出接触器等。

触点熔焊不仅发生在大电流电器的触点中，而且也发生在中小电流电器的触点中，如继电器触点，它所控制的电路的额定电流不超过 5A 甚至更小。但当触点所控制的是电容性电路时，在电路闭合瞬间，有一个上升很快的放电电流——涌流流过触点，这时接触面的增长赶不上电流的增长，接触压降超过了金属熔化压降，甚至超过汽化压降，触点表面熔化或产生爆炸式汽化，这种现象也能导致触点熔焊。

9.1.3 欧姆定律的微分形式

1. 中学物理知识回顾

实验发现：一段导线上的电流 I 与导线两端的电压 U 成正比。比例系数可以用 R 的倒数来表示，R 叫作导线的电阻，电阻的单位是电压和电流之比，即伏每安，称这个单位为欧姆，记作 Ω。这个结论叫作欧姆定律，即

$$I=\frac{U}{R} \tag{9-17}$$

实验表明，欧姆定律不仅适用于金属导体，而且对电解液（酸、碱、盐的水溶液）也适用。

由一定材料制成的横截面均匀的导体，如果长度为 l，横截面面积为 S，则可以证明这段导体的电阻为

$$R=\rho\frac{L}{S} \tag{9-18}$$

式中，ρ 为导体材料的电阻率，单位为欧姆·米，符号为 Ω·m。电阻的倒数称为电导，用 G 表示，即 $G=\frac{1}{R}$。电导的单位为西门子，符号为 S。电阻率的倒数称为导体材料的电导率，用 γ 表示，$\gamma=\frac{1}{\rho}$。电导率的单位为西门子每米，符号为 $\mathrm{S\cdot m^{-1}}$。

导体材料的电阻率决定于材料自身的性质。各种材料的电阻率都随温度而变化。在通常温度范围内，金属材料的电阻率随温度成线性变化，变化关系可以表示为

$$\rho_2=\rho_1[1+\alpha(t_2-t_1)] \tag{9-19}$$

式中，ρ_1、ρ_2 分别是温度为 t_1（℃）与 t_2（℃）时的电阻率；α 是电阻温度系数。表 9-1 给出了几种常用材料的电阻率和电阻温度系数。

表 9-1 几种常用材料的电阻率和电阻温度系数

材 料	电阻率（20℃）$\rho/\Omega\cdot\mathrm{m}$	平均电阻温度系数（0～100℃）$\alpha/℃^{-1}$
银	1.62×10^{-8}	3.5×10^{-3}
铜	1.75×10^{-8}	4.1×10^{-3}
铝	2.85×10^{-8}	4.2×10^{-3}
黄铜（铜锌合金）	$(2\sim6)\times10^{-8}$	2.0×10^{-3}
铁（铸铁）	5×10^{-7}	1.0×10^{-3}
钨	5.48×10^{-8}	5.2×10^{-3}
铂	2.66×10^{-8}	2.47×10^{-3}
钢	1.3×10^{-7}	5.77×10^{-3}
汞	4.8×10^{-8}	5.7×10^{-4}
康铜	4.4×10^{-7}	5.0×10^{-6}
锰铜	4.2×10^{-7}	5.0×10^{-6}
镍铬合金	1.08×10^{-6}	1.3×10^{-6}
铁铬铝合金	1.2×10^{-6}	8.0×10^{-5}

当导线的横截面面积 S 或电阻率 ρ 随导线长度变化时（相当于微元串联），式（9-18）应写成下面的积分式

$$R=\int_L\rho\frac{\mathrm{d}l}{S} \tag{9-20}$$

同理，当导线的长度 l 或电导率 γ 随导线横截面积变化时（相当于微元并联），有下面的积分式

$$G=\int_S\gamma\frac{\mathrm{d}S}{l} \tag{9-21}$$

2. 欧姆定律的微分形式

设想在导体中取一长为 $\mathrm{d}l$、截面面积为 $\mathrm{d}S$ 的柱体，且 $\boldsymbol{j}$ 与 $\mathrm{d}\boldsymbol{S}$ 垂直，如图 9-4 所示。由欧姆

定律可得，通过这段柱体的电流为

$$\mathrm{d}I=\frac{U-(U+\mathrm{d}U)}{R}=\frac{-\mathrm{d}U}{R} \tag{9-22}$$

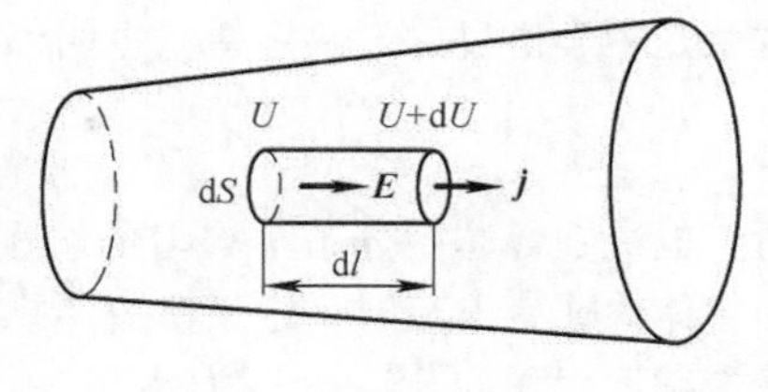

图　9-4

式中，$\mathrm{d}U$ 为柱体两端的电压；R 为柱体的电阻。设导体中电场强度为 $\boldsymbol{E}$，导体的电导率为 γ，则 $-\mathrm{d}U=\boldsymbol{E}\cdot\mathrm{d}\boldsymbol{l}=E\mathrm{d}l$，$R=\frac{1}{\gamma}\frac{\mathrm{d}l}{\mathrm{d}S}$。把这些式子代入式（9-22），得

$$\mathrm{d}I=\gamma E\mathrm{d}S \tag{9-23}$$

$$j=\frac{\mathrm{d}I}{\mathrm{d}S}=\gamma E \tag{9-24}$$

由于 $\boldsymbol{j}$ 与 $\boldsymbol{E}$ 同方向，式（9-24）可写成矢量形式

$$\boldsymbol{j}=\gamma\boldsymbol{E} \tag{9-25}$$

式（9-25）是将欧姆定律用于微元导体所得到的结论，称为欧姆定律的微分形式。它表明，导体中任意点的电流密度 $\boldsymbol{j}$ 的方向与电场强度 $\boldsymbol{E}$ 的方向相同，电流密度的大小与电场强度的大小成正比。

【例 9-2】　如图 9-5 所示，一截圆锥体是用电阻率为 ρ 的材料制成的，长度为 l，两端面的半径分别为 r_1 和 r_2。试计算此截圆锥体两端之间的电阻。

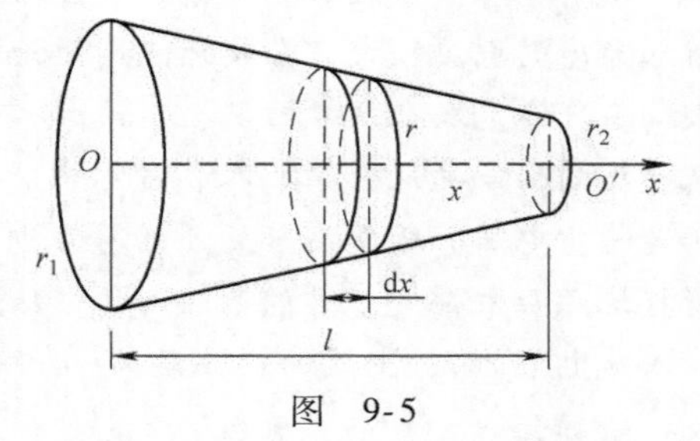

图　9-5

【解】　建立图示坐标系，由于导体的截面面积随长度变化，所以在任意 x 处取一半径为 r、厚度为 $\mathrm{d}x$ 的薄圆盘，其电阻为 $\mathrm{d}R=\rho\frac{\mathrm{d}x}{S}=\rho\frac{\mathrm{d}x}{\pi r^2}$。

利用

$$\mathrm{d}x=\frac{-\mathrm{d}r}{\tan\theta},\ \tan\theta=\frac{r_1-r_2}{l}$$

有

$$\mathrm{d}R=\frac{\rho}{\pi}\frac{l}{r_1-r_2}\frac{-\mathrm{d}r}{r^2}$$

所以

$$R=\int\mathrm{d}R=\frac{\rho}{\pi}\cdot\frac{l}{r_1-r_2}\int_{r_1}^{r_2}\left(-\frac{1}{r^2}\right)\mathrm{d}r$$

$$=\frac{\rho}{\pi}\cdot\frac{l}{r_1-r_2}\cdot\left(\frac{1}{r_2}-\frac{1}{r_1}\right)=\frac{\rho l}{\pi r_1 r_2}$$

9.1.4　焦耳－楞次定律的微分形式

当电荷通过一段电路时，电场力做的功为

$$A=qU \tag{9-26}$$

电场力做功将导致电荷定向运动，动能增加，但电荷在导体中不是自由运动，会与导体晶格发生碰撞并把动能传递给晶格转变为导体的热力学能，使得导体温度上升，这就是焦耳热效应。对于纯电阻恒定电流电路，t 时间内流过电阻的电荷量为

$$q=\int_0^t I\mathrm{d}t=It \tag{9-27}$$

电流通过电阻时产生的热量即为电场力对 t 时间内流过电阻的电荷（$q=It$）所做的功

$$Q=A=UIt=I^2Rt \tag{9-28}$$

这就是中学讲过的电热定律，也叫焦耳定律，其电热功率为

$$P = \frac{\mathrm{d}Q}{\mathrm{d}t} = I^2 R \tag{9-29}$$

对于电流在导体中分布不均匀的情况，式（9-29）无法应用，需要引入电热功率密度来描述。当导体内通有电流时，定义单位体积导体在单位时间内放出的热量为电热功率密度，用 w 表示。考虑截面面积为 $\mathrm{d}S$、长度为 $\mathrm{d}l$ 的一段微元导体，其体积 $\mathrm{d}V = \mathrm{d}S\mathrm{d}l$，流过 $\mathrm{d}S$ 的电流为 $\mathrm{d}I$，由于 $\mathrm{d}S$ 很小，可视 $\mathrm{d}I$ 是均匀分布的，由式（9-29）可得电热功率密度为

$$w = \lim_{\Delta V \to 0}\frac{\Delta P}{\Delta V} = \frac{R(\mathrm{d}I)^2}{\mathrm{d}S\mathrm{d}l} = \rho\frac{\mathrm{d}l}{\mathrm{d}S}\frac{(\mathrm{d}I)^2}{\mathrm{d}S\mathrm{d}l} = \rho\left(\frac{\mathrm{d}I}{\mathrm{d}S}\right)^2 = j^2\rho = (\gamma E)^2\rho = \gamma E^2 \tag{9-30}$$

式（9-30）也称作焦耳－楞次定律的微分形式，表明导体某点的电功率密度与该点电场强度和材料性质的对应关系。

物理知识应用案例：跨步电压

【例 9-3】 当大的电力系统发生接地短路时，由于流入大地的电流较大，在接地点附近地面的电势梯度很大，有可能危及人、畜的安全。因此，常在大的电力系统附近划出一定范围禁止人、畜入内。划定此范围的根据是跨步电压。所谓某一点 A 的跨步电压是指由该点向着接地点 O 相隔一步远的两点间的电压。如图 9-6 所示，设入地电流为 I，土壤的电导率为 γ，跨步长为 b，从禁区边缘到接地点 O 的距离为 L，求跨步电压。

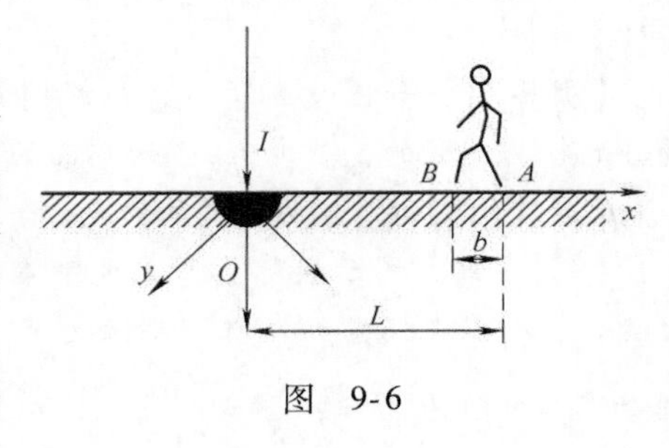

图 9-6

【解】

$$j = \frac{I}{2\pi x^2},\ E = \frac{j}{\gamma} = \frac{I}{2\pi x^2\gamma}$$

$$U = \int_B^A \boldsymbol{E}\cdot \mathrm{d}\boldsymbol{l} = \int_{L-b}^{L}\frac{I}{2\pi\gamma x^2}\mathrm{d}x = \frac{I}{2\pi\gamma}\left(\frac{1}{L-b} - \frac{1}{L}\right)$$

9.2 磁感应强度 毕奥－萨伐尔定律

9.2.1 中学物理知识回顾

1. 磁现象

关于磁的基本现象的认识，可以综合如下：

1）天然磁铁能吸引铁、钴、镍等物质，这一性质被称为磁性。磁铁的两端磁性最强，称为磁极。把一条磁铁（或磁针）自由地悬挂起来，它将自动地转向南北方向，指北的一极称为指北极，简称北极，用 N 表示；指南的一极称为指南极，简称南极，用 S 表示。这一事实说明，地球本身是一个巨大的磁体，地球的磁 N 极在地理南极附近，磁 S 极在地理北极附近。

2）磁极之间有相互作用力，同性磁极相排斥，异性磁极相吸引。

3）磁铁的两个磁极不可能分割成独立的 N 极或 S 极。在自然界中没有独立的 N 极或 S 极，

但是有独立存在的正电荷和负电荷，这是磁极和电荷的基本区别。

4）1820年奥斯特发现，在载流导线周围的磁针会受到力的作用而偏转（见图9-7）。这是第一次指出电现象和磁现象的联系。

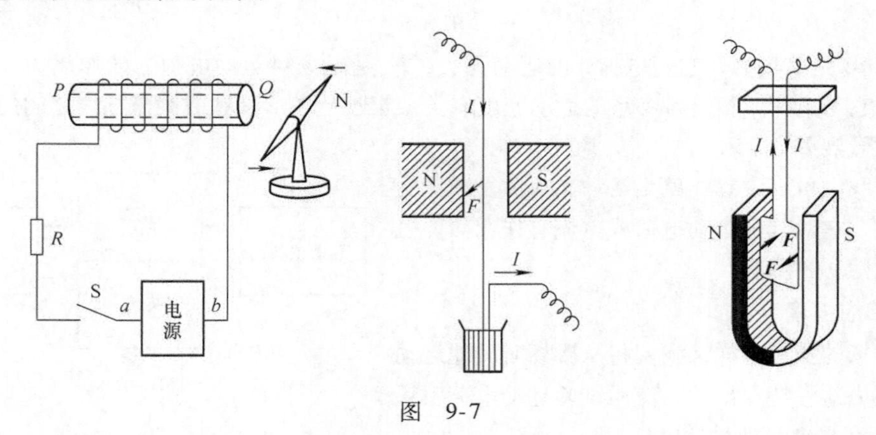

图 9-7

5）1820年安培发现，在磁铁附近的载流导线或载流线圈也受到磁力的作用而发生运动。

6）载流导线间或载流线圈间也有相互作用。对于两根平行载流导线，当两电流的流向相同时，会相互吸引，相反时则“相互排斥”。

1826年，安培提出了著名的“磁性起源假说”。他认为，一切物质的磁性皆起源于电流。构成磁性物质的每个微粒都存在着永不停息的环形电流，此环形电流使微粒显示出磁性，N极和S极就分布在环形电流的两侧，对于磁铁和其他能显示磁性的物体来说，每个微粒的环形电流的取向大致相同，因此在其两端就显示出磁性。一些原来不具有磁性的物体，在外磁场的作用下，它们内部各个原先电流取向并不一致的微粒的环形电流被迫趋向一致，从而显示出磁性，这就是磁化作用。安培的磁性起源假说很好地解释了通电螺线管两端的磁性现象，也解释了把一根棒状软铁心插入到通电螺线管中时，铁心会变成磁铁棒的原因。但这仅仅是一种假说，当时无法验证环形电流的存在，所以当时安培所提出的微粒环形电流被人们称为有怀疑的“安培电流”。

19世纪末和20世纪初，当科学家发现了电子并揭开了原子结构的秘密后，才逐渐认识到安培的假说是真实的、有具体科学含义的。安培所说的微粒就是物质的原子、分子或分子团等物质粒子。分子与原子内电子的运动形成了环形电流，电子与核的自旋也引起了磁性，原子、分子等微观粒子内的这些运动构成了分子电流，物质的磁性就是由其引起的。

电流之间的相互作用可以说是运动电荷间的相互作用，无论是电流与电流之间还是电流与磁铁之间的相互作用都可归结为运动电荷之间的相互作用，即运动电荷产生磁现象。

2. 磁场

我们知道，静止的电荷在其周围空间要产生电场，静止电荷间的相互作用是通过电场来传递的，而电场的基本性质是它对于任何置于其中的其他电荷施加作用。磁极或电流之间的相互作用也是这样，不过它通过另外一种场——磁场来传递。磁极或电流在自己周围的空间里产生一个磁场，而磁场的基本性质之一是它对于任何置于其中的其他磁极或电流施加作用力。用磁场的观点我们就可以把上述关于磁铁和磁铁、磁铁和电流以及电流和电流之间相互作用的各个实验统一起来了，所有这些相互作用都是通过同一种场——磁场来传递的。无论导线中的电流（传导电流）还是磁铁，它们产生磁场的本源都是一个，即电荷的运动。运动的电荷在自己周围空间除产生电场外，还要产生另一种场——磁场，运动电荷之间的相互作用是通过磁场来传递的。在某一惯性系中，若有个运动电荷在另外的运动电荷或电流周围运动，则它受到的作用力 $\boldsymbol{F}$ 将是电力和磁力的矢量和，即

$$\boldsymbol{F}=\boldsymbol{F}_{\mathrm{e}}+\boldsymbol{F}_{\mathrm{m}} \tag{9-31}$$

式中，$\boldsymbol{F}_{\mathrm{e}}=q\boldsymbol{E}$ 是电场力，它与电荷 q 的运动无关；$\boldsymbol{F}_{\mathrm{m}}$ 是磁场对运动电荷 q 的作用力，称为磁场力或磁力，它与电荷 q 相对参考系的运动速度有关。宏观上条形磁铁或载流导线之间的相互作用力就是这种微观磁力之和。

所以，我们可以说磁场就是运动电荷激发或产生的一种物质，它对其他运动电荷或电流有作用力。磁场的概念如图 9-8 所示。

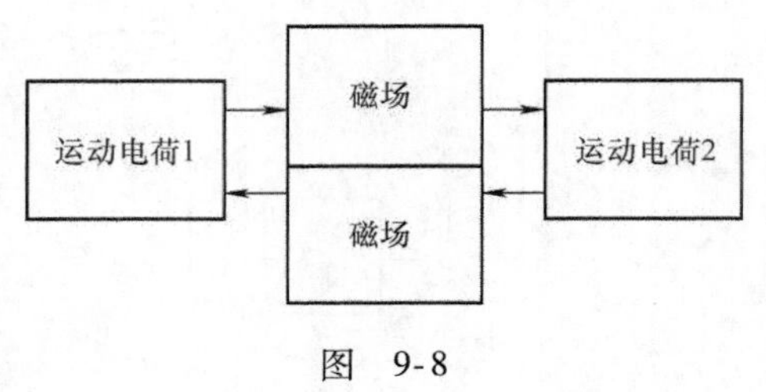

图 9-8

3. 磁感应强度

和静电场的描述一样，我们将从磁场对其他运动电荷有作用力这一特点出发，使用试验运动电荷引入磁感应强度 $\boldsymbol{B}$ 来定量地描述磁场。

实验表明，一个试验运动电荷 q 以速率$\boldsymbol{v}$通过磁场中某一点 P 时，所受的磁力 $\boldsymbol{F}_{\mathrm{m}}$ 与速度$\boldsymbol{v}$的方向有关。特别是当电荷沿某一个特定的方向或其反方向运动时，它受到的磁力为零。我们定义 P 点磁感应强度 $\boldsymbol{B}$ 的方向为这两个方向中的一个方向。

实验进一步表明，一个试验电荷 q 以速度$\boldsymbol{v}$垂直于磁感应强度 $\boldsymbol{B}$ 通过考察点 P 时，所受的磁力最大，记为 $\boldsymbol{F}_{\max}$。此时$\boldsymbol{v}$、$\boldsymbol{B}$、$\boldsymbol{F}_{\max}$ 三个矢量相互垂直（见图 9-9）。我们规定，对于正试验电荷，磁感应强度 $\boldsymbol{B}$、$\boldsymbol{F}_{\max}$ 和$\boldsymbol{v}$的方向满足右手螺旋关系，即当我们伸直大拇指并使其余的四个手指由 $\boldsymbol{F}_{\max}$ 的方向经过 90°转向$\boldsymbol{v}$的方向时，大拇指所指的方向即为 $\boldsymbol{B}$ 的方向。这样，磁感应强度 $\boldsymbol{B}$ 的方向就完全确定了。事实上，这样定义的磁感应强度 $\boldsymbol{B}$ 的方向，也就是小磁针在 P 处平衡时 N 极的指向（也可以用它来定义 $\boldsymbol{B}$ 的方向）。

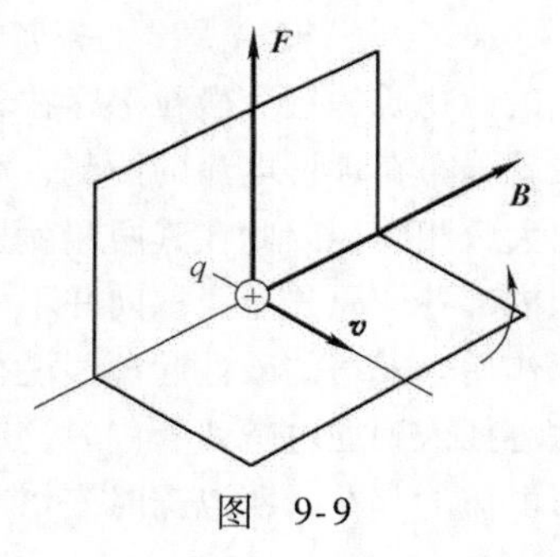

图 9-9

实验还证明，最大磁力的大小 $F_{\max}$ 正比于 q 和 v 的乘积，于是，比值$\dfrac{F_{\max}}{qv}$和 q、v 无关，只与 P 点处磁场的性质有关，我们将其定义为 P 点处磁感应强度 $\boldsymbol{B}$ 的大小

$$B=\frac{F_{\max}}{qv} \tag{9-32}$$

至此，磁感应强度 $\boldsymbol{B}$ 定义完毕。显然，磁场也在空间构成一个矢量场。

在国际单位制中，磁感应强度 $\boldsymbol{B}$ 的单位是特斯拉（T）。

$$1\mathrm{T}=\frac{1\mathrm{N}}{1\mathrm{C}\cdot 1\mathrm{m}\cdot \mathrm{s}^{-1}}=1\mathrm{N}\cdot\mathrm{A}^{-1}\cdot\mathrm{m}^{-1}$$

磁感应强度 $\boldsymbol{B}$ 是描述磁场强弱和方向的物理量，它与电场中电场强度 $\boldsymbol{E}$ 的地位相当。磁场中各点 $\boldsymbol{B}$ 的大小和方向都相同的磁场称为均匀磁场或匀强磁场，而磁场中各点的 $\boldsymbol{B}$ 都不随时间改变的磁场则称为恒定磁场，也称恒磁场。

某些典型磁场的 B 值见表 9-2。

表9-2 某些典型磁场的 B 值 （单位：T）

磁 场 源	B
原子核表面	约 10^{12}
中子星表面磁场	约 10^{8}
目前实验室磁场	约37
大型电磁铁	约2
太阳黑子	约0.3
小磁针	约 10^{-2}
木星表面	约 10^{-3}
地球磁场	约 0.5×10^{-4}
室内电线周围	约 10^{-4}
星际空间	10^{-10}
人体表面	约 3×10^{-10}
磁屏蔽室内	约 3×10^{-14}

9.2.2 毕奥－萨伐尔定律

1. 毕奥－萨伐尔定律及其讨论

在静电场中，我们经常使用电场强度叠加原理计算任意带电体产生的电场强度，也就是把任意带电体微分为微元点电荷。与此方法类似，计算任意电流的磁场时，我们可以把载流导线 L 看作是由许多电流同为 I 的线元 $\mathrm{d}l$ 组成的，把矢量 $I\mathrm{d}\boldsymbol{l}$ 称为电流元，其方向与电流的流向相同。这样，载流导线 L 在空间某点产生的磁感应强度 $\boldsymbol{B}$ 就是载流导线上许多电流元 $I\mathrm{d}\boldsymbol{l}$ 在该点产生的磁感应强度 $\mathrm{d}\boldsymbol{B}$ 的矢量叠加，即

$$\boldsymbol{B}=\int_L \mathrm{d}\boldsymbol{B} \tag{9-33}$$

这里，积分号下的 L 表示沿电流分布的曲线 L 进行积分。那么，电流元 $I\mathrm{d}\boldsymbol{l}$ 产生的磁感应强度 $\mathrm{d}\boldsymbol{B}$ 又如何计算呢？

19世纪20年代，毕奥和萨伐尔两人研究并分析了大量实验资料，最后总结出一条有关电流元 $I\mathrm{d}\boldsymbol{l}$ 磁场的基本定律，称为毕奥－萨伐尔定律，可表述如下：

在真空中，电流元 $I\mathrm{d}\boldsymbol{l}$ 在给定点 P 产生的磁感应强度 $\mathrm{d}\boldsymbol{B}$ 的大小与电流元的大小成正比，与电流元和由电流元到点 P 的矢径 $\boldsymbol{r}$ 之间的夹角的正弦成正比，并与电流元到点 P 的距离的二次方成反比；$\mathrm{d}\boldsymbol{B}$ 的方向垂直于 $I\mathrm{d}\boldsymbol{l}$ 和 $\boldsymbol{r}$ 所决定的平面，指向为由 $I\mathrm{d}\boldsymbol{l}$ 经小于180°的角转向 $\boldsymbol{r}$ 时的右螺旋方向，其数学表达式为

$$\mathrm{d}\boldsymbol{B}=\frac{\mu_0}{4\pi}\frac{I\mathrm{d}\boldsymbol{l}\times\boldsymbol{r}_0}{r^2} \tag{9-34}$$

对于任意载流导体，有

$$\boldsymbol{B}=\int_L \frac{\mu_0}{4\pi}\frac{I\mathrm{d}\boldsymbol{l}\times\boldsymbol{r}_0}{r^2} \tag{9-35}$$

式中，$\mu_0=4\pi\times10^{-7}\mathrm{N\cdot A^{-1}}$ 叫作真空磁导率；$\boldsymbol{r}_0$ 为 $\boldsymbol{r}$ 的单位矢量，即 $\boldsymbol{r}/r$。

2. 对毕奥－萨伐尔定律的讨论

对毕奥－萨伐尔定律，读者还要注意如下几点：

（1）d$\boldsymbol{B}$ 的大小

$$dB=\frac{\mu_0}{4\pi}\frac{Idl\sin\theta}{r^2} \tag{9-36}$$

式中，θ 是 $I\mathrm{d}\boldsymbol{l}$（电流方向）与 $\boldsymbol{r}$ 之间小于 180°的夹角。可以看出，对于电流元延长线上的点，因 $\theta=0°$或 180°，因而 d$B=0$。

（2）d$\boldsymbol{B}$ 的方向 在任一场点，d$\boldsymbol{B}$ 的方向垂直于 $I\mathrm{d}\boldsymbol{l}$ 与 $\boldsymbol{r}$ 组成的平面，指向为矢量积 $I\mathrm{d}\boldsymbol{l}\times\boldsymbol{r}$ 的方向，如图 9-10 所示。

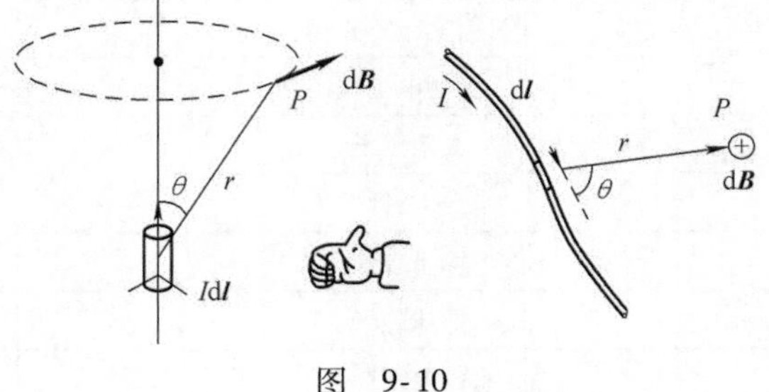

图 9-10

（3）实际计算时要应用分量式 如果各电流元的磁场 d$\boldsymbol{B}$ 的方向不同，应先将 d$\boldsymbol{B}$ 分解成 dB_x，dB_y及 dB_z各分量，再积分求合磁场 $\boldsymbol{B}$ 的各分量：

$$B_x=\int dB_x,\ B_y=\int dB_y,\ B_z=\int dB_z \tag{9-37}$$

上述积分的范围（上、下限）由载流导线决定。

3. 毕奥－萨伐尔定律的物理本质：运动电荷产生磁场

电流元 $I\mathrm{d}\boldsymbol{l}$ 内共有 d$N=nS$dl 个定向运动的电荷，因而电流元 $I\mathrm{d}\boldsymbol{l}$ 的磁场由 d$N=nS$dl 个定向运动的电荷产生。利用 $I=qnvS$，有

$$d\boldsymbol{B}=\frac{\mu_0}{4\pi}\frac{Sdl\cdot qn\boldsymbol{v}\times\boldsymbol{r}_0}{r^2}=nSdl\frac{\mu_0}{4\pi}\frac{q\boldsymbol{v}\times\boldsymbol{r}_0}{r^2}=dN\cdot\boldsymbol{B} \tag{9-38}$$

于是，一个电荷量为 q、以速度$\boldsymbol{v}$（$v<<c$）运动的点电荷在场点 P 所激发的磁场的磁感应强度 $\boldsymbol{B}$ 为

$$\boldsymbol{B}=\frac{\mu_0}{4\pi}\frac{q\boldsymbol{v}\times\boldsymbol{r}_0}{r^2} \tag{9-39}$$

式（9-39）为运动点电荷的磁场公式，它阐明了运动点电荷产生磁场的规律。对于式（9-39），要注意以下几个问题：

（1）运动点电荷所激发的磁场的大小

$$B=\frac{\mu_0}{4\pi}\frac{qv\sin\alpha}{r^2} \tag{9-40}$$

式中，α 是速度$\boldsymbol{v}$与矢径 $\boldsymbol{r}$ 之间的夹角。与电场不同的是，运动电荷的磁场大小与考察点的方向有关。如果以运动电荷为球心作一个球面，在球面上每一点的电场强度的大小相同，但磁感应强度并不相等。垂直于运动方向即 $\alpha=90°$方向的场点，磁感应强度最大，沿运动方向即 $\alpha=0°$或 $\alpha=180°$的场点，磁感应强度为零。

（2）磁场的方向 式（9-39）表明，在任一场点 P，运动电荷激发磁场的方向始终垂直于$\boldsymbol{v}$与 $\boldsymbol{r}$ 组成的平面。当 q 为正电荷时，$\boldsymbol{B}$ 的指向为$\boldsymbol{v}\times\boldsymbol{r}$ 的方向，当 q 为负电荷时，$\boldsymbol{B}$ 的指向与矢积$\boldsymbol{v}\times\boldsymbol{r}$ 的方向相反，如图 9-11 所示。

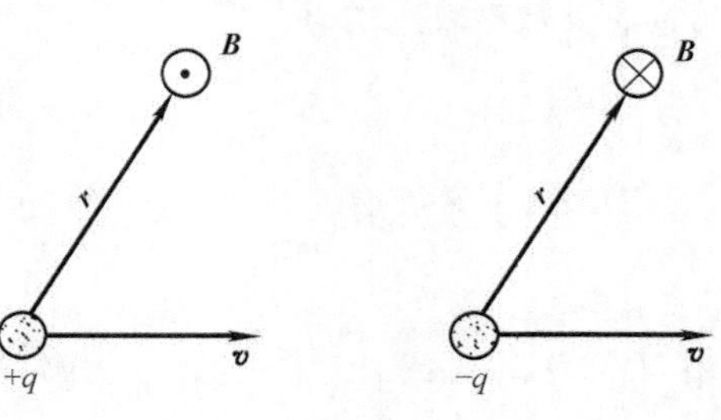

图 9-11

一个运动电荷在同一场点除了要激发一个磁场 $\boldsymbol{B}=\frac{\mu_0}{4\pi}\frac{q\boldsymbol{v}\times\boldsymbol{r}_0}{r^2}$之外，还要激发一个电场 $\boldsymbol{E}=\frac{q}{4\pi\varepsilon_0 r^2}\boldsymbol{r}_0$，

图 9-12 清楚地表明了这两个场及其方向。

应当指出，只有当运动电荷的速率远小于光速（$v \ll c$）时，式（9-39）才成立，当电荷的速率 v 接近光速 c 时，式（9-39）就不再成立了，这时应考虑相对论效应。

4. 应用毕奥－萨伐尔定律计算一些常见载流系统产生的磁场的磁感应强度

（1）载流直导线的磁场　设直导线长为 L，通有电流 I，导线旁任意一点 P 与导线距离为 r_0，如图 9-13 所示。现计算 P 点的磁感应强度。

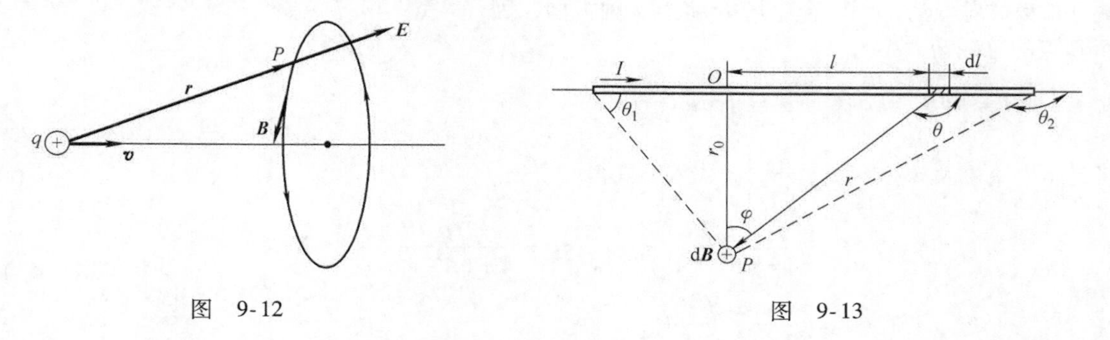

图　9-12　　　　图　9-13

以 P 点在导线上的垂足 O 点为原点，距离 O 点为 l 处取一电流元 $I\mathrm{d}\boldsymbol{l}$，它在 P 点产生的磁场 $\mathrm{d}\boldsymbol{B}$ 的大小为

$$\mathrm{d}B=\frac{\mu_0}{4\pi}\frac{I\mathrm{d}l\sin\theta}{r^2}$$

$\mathrm{d}\boldsymbol{B}$ 的方向垂直纸面向里。可以看出，任意电流元 $I\mathrm{d}\boldsymbol{l}$ 在 P 点产生的磁场 $\mathrm{d}\boldsymbol{B}$ 的方向都相同。因此，在求总磁感应强度 $\boldsymbol{B}$ 的大小时，只需求 $\mathrm{d}\boldsymbol{B}$ 的代数和，即求上式的标量积分 $B=\int_L \mathrm{d}B$。从图中可以看出，

$$\frac{l}{r_0}=\cot(\pi-\theta)=-\cot\theta,\ \frac{r_0}{r}=\sin(\pi-\theta)=\sin\theta$$

$$\mathrm{d}l=\frac{r_0}{\sin^2\theta}\mathrm{d}\theta,\ \frac{1}{r^2}=\frac{\sin^2\theta}{r_0^2}$$

将积分变量换成 θ 后得

$$B=\frac{\mu_0}{4\pi}\int_{\theta_1}^{\theta_2}\frac{I\sin\theta\mathrm{d}\theta}{r_0}=\frac{\mu_0 I}{4\pi r_0}(\cos\theta_1-\cos\theta_2) \tag{9-41}$$

式中，θ_1 和 θ_2 分别是导线两端的电流元与它们到 P 点的矢径的夹角。磁感应强度 $\boldsymbol{B}$ 的方向垂直纸面向里。

若导线无限长，$\theta_1=0$，$\theta_2=\pi$，则有

$$B=\frac{\mu_0 I}{2\pi r_0} \tag{9-42}$$

式（9-42）表明，无限长载流直导线周围的磁感应强度的大小 B 与场点到导线的距离成反比。

（2）载流圆线圈轴线上的磁场　设一载流圆线圈（或称圆电流）半径为 R，通有电流 I，P 点为其轴线上任意一点，它与圆心的距离为 x，如图 9-14 所示。

以圆心 O 为原点，轴线为 x 轴。在圆线圈上任意 A 点处取一电流元 $I\mathrm{d}\boldsymbol{l}$，它在 P 点产生的磁场 $\mathrm{d}\boldsymbol{B}$ 的大小为

$$\mathrm{d}B=\frac{\mu_0}{4\pi}\frac{I\mathrm{d}l\sin 90^\circ}{r^2}=\frac{\mu_0}{4\pi}\frac{I\mathrm{d}l}{r^2}$$

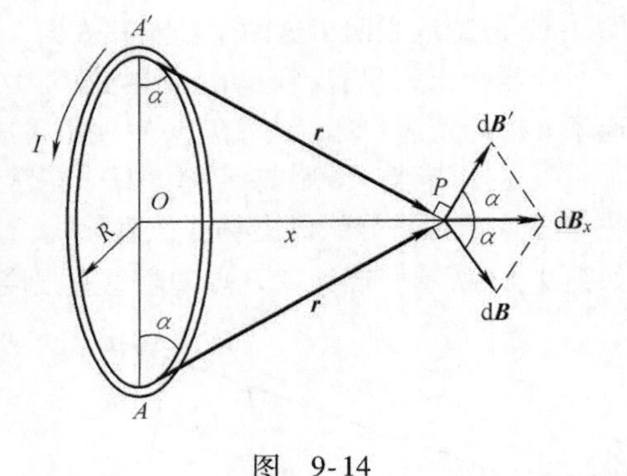

图 9-14

$\mathrm{d}\boldsymbol{B}$ 的方向垂直于 $\mathrm{d}\boldsymbol{l}$ 与 $\boldsymbol{r}$ 组成的平面（$\boldsymbol{r}$ 为由电流元 $I\mathrm{d}\boldsymbol{l}$ 到 P 点的矢径）。由于电流分布关于 x 轴是对称的，所以在通过 A 点的直径的另一端 A' 点处取一个长度相同的电流元，它产生的磁场 $\mathrm{d}\boldsymbol{B}'$ 与 $\mathrm{d}\boldsymbol{B}$ 合成后，垂直于 x 轴方向的分量将相互抵消。对于整个线圈来说，由于每条直径两端的电流元产生的磁场在垂直于 x 轴方向的分量都成对抵消，所以合磁场 $\boldsymbol{B}$ 将沿 x 轴方向，因而 P 点的总磁场大小为

$$B = \oint \mathrm{d}B_x = \oint \mathrm{d}B\cos\alpha = \oint \cos\alpha \frac{\mu_0}{4\pi}\frac{I\mathrm{d}l}{r^2}$$

将 $r^2 = R^2 + x^2$ 及 $\cos\alpha = \dfrac{R}{(R^2+x^2)^{1/2}}$ 代入上式得

$$B = \frac{\mu_0 IR}{4\pi(R^2+x^2)^{3/2}}\int_0^{2\pi R}\mathrm{d}l = \frac{\mu_0 IR}{4\pi(R^2+x^2)^{3/2}}\cdot 2\pi R = \frac{\mu_0 IR^2}{2(R^2+x^2)^{3/2}} \tag{9-43}$$

$\boldsymbol{B}$ 的方向沿轴线与线圈中电流的方向成右手螺旋关系，即用右手四指表示电流的流向，大拇指所指的方向就是磁场的方向。

讨论：

1）在线圈中心 O 点处，$x=0$，则

$$B = \frac{\mu_0 I}{2R} \tag{9-44}$$

2）由于圆线圈上每一电流元 $I\mathrm{d}\boldsymbol{l}$ 在圆心处产生的磁场方向均相同（见图 9-15），所以一段载流圆弧形导线在圆心处的磁场可以表示为

$$B = \frac{\mu_0 I}{2R}\frac{\theta}{2\pi} = \frac{\mu_0}{4\pi}\frac{I\theta}{R} = \frac{\mu_0 I}{2R}\frac{l}{2\pi R} \tag{9-45}$$

式中，l 为弧长。

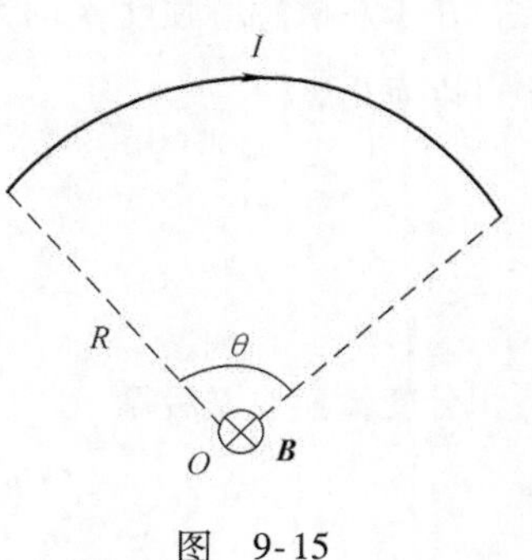

图 9-15

3）若 P 点远离圆心，即 $x \gg R$，$x \approx r$，则有

$$B = \frac{\mu_0 IR^2}{2x^3} = \frac{\mu_0}{2\pi}\frac{\pi IR^2}{x^3}$$

式中，$\pi R^2 = S$ 为线圈面积。于是，$I\pi R^2 = IS = m$，定义为线圈的磁矩，这样，上式又可写成

$$B = \frac{\mu_0}{2\pi}\frac{m}{x^3}$$

磁矩 $\boldsymbol{m}$ 定义为矢量，其方向按照电流的右手螺旋方向确定。由于 $\boldsymbol{B}$ 与 $\boldsymbol{m}$ 的方向一致，可得远离圆心处圆电流轴线上 P 点的磁感应强度公式为

$$\boldsymbol{B} = \frac{\mu_0}{2\pi}\frac{\boldsymbol{m}}{x^3} \tag{9-46}$$

在静电学中，电偶极子在其轴线延长线上且远离电偶极子处的电场强度公式为

$$\boldsymbol{E} = \frac{1}{2\pi\varepsilon_0}\frac{\boldsymbol{p}_\mathrm{e}}{x^3}$$

式中，$\boldsymbol{p}_e$为电偶极子的电矩，比较可见，两式的形式一样，系数$\frac{\mu_0}{2\pi}$与$\frac{1}{2\pi\varepsilon_0}$相当，磁矩$\boldsymbol{m}$与电矩$\boldsymbol{p}_e$相当，同时，在远离场源处，载流线圈所激发的磁场与电偶极子所激发的电场在分布上相似，如图9-16所示。因而圆电流回路可以认为是一个磁偶极子，产生的磁场称为磁偶极磁场。

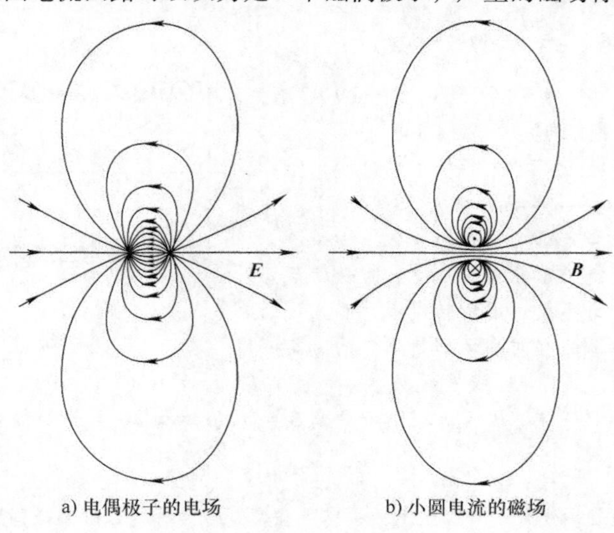

a) 电偶极子的电场　　b) 小圆电流的磁场

图　9-16

物理知识应用案例

1. 地球磁场

地球也可以被当作一个大磁偶极子，其磁矩为$8.0\times10^{22}\,\mathrm{A\cdot m^2}$。地球磁场与我们人类的关系十分密切，它甚至关系到地球上生命的起源和人类社会的兴衰。从古至今，地球上各处不断出现火山爆发，每一次爆发时都从地球内部喷射出大量熔融的岩浆，当这些熔岩渐渐冷凝结晶时，它里面的结晶体便会按照当时的地磁方向整齐地排列起来，采取现代检测手段，如放射性检测方法，科学家很容易推断出熔岩冷凝结晶的年代，由此我们可以间接地推知不同历史时期地磁的方向和强度。令人惊讶的是地磁的强度和方向多次倒转变化（即地球磁场的N极和S极相互南北对换），这到底是什么原因引起的，到目前为止还一无所知。由于一切磁现象皆起源于电流，现在科学家把地磁归因于地球内部的环形电流，那么，当地磁场方向发生倒转时，产生地磁的环形电流就要反向一次，是什么力量促使如此巨大的环形电流周期性地改变电流的方向呢？这些都是正在探索的问题。

2. 载流直螺线管轴线上的磁场

设螺线管长为L，半径为R，单位长度上绕有n匝线圈，通有电流I。若线圈是密绕的，则可将螺线管近似看成是由许多圆线圈并排起来组成的。轴线上任意一P点的磁场便是各匝载流圆线圈在该点产生的磁场的叠加。

如图9-17所示，在螺线管上距P点为l处任取长为$\mathrm{d}l$的一小段，将它视为一个载流圆线圈，其电流为$\mathrm{d}I'=nI\mathrm{d}l$，应用圆线圈磁场公式，可得这一小段螺线管在$P$点产生的磁感应强度$\mathrm{d}\boldsymbol{B}$的大小为

$$\mathrm{d}B=\frac{\mu_0R^2\mathrm{d}I'}{2\,(R^2+l^2)^{3/2}}=\frac{\mu_0R^2nI\mathrm{d}l}{2\,(R^2+l^2)^{3/2}}$$

$\mathrm{d}\boldsymbol{B}$的方向沿轴线向右，与电流的绕向成右手螺旋关系。

由于各小段螺线管在P点产生的磁场方向相同，所以P点处总磁场$\boldsymbol{B}$的大小为

$$B=\int\mathrm{d}B=\int\frac{\mu_0R^2nl\mathrm{d}I}{2\,(R^2+l^2)^{3/2}}$$

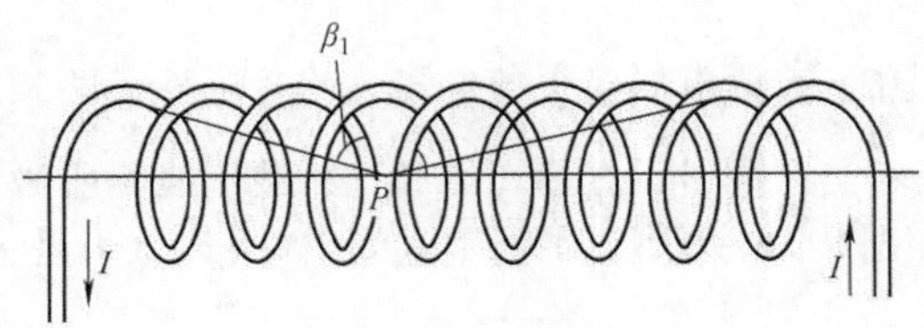

为了便于积分，引入参变量β角，它的几何意义见图9-17。由图9-17可看出

$$l = R\cot\beta,\ R^2 + l^2 = R^2\csc^2\beta,\ dl = -R\csc^2\beta d\beta$$

将这些关系式代入积分式得

$$B = -\frac{\mu_0 nI}{2}\int_{\beta_1}^{\beta_2}\sin\beta d\beta = \frac{\mu_0 nI}{2}(\cos\beta_2 - \cos\beta_1) \tag{9-47}$$

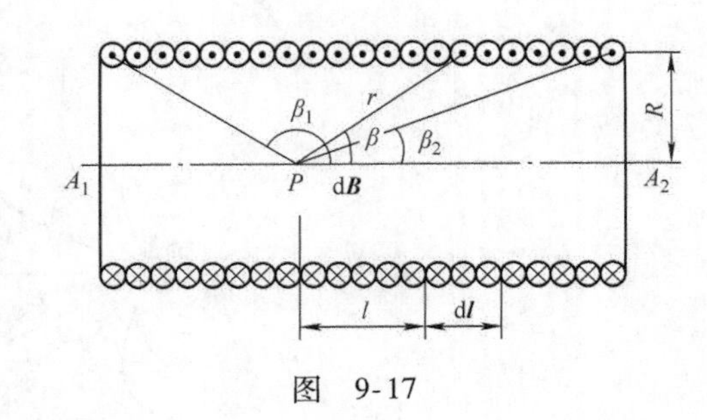

图 9-17

$\boldsymbol{B}$的方向沿电流的右手螺旋方向。

下面考虑两种特殊情形：

1）无限长螺线管，$\beta_1=0$，$\beta_2=\pi$，由式（9-47）可得

$$B=\mu_0 nI \tag{9-48}$$

式（9-48）说明，均匀密绕长直螺线管轴线上的磁场与场点的位置无关。这一结论不仅适用于轴线上，而且可以证明，在整个螺线管内部的空间磁场都是均匀的，其磁感应强度的大小为$\mu_0 nI$，方向与轴线平行。

2）在半无限长螺线管的一端，$\beta_1=\pi/2$，$\beta_2=0$或$\beta_1=\pi$，$\beta_2=\pi/2$，无论哪种情形，都有

$$B=\frac{1}{2}\mu_0 nI \tag{9-49}$$

式（9-49）说明，半无限长螺线管端点轴线上的磁感应强度是螺线管内部磁感应强度的一半。

【例9-4】 将通有电流I的无限长导线折成如图9-18所示的形状。已知半圆环的半径为R，求圆心O点的磁感应强度。

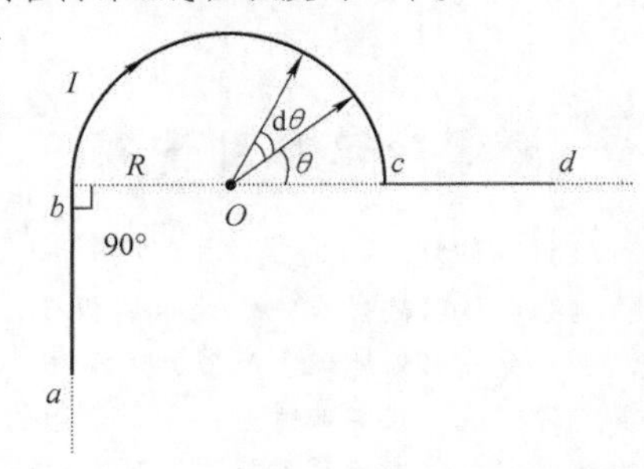

图 9-18

【解】 ab段为半无限长直导线，$Ob=R$，$\theta_1=0$，$\theta_2=90°$，其在O点产生的磁场为

$$B_1=\frac{\mu_0 I}{4\pi R}(\cos\theta_1-\cos\theta_2)=\frac{\mu_0 I}{4\pi R}$$

bc段为半圆环，$\theta=\pi$，其在O点产生的磁场为

$$B_2=\frac{\mu_0 I\theta}{4\pi R}=\frac{\mu_0 I}{4R}$$

cd段为半无限长直导线，O点在其延长线上，其磁场为$B_3=0$，总磁场为$B=B_1+B_2+B_3=\frac{\mu_0 I}{4\pi R}(1+\pi)$，方向垂直纸面向里。

【例9-5】 宽度为a的无限长载流薄铜片，恒定电流I均匀分布。求与铜片共面的P点的磁感应强度。如图9-19所示，设P点到铜片的距离为b。

【解】 建立如图坐标系，在x处取dx宽无限长电流，其$dI=\frac{I}{a}dx$，该电流在P点产生的磁感应强度为

$$dB=\frac{\mu_0 dI}{2\pi(a+b-x)}=\frac{\mu_0 I dx}{2\pi a(a+b-x)}$$

$$B=\int dB=\int_0^a\frac{\mu_0 I dx}{2\pi a(a+b-x)}$$

$$=-\frac{\mu_0 I}{2\pi a}\ln(a+b-x)\Big|_0^a=\frac{\mu_0 I}{2\pi a}\ln\frac{a+b}{b}$$

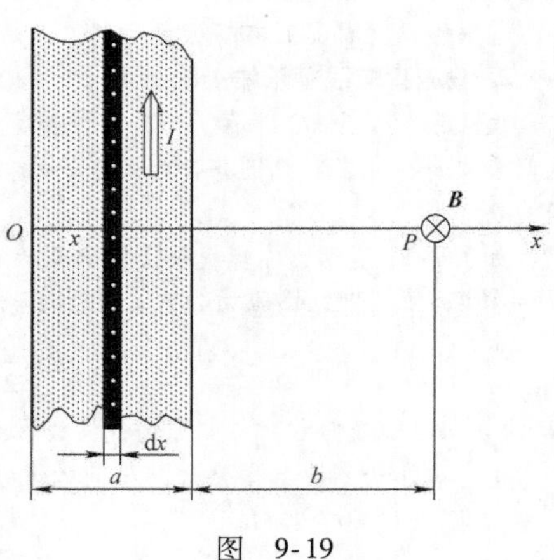

图 9-19

9.3　磁场的高斯定理　安培环路定理

9.3.1　中学物理知识回顾

1. 磁感应线

在静电场的研究中，我们用电场线形象地描绘了静电场的分布。同样，磁场的分布也可用磁感应线形象地描绘。我们规定：磁感应线上任一点的切线方向表示该点磁感应强度的方向；磁感应线的密度，即通过磁场中某点处垂直于磁场方向的单位面积的磁感应线的数目，等于该点磁感应强度的大小。因此，磁场较强的地方，磁感应线较密集，反之，磁感应线较稀疏。

实验中可用铁屑来显示磁感应线。如图 9-20a 所示的是用铁屑显示的长直电流的磁感应线，图 9-20b、c 分别是圆电流和载流螺线管的磁感应线分布图。

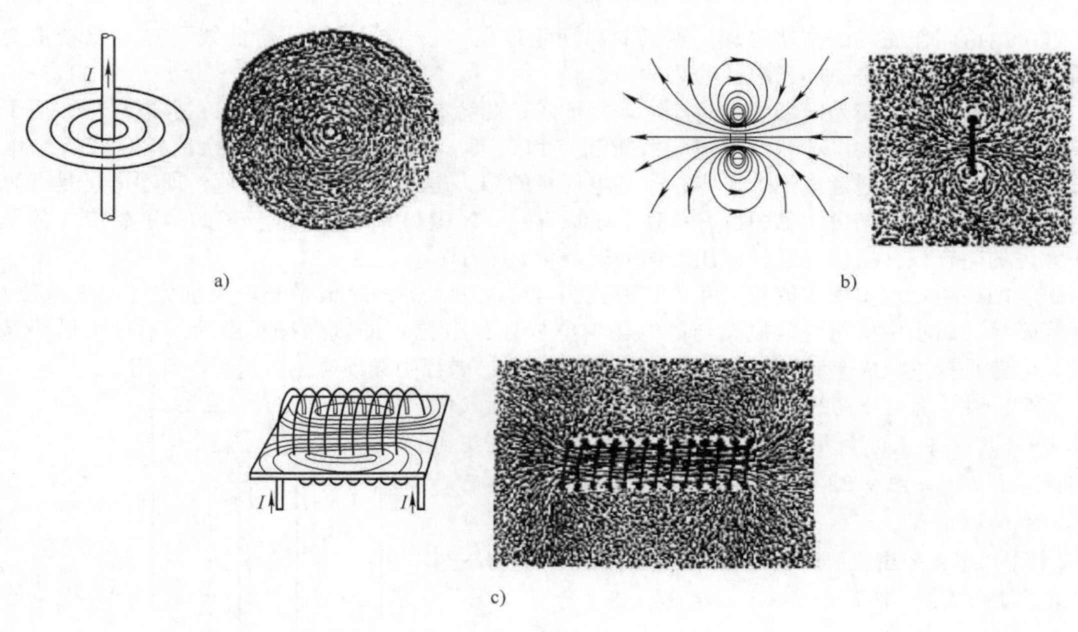

图　9-20

由这些磁感应线分布图可以看出，磁感应线具有以下特点：

1）磁感应线都是和电流相互套链的无头无尾的闭合曲线，磁感应线的闭合特性表明，磁场是一个无源有旋场。

2）磁感应线的方向和电流的流动方向成右手螺旋关系，如图 9-21 所示。

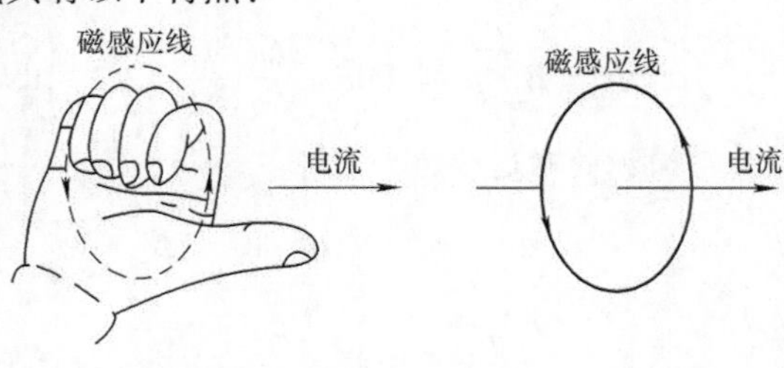

图　9-21

2. 磁通量

类似电场通量的概念，我们定义通过磁场中某一曲面 S 的磁通量为

$$\Phi_{\mathrm{m}} = \int_S B\cos\theta \mathrm{d}S = \int_S \boldsymbol{B} \cdot \mathrm{d}\boldsymbol{S} \tag{9-50}$$

式中，θ 是磁感应强度 $\boldsymbol{B}$ 与面积元 $\mathrm{d}\boldsymbol{S}$ 的法线之间的夹角。和电场通量的意义相似，磁通量 Φ_m 也可理解为通过曲面 S 的磁感应线条数。在国际单位制中，Φ_m 的单位是 $\mathrm{T\cdot m^2}$，这一单位叫作韦伯，用符号 Wb 表示，即

$$1\mathrm{Wb}=1\mathrm{T}\cdot 1\mathrm{m}^2$$

9.3.2　磁场的高斯定理

由于磁感应线是无头无尾的闭合曲线，所以任何一条进入一个闭合曲面的磁感应线必定会从曲面内部出来，否则这条磁感应线就不会闭合起来了。可以想象，对于磁场中任一闭合曲面来说，有多少条磁感应线穿进闭合曲面，必有多少条磁感应线穿出闭合曲面。对于一个闭合曲面，面元的法线方向规定为从里指向外，所以磁感应线进入曲面时的磁通量为负，穿出来的磁通量为正，这样就可以得到通过一个闭合曲面的总磁通量为零，即

$$\oint_S \boldsymbol{B}\cdot \mathrm{d}\boldsymbol{S}=0 \tag{9-51}$$

这个结论叫作磁场的高斯定理。磁场的高斯定理是“磁感应线是闭合曲线”这一磁场重要性质的数学表示。也是磁场无源性的数学表达。

磁场的高斯定理与静电场中的高斯定理相比较，两者有着本质上的区别。在静电场中，由于自然界中存在着独立的电荷，所以电场线有起点和终点，只要闭合面内有净余的正（或负）电荷，穿过闭合面的电通量就不等于零，非零电通量的源头是闭合面内的净电荷，即静电场是有源场；而在磁场中，由于自然界中没有单独的磁极存在，N 极和 S 极是不能分离的，磁感应线都是无头无尾的闭合线，所以通过任何闭合面的磁通量必等于零。

磁场的高斯定理更根本的意义在于它使我们有可能引入另一个矢量——矢量势（或矢量位）来计算磁场。磁场中矢量势的概念与静电场中电势（或电位）的概念是相当的，不过矢量势是矢量，电势是标量。矢量势的问题将在“工程电磁场”课程中详细讨论，这里不介绍了。

【例 9-6】 真空中两平行长直导线相距为 d，分别载有电流 I_1 和 I_2，I_1 和 I_2 方向相反，一矩形线圈与两直导线距离分别为 a 和 b，如图 9-22 所示，求通过与长直导线共面的矩形面积的磁通量。

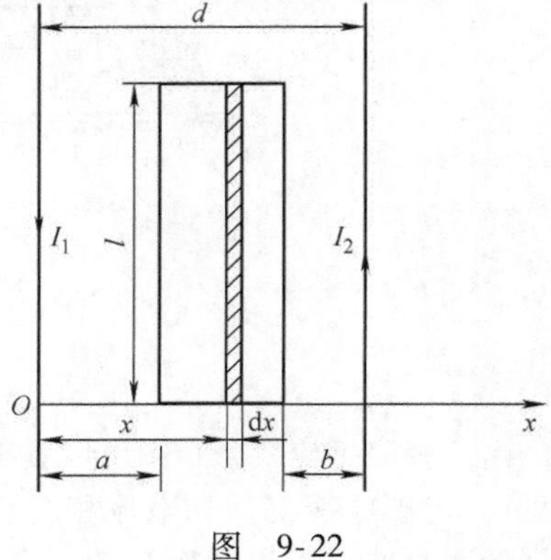

图　9-22

【解】 建立如图坐标系，将矩形线圈分成许多长条形面积元，$\mathrm{d}S=l\mathrm{d}x$，则 x 处面积元的磁感应强度为

$$B=\frac{\mu_0 I_1}{2\pi x}+\frac{\mu_0 I_2}{2\pi(d-x)}$$

通过面积元 $\mathrm{d}S$ 的磁通量为

$$\mathrm{d}\Phi_m=\boldsymbol{B}\cdot\mathrm{d}\boldsymbol{S}=B\mathrm{d}S=\frac{\mu_0 l}{2\pi}\left(\frac{I_1}{x}+\frac{I_2}{d-x}\right)\mathrm{d}x$$

通过矩形面积的磁通量为

$$\Phi_m=\int\mathrm{d}\Phi_m=\int_a^{d-b}\frac{\mu_0 l}{2\pi}\left(\frac{I_1}{x}+\frac{I_2}{d-x}\right)\mathrm{d}x$$

$$=\frac{\mu_0 l}{2\pi}\left[I_1\ln x-I_2\ln(d-x)\right]\Big|_a^{d-b}=\frac{\mu_0 l}{2\pi}\left(I_1\ln\frac{d-b}{a}+I_2\ln\frac{d-a}{b}\right)$$

9.3.3　环流的意义　安培环路定理

毕奥－萨伐尔定律描述了空间某一点的磁场与产生该磁场的电流分布的关系，安培环路定理

则描述了磁场的整体特性，就如同高斯定理描述了电场的整体性质一样。下面我们通过长直载流导线产生的磁场，计算在垂直于导线的平面内任意闭合曲线上磁感应强度的环流，并探讨环流与哪些因素有关。

1. 环流的意义

在前面的知识点中我们给大家介绍了静电场的环路积分 $\oint_L \boldsymbol{E}\cdot \mathrm{d}\boldsymbol{l}$ 的概念。静电场的环路定理 $\oint_L \boldsymbol{E}\cdot \mathrm{d}\boldsymbol{l}=0$ 表明了静电场的一个重要性质：静电场是保守力场，是无旋场。下面讨论磁感应强度 $\boldsymbol{B}$ 的环路积分。$\oint_L \boldsymbol{B}\cdot \mathrm{d}\boldsymbol{l}$ 叫作磁感应强度在回路 L 上的环流，简称磁场的环流。

为了更好地了解和掌握后面的知识，下面先介绍几个相关的概念。

1）有向闭合回路：指定了绕行方向的闭合回路。

2）以有向闭合回路为边界的有向曲面是指以回路为边界的所有曲面，其面积元的法向与回路的绕行方向成右手螺旋关系。

3）闭合回路所围住的电流是指电流穿过了以该回路为边界的所有曲面，该电流称为被该回路围住。

4）围住电流的正负：当被回路围住的电流其方向与回路的绕行方向成右手螺旋关系时，该电流取正，反之取负。

5）电流被多次围住：是指电流线在回路上缠绕了多次，或回路将电流缠绕多次。此时，围住的电流大小应该在围住的电流上乘以缠绕次数。

如图 9-23 所示，若电流 I_1、I_2、I_3 均穿过以回路 l 为边界的所有曲面，则称它们被回路围住。电流 I_1 和 I_2 与回路方向成右手螺旋关系，其电流取正。I_3 与回路方向不成右手螺旋关系，其值取负。I_4 显然没有被回路围住。

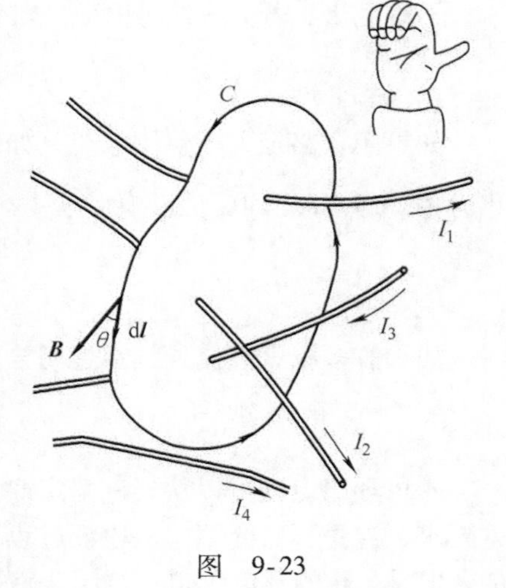

图　9-23

2. 安培环路定理

可以证明：磁感应强度 $\boldsymbol{B}$ 沿任意闭合路径 L 的线积分，等于该闭合路径所围住的电流的代数和的 μ_0 倍，即

$$\oint_L \boldsymbol{B}\cdot \mathrm{d}\boldsymbol{l}=\mu_0\sum I_{内} \tag{9-52}$$

这个结论叫作安培环路定理，它反映了磁场的有旋性和磁感应线的闭合特性。式中的 $\boldsymbol{B}$ 是指总磁场，既有 L 外电流产生的磁场，也有 L 内电流产生的磁场。$\boldsymbol{B}$ 的环流只与 $I_{内}$ 有关，$I_{内}$ 是我们理解和掌握安培环路定理的关键。

应该指出，在安培环路定理的表达式中，右端的 $\sum I_{内}$ 只包括闭合路径 L 围住的电流，但左端的 $\boldsymbol{B}$ 却表示所有电流产生的磁感应强度的矢量和，其中也包括那些不穿过 L 的电流产生的磁场，只不过后者的磁场对沿 L 的 $\boldsymbol{B}$ 的环流无贡献而已。

$\boldsymbol{B}$ 的环路积分一般不为零，表明磁场不是保守力场，因而也不能引入标量势来描述磁场，这是磁场与电场的本质区别之一。

安培环路定理的证明这里从略。下面我们仅以长直电流为例予以说明。前面我们已由毕奥－萨伐尔定律计算出无限长直电流周围的磁感应强度为

$$B = \frac{\mu_0 I}{2\pi r}$$

磁感应线为在垂直于电流的平面内围绕电流的同心圆。现在垂直于电流的平面内围绕电流取一任意形状的闭合路径 L（称为安培环路），如图 9-24a 所示。考虑回路 L 上任一线元 $\mathrm{d}\boldsymbol{l}$，磁感应强度 $\boldsymbol{B}$ 与 $\mathrm{d}\boldsymbol{l}$ 的标量积为

$$\oint_L \boldsymbol{B} \cdot \mathrm{d}\boldsymbol{l} = \oint_L B\mathrm{d}l\cos\theta = \oint_L Br\mathrm{d}\varphi \tag{9-53}$$

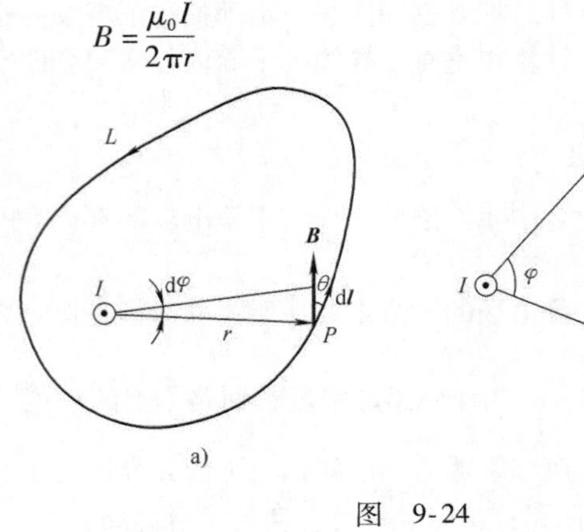

图　9-24

于是有

$$\oint_L \boldsymbol{B} \cdot \mathrm{d}\boldsymbol{l} = \oint_L \frac{\mu_0 I}{2\pi r} r\mathrm{d}\varphi = \frac{\mu_0 I}{2\pi}\oint_L \mathrm{d}\varphi \tag{9-54}$$

由于 $\oint_L \mathrm{d}\varphi = 2\pi$，所以

$$\oint_L \boldsymbol{B} \cdot \mathrm{d}\boldsymbol{l} = \mu_0 I \tag{9-55}$$

不难看出，若 I 的方向相反，则 $\boldsymbol{B}$ 的方向与图 9-24a 所示的方向相反，θ 为钝角，应有

$$\mathrm{d}l\cos\theta = -r\mathrm{d}\varphi,\ \oint_L \boldsymbol{B} \cdot \mathrm{d}\boldsymbol{l} = -\mu_0 I$$

如果闭合路径 L 不包围电流，如图 9-24b 所示，则从 L 上某点出发，绕行一周后，角 φ 的变化为零，即 $\oint_L \mathrm{d}\varphi = 0$，因而有

$$\oint_L \boldsymbol{B} \cdot \mathrm{d}\boldsymbol{l} = 0 \tag{9-56}$$

如果有多根直载流导线穿过闭合路径 L，如图 9-23 所示，则根据磁场叠加原理仍然可得

$$\oint_L \boldsymbol{B} \cdot \mathrm{d}\boldsymbol{l} = \mu_0 \sum I_{内} \tag{9-57}$$

安培环路定理可以从毕 - 萨定律出发进行严格证明，不过这一证明过程已超出大学物理的基本要求，这里不做介绍。从验证过程可以看到，磁感应强度 $\boldsymbol{B}$ 是由所有恒定电流及其分布决定的，但是，$\boldsymbol{B}$ 的环流仅与穿过闭合路径的电流代数和有关。在矢量分析中，把矢量环流等于零的场称为无旋场，反之称为有旋场（又称涡旋场）。因此，静电场是无旋场，恒定磁场是有旋场。

应用安培环路定理可以方便地计算某些具有特殊对称性的电流的磁场分布。具体计算一般按以下步骤：①根据电流分布的对称性分析磁场分布的对称性；②选取合适的闭合积分路径 L（称为安培环路），注意闭合路径 L 的选择一定要便于使积分 $\oint_L \boldsymbol{B} \cdot \mathrm{d}\boldsymbol{l}$ 中的 $\boldsymbol{B}$ 能以标量的形式从积分号中提出来；③应用安培环路定理求出 $\boldsymbol{B}$ 的数值并确定 $\boldsymbol{B}$ 的方向。

能够直接用安培环路定理计算磁场的电流分布有以下几种情形：①具有轴对称性的无限长电流，因而磁场的分布也是轴对称性的；②具有平面对称性的无限大电流，因而 $\boldsymbol{B}$ 的大小也呈平面对称性，且 $\boldsymbol{B}$ 的方向平行于对称面；③均匀密绕的长直螺线管及螺绕环电流。下面举例说明。

（1）无限长圆柱形载流导线内外的磁场　设导线的半径为 R，电流 I 沿轴线方向均匀流过横

截面。由于电流分布对圆柱轴线具有对称性，因而磁场分布对轴线也具有对称性，在与 OP 对称的位置上取两根无限长直线元电流1和2，如图9-25b所示，它们的合磁场 $\mathrm{d}\boldsymbol{B}=\mathrm{d}\boldsymbol{B}_1+\mathrm{d}\boldsymbol{B}_2$ 必垂直于 OP，沿圆周的切向，由于整个圆柱形电流可分成许多对称的细元电流，叠加的结果必然是沿圆周的切线方向，因此磁感应线应该是在垂直轴线平面内以轴线为中心的同心圆，方向绕电流的方向逆时针旋转，如图9-25a所示，而且在同一圆周上磁感应强度 $\boldsymbol{B}$ 的大小相等。

过任意场点 P，在垂直轴线的平面内取一中心在轴线上、半径为 r 的圆周为积分的闭合路径，称为安培环路 L，积分方向与磁感应线的方向相同。由于 L 上 $\boldsymbol{B}$ 的大小处处相等，且 $\boldsymbol{B}$ 的方向沿 L 各点的切线方向，即与积分路径 $\mathrm{d}\boldsymbol{l}$ 的方向一致，所以沿 L 的 $\boldsymbol{B}$ 的环流为

$$\oint_L \boldsymbol{B}\cdot\mathrm{d}\boldsymbol{l}=\oint_L B\mathrm{d}l\cos\theta=B\oint_L \mathrm{d}l=2\pi rB=\mu_0\sum I_{内} \tag{9-58}$$

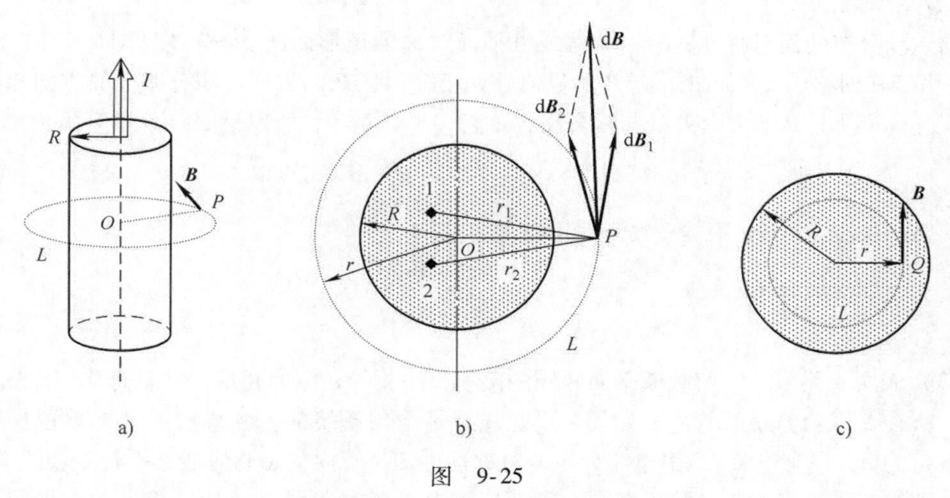

图　9-25

当 $r>R$ 时（见图9-25b），$\sum I_{内}=I$，则

$$B=\frac{\mu_0 I}{2\pi r} \tag{9-59}$$

当 $r<R$ 时（见图9-25c），$\sum I_{内}=\frac{I}{\pi R^2}\pi r^2=I\frac{r^2}{R^2}$，则

$$B=\frac{\mu_0 Ir}{2\pi R^2} \tag{9-60}$$

式（9-59）表明，在圆柱形导线外部，磁场分布与全部电流集中在轴线流过（无限长直电流）所激发的磁场相同，B 与 r 成反比。图9-26给出了 B 与 r 的关系曲线。

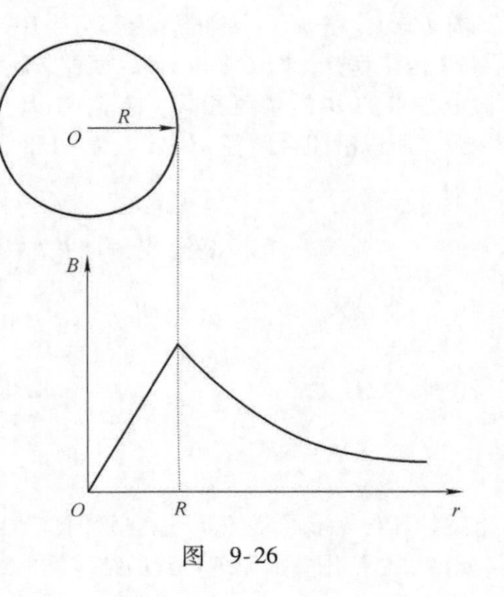

图　9-26

（2）无限大载流平面的磁场分布　设电流均匀地流过一无限大平面导体薄板，电流面密度为 j（即通过与电流方向垂直的单位长度的电流），如图9-27a所示。

将无限大载流薄板视为由无限多根平行排列的长直电流组成。对板外任意场点 P，相对 $\overline{OP}$ 对称地

取一对宽度相等的长直电流 $j\mathrm{d}l$ 和 $j\mathrm{d}l'$，它们在 P 点产生的磁感应强度分别为 $\mathrm{d}\boldsymbol{B}$ 和 $\mathrm{d}\boldsymbol{B}'$，如图 9-27b 所示。由对称性可知，它们的合磁场 $\mathrm{d}\boldsymbol{B}_{/\!/}$ 的方向平行于载流平面，因而无数对对称长直电流在 P 点产生的总磁场也一定平行于载流平面。由相同的分析可知，对平面另一侧的场点，其总磁场也与载流平面平行，但方向与 P 点的磁场方向相反，即载流平面两侧 $\boldsymbol{B}$ 的方向相反。又由于载流平面无限大，故磁场分布对载流平面具有对称性，即在与平面等距离的各点处 $\boldsymbol{B}$ 的大小相等。

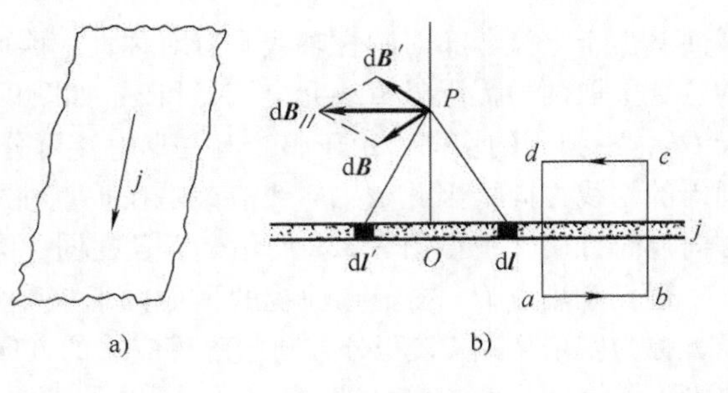

图 9-27

根据磁场分布的面对称性，取一相对载流平面对称的矩形回路 $abcda$（见图 9-27b）为安培环路 L，由于在回路的 ab 及 cd 段上 $\boldsymbol{B}$ 的量值处处相等，且 $\boldsymbol{B}$ 的方向与积分路径的方向相同；在回路的 bc 和 da 段上 $\boldsymbol{B}$ 的方向处处与积分路径垂直，$\boldsymbol{B}\cdot\mathrm{d}\boldsymbol{l}=0$，所以沿回路 $\boldsymbol{B}$ 的环流为

$$\oint_L \boldsymbol{B}\cdot\mathrm{d}\boldsymbol{l} = \int_a^b + \int_b^c + \int_c^d + \int_d^a \boldsymbol{B}\cdot\mathrm{d}\boldsymbol{l} = 2B\,\overline{ab} \tag{9-61}$$

穿过该回路的电流为 $j\,\overline{ab}$，根据安培环路定理得

$$2B\,\overline{ab} = \mu_0 j\,\overline{ab} \tag{9-62}$$

$$B = \frac{1}{2}\mu_0 j \tag{9-63}$$

式（9-63）表明，无限大均匀载流平面两侧的磁场大小相等、方向相反，并且是均匀磁场。

（3）无限长载流直螺线管内的磁场　设螺线管是均匀密绕的，缠绕密度（即单位长度上的线圈匝数）为 n，通有电流 I。由电流分布的对称性可知，管内的磁感应线是平行于轴线的直线，方向沿电流的右手螺旋方向，而且在同一磁感应线上 $\boldsymbol{B}$ 的量值处处相等。管外的磁场很弱，可忽略不计。过管内任意场点 P 作如图 9-28所示的矩形回路 $abcda$，在回路的 cd 段上以及 bc 和 da 段的管外部分，均有 $B=0$，在 bc 和 da 的管内部分，$\boldsymbol{B}$ 与 $\mathrm{d}\boldsymbol{l}$ 相互垂直，即 $\boldsymbol{B}\cdot\mathrm{d}\boldsymbol{l}=0$，回路 ab 段上各点的 $\boldsymbol{B}$ 的量值相等，方向与 $\mathrm{d}\boldsymbol{l}$ 一致，所以沿闭合路径 $abcda$ 上 $\boldsymbol{B}$ 的环流为

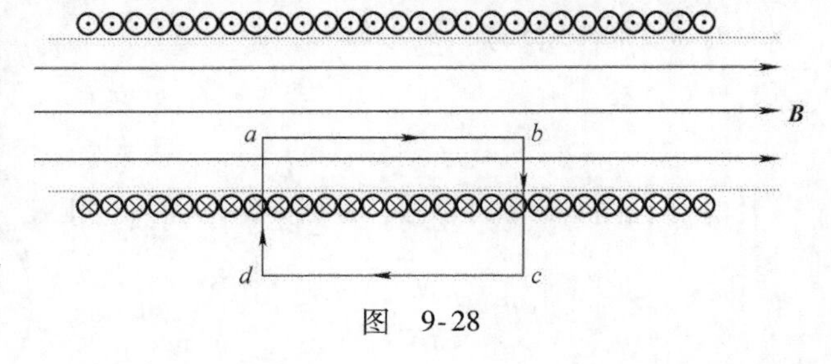

图 9-28

$$\oint_L \boldsymbol{B}\cdot\mathrm{d}\boldsymbol{l} = \int_a^b \boldsymbol{B}\cdot\mathrm{d}\boldsymbol{l} + \int_b^c \boldsymbol{B}\cdot\mathrm{d}\boldsymbol{l} + \int_c^d \boldsymbol{B}\cdot\mathrm{d}\boldsymbol{l} + \int_d^a \boldsymbol{B}\cdot\mathrm{d}\boldsymbol{l} \tag{9-64}$$

因为

$$\int_c^d \boldsymbol{B}\cdot\mathrm{d}\boldsymbol{l} = 0,\ \int_b^c \boldsymbol{B}\cdot\mathrm{d}\boldsymbol{l} = \int_d^a \boldsymbol{B}\cdot\mathrm{d}\boldsymbol{l} = 0 \tag{9-65}$$

所以

$$\oint_L \boldsymbol{B}\cdot\mathrm{d}\boldsymbol{l} = \int_a^b \boldsymbol{B}\cdot\mathrm{d}\boldsymbol{l} = B\,\overline{ab} = \mu_0\,\overline{ab}nI \tag{9-66}$$

$$B = \mu_0 nI = \mu_0\frac{N}{l}I \tag{9-67}$$

上述计算与矩形回路的 ab 边在管内位置无关，表明无限长载流直螺线管内的磁场是均匀磁场（此结果与使用叠加原理得到的结果是一致的，但叠加原理法只计算了轴线的场）。

物理知识应用案例：

载流螺绕环的磁场

绕在圆环上的螺线形线圈叫作螺绕环，如图9-29a所示。设环管的平均半径为R，环上均匀密绕N匝线圈，每匝线圈通有电流I。

根据电流分布的对称性可知，在管内的磁感应线为与环共轴的圆周，圆周上各点$\boldsymbol{B}$的大小相等，方向沿电流的右手螺旋方向。故取与环共轴、半径为r的圆周为安培环路L，如图9-29b所示。沿环路L的环流为

$$\oint_L \boldsymbol{B}\cdot \mathrm{d}\boldsymbol{l} = \oint B\mathrm{d}l = B\oint \mathrm{d}l = B2\pi r = \mu_0 NI$$

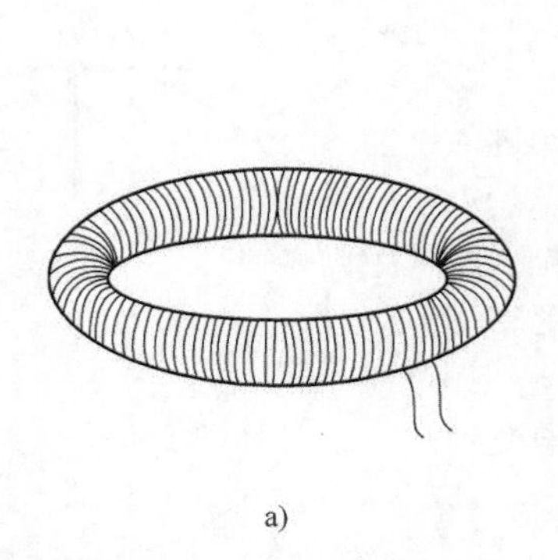

a)

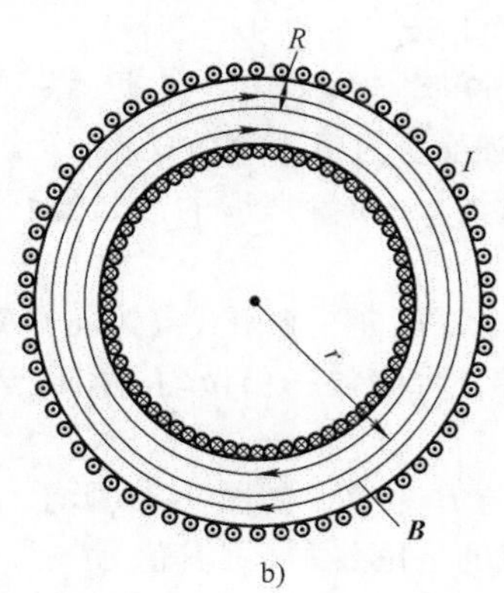

b)

图 9-29

穿过L的电流总和为NI。由安培环路定理得

$$B=\mu_0\frac{N}{2\pi r}I$$

在螺绕环横截面半径比环的平均半径R小得多（细环）的情形下，可取$r\approx R$，因而上式可表示为

$$B=\frac{\mu_0 NI}{2\pi R}=\mu_0 nI$$

式中，$n=\dfrac{N}{2\pi R}$为螺绕环的平均缠绕密度；$\boldsymbol{B}$的方向沿电流的右手螺旋方向。

对环外任意一点，若过该点作一与环共轴的圆周为安培环路L，则因穿过L的总电流为0，因而有$B=0$。

上述结果说明，密绕螺绕环的磁场全部限制在环内，磁感应线是一些与环共轴的同心圆，环外无磁场。当环的横截面半径远小于环的平均半径时，环内的磁场$B=\mu_0 nI$，与无限长直螺线管的磁场相同。这是因为，当环的半径趋于无限大时，螺绕环的一段就过渡为无限长的螺线管。

9.4 安培定律 磁力矩

9.4.1 中学物理知识回顾

1. 洛伦兹力

运动电荷在磁场中所受磁力为洛伦兹力。实验证明，一个运动电荷q在磁场中所受磁力$\boldsymbol{F}$与

电荷的电荷量 q、运动速度$\boldsymbol{v}$以及磁感应强度 $\boldsymbol{B}$ 有如下关系：

$$\boldsymbol{F}=q\boldsymbol{v}\times\boldsymbol{B} \tag{9-68}$$

式（9-68）表示磁场对运动电荷的作用力，也叫作洛伦兹公式。其中，$\boldsymbol{F}$ 的大小为

$$F=qvB\sin\theta \tag{9-69}$$

式中，θ 是$\boldsymbol{v}$与 $\boldsymbol{B}$ 间的夹角。显然，当 θ 为 0 或 π 时，洛伦兹力为零。

洛伦兹力 $\boldsymbol{F}$ 的方向垂直于$\boldsymbol{v}$与 $\boldsymbol{B}$ 决定的平面，指向与 q 的正负有关，当 q 为正电荷时，$\boldsymbol{F}$ 的指向为矢量积$\boldsymbol{v}\times\boldsymbol{B}$ 的方向，当 q 为负电荷时，$\boldsymbol{F}$ 的指向与矢量积$\boldsymbol{v}\times\boldsymbol{B}$ 的方向相反，如图 9-30 所示。

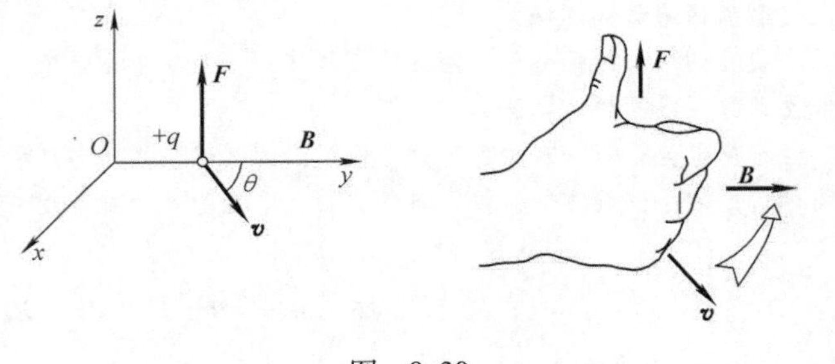

图 9-30

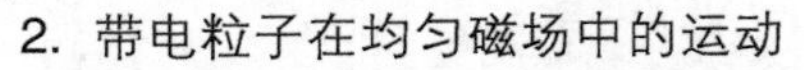

2. 带电粒子在均匀磁场中的运动

设在磁感应强度为 $\boldsymbol{B}$ 的均匀磁场中，有一电荷量为 q、质量为 m 的带电粒子，以初速$\boldsymbol{v}_0$进入磁场中运动：

1）如果$\boldsymbol{v}_0$与 $\boldsymbol{B}$ 同向，则由式（9-68）知，带电粒子所受洛伦兹力为零，带电粒子仍做匀速直线运动，不受磁场的影响。

2）如果$\boldsymbol{v}_0$与 $\boldsymbol{B}$ 垂直，如图 9-31 所示，这时粒子受到与运动方向垂直的洛伦兹力 $\boldsymbol{F}$，其值为

$$F=qv_0B$$

方向垂直于$\boldsymbol{v}_0$及 $\boldsymbol{B}$。所以粒子的速度大小不变，只改变方向，带电粒子将做匀速圆周运动，而洛伦兹力起着向心力的作用，因此

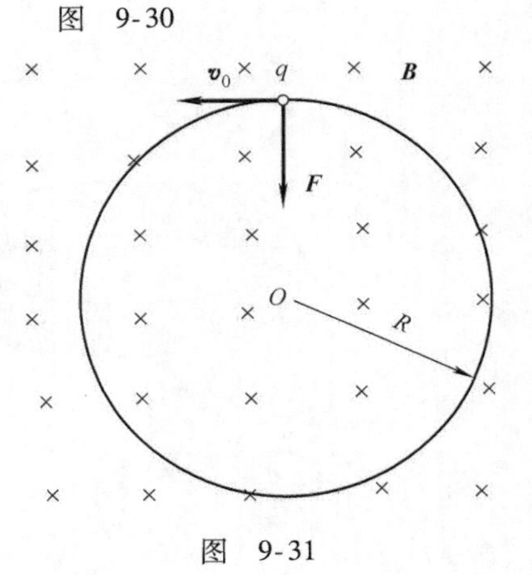

图 9-31

$$qv_0B=m\frac{v_0^2}{R}$$

圆形轨道半径为

$$R=\frac{mv_0}{qB} \tag{9-70}$$

由此可知，轨道半径与带电粒子的运动速度成正比，而与磁感应强度成反比。速度愈小，或磁感应强度愈大，轨道就弯曲得愈厉害。

带电粒子绕圆形轨道一周所需时间（即周期）为

$$T=\frac{2\pi R}{v_0}=\frac{2\pi m}{qB} \tag{9-71}$$

这一周期与 B 成反比，而与带电粒子的运动速度无关。

3）如果$\boldsymbol{v}_0$与 $\boldsymbol{B}$ 斜交成 θ 角，如图 9-32 所示，我们可把$\boldsymbol{v}_0$分解成两个分量；平行于 $\boldsymbol{B}$ 的分量 $v_{//}=v_0\cos\theta$ 和垂直于 $\boldsymbol{B}$ 的分量 $v_{\perp}=v\sin\theta$。由于磁场的作用，垂直于 $\boldsymbol{B}$ 的速度分量不改变其大小，而只改变方向，也就是说，带电粒子

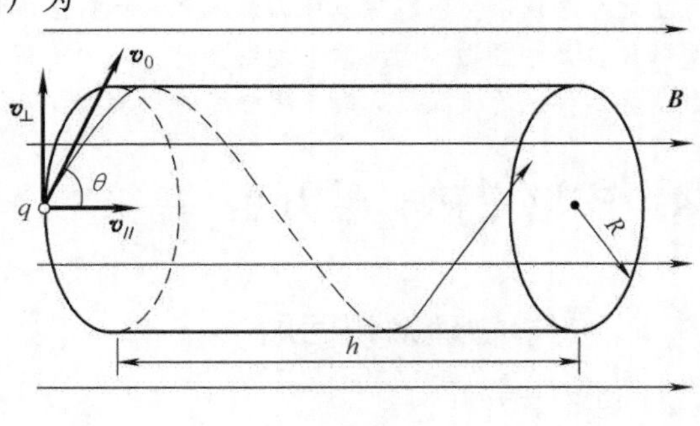

图 9-32

在垂直于磁场的平面内做匀速圆周运动。但是，由于同时有平行于 $\boldsymbol{B}$ 的速度分量 $v_{/\!/}$（$v_{/\!/}$不受磁场的影响，保持不变），所以带电粒子的轨道是一条螺旋线。螺旋线的半径由式（9-70）有

$$R=\frac{mv_0\sin\theta}{qB} \tag{9-72}$$

旋转一周的时间为

$$T=\frac{2\pi R}{v_0}=\frac{2\pi m}{qB} \tag{9-73}$$

螺距是

$$h=v_0\cos\theta T=\frac{2\pi mv_0\cos\theta}{qB} \tag{9-74}$$

由此可见，我们可以用磁场来控制带电粒子的运动。显然，也可以通过电场来控制带电粒子的运动。带电粒子在电磁场中的运动规律在近代科学技术中极为重要，例如，在电子光学技术（如电子射线示波管、电子显微镜等）和基本粒子的加速器技术中已经广泛应用。

物理知识应用案例

1. 磁聚焦

下面我们来介绍在电子显微镜中有重要应用的磁聚焦现象。设想在匀强磁场中（匀强磁场可由长直螺线管来实现）某点 A 发射出一束很窄的带电粒子流，其速度 $\boldsymbol{v}$ 差不多都相等，且与 $\boldsymbol{B}$ 的夹角 θ 都很小，如图9-33所示，则

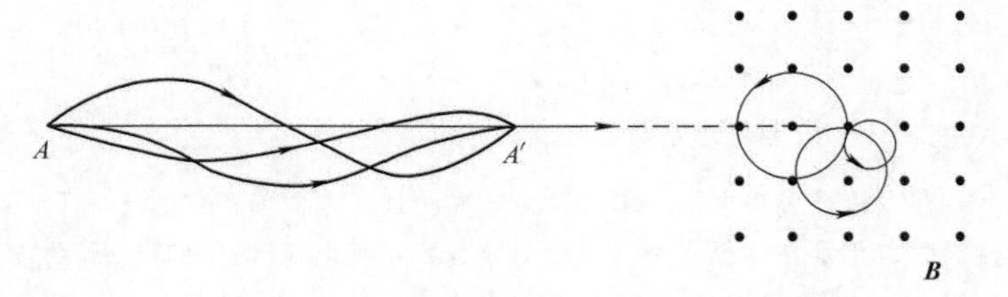

图　9-33

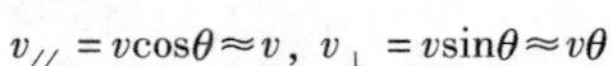

$$v_{/\!/}=v\cos\theta\approx v,\ v_{\perp}=v\sin\theta\approx v\theta$$

由于粒子的回旋半径 $R=\dfrac{mv_{\perp}}{qB}$，各粒子的 $v_{\perp}$ 不同，将沿不同半径的螺旋线前进。但由于它们速度的水平分量 $v_{/\!/}$ 近似相等，经过距离 $h=\dfrac{2\pi mv_{/\!/}}{qB}\approx\dfrac{2\pi mv}{qB}$ 后，它们又重新会聚在 A' 点，如图9-33所示。这与光束经透镜后聚焦的现象有些类似，所以叫作磁聚焦现象。在实际中用得更多的是短线圈产生的非均匀磁场的聚焦作用，如图9-34所示，短线圈的作用与光学中透镜的作用相似，故称为磁透镜。磁聚焦原理在许多电真空器件中有着广泛的应用。

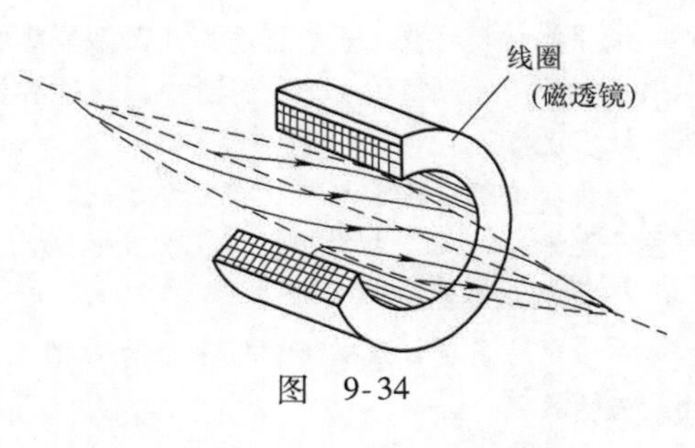

图　9-34

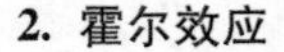

2. 霍尔效应

1879年霍尔发现，将一载流导体板放在磁场中，若磁场方向垂直于导体板并与电流方向垂直，如图9-35所示，则在导体板的上、下两侧面之间会产生一定的电势差。这一现象叫作霍尔效应，所产生的电势差叫作霍尔电压。

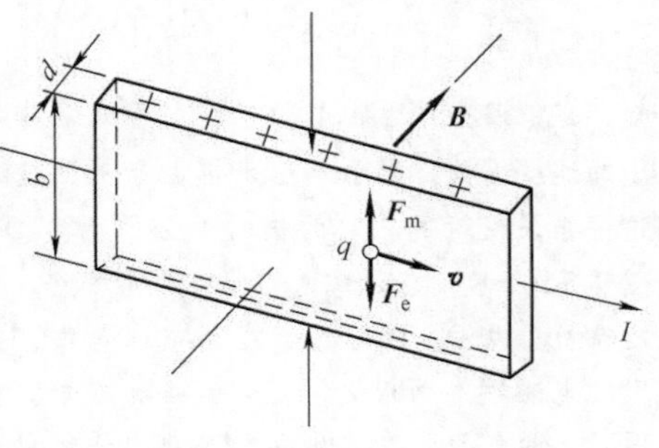

图　9-35

实验表明，霍尔电压 U_H 与导体中电流 I 及磁感应强度 B 成正比，与导体板的厚度 d 成反比，即

$$U_H=R_H\frac{IB}{d}$$

式中，比例系数 R_H 叫作霍尔系数，其值取决于导体的电学性质。下面我们给出理论解释。

产生霍尔效应的实质是导体中载流子在磁场中受到洛伦兹力的作用而发生横向漂移的结果。设导体中载流子数密度为 n，每个载流子的电荷量为 q，平均漂移速率为 v。它们在磁场中受到的洛伦兹力的大小为

$$F_m = qvB$$

$\boldsymbol{F}_m$ 的方向向上，载流子将向上漂移。若载流子带正电，$q>0$，则导体板的上、下两侧面将分别积累等量的正、负电荷，于是，在导体内形成一向下的附加电场 $\boldsymbol{E}_H$（也称霍尔电场）。这一电场又将对载流子作用一方向向下的电场力 $\boldsymbol{F}_e = q\boldsymbol{E}_H$。$\boldsymbol{F}_e$ 的大小随导体板上、下两侧积累的电荷的增加而增大，当 $\boldsymbol{F}_e$ 与 $\boldsymbol{F}_m$ 的大小相等时，两力达到平衡，载流子就不再有横向漂移，导体内的霍尔电场 $\boldsymbol{E}_H$ 达到稳定，这时导体板上、下两侧面间便产生一恒定的电势差，这便是霍尔电压 U_H。

由平衡条件

$$qE_H = qvB$$

得

$$E_H = vB$$

$$U_H = E_H b = vBb \qquad ①$$

又根据导体中电流 $I = qnvbd$，得

$$v = \frac{I}{qnbd}$$

代入式①，得

$$U_H = \frac{1}{qn}\frac{IB}{d}$$

式中，$\frac{1}{qn} = R_H$ 为霍尔系数。

若载流子带负电，$q<0$，则在电流和磁场方向都不变的情况下，洛伦兹力 $\boldsymbol{F}_m$ 将使负载流子向导体板上侧漂移，于是导体板的上、下两侧分别积累负电荷和正电荷，$\boldsymbol{E}_H$ 的方向应向上，因而导体板下端电势高于上端电势，即霍尔电压的极性与载流子带正电的情形相反。因此，根据霍尔电压的极性可以确定半导体的导电类型。

半导体材料的载流子数密度小，因而其霍尔系数大，效应较为明显，因此，常用于制作霍尔元件。霍尔效应现已广泛应用于生产及科研中，如用半导体材料制成的霍尔元件可以用来测量磁场、电流，确定载流子数密度等。

经典理论给出的霍尔系数与实验有一定的偏差，原因是没有考虑量子效应。霍尔效应的完整解释要使用量子理论。有兴趣的读者可以参考相关书籍。

3. 回旋加速器

由带电粒子在匀强磁场中做半径为 R 的圆周运动时的周期表达式

$$T = \frac{2\pi R}{v_0} = \frac{2\pi m}{qB}$$

可知，在低速条件下带电粒子在匀强磁场中旋转的周期与粒子的速度无关，用于加速带电粒子的回旋加速器就是根据这一结果设计的。它的核心部分是两个 D 形金属扁盒，如图 9-36 所示，在两盒之间留有一条窄缝，在窄缝中心附近放有粒子源 O。D 形盒装在真空容器中，整个装置放在巨大的电磁铁的两极之间，匀强磁场方向垂直于 D 形盒的底面。把两个 D 形盒分别接到高频电源的两极上，从粒子源 O 放射出的带电粒子经两 D 形盒间的电场加速后，垂直

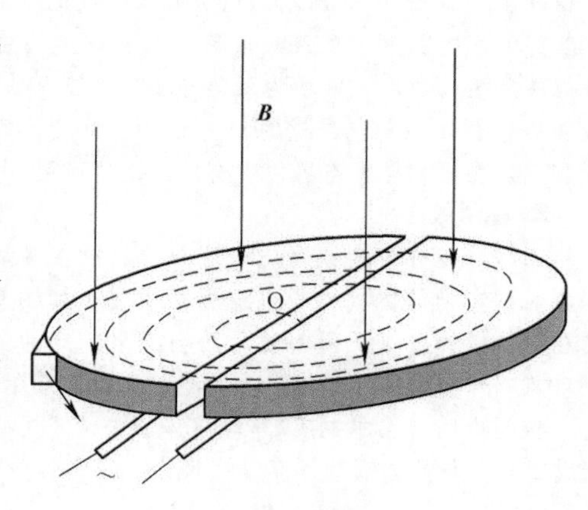

图 9-36

磁场方向进入某一D形盒内，在洛伦兹力的作用下做匀速圆周运动，经磁场偏转半个周期后又回到窄缝。此时窄缝间的电场方向恰好改变，带电粒子在窄缝中再一次被加速，以更大的速度进入另一D形盒做匀速圆周运动……这样，带电粒子不断被加速，直至它在D形盒内沿螺线轨道运动逐渐趋于盒的边缘，当粒子达到预期的速率后，用特殊装置将其引出。虽然粒子在反复加速过程中速率和半径都不断增大，但对确定的粒子，在盒内的回旋周期T却是不变的，因此，只要选定加在D形电极上的高频电压周期，就可以保证粒子在两盒缝隙中不断加速从而使粒子达到较高的能量，用回旋加速器可使粒子达到的最大能量约为60MeV。下面计算粒子加速后的最大动能E_k。

由于D形盒的半径R一定，粒子在D形盒中加速的最后半周的半径为R，由

$$Bqv=\frac{mv^2}{R}$$

可知

$$v=\frac{BqR}{m}$$

所以带电粒子的最大动能为

$$E_k=\frac{mv^2}{2}=\frac{B^2q^2R^2}{2m}$$

虽然洛伦兹力对带电粒子不做功，但E_k却与$\boldsymbol{B}$有关；假设加速电压为U，加速次数为n，则

$$nqU=\frac{mv^2}{2}=E_k$$

可知，加速电压的高低只会影响带电粒子加速的总次数，并不影响回旋加速后的最大动能。

由于相对论效应，当带电粒子的速率接近光速时，带电粒子的质量将显著增加，从而带电粒子做圆周运动的周期将随带电粒子质量的增加而加长。为了使带电粒子不断加速，交变电场的周期要随着粒子的加速过程同步变化，据此设计的加速器称为同步回旋加速器。

9.4.2 安培定律

置于磁场中的载流导线要受到磁场的作用力，其物理本质是形成电流的大量运动电荷受到了洛伦兹力的作用。考虑图9-37中置于磁场$\boldsymbol{B}$中的电流元$I\mathrm{d}\boldsymbol{l}$，其中一个以速度$\boldsymbol{v}_\mathrm{d}$运动的电荷受到的洛伦兹力为

$$\boldsymbol{F}=q\boldsymbol{v}_\mathrm{d}\times\boldsymbol{B}$$

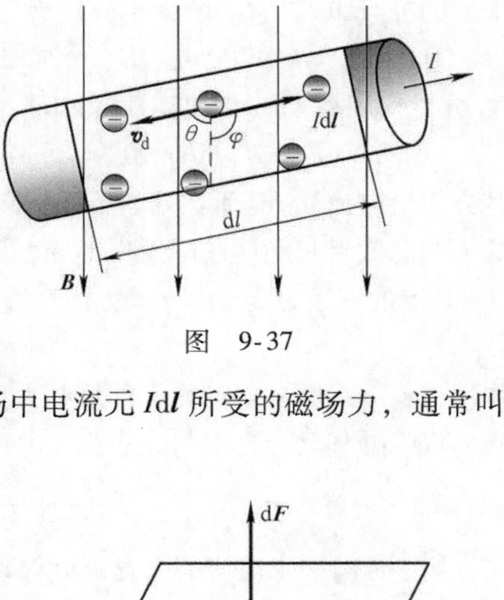

图　9-37

如果导体中运动电荷的数密度是n，则电流元$I\mathrm{d}\boldsymbol{l}$中运动电荷的总数为$nS\mathrm{d}l$，其受到的洛伦兹力的总和即为磁场中电流元$I\mathrm{d}\boldsymbol{l}$所受的磁场力，通常叫作安培力，为

$$\mathrm{d}\boldsymbol{F}=nS\mathrm{d}lq\boldsymbol{v}_\mathrm{d}\times\boldsymbol{B}=nqv_\mathrm{d}S\mathrm{d}\boldsymbol{l}\times\boldsymbol{B}=I\mathrm{d}\boldsymbol{l}\times\boldsymbol{B}\quad(9\text{-}75)$$

此处用到$I=nqv_\mathrm{d}S$，式（9-75）称为安培定律。

安培力的大小为

$$\mathrm{d}F=I\mathrm{d}lB\sin\theta\quad(9\text{-}76)$$

安培力的方向：$\mathrm{d}\boldsymbol{F}$的方向垂直于$I\mathrm{d}\boldsymbol{l}$和$\boldsymbol{B}$确定的平面，与$I\mathrm{d}\boldsymbol{l}$和$\boldsymbol{B}$符合右手螺旋法则，如图9-38所示，即$I\mathrm{d}\boldsymbol{l}\times\boldsymbol{B}$的方向。

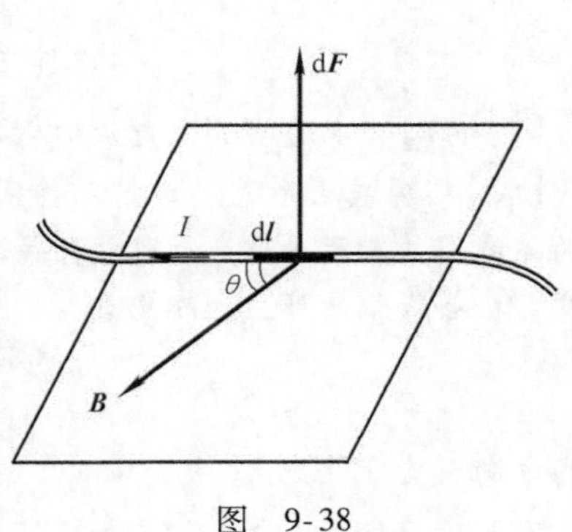

图　9-38

由电流元的安培力可求磁场对任意载流导线的作用力，为

$$\boldsymbol{F} = \int_L I\mathrm{d}\boldsymbol{l} \times \boldsymbol{B} \tag{9-77}$$

式（9-77）是一矢量式，实际计算时要对各分量式积分。即若各电流元受到的磁力 $\mathrm{d}\boldsymbol{F}$ 的方向不同，可先将 $\mathrm{d}\boldsymbol{F}$ 分解成 $\mathrm{d}F_x$、$\mathrm{d}F_y$ 及 $\mathrm{d}F_z$ 三个分量，再积分求合磁力 $\boldsymbol{F}$ 的各分量，即

$$F_x = \int \mathrm{d}F_x,\ F_y = \int \mathrm{d}F_y,\ F_z = \int \mathrm{d}F_z \tag{9-78}$$

然后求出合磁力 $\boldsymbol{F}$，其大小为

$$F = \sqrt{F_x^2 + F_y^2 + F_z^2} \tag{9-79}$$

各个积分的范围（积分限）是载流导线。

由式（9-77）可计算均匀磁场对载流直导线作用力

$$\boldsymbol{F} = I\left(\int_L \mathrm{d}\boldsymbol{l}\right) \times \boldsymbol{B} = I\boldsymbol{L} \times \boldsymbol{B}$$

力的大小为 $F = ILB\sin\theta$，正是我们中学熟悉的公式。

下面重点研究非匀强磁场对平面载流线圈的安培力作用。在非匀强磁场中，线圈所受的合力和合力矩一般都不会等于零，所以线圈既有转动又有平动。为便于说明，举一个特殊的例子。

设有一辐射型磁场如图 9-39 所示，一半径为 R 的圆形线圈，其圆心在磁场的对称轴上，其法线方向与线圈中心处 $\boldsymbol{B}$ 的方向相同，在线圈上任取一电流元 $I\mathrm{d}\boldsymbol{l}$，该处 $\boldsymbol{B}$ 与线圈平面法线 $\boldsymbol{e}_n$ 方向的夹角为 φ，把 $\boldsymbol{B}$ 分解为垂直于线圈平面的分量 $\boldsymbol{B}_{\perp}$ 和平行于线圈平面的分量 $\boldsymbol{B}_{/\!/}$，它们的大小分别为

$$B_{\perp} = B\cos\varphi,\ B_{/\!/} = B\sin\varphi$$

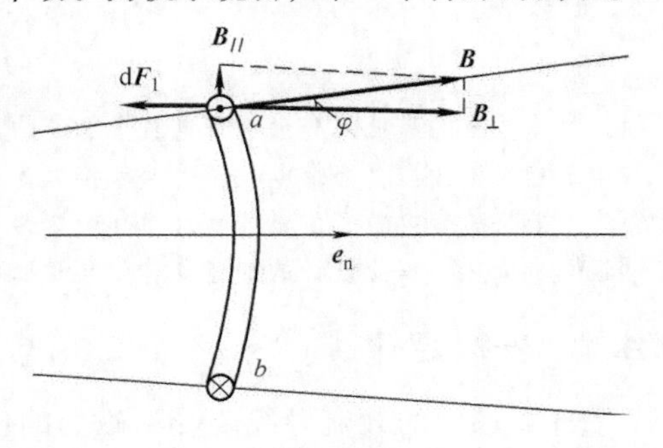

图 9-39

$\boldsymbol{B}_{\perp}$ 分量作用在 $I\mathrm{d}\boldsymbol{l}$ 上的安培力为 $\mathrm{d}\boldsymbol{F}_2$，其大小为

$$\mathrm{d}F_2 = B_{\perp} I\mathrm{d}l\sin 90° = BI\cos\varphi\mathrm{d}l$$

其方向沿电流元 $I\mathrm{d}\boldsymbol{l}$ 所在处的半径指向外。由对称性可知，对整个线圈来说，作用在各电流元上的力的总效果只能使线圈发生形变，不能使线圈发生平动或转动；另一磁场分量 $\boldsymbol{B}_{/\!/}$ 作用在电流元 $I\mathrm{d}\boldsymbol{l}$ 上的安培力为 $\mathrm{d}\boldsymbol{F}_1$，其方向垂直于线圈平面向左，大小为

$$\mathrm{d}F_1 = B_{/\!/} I\mathrm{d}l\sin 90° = I\sin\varphi\mathrm{d}l$$

作用在整个线圈各电流元上的这些力方向相同，大小相等。所以合力使线圈整体由磁场较弱处向磁场较强处移动。合力的大小为

$$F_1 = \int \mathrm{d}F_1 = \int_0^{2\pi R} BI\sin\varphi\mathrm{d}l = 2\pi BIR\sin\varphi \tag{9-80}$$

【例 9-7】 求通有异向电流时两无限长平行载流直导线单位长度间的相互作用力。

【解】 两载流导线间的相互作用力实质上是一载流导线的磁场对另一载流导线的作用力。设两导线间的距离为 a，分别通有异向电流 I_1 和 I_2，如图 9-40 所示。根据长直电流的磁场公式，导线 1 在导线 2 处产生的磁场为

$$B_1 = \frac{\mu_0 I_1}{2\pi a}$$

$\boldsymbol{B}_1$ 的方向垂直于导线 2。

由安培力公式，导线 2 上电流元 $I_2\mathrm{d}\boldsymbol{l}_2$ 受到的磁力为 $\mathrm{d}\boldsymbol{F}_{21} = I_2\mathrm{d}\boldsymbol{l}_2 \times \boldsymbol{B}_1$，其大小为

$$\mathrm{d}F_{21}=I_2\mathrm{d}l_2B_1=\frac{\mu_0I_1I_2\mathrm{d}l_2}{2\pi a}$$

$\mathrm{d}\boldsymbol{F}_{21}$的方向在两导线构成的平面内，并垂直指向导线1。

同理，导线2产生的磁场作用在导线1的电流元 $I_1\mathrm{d}\boldsymbol{l}_1$ 上的磁力大小为

$$\mathrm{d}F_{12}=\frac{\mu_0I_1I_2\mathrm{d}l_1}{2\pi a}$$

$\mathrm{d}\boldsymbol{F}_{12}$的方向与 $\mathrm{d}\boldsymbol{F}_{21}$的方向相反。

因此，单位长度导线所受磁力的大小为

$$F=\frac{\mathrm{d}F_{21}}{\mathrm{d}l_2}=\frac{\mathrm{d}F_{12}}{\mathrm{d}l_1}=\frac{\mu_0I_1I_2}{2\pi a}$$

上述讨论表明，当两平行长直导线通有反向电流时，其间磁相互作用力是排斥力，类似可以分析，通有反向电流时，是吸引力。

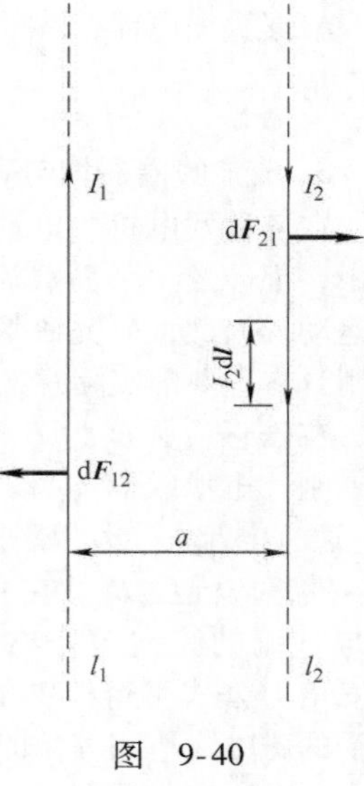

图　9-40

在国际单位制中，电流的单位“安培”就是根据上式定义的。设在真空中两无限长平行直导线相距1m，通以大小相等的电流。如果导线每米长度的作用力为2×10^{-7}N，则每根导线上的电流就规定为1“安培”。

9.4.3　磁力矩

1. 平面载流线圈的磁矩

在前面讲到载流圆线圈轴线上的磁场时我们曾提到圆电流磁偶极矩的概念，并与电偶极子做了类比，读者初步体会了电与磁的对称性。下面我们把圆电流磁矩的概念拓展到任意闭合回路电流的情况。若以 S 表示载流线圈包围的面积，并规定 S 的法线方向与电流的流向成右手螺旋关系，法向单位矢量记为 $\boldsymbol{e}_n$，定义面积矢量为 $\boldsymbol{S}=S\boldsymbol{e}_n$，并进一步定义平面载流线圈的磁矩为

$$\boldsymbol{m}=I\boldsymbol{S}=IS\boldsymbol{e}_n \tag{9-81}$$

磁矩是一矢量，其大小就是 IS，方向即为 S 的法线方向。如果线圈有 N 匝，则

$$\boldsymbol{m}=NI\boldsymbol{S} \tag{9-82}$$

电偶极子在电场中要受到力矩的作用，同样，磁矩在磁场中要受到磁力矩的作用，其本质是载流导线上各电流元受到的磁力对定轴或定点产生的力矩。由于磁力对定点的力矩较复杂，在这里我们只讨论载流导线所受的磁力对定轴的力矩。

2. 定轴转动磁力矩的一般计算

设载流导线在磁力作用下可绕某一定轴 z 转动，O 点是任一电流元 $I\mathrm{d}\boldsymbol{l}$ 的转动平面与转轴的交点，$\boldsymbol{r}$ 为 O 点到电流元所在位置的矢径，如图 9-41 所示。

只有在转动平面内的力才会产生对转轴的力矩，而垂直于转动平面的力对转轴的力矩为零，以 $\mathrm{d}\boldsymbol{F}_{/\!/}$表示电流元 $I\mathrm{d}\boldsymbol{l}$ 受到的磁力 $I\mathrm{d}\boldsymbol{l}\times\boldsymbol{B}$ 在转动平面内的分力，则该力对转轴的磁力矩为

$$\mathrm{d}\boldsymbol{M}=\boldsymbol{r}\times\mathrm{d}\boldsymbol{F}_{/\!/} \tag{9-83}$$

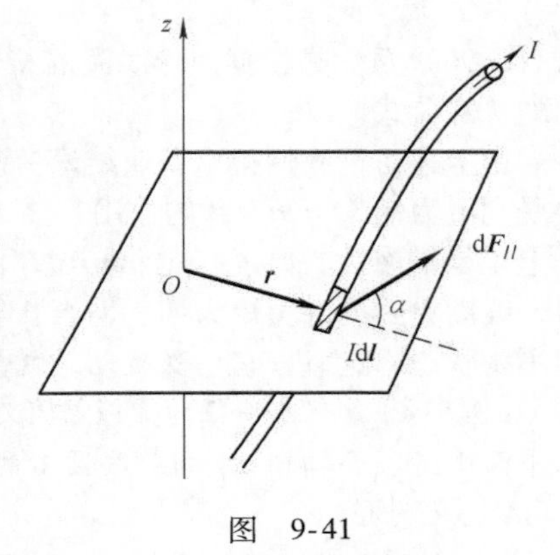

图　9-41

$\mathrm{d}\boldsymbol{M}$ 的大小为

$$\mathrm{d}M=r\mathrm{d}F_{/\!/}\sin\alpha \tag{9-84}$$

式中，α 为 $\boldsymbol{r}$ 与 $\mathrm{d}\boldsymbol{F}_{/\!/}$的夹角。$\mathrm{d}\boldsymbol{M}$ 的方向沿转轴，可用正、负号表示它的指向。

根据叠加原理，一根有限长载流导线在磁场中受到的磁力对给定转轴的磁力矩可表示为

$$M = \int \mathrm{d}M' = \int r\mathrm{d}F_{/\!/} \sin\alpha \tag{9-85}$$

3. 载流线圈在均匀磁场中受到的磁力矩

在各种发电机、电动机和磁电式仪表中，都涉及了平面载流线圈在磁场中的运动，因此，研究磁场对载流线圈的作用具有重要的实际意义。如图9-42所示，在磁感应强度为 $\boldsymbol{B}$ 的均匀磁场中，有一刚性矩形线圈 $abcd$，其边长为 l_1 和 l_2，通有电流 I。设线圈平面的法向矢量 $\boldsymbol{n}$ 与磁感应强度 $\boldsymbol{B}$ 的夹角为 θ（$\boldsymbol{n}$ 的方向与电流的流向遵守右手螺旋关系）。由安培力公式可得线圈的 ab 边和 cd 边所受的磁力大小相等，即

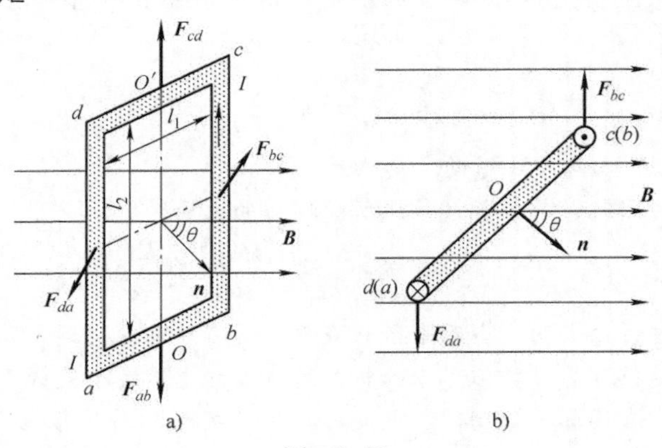

图 9-42

$$\begin{aligned} F_{ab} &= Il_1 B\sin\left(\frac{\pi}{2} + \theta\right) = Il_1 B\cos\theta \\ F_{cd} &= Il_1 B\sin\left(\frac{\pi}{2} + \theta\right) = Il_1 B\cos\theta = F_{ab} \end{aligned} \tag{9-86}$$

$\boldsymbol{F}_{ab}$ 与 $\boldsymbol{F}_{cd}$ 方向相反，且它们的作用线在同一直线上，所以这一对力不产生任何效果。bc 边 da 边都与 $\boldsymbol{B}$ 垂直，它们受到的磁力大小也相等，即

$$F_{bc} = F_{da} = Il_2 B \tag{9-87}$$

$\boldsymbol{F}_{bc}$ 与 $\boldsymbol{F}_{da}$ 的方向也相反，它们的合力为零，但这两个力的作用线不在同一直线上，因而形成一力偶，它们对线圈作用的磁力矩为

$$\begin{aligned} M &= F_{bc}\frac{l_1}{2}\sin\theta + F_{da}\frac{l_1}{2}\sin\theta \\ &= Il_1 l_2 B\sin\theta = ISB\sin\theta \end{aligned} \tag{9-88}$$

式中，$S = l_1 l_2$ 为线圈的面积。考虑到力矩的方向，式（9-88）可用矢量式表示为

$$\boldsymbol{M} = IS(\boldsymbol{n} \times \boldsymbol{B}) \tag{9-89}$$

由于 $\boldsymbol{m} = IS\boldsymbol{n}$，为线圈的磁矩，于是式（9-89）可写成

$$\boldsymbol{M} = \boldsymbol{m} \times \boldsymbol{B} \tag{9-90}$$

式（9-90）虽然是根据矩形线圈的特例导出的，但可以证明，它是关于载流平面线圈所受磁力矩的普遍公式。

由上述讨论我们得出普遍结论：任意形状的载流平面线圈在均匀磁场中所受合磁力为零，但要受到磁力矩 $\boldsymbol{M} = \boldsymbol{m} \times \boldsymbol{B}$ 的作用。该磁力矩总是力图使线圈的磁矩 $\boldsymbol{m}$ 转到磁场 $\boldsymbol{B}$ 的方向（这实际上正是指南针的原理）。当 $\boldsymbol{m}$ 与 $\boldsymbol{B}$ 的夹角 $\theta = \pi/2$ 时，线圈受到的磁力矩最大；当 $\theta = 0$ 或 π 时，线圈受到的磁力矩为零。但当 $\theta = 0$ 时，线圈处于稳定平衡状态；当 $\theta = \pi$ 时，线圈处于非稳定平衡状态，这时，它稍受扰动，就会在磁力矩作用下发生转动，直到 $\boldsymbol{m}$ 转到 $\boldsymbol{B}$ 的方向为止。

【例9-8】 有一半径为 R、电流为 I 的半圆形导线 ab 置于均匀磁场 $\boldsymbol{B}$ 中，$\boldsymbol{B}$ 与半圆形导线所在平面平行。设转轴 AA' 到导线圆心的距离为 d，如图9-43所示。求半圆形导线受到的磁力对转轴 AA' 的磁力矩。

【解法1】 在半圆形导线 ab 上任意 θ 处取一电流元 $I\mathrm{d}\boldsymbol{l}$，如图9-43所示，其受到的安培力的大小为

$$dF = IdlB\sin(\pi - \theta) = IdlB\sin\theta$$

$d\boldsymbol{F}$ 的方向垂直纸面向里，$d\boldsymbol{F}$ 在 $I\mathrm{d}\boldsymbol{l}$ 的转动平面内，根据磁力矩的定义，$d\boldsymbol{F}$ 对 AA'的磁力矩 $d\boldsymbol{M}$ 的大小为

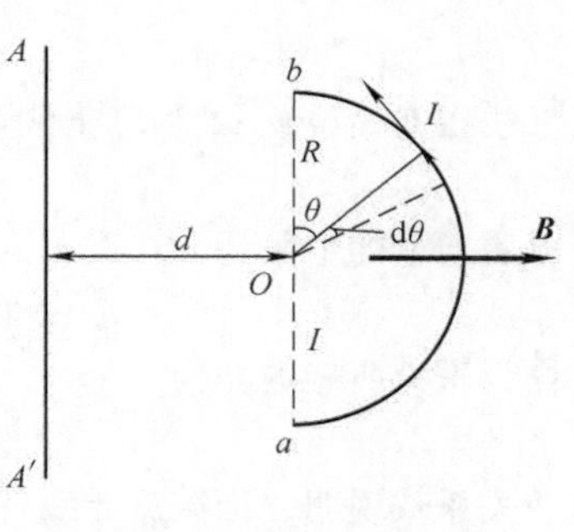

图　9-43

$$dM = r\mathrm{d}F\sin\frac{\pi}{2} = rIdlB\sin\theta$$

将 $r = d + R\sin\theta$，$\mathrm{d}l = R\mathrm{d}\theta$ 代入上式，得

$$dM = (d + R\sin\theta)IBR\sin\theta\mathrm{d}\theta$$

$d\boldsymbol{M}$ 的方向沿 AA'轴向上。由于各电流元所受安培力 $d\boldsymbol{F}$ 的方向均相同，它们对转轴的磁力矩 $d\boldsymbol{M}$ 的方向也均相同，所以半圆形导线所受磁力对 AA'轴的磁力矩 $\boldsymbol{M}$ 的大小为

$$M = \int \mathrm{d}M = \int_0^{\pi}(d + R\sin\theta)IBR\sin\theta\mathrm{d}\theta = IBR\left(2d + \frac{\pi}{2}R\right)$$

$\boldsymbol{M}$ 的方向沿 AA'轴向上。

【解法 2】　设想用一直导线 ba 将半圆形导线连成一闭合线圈（见图 9-44），则作用在线圈上的合磁力矩 $\boldsymbol{M}_{合}$ 为半圆形导线受到的磁力矩 $\boldsymbol{M}$ 和直导线 ba 受到的磁力矩 $\boldsymbol{M}_{ba}$ 的矢量和，即

$$\boldsymbol{M}_{合} = \boldsymbol{M} + \boldsymbol{M}_{ba}$$

$\boldsymbol{M}_{合}$ 的大小为

$$M_{合} = mB = \frac{1}{2}\pi R^2 IB$$

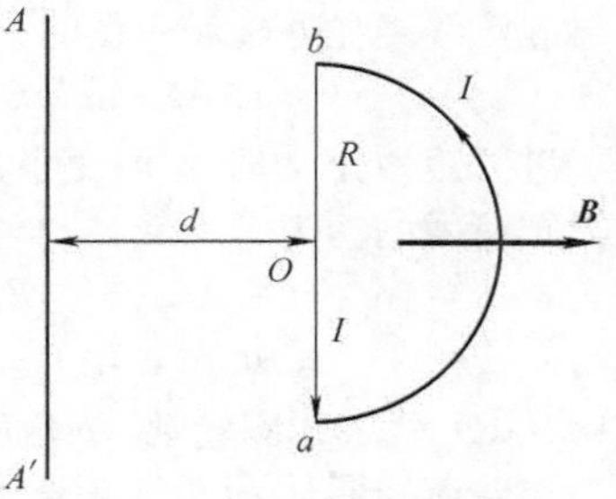

$\boldsymbol{M}_{合}$ 的方向沿 AA'轴向下。

图　9-44

直导线 ba 受到的磁力 $\boldsymbol{F}_{ba}$ 的大小为

$$F_{ba} = 2IBR$$

$\boldsymbol{F}_{ba}$ 的方向垂直纸面向外，它对 AA'轴的磁力矩 $\boldsymbol{M}_{ba}$ 的大小为

$$M_{ba} = dF_{ba} = 2IBRd$$

$\boldsymbol{M}_{ba}$ 的方向沿 AA'轴向下。故半圆形导线受到的对 AA'轴的磁力矩为

$$M = M_{合} - (-M_{ba}) = IBR\left(\frac{\pi}{2}R + 2d\right)$$

4. 磁力的功

载流导线或载流线圈在磁场中会受到磁力（安培力）或磁力矩的作用，因此，当导线或线圈的位置或方位改变时，磁力或磁力矩就会做功。下面从一些特殊情况出发，建立磁力或磁力矩做功的一般公式。

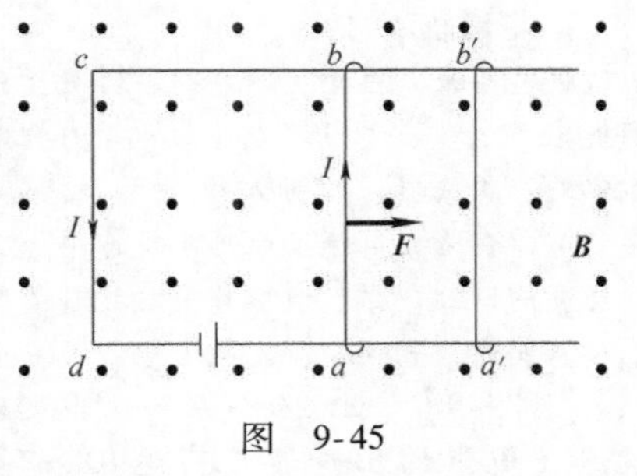

图　9-45

（1）载流导线在磁场中运动时磁力所做的功　设有一匀强磁场，磁感应强度 $\boldsymbol{B}$ 的方向垂直于纸面向外，如图 9-45所示，磁场中有一闭合电路 $abcd$（设在纸面上），电流 I 不变，电路中导线 ab 之长为 l，ab 可以沿着 da 和 cb 滑动。按安培定律，载流导线 ab 在磁场中所受的力 $\boldsymbol{F}$ 在纸面上，指向右，$\boldsymbol{F}$ 的大小为

$$F = IBl \tag{9-91}$$

在力 $\boldsymbol{F}$ 作用下，ab 从初始位置移动到 $a'b'$，磁力 $\boldsymbol{F}$ 所做的功为

$$A = F\,\overline{aa'} = IBl\,\overline{aa'} \tag{9-92}$$

当导线在初始位置 ab 和终止位置 $a'b'$ 时，通过的磁通量分别为

$$\Phi_{m1} = Bl\,\overline{da},\ \Phi_{m2} = Bl\,\overline{da'} \tag{9-93}$$

所以磁通量的增量为

$$\Delta\Phi_m = \Phi_{m2} - \Phi_{m1} = Bl(\overline{da'} - \overline{da}) = Bl\,\overline{aa'}$$

这样，磁力所做的功为

$$A = I\Delta\Phi_m \tag{9-94}$$

这一关系式说明，当载流导线在磁场中运动时，如果电流保持不变，磁力所做的功等于电流乘以导线所扫过面积内通过的磁通量。

（2）载流线圈在磁场内转动时磁力矩所做的功　设有一面积为 S 的载流线圈在匀强磁场内转动，如图 9-46 所示。设法使线圈中的电流 I 维持不变。现在计算线圈转动时磁力矩所做的功。

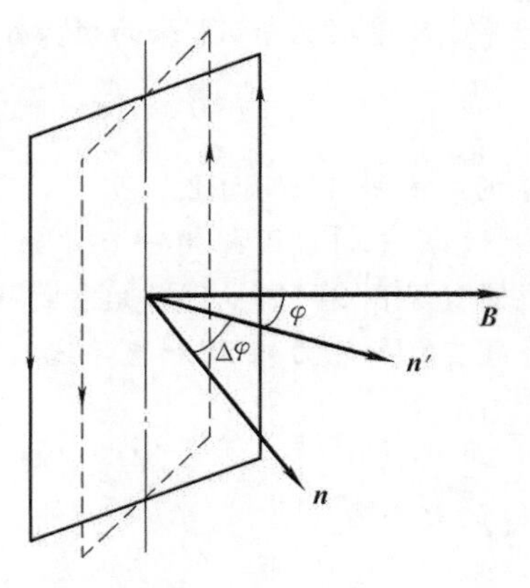

图　9-46

载流线圈在外磁场中受的力矩为

$$\boldsymbol{M} = \boldsymbol{m} \times \boldsymbol{B} = IS\boldsymbol{n} \times \boldsymbol{B} \tag{9-95}$$

由于磁力矩做正功时 φ 角变小，所以当线圈转过 $\mathrm{d}\varphi$ 角度时，磁力矩所做的功为

$$\begin{aligned}\mathrm{d}A &= -M\mathrm{d}\varphi = -IBS\sin\varphi\mathrm{d}\varphi \\ &= IBS\mathrm{d}(\cos\varphi) = I\mathrm{d}(\boldsymbol{B}\cdot S\boldsymbol{n}) = I\mathrm{d}\Phi_m\end{aligned} \tag{9-96}$$

式中，$\mathrm{d}\Phi_m$ 代表线圈转动 $\mathrm{d}\varphi$ 角度后磁通量的增量。

当载流线圈从 φ_1 角转到 φ_2 角时，磁力矩所做的功为

$$A = \int \mathrm{d}A = \int_{\Phi_{m1}}^{\Phi_{m2}} I\mathrm{d}\Phi_m = I(\Phi_{m2} - \Phi_{m1}) = I\Delta\Phi_m \tag{9-97}$$

式中，Φ_{m1} 和 Φ_{m2} 分别表示线圈在 φ_1 和 φ_2 角时通过线圈平面的磁通量。

由此可见，一个任意的闭合线圈在均匀磁场中改变位置或形状时，磁力矩所做的功等于电流乘以通过载流线圈平面的磁通量的增量。

物理知识应用案例

1. 电磁轨道炮

近些年来，由于在超导材料研究上的突破，无损耗输送强大电流（$10^5 \sim 10^6$A）成为可能，因此，人们提出了很多应用安培力作为驱动力的电磁推进方案，目前正在发展的电磁轨道炮就是利用上述原理发射炮弹的一种武器，如图 9-47 所示，弹道由两个相互平行的扁平长直导电轨道组成，两导电轨道间由炮弹连接，炮弹在强大电流产生的磁场作用下被加速，以很大的速度射出。一般来说，普通火炮要受到结构和材料强度的制约，而轨道炮却没有这种限制，因此，轨道炮成为一种很具有吸引力和发展前景的武器，目前已投入使用，并还在深入研究中。

【例 9-9】　正在研究的一种电磁轨道炮（炮弹的出口速度可达 10km/s）的原理如图 9-47 所示。炮弹置于两条平行导轨之间，通以电流后炮弹会被磁力加速而以高速从出口射出。以 I 表示电流，R 表示导轨（视为圆柱）半径，a 表示两轨面之间的距离。将

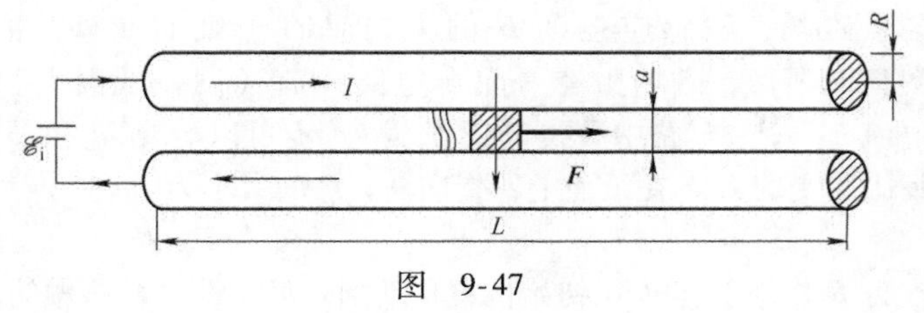

图　9-47

导轨近似地按无限长处理，证明炮弹所受的磁力大小可以近似地表示为

$$F = \int_R^{a+R} I(B_1 + B_2)\mathrm{d}r = \int_R^{a+R} \frac{\mu_0 I^2}{4\pi}\left(\frac{1}{r} + \frac{1}{2R + a - r}\right)\mathrm{d}r = \frac{\mu_0 I^2}{2\pi}\ln\frac{a + R}{R}$$

设导轨长度$L=5.0\mathrm{m}$，$a=1.2\mathrm{cm}$，$R=6.7\mathrm{cm}$，炮弹质量为$m=317\mathrm{g}$，发射速度为$4.2\mathrm{km/s}$。问：

（1）该炮弹在导轨内的平均加速度是重力加速度的几倍？（设炮弹由导轨末端启动）

（2）通过导轨的电流应为多大？

（3）以能量转换效率40%计，炮弹发射需要多大功率的电源？

【解】 炮弹受到的磁力为（炮弹处磁场B_1按半无限长直电流计）

$$F = 2\int_R^{a+R} IB_1\mathrm{d}r = 2\int_R^{a+R} \frac{\mu_0 I^2}{4\pi r}\mathrm{d}r = \frac{\mu_0 I^2}{2\pi}\ln\frac{a + R}{R}$$

（1）炮弹的平均加速度为

$$\bar{a} = v^2/2L = (4.2\times10^3)^2/(2\times5.0)\mathrm{m\cdot s^{-2}} = 1.76\times10^6\mathrm{m\cdot s^{-2}}$$

这一加速度与重力加速度的倍数为

$$\frac{\bar{a}}{g} = \frac{1.76\times10^6}{9.8} = 1.8\times10^5$$

（2）由$F=m\bar{a}$可得

$$\frac{\mu_0 I^2}{2\pi}\ln\frac{a+R}{R} = m\bar{a}$$

由此可得

$$I = \left\{\frac{2\pi m\bar{a}}{\mu_0\ln[(a+r)/r]}\right\}^{1/2} = \left\{\frac{2\pi\times317\times10^{-3}\times1.76\times10^6}{4\pi\times10^{-7}\times\ln[(1.2+6.7)/6.7]}\right\}^{1/2}\mathrm{A} = 4.1\times10^6\mathrm{A}$$

（3）所需电源的功率应为

$$P = \frac{1}{2}\frac{mv^2}{(0.4t)} = \frac{1}{2}\frac{mv^2}{(0.4\times2L/v)} = \frac{mv^3}{1.6L}$$

$$= \frac{317\times10^{-3}\times4.2^3\times10^9}{1.6\times5.0}\mathrm{W} = 2.9\times10^9\mathrm{W} = 2.9\mathrm{MkW}$$

2. 电磁泵

电磁泵是利用安培力作为驱动力的另一种装置。如图9-48所示，在和电流、磁场垂直的方向上若有液态金属（如钠、锂、铋等）或电离的液体通过导管，则安培力将沿导管作用于液体，迫使液体在管内做定向流动，这就是电磁泵的工作原理。在核反应堆系统中，为了把反应堆产生的热量取出来，需要用泵传送灼热的液体，如果用普通的金属泵输送灼热的液体，很快就会将泵的叶片烧毁而无法运转，电磁泵恰好克服了这一缺点。电磁泵在医学技术上也得到了应用，由于血液中含有离子，可以导电，因此可以使用电磁泵抽动血液，一般带有可动部件的普通机械泵会损害血液细胞，而电磁泵内部除了血液本身流动外，没有其他运动的部件，不会损害血液细胞。同时，利用电磁泵制作的血泵是全密封的，也消除了污染的危险。

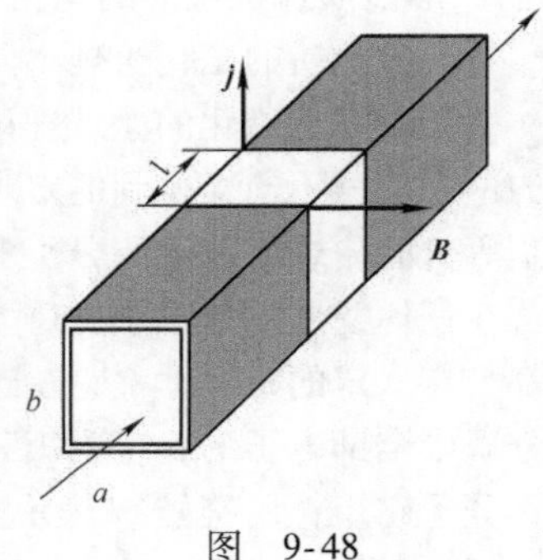

图 9-48

【例9-10】 图9-48所示为输送液态钠的管道，在长为l的部分加一横向磁场$\boldsymbol{B}$，同时垂直于磁场和管道通以电流，其电流密度为$\boldsymbol{j}$。

（1）证明：在管内液体l段两端由磁力产生的压力差为$\Delta p=jlB$，此压力差将驱动液体沿管道流动；

（2）问若要在l段两端产生$1.013\times10^5\mathrm{Pa}$的压力差，那么电流密度应为多大？（设$B=1.50\mathrm{T}$，$l=2.00\mathrm{cm}$）

【解】 （1）$\Delta p = \dfrac{F}{S} = \dfrac{IBb}{ab} = \dfrac{jalB}{a} = jBl$

（2）$j=\frac{\Delta p}{Bl}=\frac{1.00\times1.013\times10^{5}}{1.50\times2.00\times10^{-2}}\mathrm{A\cdot m^{-2}}=3.38\times10^{6}\mathrm{A\cdot m^{-2}}=338\mathrm{A\cdot cm^{-2}}$

9.5　磁介质中的安培环路定理

9.5.1　磁介质

1. 磁介质的分类

磁介质对磁场的影响可以通过下面的实验来观测。图9-49所示为一长直螺线管，先让管内保持真空（或空气）（见图9-49a）。在导线中通以电流I，测出管内的磁感应强度，然后保持电流I不变，将管内均匀充满某种磁介质（见图9-49b），再测出管内磁感应强度。若以$\boldsymbol{B}_0$和$\boldsymbol{B}$分别表示管内为真空和充满磁介质时的磁感应强度，则实验结果表明它们之间的关系可表示为

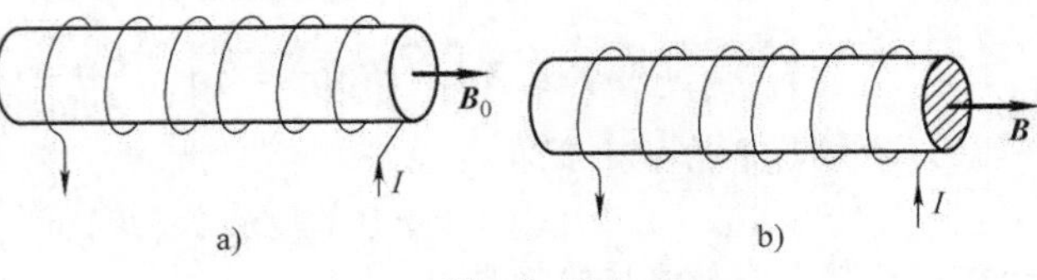

图　9-49

$$\boldsymbol{B}=\mu_{\mathrm{r}}\boldsymbol{B}_0 \tag{9-98}$$

式中，μ_{r}叫作磁介质的相对磁导率，它与磁介质的种类有关。实验证明，在磁场中均匀地充满各向同性的磁介质时，式（9-98）普遍地成立，即在传导电流不变的前提下，磁介质中的磁感应强度总是没有磁介质时的磁感应强度的μ_{r}倍。

根据μ_{r}的大小可将磁介质分为：①顺磁质（$\mu_{\mathrm{r}}>1$）；②抗磁质（$\mu_{\mathrm{r}}<1$）；③铁磁质（$\mu_{\mathrm{r}}\gg1$）。顺磁质和抗磁质的相对磁导率μ_{r}只是略大于或小于1，且为常数，它们对磁场的影响很小，属于弱磁性物质，而铁磁质对磁场的影响很大，属于强磁性物质。

磁介质为什么会对磁场有上述影响呢，这涉及磁介质磁化的微观机理。

2. 顺磁质与抗磁质的磁化机理

不同磁介质的磁化机理不同，下面先定性说明顺磁质和抗磁质的磁化机理。

关于磁介质磁化的微观理论有两种不同的观点，即分子电流的观点和磁荷的观点。这两种观点的微观模型不同，得到的宏观规律的表达式虽然有些差别，但就描述磁化的宏观规律而言，它们是等价的，这里只介绍分子电流的观点。

在任何物质的分子中，每一个电子都同时参与两种运动，即绕原子核的运动和自旋运动，因而都具有一定的磁矩，称为轨道磁矩和自旋磁矩。在一个分子中有许多电子和若干个原子核，一个分子中全部电子的轨道磁矩和自旋磁矩以及原子核的自旋磁矩的矢量和叫作分子的固有磁矩，简称分子磁矩，用符号$\boldsymbol{m}$表示。分子磁矩又可以用一个等效的圆电流表示，称为分子电流。有些分子在正常情况下，其磁矩的矢量和为零，由这些分子组成的物质就是抗磁质。有些分子在正常情况下其磁矩的矢量和具有一定的值，这个值就是分子的固有磁矩，由这些分子组成的物质就是顺磁质。没有外磁场时，有些磁介质的分子磁矩为零，磁介质不呈现磁性；而另一些磁介质的分子磁矩不为零，但由于分子的热运动，这些分子磁矩的取向是杂乱无章的，对磁介质的整体来说，分子磁矩产生的磁场相互抵消，也不呈现磁性。

当顺磁质置于外磁场中时，分子电流在磁场中受到力矩作用，使分子磁矩或多或少地转到外磁场的方向，这时分子电流将产生一个与外磁场$\boldsymbol{B}_0$方向一致的附加磁场$\boldsymbol{B}'$，即在外磁场中，微观上表现为分子磁矩向外磁场方向取向排列，宏观上表现为对外显示出顺磁性，如图9-50a所示。

如图9-50b所示，抗磁性是做轨道运动的核外电子在外磁场中受到磁场力作用而产生的一种

附加磁性。这就是说，当没有外磁场时，这种磁性并不存在。现在让我们来分析这种附加磁性是如何产生的。

为简便起见，我们只考虑一个电子绕原子核运动的情形。电荷量为 $-e$ 的电子，以角速度 ω_0、半径 r 绕原子核做圆周运动，相当于一个圆电流。电子的运动周期 T 与角速度 ω_0 的关系可以表示为

$$T=\frac{2\pi}{\omega_0} \tag{9-99}$$

等效的圆电流为

$$I=\frac{e}{T}=\frac{e\omega_0}{2\pi} \tag{9-100}$$

这样的圆电流所对应的磁矩就是轨道磁矩，应等于电流与圆面积的乘积，即

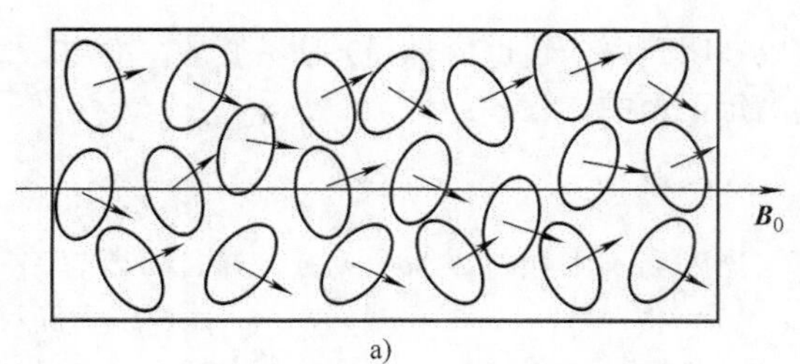

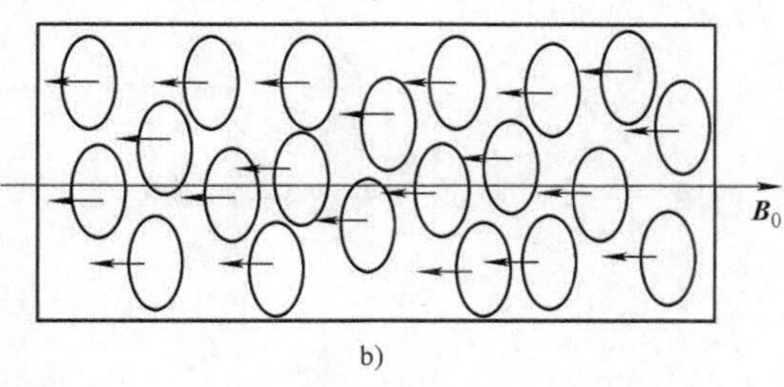

图　9-50

$$\boldsymbol{m}=IS\boldsymbol{n}=\frac{e\omega_0}{2\pi}\pi r^2\boldsymbol{n}=-\frac{er^2}{2}\boldsymbol{\omega}_0 \tag{9-101}$$

式（9-101）表示电子轨道磁矩的方向总是与其角速度的方向相反。

如果原子序数为 Z，那么原子核所带的正电荷为 Ze，电子受到的库仑力 $\boldsymbol{F}_e$ 的大小为

$$F_e=\frac{Ze^2}{4\pi\varepsilon_0 r^2} \tag{9-102}$$

这个力就是电子绕核做圆周运动的向心力。向心加速度为 $a_n=\omega_0^2 r$，如果电子的质量为 m_e，则有

$$\frac{Ze^2}{4\pi\varepsilon_0 r^2}=m_e\omega_0^2 r \tag{9-103}$$

从式（9-103）可以解出电子做圆周运动的角速度 ω_0，即

$$\omega_0=\left(\frac{Ze^2}{4\pi\varepsilon_0 m_e r^3}\right)^{1/2} \tag{9-104}$$

当施加外磁场 $\boldsymbol{B}$ 之后，电子除受 $\boldsymbol{F}_e$ 作用外，还受到磁场力 $\boldsymbol{F}_m$ 的作用，这就引起电子做圆周运动时角速度的变化，但电子轨道半径保持不变。当电子的原有磁矩 $\boldsymbol{m}$ 与 $\boldsymbol{B}_0$ 方向一致时，电子受到的洛伦兹力 $\boldsymbol{F}$ 将使它所受的向心力减小，如图 9-51a 所示。由于

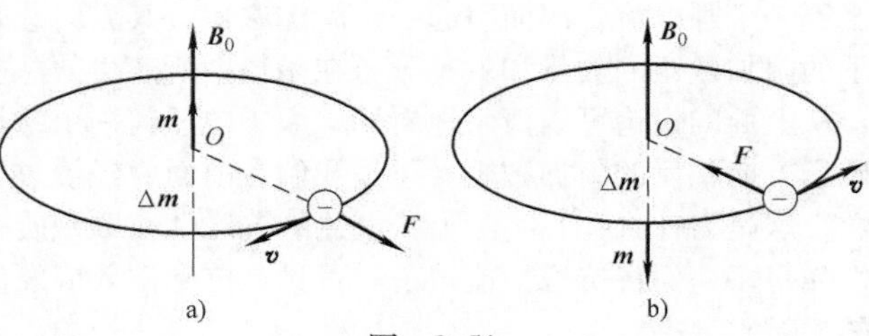

图　9-51

电子的轨道半径不变，所以电子的旋转速度 $\boldsymbol{v}$ 必定变小，即电子磁矩将变小，这就相当于在与 $\boldsymbol{B}_0$ 相反的方向产生一个附加磁矩 $\Delta\boldsymbol{m}$。根据同样的理由，当电子原有磁矩与外磁场 $\boldsymbol{B}_0$ 方向相反时（见图 9-51b），电子的磁矩将增大，这相当于在电子原有磁矩的方向上产生一个附加磁矩 $\Delta\boldsymbol{m}$，$\Delta\boldsymbol{m}$ 的方向也与外磁场 $\boldsymbol{B}_0$ 相反。因此，不论电子磁矩与外磁场方向一致或相反，加上外磁场后总是产生一个与外磁场方向相反的附加磁矩 $\Delta\boldsymbol{m}$，它将产生一个与 $\boldsymbol{B}_0$ 方向相反的附加磁场 $\boldsymbol{B}'$，即在外磁场中微观上产生的附加磁矩导致了宏观上对外表现为抗磁性。下面详细讨论：

（1）当 B 与 ω_0 同向时　这时，电子受到的磁场力 $\boldsymbol{F}_e$ 的方向与库仑力 $\boldsymbol{F}_m$ 的方向相同，即指向原子核。磁场力的大小可以表示为

$$F_m=evB=e\omega rB \tag{9-105}$$

可以证明，电子轨道的半径 r 是不变的，而电子运动的角速度将从 ω_0 增加到 $\omega = \omega_0 + \Delta\omega$，并且应满足下面的方程式：

$$\frac{Ze^2}{4\pi\varepsilon_0 r^2} + e\omega rB = m_e\omega^2 r \tag{9-106}$$

当磁场不太强时，$\Delta\omega << \omega_0$，并且可以忽略二级小量，所以

$$\omega^2 = \omega_0^2 + 2\Delta\omega\omega_0 \tag{9-107}$$

代入，得

$$\frac{Ze^2}{4\pi\varepsilon_0 r^2} + e\omega_0 rB + e\Delta\omega rB = m_e\omega_0^2 r + 2m_e\omega_0\Delta\omega r \tag{9-108}$$

利用$\frac{Ze^2}{4\pi\varepsilon_0 r^2} = m_e\omega_0^2 r$，并忽略 $e\Delta\omega rB$，得

$$\Delta\omega = \frac{eB}{2m_e} \tag{9-109}$$

（2）当 B 与 ω_0 反向时　这时电子受到的磁场力 $\boldsymbol{F}_m$ 的方向与库仑力 $\boldsymbol{F}_e$ 的方向相反，即背离原子核指向外。磁场力 $\boldsymbol{F}_m$ 的大小与上一种情况相同。因此，电子运动的角速度将从 ω_0 减小到 $\omega = \omega_0 - \Delta\omega'$，这时应有

$$\omega^2 = \omega_0^2 - 2\Delta\omega'\omega_0 \tag{9-110}$$

代入，同样可以得到

$$\Delta\omega' = \frac{eB}{2m_e} \tag{9-111}$$

以上两种情形均表明，由磁场所引起的附加角速度 $\Delta\boldsymbol{\omega}$ 总是与磁场 $\boldsymbol{B}$ 的方向相同。电子运动角速度的变化必将引起轨道磁矩的变化。由式（9-101）可知，轨道磁矩的变化量应为

$$\Delta\boldsymbol{m} = -\frac{er^2}{2}\Delta\omega = -\frac{e^2r^2}{4m_e}\boldsymbol{B} \tag{9-112}$$

式（9-112）表明，附加磁矩的方向总是与外磁场的方向相反。这便是抗磁性。

当电子的原有磁矩 $\boldsymbol{m}$ 与 $\boldsymbol{B}_0$ 方向任意时，在外磁场作用下，分子中每个电子的运动将更加复杂，除了保持原来两种运动外，还要附加一种以外磁场方向为轴线的转动（进动），这种转动也相当于一个圆电流，因而引起一个附加磁矩，其方向总是与外磁场的方向相反，一个分子内所有电子的附加磁矩的矢量和就是分子在磁场中所产生的感应磁矩，用符号 $\Delta\boldsymbol{m}$ 表示。

从上面的讨论可以清楚地看到，原子中任何一个绕核运动的电子在外磁场的作用下都会出现与磁场方向相反的附加磁矩。可是我们在前面曾经说过，只有那些分子磁矩为零的物质才具有抗磁性，这是为什么呢？实际上，上述的抗磁性在顺磁质中也是存在的，只是因为其顺磁性比其抗磁性强得多，而将抗磁性掩盖了。可见，抗磁性效应发生在所有介质中。表 9-3 列出了几种磁介质的相对磁导率。

表 9-3　几种磁介质的相对磁导率

磁介质种类	物质名称	相对磁导率
抗磁质 $\mu_r < 1$	铋（293K）	$1 - 16.6 \times 10^{-5}$
	汞（293K）	$1 - 2.9 \times 10^{-5}$
	铜（293K）	$1 - 1.0 \times 10^{-5}$
	氢（气体）	$1 - 3.98 \times 10^{-5}$
顺磁质 $\mu_r > 1$	氧（液体 90K）	$1 + 769.9 \times 10^{-5}$
	氧（气体 293K）	$1 + 344.9 \times 10^{-5}$
	铝（293K）	$1 + 1.65 \times 10^{-5}$
	铂（293K）	$1 + 26 \times 10^{-5}$

（续）

磁介质种类	物质名称	相对磁导率
铁磁质$\mu_r >> 1$	纯铁 硅钢 坡莫合金	5×10^3（最大值） 7×10^2（最大值） 1×10^5（最大值）

3. 磁化电流与磁化强度

设有一载流无限长直密绕螺线管，当管内为真空时，磁感应强度为$\boldsymbol{B}_0$（均匀磁场）。当管内充满均匀顺磁质时，在磁场$\boldsymbol{B}_0$的作用下，磁介质中的分子磁矩都或多或少地转向磁场$\boldsymbol{B}_0$的方向。为便于讨论，假定每个分子磁矩都转向与磁场$\boldsymbol{B}$相同的方向，如图9-52a所示。图9-52b表示螺线管内磁介质的一个截面的分子电流的排列情况。由于磁介质均匀磁化，介质内部任意一点附近的分子电流的效应相互抵消，只有介质表面的分子电流未被抵消，形成与截面边缘重合的圆电流，如图9-52c所示。对于磁介质的整体来说，相当于磁介质表面有一层电流流过，这种因磁化而出现的宏观等效电流叫作磁化电流。对顺磁质来说，磁化电流与螺线管电流方向相同；对于抗磁质，则方向相反。与传导电流不同，磁化电流是分子电流规则排列的宏观效果，它并不伴随电荷的宏观移动。与传导电流相同的是，磁化电流也能产生磁场，它所产生的附加磁场$\boldsymbol{B}'$叠加在引起磁化的外磁场$\boldsymbol{B}_0$上，构成磁介质内外各场点的合磁场$\boldsymbol{B}$。

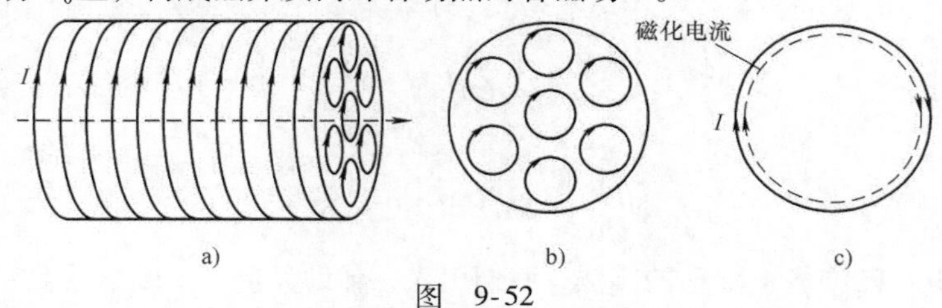

图　9-52

如何定量地描述介质被磁化的程度呢？仿照电介质处理问题的思路，介质被磁化的程度可以用一个物理量——磁化强度来定量描述。磁化强度的定义为：单位体积内分子磁矩的矢量和，即

$$\boldsymbol{M} = \frac{\sum \boldsymbol{m}}{\Delta V} = \frac{\sum \Delta \boldsymbol{m}}{\Delta V} \tag{9-113}$$

式中，$\boldsymbol{m}$表示分子磁矩（对顺磁介质分子）；$\Delta\boldsymbol{m}$表示附加分子磁矩（对抗磁介质分子）。

磁介质磁化后会产生磁化电流。介质表面的磁化电流密度只取决于磁化强度沿该表面的切向分量，而与法向分量无关。磁介质的表面磁化电流密度只存在于介质表面附近磁化强度有切向分量的地方。

$$\boldsymbol{M}\times\boldsymbol{n} = \boldsymbol{j}' \tag{9-114}$$

可以证明，一个闭合回路围住的磁化电流为

$$I_m = \oint_l \boldsymbol{M}\cdot \mathrm{d}\boldsymbol{l} \tag{9-115}$$

上述关系只需要读者了解，不需要计算。

9.5.2　磁介质中的安培环路定理　对$\boldsymbol{H}$与$\boldsymbol{B}$的讨论

1. 磁介质中的安培环路定理

上一节中曾给出真空中的安培环路定理

$$\oint_L \boldsymbol{B}_0\cdot \mathrm{d}\boldsymbol{l} = \mu_0\left(\sum I\right) \tag{9-116}$$

式中，$\boldsymbol{B}_0$表示不存在磁介质时电流的磁场；$\sum I$是穿过以L为边界的曲面的电流。

在磁场中有磁介质存在的情况下，磁介质内的磁场为 $\boldsymbol{B}=\boldsymbol{B}_0+\boldsymbol{B}'$，其中，$\boldsymbol{B}'$是磁化电流引起的附加磁场，应用安培环路定理时必须考虑到磁化电流，如图9-53所示，于是

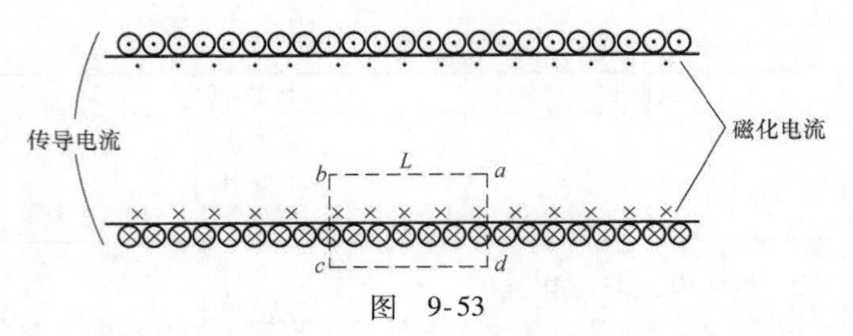

图 9-53

$$\oint_L \boldsymbol{B}\cdot \mathrm{d}\boldsymbol{l}=\mu_0\left(\sum I_0+\sum I_{\mathrm{m}}\right) \tag{9-117}$$

式中，$\sum I_{\mathrm{m}}$ 是闭合环路 L 所包围的磁化电流。

在一般情况下，$\sum I_{\mathrm{m}}$ 的分布是很复杂的，而且是难以直接测量的。为了在式（9-117）中不出现 $\sum I_{\mathrm{m}}$，可以仿照导出电介质中高斯定理时消去极化电荷 $\sum Q'$ 的办法，消去 $\sum I_{\mathrm{m}}$。根据磁化强度 $\boldsymbol{M}$ 的定义，可以证明

$$\oint_L \boldsymbol{M}\cdot \mathrm{d}\boldsymbol{l}=\sum I_{\mathrm{m}} \tag{9-118}$$

于是

$$\oint_L \boldsymbol{B}\cdot \mathrm{d}\boldsymbol{l}=\mu_0\left(\sum I_0+\oint_L \boldsymbol{M}\cdot \mathrm{d}\boldsymbol{l}\right) \tag{9-119}$$

整理后得

$$\oint_L\left(\frac{\boldsymbol{B}}{\mu_0}-\boldsymbol{M}\right)\cdot \mathrm{d}\boldsymbol{l}=\sum I_0 \tag{9-120}$$

仿照在电介质中引入电位移矢量 $\boldsymbol{D}$ 的方法，我们引入一辅助矢量——磁场强度 $\boldsymbol{H}$，并定义

$$\boldsymbol{H}=\frac{\boldsymbol{B}}{\mu_0}-\boldsymbol{M} \tag{9-121}$$

由于历史原因，$\boldsymbol{H}$ 被称为磁场强度，其实，在分子电流理论中它并不与电场强度相对应，而是与电介质中的电位移矢量 $\boldsymbol{D}$ 相对应。

在国际单位制中，磁场强度的单位是安培每米（$\mathrm{A\cdot m^{-1}}$）。

引入 $\boldsymbol{H}$ 后，式（9-120）可写成

$$\oint_L \boldsymbol{H}\cdot \mathrm{d}\boldsymbol{l}=\sum I_0 \tag{9-122}$$

这就是有磁介质时的安培环路定理的数学表达式。式（9-122）表明，磁场强度 $\boldsymbol{H}$ 沿任一闭合曲线 L 的线积分等于通过以 L 为边界的曲面的传导电流的代数和。式（9-122）虽然是从特殊情况下导出的，但它是普遍适用的。

2. 关于 H 的讨论

实验表明，对于各向同性的线性介质，有

$$\boldsymbol{M}=\chi_{\mathrm{m}}\boldsymbol{H} \tag{9-123}$$

式中，χ_{m}叫作磁介质的磁化率。将此关系式代入 $\boldsymbol{H}=\dfrac{\boldsymbol{B}}{\mu_0}-\boldsymbol{M}$ 中，可得

$$\boldsymbol{B}=\mu_0\boldsymbol{H}+\mu_0\boldsymbol{M}=\mu_0\boldsymbol{H}+\mu_0\chi_{\mathrm{m}}\boldsymbol{H}=\mu_0(1+\chi_{\mathrm{m}})\boldsymbol{H} \tag{9-124}$$

令 $\mu_{\mathrm{r}}=1+\chi_{\mathrm{m}}$，$\mu_{\mathrm{r}}$为磁介质的相对磁导率，它是一个没有单位的纯数，则

$$\boldsymbol{B}=\mu_0\mu_{\mathrm{r}}\boldsymbol{H}=\mu\boldsymbol{H} \tag{9-125}$$

式中，

$$\mu = \mu_0 \mu_r \tag{9-126}$$

μ 叫作磁介质的磁导率。在真空中，磁化强度 $\boldsymbol{M}=0$，故 $\chi_m=0$，$\mu_r=1$，$\mu=\mu_0$，$\boldsymbol{B}=\mu_0\boldsymbol{H}$。顺磁质的 $\chi_m>0$，故 $\mu_r>1$。抗磁质的 $\chi_m<0$，故 $\mu_r<1$。非铁磁性物质的磁化率 χ_m 的值都很小，因此它们的相对磁导率 μ_r 的值都接近1。在国际单位制中，磁导率的单位与真空磁导率 μ_0 的单位相同，为亨［利］每米，符号是 $\mathrm{H \cdot m^{-1}}$，或韦伯每安培米，符号是 $\mathrm{Wb \cdot A^{-1} \cdot m^{-1}}$。

磁导率与相对磁导率都是描述磁介质特性的物理量，通常通过实验来测量。对于真空或空气，$\mu_r=1$，故 $\mu=\mu_0$。

为了能形象地表示磁场中 $\boldsymbol{H}$ 矢量的分布，我们也可以类似于用磁感应线描绘磁场的方法，引入 $\boldsymbol{H}$ 线来描绘磁场强度，$\boldsymbol{H}$ 线与 $\boldsymbol{H}$ 矢量的关系规定如下：

1）$\boldsymbol{H}$ 线上任一点的切线方向为该点 $\boldsymbol{H}$ 矢量的方向；

2）通过某点处 $\boldsymbol{H}$ 线的密度，即垂直于 $\boldsymbol{H}$ 方向的单位面积的 $\boldsymbol{H}$ 线的数目等于该点 $\boldsymbol{H}$ 的量值。由定义式可知，在各向同性的均匀磁介质中，通过任一截面的磁感应线的数目是通过同一截面 $\boldsymbol{H}$ 线的 μ 倍。

3. 关于 B 的讨论

如前所述，当磁场中有磁介质存在时，由于磁介质的磁化而在表面出现磁化电流，所以在介质内外任一点处的总磁感应强度 $\boldsymbol{B}$ 应是导体中传导电流激发的磁场 $\boldsymbol{B}_0$ 和磁化电流激发的磁场 $\boldsymbol{B}'$ 的矢量和，即

$$\boldsymbol{B} = \boldsymbol{B}_0 + \boldsymbol{B}' \tag{9-127}$$

$$\boldsymbol{B}' = \mu_0 \boldsymbol{M} \tag{9-128}$$

这也是我们处理磁介质中磁场问题的基本思想：只要考虑了磁化电流，磁介质就可以当成真空来处理。

式（9-125）描述了各向同性线性介质中同一场点的 $\boldsymbol{B}$ 与 $\boldsymbol{H}$ 之间的关系。将式（9-125）代入式（9-122）可得

$$\oint_L \boldsymbol{B} \cdot \mathrm{d}\boldsymbol{l} = \oint_L \mu_0 \mu_r \boldsymbol{H} \cdot \mathrm{d}\boldsymbol{l} = \mu_0 \mu_r \sum I_0 \tag{9-129}$$

可见，磁场中 $\boldsymbol{B}$ 的环流与磁介质有关，而 $\boldsymbol{H}$ 的环流［式（9-122）］与磁介质无关。

对于毕奥－萨伐尔定律也有类似的结果。在磁介质中某点的磁感应强度和磁场强度分别为

$$\mathrm{d}\boldsymbol{B} = \frac{\mu_0 \mu_r}{4\pi} \frac{I_0 \mathrm{d}\boldsymbol{l} \times \boldsymbol{r}}{r^3} \tag{9-130}$$

$$\mathrm{d}\boldsymbol{H} = \frac{1}{4\pi} \frac{I_0 \mathrm{d}\boldsymbol{l} \times \boldsymbol{r}}{r^3} \tag{9-131}$$

磁场中的其他公式可以类推。可见在充满均匀的各向同性的磁介质中，磁场中某点的磁感应强度与磁介质有关，而该点的磁场强度则与磁介质无关。因此，引入磁场强度这个物理量后，我们能够比较方便地处理磁介质中的磁场问题。例如，在 $\boldsymbol{H}$ 存在某种对称性的情况下，可由式（9-122）求出 $\boldsymbol{H}$，再根据式（9-125）求出 $\boldsymbol{B}$。

【例9-11】 如图9-54所示，有两个半径分别为 R_1 和 R_2 的无限长同轴电缆，在它们之间充以相对磁导率为 μ_r 的磁介质。当两圆柱体通有相反方向的电流 I 时，试求：（1）导线内的磁场分布；（2）磁介质中的磁场分布；（3）磁介质外面的磁场分布。

【解】 圆柱体电流所产生的 $\boldsymbol{B}$ 和 $\boldsymbol{H}$ 的分布均具有轴对称性。设 a、b、c 分别为导线内、磁介质中及磁介质外的任意点，它们到圆柱体轴线的垂直距离用 r 表示，以 r 为半径作圆周，圆周上各点的 $\boldsymbol{H}$ 大小相等，方向为切向。

（1）对过 a 点的圆周应用 $\boldsymbol{H}$ 的安培环路定理，得

$$\oint_L \boldsymbol{H} \cdot \mathrm{d}\boldsymbol{l} = H\int_0^{2\pi a} \mathrm{d}l = H2\pi r = I\frac{\pi r^2}{\pi R_1^2} = \frac{Ir^2}{R_1^2}$$

于是得

$$H = \frac{Ir}{2\pi R_1^2}$$

再由 $B = \mu H$ 得导线内的磁感应强度为

$$B = \frac{\mu_0 Ir}{2\pi R_1^2} \qquad (0 < r < R_1)$$

（2）对过 b 点的圆周应用 $\boldsymbol{H}$ 的安培环路定理得

$$\oint_L \boldsymbol{H} \cdot \mathrm{d}\boldsymbol{l} = H\int_0^{2\pi a} \mathrm{d}l = H2\pi r = I$$

由此得磁介质中的磁感应强度为

$$H = \frac{I}{2\pi r},\ B = \mu H = \frac{\mu_0 \mu_r I}{2\pi r} \qquad (R_1 < r < R_2)$$

（3）将 $\boldsymbol{H}$ 的安培环路定理应用于过 c 点的圆周，仍然有

$$\oint_L \boldsymbol{H} \cdot \mathrm{d}\boldsymbol{l} = H\int_0^{2\pi a} \mathrm{d}l = 0$$

$$H = 0,\ B = 0$$

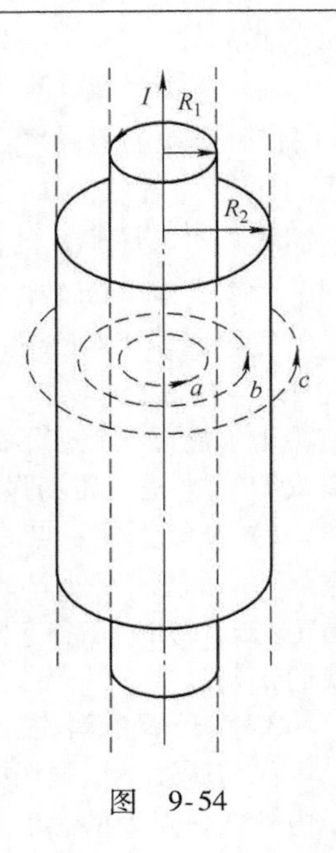

图 9-54

 物理知识应用案例：继电器

继电器（relay）是一种电控制器件，是当输入量（激励量）的变化达到规定要求时，在电气输出电路中使被控量发生预定的阶跃变化的一种电器。通常应用于自动化的控制电路中，是用小电流控制大电流运作的一种“自动开关”，故在电路中起着自动调节、安全保护、转换电路等作用。以电磁继电器为例，它一般是由铁心（磁介质）、线圈（螺线管）、衔铁、触点簧片等组成（见图 9-55）。只要在线圈两端加上一定的电压，线圈中就会流过一定的电流，从而产生磁场，衔铁就会在磁场力的吸引下克服返回弹簧的弹力吸向铁心，从而带动衔铁的动触点与静触点（常开触点）吸合。当线圈断电后，磁场也随之消失，衔铁就会在弹簧的作用下返回原来的位置，使动触点与原来的静触点（常闭触点）释放。这样吸合－释放，从而达到了导通、切断电路的目的。对于继电器的“常开、常闭”触点可以这样来区分：继电器线圈未通电时处于断开状态的静触点，称为“常开触点”；处于接通状态的静触点称为“常闭触点”。继电器一般有两个电路，分别为低压控制电路和高压工作电路。

电磁继电器按触点的容量可分为四类，即大功率继电器（DC：$P > 150\text{W}$；AC：$S > 500\text{V} \cdot \text{A}$）、中功率继电器（DC：$P < 150\text{W}$；AC：$S < 500\text{V} \cdot \text{A}$）、小功率继电器（DC：$P \leqslant 50\text{W}$，AC：$S \leqslant 120\text{V} \cdot \text{A}$）、微功率继电器（DC：$P \leqslant 5\text{W}$；AC：$S \leqslant 15\text{V} \cdot \text{A}$）。按结构规格分为五类，即大型继电器（最长边大于 8cm）、中型继电器（最长边大于 5cm，小于 8cm）、小型继电器（最长边小于 5cm）、超小型继电器（最长边小于 2.5cm）、微型继电器（最长边小于 1cm）。按磁路结构可分为两类：一类是衔铁偏转方向与线圈上所加信号电压极性无关，称为非极化继电器；另一类是衔铁偏转方向随线

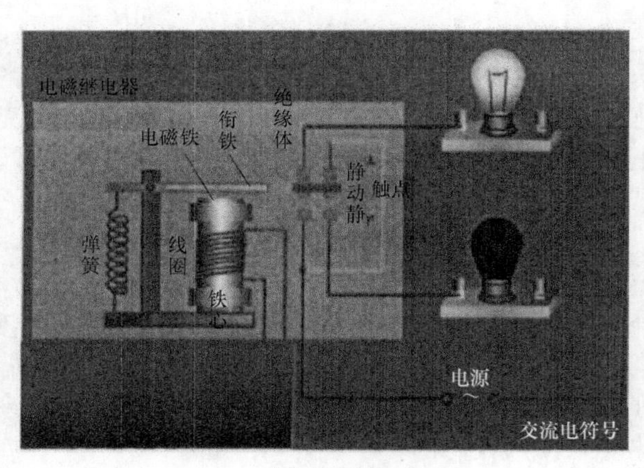

图 9-55

圈上所加信号电压极性改变而改变，称为极化继电器。按控制线圈所感受的信号性质可分为电压继电器和电流继电器，电压继电器的线圈与电源回路并联，匝数较多，线径较细，匝间与层间绝缘性能好；电流继电器的线圈与电源回路串联，匝数较少线径较粗，能通过较大的电流，匝间与层间绝缘性能要求不高。按触点所控制的电流性质可以分为交流继电器和直流继电器。按继电器的封装情况可以分为敞开式、封闭式和密封式三类。

本章总结

1. 电流和电流密度

电流：
$$I=\frac{\mathrm{d}q}{\mathrm{d}t}$$

电流密度：
$$\boldsymbol{j}=\frac{\mathrm{d}I}{\mathrm{d}S_{\perp}}\boldsymbol{n}$$

2. 电流的连续性方程和恒定电流条件

电流的连续性方程：
$$\oint_S \boldsymbol{j}\cdot\mathrm{d}\boldsymbol{S}=-\frac{\mathrm{d}q}{\mathrm{d}t}$$

恒定电流条件：
$$\oint_S \boldsymbol{j}\cdot\mathrm{d}\boldsymbol{S}=0$$

3. 欧姆定律及其微分形式
$$\boldsymbol{j}=\frac{1}{\rho}\boldsymbol{E}=\gamma\boldsymbol{E}$$

焦耳－楞次定律及其微分形式
$$w=\frac{E^2}{\rho}=\gamma E^2$$

4. 毕奥－萨伐尔定律
$$\mathrm{d}\boldsymbol{B}=\frac{\mu_0}{4\pi}\frac{I\mathrm{d}\boldsymbol{l}\times\boldsymbol{r}_0}{r^2}$$

5. 磁场的高斯定理
$$\oint_S \boldsymbol{B}\cdot\mathrm{d}\boldsymbol{S}=0$$

6. 安培环路定理
$$\oint_L \boldsymbol{B}\cdot\mathrm{d}\boldsymbol{l}=\mu_0\sum I_{内}$$

7. 几种典型磁场

有限长载流直导线的磁场：
$$B=\frac{\mu_0 I}{4\pi r_0}(\cos\theta_1-\cos\theta_2)$$

无限长载流直导线的磁场：
$$B=\frac{\mu_0 I}{2\pi r}$$

圆电流轴线上的磁场：
$$B=\frac{\mu_0 I R^2}{2(R^2+x^2)^{3/2}}$$

电流弧中心的磁场：
$$B=\frac{\mu_0 I}{2R}\frac{\theta}{2\pi}$$

长直载流螺线管内的磁场：
$$B=\mu_0 nI$$

载流密绕螺绕环内的磁场：
$$B=\frac{\mu_0 NI}{2\pi R}=\mu_0 nI$$

8. 安培力公式
$$\mathrm{d}\boldsymbol{F}=I\mathrm{d}\boldsymbol{l}\times\boldsymbol{B}$$

载流平面线圈的磁矩：
$$\boldsymbol{m}=I\boldsymbol{S}=IS\,\boldsymbol{e}_n$$

载流平面线圈的磁力矩：
$$\boldsymbol{M}=\boldsymbol{m}\times\boldsymbol{B}$$

9. 磁介质的磁化
$$\boldsymbol{B}=\boldsymbol{B}_0+\boldsymbol{B}'$$

顺磁质固有磁矩的取向磁化、抗磁质产生附加磁矩，都使磁介质表面（或内部）出现磁化电流。

磁化强度矢量：
$$M = \frac{\sum m}{\Delta V}$$

对于各向同性弱磁质：
$$M = (\mu_r - 1)H = \frac{\mu_r - 1}{\mu_0 \mu_r} B$$

面磁化电流密度：
$$j' = M \times n$$

磁场强度矢量
$$H = \frac{B}{\mu_0} - M = \frac{B}{\mu_0 \mu_r} = \frac{B}{\mu}$$

10. 磁介质中的安培环路定理
$$\oint H \cdot dl = \sum I_0$$

习　题

（一）填空题

9-1　有一根电阻率为ρ、截面直径为d、长度为L的导线，若将电压U加在该导线的两端，则单位时间内流过导线横截面的自由电子数为________；若导线中自由电子数密度为n，则电子平均漂移速率为________。

9-2　用一根铝线代替一根铜线接在电路中，若铝线和铜线的长度、电阻都相等。那么当电路与电源接通时铜线和铝线中电流密度之比$j_1 : j_2 =$________。（铜的电阻率为$1.67 \times 10^{-8} \Omega \cdot m$，铝的电阻率为$2.66 \times 10^{-8} \Omega \cdot m$）

9-3　在横截面面积为$2mm^2$的铁导线中通有稳恒电流，已知导线内的热功率密度为$35.4W/m^3$，则通过导线的电流为________，导线中各点的电场强度为________。（铁的电阻率为$\rho = 8.85 \times 10^{-6} \Omega \cdot m$）

9-4　在如习题9-4图所示的回路中，两共面半圆的半径分别为a和b，且有公共圆心O，当回路中通有电流I时，圆心O处的磁感应强度大小$B_0 =$________，方向________。

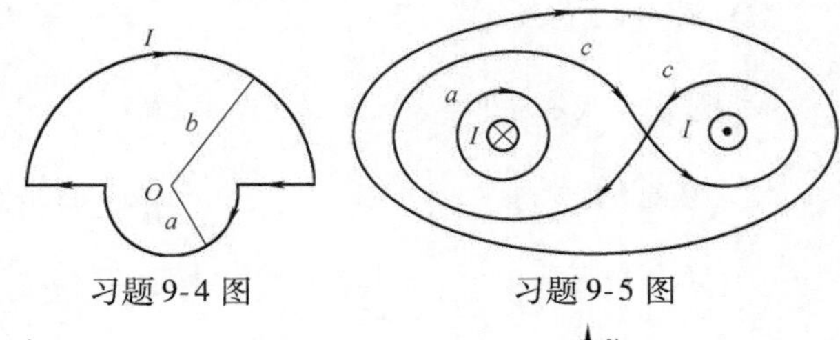

习题9-4图　　习题9-5图

9-5　两根长直导线通有电流I，如习题9-5图所示有三种环路；在每种情况下，$\oint B \cdot dl$等于：

（1）____________________（对环路a）。

（2）____________________（对环路b）。

（3）____________________（对环路c）。

9-6　如习题9-6图所示，在无限长直载流导线的右侧有面积为S_1和S_2的两个矩形回路。两个回路与长直载流导线在同一平面，且矩形回路的一边与长直载流导线平行，则通过面积为S_1的矩形回路的磁通量与通过面积为S_2的矩形回路的磁通量之比为________。

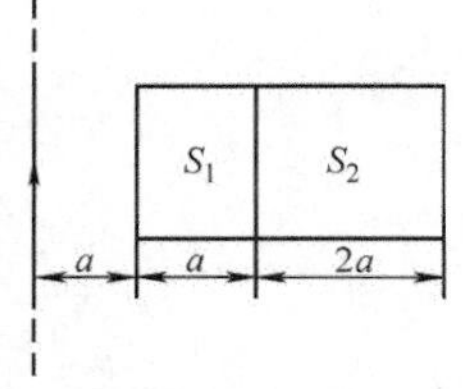

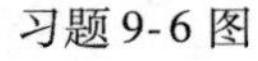

习题9-6图

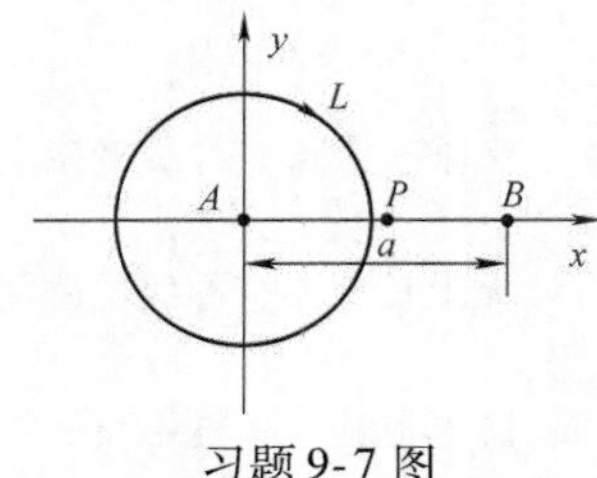

习题9-7图

9-7　如习题9-7图所示，平行的无限长直载流导线A和B中电流均为I，垂直纸面向外，两根载流导线之间相距为a，则

（1）$\overline{AB}$中点（点P）的磁感应强度$B_P =$________。

（2）磁感应强度B沿图中环路L的线积分$\oint_L B \cdot dl =$________。

9-8　已知载流圆线圈1与载流正方形线圈2在其中心O处产生的磁感应强度大小之比为$B_1 : B_2 = 1 : 2$，若两线圈所围面积相等，两线圈彼此平行地放置在均匀外磁场中，则它们所受力矩之比$M_1 : M_2 =$________。

9-9　如习题9-9图所示，一根载流导线被弯成半径为R的1/4圆弧，放在磁感应强度为B的均匀磁场中，则载流导线ab所受磁场作用力的大小为________，方向________。

9-10　如习题9-10图所示，均匀磁场中放一均匀带正电荷的圆环，其电荷线密度为λ，圆环可绕通过环

心 O 与环面垂直的转轴旋转。当圆环以角速度 ω 转动时，圆环受到的磁力矩为________，其方向________。

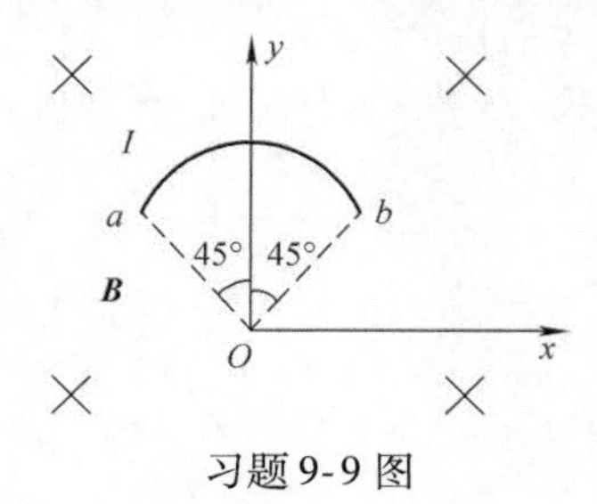

习题 9-9 图

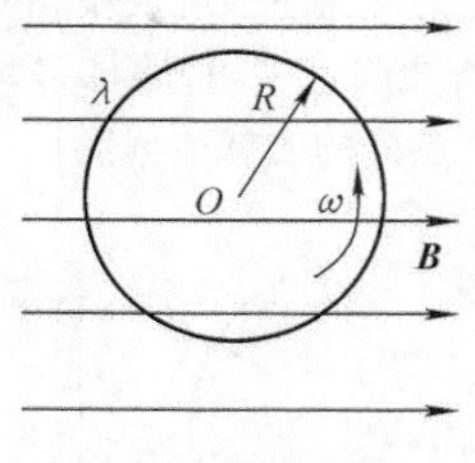

习题 9-10 图

9-11　一质点带有电荷 $q = 8.0 \times 10^{-10}\mathrm{C}$，以速度 $v = 3.0 \times 10^{5}\mathrm{m/s}$ 在半径 $R = 6.00 \times 10^{-3}\mathrm{m}$ 的圆周上做匀速圆周运动。该带电质点在轨道中心所产生的磁感应强度 $B =$________，该带电质点轨道运动的磁矩 $m =$________。

9-12　习题 9-12 图中为三种不同的磁介质的 $B-H$ 关系曲线，其中虚线表示 $B=\mu_0 H$ 的关系。说明 a、b、c 各代表哪一类磁介质的 $B-H$ 关系曲线：

a 代表____________________的 $B-H$ 关系曲线。

b 代表____________________的 $B-H$ 关系曲线。

c 代表____________________的 $B-H$ 关系曲线。

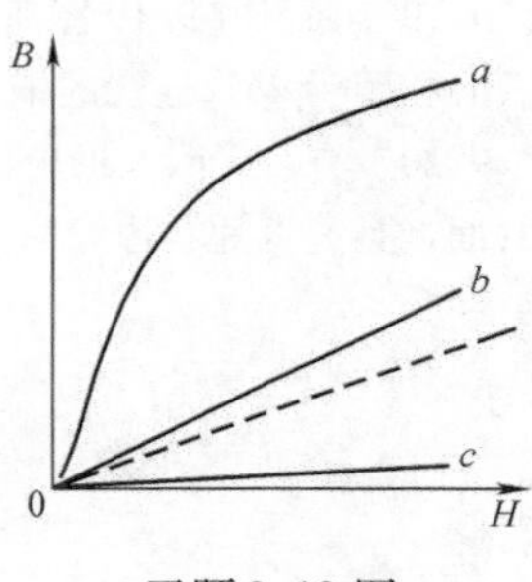

习题 9-12 图

9-13　长直电缆由一个圆柱导体和一共轴圆筒状导体组成，两导体中有等值反向均匀电流 I 通过，其间充满磁导率为 μ 的均匀磁介质，介质中离中心轴距离为 r 的某点处的磁场强度的大小 $H =$________，磁感应强度的大小 $B =$________。

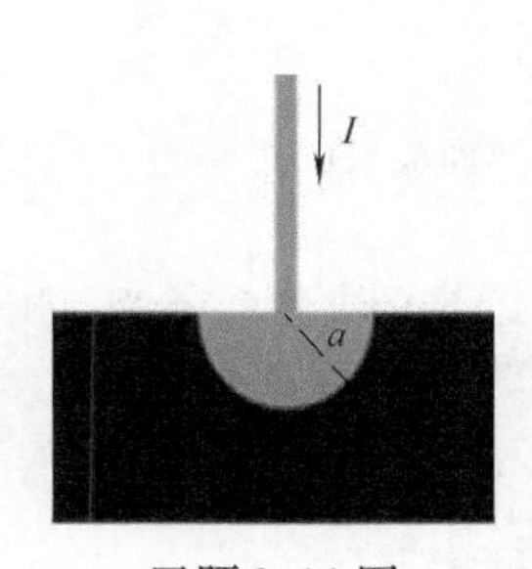

习题 9-14 图

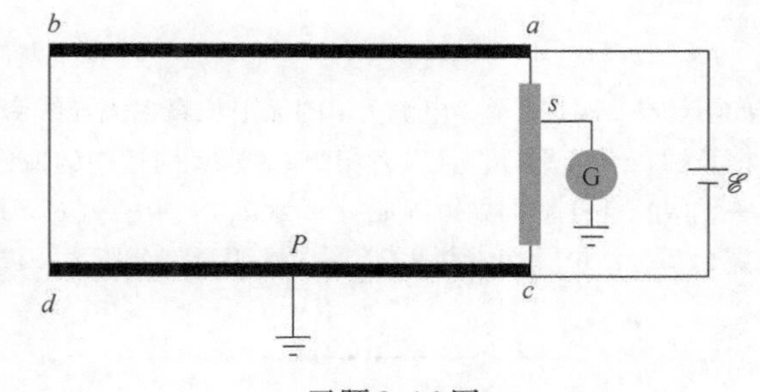

习题 9-16 图

（二）计算题

9-14　如习题 9-14 图所示，将一根需要接地的导线和一个半径为 a 的导体半球相连，然后将该半球埋入地下。已知地球近似为一个电阻率为 ρ 的导体，试求该导线的接地电阻 R（接地电阻的定义是将电流从接地点通过地球传到无限远的电阻）。

9-15　一铜棒的横截面尺寸为 20mm × 80mm，长为 2.0m，两端的电势差为 50mV。已知铜的电导率 $\gamma = 5.7 \times 10^{7}\mathrm{S/m}$，铜棒内自由电子的电荷体密度为 $1.36 \times 10^{10}\mathrm{C/m^3}$。求：（1）内阻；（2）电流；（3）电流密度；（4）棒内的电场强度；（5）所消耗的功率。

9-16　如习题 9-16 图所示，图中 ab 和 cd 表示某传输线的往返电路。假设在传输线某处（例如图中的 P 点）发生了故障，断开后接地。由于导线很长，判断事故位置不是一件容易的事，现通过电测方法进行判断，接线如习题 9-16 图所示。先将传输线上的电源断开，再将一端短路（即用导线连接 b 和 d），在另一端 a、c 之间串接一个滑动电阻，滑动端 s 通过电流计 G 接地。再将 a、c 和一个实验用的辅助电源 $\mathscr{E}$ 连接。已知传输距离为 9.5km，滑动电阻长 1m。测试时滑动 s 端点，发现当 s 点移动到距 a 点为 0.35m 时，电流计 G 中的电流为 0，试求断点距 a 的距离。

9-17　如习题9-17图所示，载流圆线圈（半径为R）与正方形线圈（边长为a）通有相同电流I，若两线圈中心O_1与O_2处的磁感应强度大小相同，求半径R与边长a之比R: a。

9-18　一根无限长导线弯成如习题9-18图所示的形状，设各线段都在同一平面内（纸面内），导线中通有电流I，求图中O点处的磁感应强度。

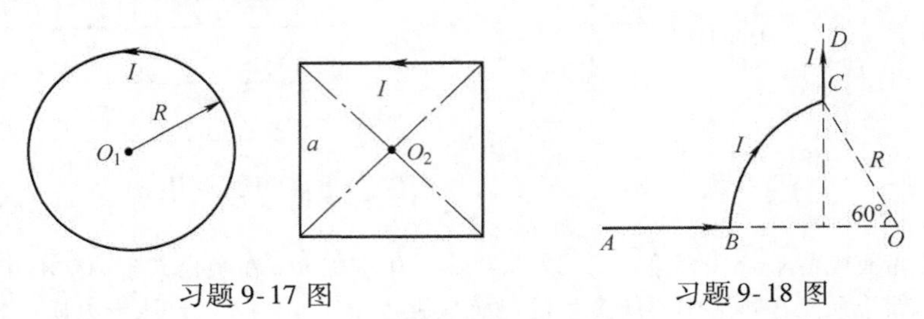

习题9-17图　　习题9-18图

9-19　如习题9-19图所示，两圆线圈共轴，半径分别为R_1和R_2，电流分别为I_1和I_2，电流方向相同，两圆心相距为$2b$，连线的中点为O。求轴线上距O为x的P点处的磁感应强度。

9-20　有一无限长通电流的扁平铜片，宽度为a，厚度不计，电流I在铜片上均匀分布，在铜片外与铜片共面，且离铜片右边缘为b的P点处（见习题9-20图）的磁感应强度$\boldsymbol{B}$的大小。

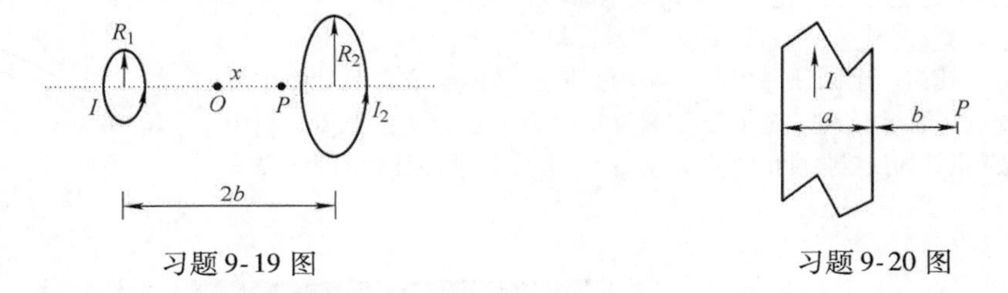

习题9-19图　　习题9-20图

9-21　如习题9-21图所示，电流为I的无限长直载流导线旁，与之共面放着一个长为a、宽为b的矩形线框。线框长边与导线平行，且二者相距b，求此时框中的磁通量Φ。

9-22　一无限长圆柱形铜导体（磁导率为μ_0），半径为R，通有均匀分布的电流I。今取一矩形平面S（长为1m，宽为$2R$），位置如习题9-22图中画阴影部分所示，求通过该矩形平面的磁通量。

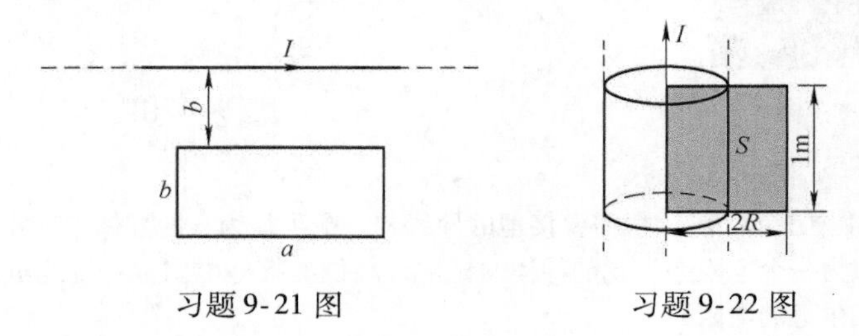

习题9-21图　　习题9-22图

9-23　半径为R的无限长圆筒上有一层均匀分布的面电流，这些电流环绕着轴线沿螺旋线流动并与轴线方向成α角。设电流面密度（沿筒面垂直电流方向单位长度的电流）为i，求轴线上的磁感应强度。

9-24　一矩形线圈边长分别为$a=10\text{cm}$和$b=5\text{cm}$，导线中电流为$I=2\text{A}$，此线圈可绕它的一边OO'转动，如习题9-24图所示。当加上正y方向$B=0.5\text{T}$的均匀外磁场$\boldsymbol{B}$，且磁场方向与线圈平面成30°角时，线圈的角加速度为$\beta=2\text{rad/s}^2$，求：（1）线圈对OO'轴的转动惯量J；（2）线圈平面由初始位置转到与$\boldsymbol{B}$垂直时磁力所做的功。

9-25　一个半径为R、带缺口的圆形无限长柱面，如习题9-25图所示，轴向电流I均匀分布在柱面上。已知缺口宽度$\Delta l \ll R$，求过中心O点的垂直轴线上各点的磁感应强度的大小。

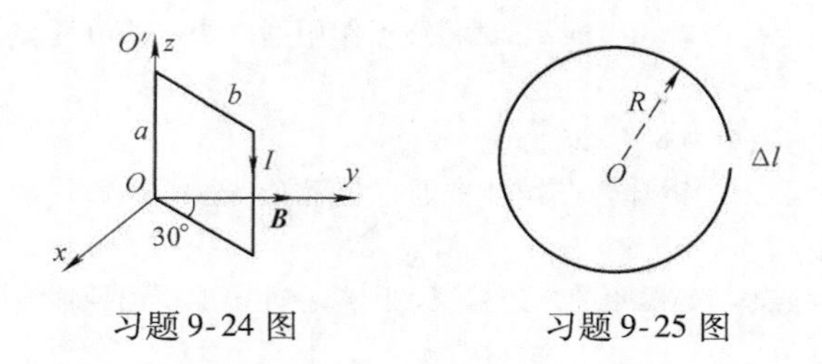

习题9-24图　　　　习题9-25图

9-26　如习题9-26图所示，载有电流I_1和I_2的长直导线ab和cd相互平行，相距为$3r$，今有载有电流I_3的导线$MN=r$，水平放置，且其两端M、N与I_1、I_2的距离均为r，ab、cd和MN共面，求导线MN所受的磁力大小和方向。

9-27　如习题9-27图所示线框，铜线横截面积$S=2.0\text{mm}^2$，其中OA和DO'两段保持水平不动，$ABCD$段是边长为a的正方形的三边，它可绕OO'轴无摩擦转动。整个导线放在匀强磁场$\boldsymbol{B}$中，$\boldsymbol{B}$的方向竖直向上。已知铜的密度$\rho=8.9\times10^3\text{kg/m}^3$，当铜线中的电流$I=10\text{A}$时，导线处于平衡状态，$AB$段和$CD$段与竖直方向的夹角$\alpha=15°$。求磁感强度$\boldsymbol{B}$的大小。

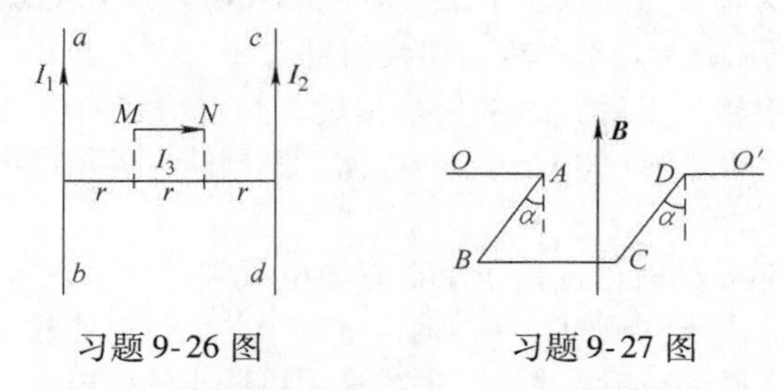

习题9-26图　　　　习题9-27图

9-28　一根同轴线由半径为R_1的长导线和套在它外面的内半径为R_2、外半径为R_3的同轴导体圆筒组成，中间充满磁导率为μ的各向同性均匀非铁磁绝缘材料，如习题9-28图所示。传导电流I沿导线向上流去，由圆筒向下流回，在它们的截面上电流都是均匀分布的。求同轴线内外的磁感应强度大小B的分布。

9-29　假定地球的磁场是由地球中心的载流小环产生的，已知地极附近磁感应强度$B=6.27\times10^{-5}\text{T}$，地球半径为$R=6.37\times10^6\text{m}$，$\mu_0=4\pi\times10^{-7}\text{H/m}$。试用毕奥-萨伐尔定律求该电流环的磁矩大小。

9-30　如习题9-30图所示，当氢原子处在基态时，它的电子可看作是在半径$a=0.52\times10^{-8}\text{cm}$的轨道上做匀速圆周运动，速率$v=2.2\times10^8\text{cm/s}$。求电子在轨道中心所产生的磁感应强度和电子轨道磁矩的值。

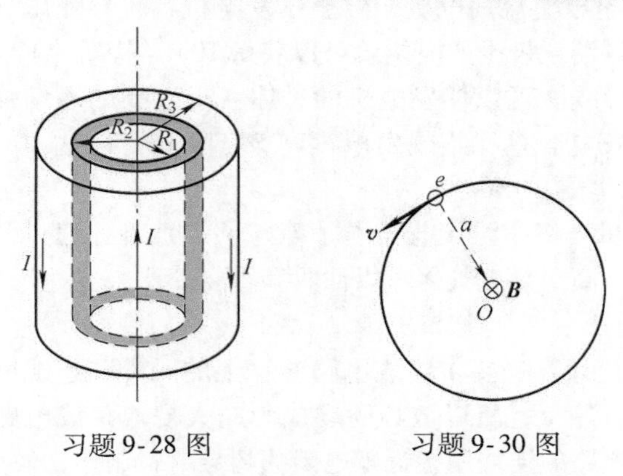

习题9-28图　　　　习题9-30图

9-31　测量员在一根通有100A的恒定电流的输电线下方6.1m处使用罗盘。问：(1) 输电线在罗盘所在处产生的磁场如何？(2) 这样做是否会严重影响罗盘的读数？已知该处地磁场的水平分量为$20\mu\text{T}$。

9-32　脉冲星或中子星表面的磁场强度为10^8T。考虑一颗中子星表面上的一个氢原子中的电子，电子

距质子 0.53×10^{-10}m，其速度是 2.2×10^{6}m/s。试将质子作用到电子上的电场力与中子星磁场作用到电子上的磁场力加以比较。

9-33 根据测量，地球的磁矩为 $8.4\times10^{22}\mathrm{A\cdot m^2}$。

（1）如果在地磁赤道上套一个铜环，在铜环中通以电流 I，使它的磁矩等于地球的磁矩，求 I 的值（已知地球半径为 6370km）。

（2）如果该电流的磁矩正好与地磁矩的方向相反，问这样能不能抵消地球表面的磁场?

 工程应用阅读材料——超导应用

高温超导材料的用途非常广泛，大致可分为强电应用、弱电应用（电子学应用）和抗磁性应用三大类。强电应用如超导发电、输电和储能；弱电应用包括超导计算机、超导天线、超导微波器件等；抗磁性应用如磁悬浮列车和热核聚变等。

1. 强电应用

输电电缆被认为是实现高温超导应用中最有希望的领域。传统电缆由于有电阻，电流密度只有 300～400A/cm^2，而高温超导电缆的电流密度可超过 10 000A/cm^2，传输容量比传统电缆要提高 5 倍左右，功率损耗仅相当于后者的 40%。按现在的电价和用电量计算，如果我国输电线路全部采用超导电缆，每年可节约 400 亿元左右。据专家预测，近年内世界上对高温超导线材的需求将达上万公里。

（1）超导输电线路 超导材料可以用于制造超导电线和超导变压器，把电力几乎无损耗地输送给用户。常规输电线路由于电阻的存在，输电过程中的大量电能被电阻损耗。在远距离送电时，为了减少电阻的损耗，通常采用提高电压的方法，以减小输电电流。这种超高压输电的安全性就成为一个突出的问题。超导送电可以在较低电压较大电流的情况下传输，既能确保安全，又减少了电阻损耗。据统计，按照目前采用的输电方法，约有 15% 的电能损耗在铜或铝的输电线路上。我国在这方面每年的电力损失高达 1 000 亿 kW · h。若改为超导输电，节省的电能相当于新建数十个大型发电厂。

超导变压器具有效率高、体积小、无环境污染以及无火灾隐患等优点，可直接安装在现有的变电站内，并节省大笔建设经费，被公认为是最有可能取代常规变压器的高新技术。

（2）超导磁体 用于超导交流发电机、磁流体发电机、超导变压器等的磁体。由于在超导状态下电阻为零，所以只需消耗极少的电能就可以获得 10T（特斯拉）以上的强磁场。

超导发电机：利用超导线圈可以使发电机的磁体获得极高的磁场强度，并且几乎没有能量损耗。超导发电机的单机发电容量比常规发电机高 5～10 倍，可达 10GW，体积却可减少 1/2，整机重量减少 1/3，发电效率提高 50%。

（3）超导磁流体发电机 将高温导电气体（等离子体）高速通过几特斯拉的超导强磁场进行发电，便是磁流体发电。高温导电气体可以回收和重复使用。

2. 弱电应用

（1）超导计算机 高速计算机要求集成电路芯片上的元件和连线密集排列，由于密集排列的电路在工作时会产生大量热量，所以散热问题成为超大规模集成电路中的一个难题。在超导计算机中，超大规模集成电路的连线用接近零电阻的超导材料制作，便可克服散热问题，计算机的运算速度也将大幅度提高。

（2）电子学方面的应用 超导不仅局限于医学、探矿等方面，也可能深入到人们的日常生活中。例如，超导滤波器可以使音乐更为动听，用超导电子器件制造的计算机体积更小、运算速

度更快。此外，超导微带线可以用在大规模集成电路中传送微波信号。通过高温超导体的强磁场可以使药物像导弹那样定向运动，到达人体内部各处，进行更为有效的诊断和治疗。人体各部分组织主要由碳、氧、氢等元素构成，实验证明，癌细胞中的氢由共振态恢复到正常态的时间比正常细胞的时间长，即通过不同的时间信号便可以进行癌变诊断。核磁共振断层诊断的灵敏度和所加磁场的磁场强度有关，通过高温超导体可以获得极强的磁场，使癌症的早期诊断成为现实。

3. 抗磁性应用

（1）超导磁悬浮列车　利用超导材料的抗磁性，将超导材料放在一块永久磁体的上方，由于磁体的磁力线不能穿过超导体，所以磁体和超导体之间会产生排斥力，使超导体悬浮在磁体上方。利用这种磁悬浮效应可以制造高速超导磁悬浮列车。

（2）超导核聚变反应　核聚变反应需要1亿~2亿摄氏度的高温，但没有任何耐温材料可以存放这样高温的物质。超导体产生的强磁场可以将参与核聚变反应的高温物质进行“磁隔离”，将这些物质约束在一个有限的区域内和容器壁隔离，这样便保护了容器。

从发现超导现象开始，人们就对在电力工业上应用超导体寄予厚望，其中包括超导传输线、超导发电机、超导电动机、超导变压器等。在这些领域中，超导技术正在接近实用阶段。

4. 展望

虽然高温超导体的研究进展十分迅速，但仍没有在提高临界电流方面取得实质性的突破。在高温超导体发展的初期，人们对超导体的实用化曾寄予过高的期望，甚至指望高温超导体会比晶体管和激光的实用化过程更短。但是随着研究的深入，越来越多的人认识到，大规模应用超导体并形成一定的产业是一项艰巨的任务。尽管如此，美国科学家仍然认为：21世纪的超导技术会如同20世纪的半导体技术一样，将对人类生活产生积极而深远的影响。

第 10 章　变化的电场和磁场

10.1　电源　电动势

10.1.1　电源

静电感应中产生的电流由静电力驱动，而且通常只流动一段短暂的时间，很快就达到静电平衡。这可以通过如图 10-1 所示的一个装置来简要说明。设有两个导体 a 和 b，分别带有电荷 $+q$和 $-q$，a 称为正极，b 称为负极。

如果我们用导线连接正、负两极，就可以获得一个电流，但这只是一个暂态电流，而不是一个恒定电流，其原因很简单，此时的电流是由静电场驱动的，随着电流的生成，两极的电荷迅速减少，电压降低，电场衰减，最后达到静电平衡，电流停止。如果我们想获得一个恒定电流，就必须维持电荷分布的恒定。维持电荷分布恒定的基本做法是：当载流子是正电荷时，就应该在载流子不断地通过导线由正极流到负极的同时，不断地把载流子再由负极输运回正极，从而形成一个恒定的电荷分布和电场分布，实现一个恒定的电流循环，如图 10-2 所示。在把载流子由负极输运回正极的过程中，需要克服静电力做功，把其他形式的能量转化为电能。这些克服静电力做功的力，我们通称为非静电力，记为 $\boldsymbol{F}_K$。这种能够依靠非静电力做功而维持一个电流的装置，或在电路中提供非静电力的装置称为电源。

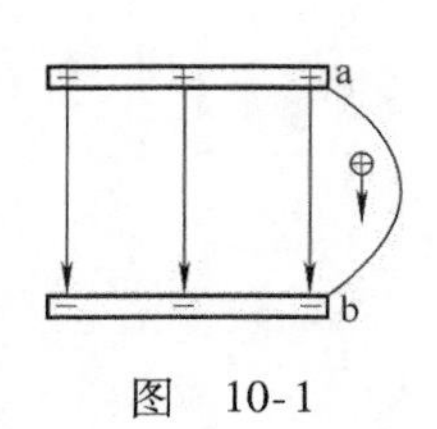

图　10-1

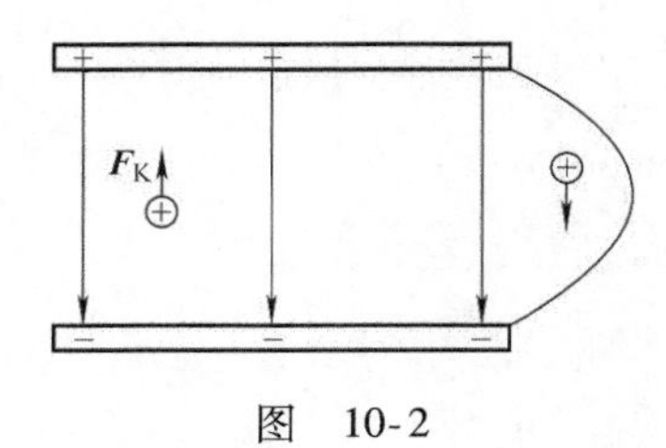

图　10-2

常见的电源包括：

1）将化学反应释放的能量转化为电能的化学电池，利用化学反应提供非静电力，如干电池和蓄电池，就属于此类。

2）将光能转变为电能的光电池，利用光电效应提供非静电力，如太阳能电池，常用于人造卫星和宇宙飞船等。

3）交直流发电机，将水力、风力中的机械能转化为电能，利用磁场力提供非静电力。

4）温差电效应，利用分子热运动提供非静电力。

5）核能电池，它的特点是电路中的电流大小与外电路的电阻无关，只取决于放射性源的性质，下面简单介绍一下核能电池。

如图 10-3 所示，金属铅盒 A 中有一放射性源，它放射 α 粒子——带 $+2e$ 电荷量的氦核，α 粒子穿过盒孔到达另一收集极 B 上，这样，盒上带负电，收集极上带正电，产生电动势。例如，

α 粒子的动能为 5×10^6eV，则收集极 B 可不断收集 α 粒子，直到它相对于铅盒的电势上升到 2.5×10^6V，这时 α 粒子的动能正好等于它从铅盒运动到收集极 B 过程中反抗静电力所做的功，于是 B 极不再收集正电荷，此核力即非静电力，写成等式有

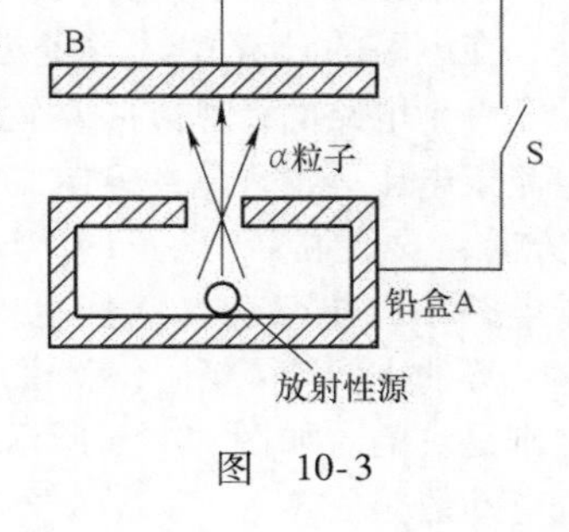

图　10-3

$$2e\int_A^B \boldsymbol{E}_{\mathrm{K}}\cdot \mathrm{d}\boldsymbol{l} = \frac{1}{2}mv^2 = 5\times10^6\mathrm{eV}$$

所以

$$\mathscr{E} = \int_A^B \boldsymbol{E}_{\mathrm{K}}\cdot \mathrm{d}\boldsymbol{l} = 2.5\times10^6\mathrm{V}$$

若放射性源每秒发射 10^6 个 α 粒子到达 B 极，则

$$I_0 = 2e\times10^6\mathrm{s}^{-1} = 3.2\times10^{-13}\mathrm{A}$$

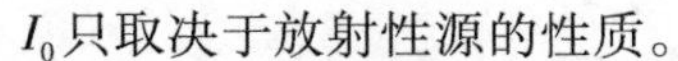
I_0 只取决于放射性源的性质。

在一个电路中，电源内部的电路称为内电路，电源外部的电路称为外电路。在内电路中，电源把其他形式的能量转化为电能，在外电路中，各种用电器把电能转化为其他形式的能量如光能、热能、机械能、声能等。在人类对电能的开发利用中，电能几乎始终是作为一种中介能量，绝少直接利用。人类之所以偏爱电能，一方面是电能的传输很方便，另一方面是电能转化为其他形式的能量也很简便。

10.1.2　非静电力场及其电场强度

在非静电力存在的空域中，我们可以定义一个非静电力场。所谓非静电力场是指一个能施力于电荷的力场，但它对电荷的作用力所服从的规律和静电场不同。如同对静电场的讨论那样，非静电力场的力学性质也可以用非静电力电场强度来描述，非静电力电场强度的定义式为

$$\boldsymbol{E}_{\mathrm{K}} = \frac{\boldsymbol{F}_{\mathrm{K}}}{q} \tag{10-1}$$

即单位正电荷所受到的非静电力，在图 10-2 中，$\boldsymbol{E}_{\mathrm{K}}$ 的方向向上。

10.1.3　电源的电动势

一个电源通过非静电力做功的本领可用电源的电动势来描述。电源电动势的定义为：把单位正电荷由电源负极经电源内部输送到电源正极非静电力所做的功，即

$$\mathscr{E} = \frac{A_{\mathrm{K}}}{q} \tag{10-2}$$

在输运一个载流子的过程中，非静电力做功为

$$A_{\mathrm{K}} = \int_-^+ \boldsymbol{F}_{\mathrm{K}}\cdot \mathrm{d}\boldsymbol{l} = q\int_-^+ \boldsymbol{E}_{\mathrm{K}}\cdot \mathrm{d}\boldsymbol{l} \tag{10-3}$$

故有

$$\mathscr{E} = \int_{\substack{- \\ (\text{电源内})}}^+ \boldsymbol{E}_{\mathrm{K}}\cdot \mathrm{d}\boldsymbol{l} \tag{10-4}$$

即电源电动势为非静电力电场强度由电源负极到正极的线积分。式（10-4）也常作为电源电动势的定义。在上述意义中，电源电动势只有大小，没有方向。在实际应用中常常提到电动势的方向，其实是指非静电电场强度的方向，即由电源负极指向正极。电源电动势是非静电力电场强度的积分，它只取决于电源本身的性质，而与电路的工作状态无关。有时在一段电路上有多个电源，这时电路上的电动势是一个串联的结果。

电动势的单位和电势的单位相同，都为伏特（V）。

在电路的计算中，为了方便，通常我们要设定一个电路的计算方向 l 作为参照方向来描述电流或电压等物理量的方向，例如，若电流 I 沿 l 方向，我们说，I 是正的，反之则是负的。对于电路中的电动势，我们也做同样的约定：若电动势的方向与 l 相同，就说电动势是正的，反之则是负的。如图 10-4a 所示，l（$a\to d$）方向的电动势为

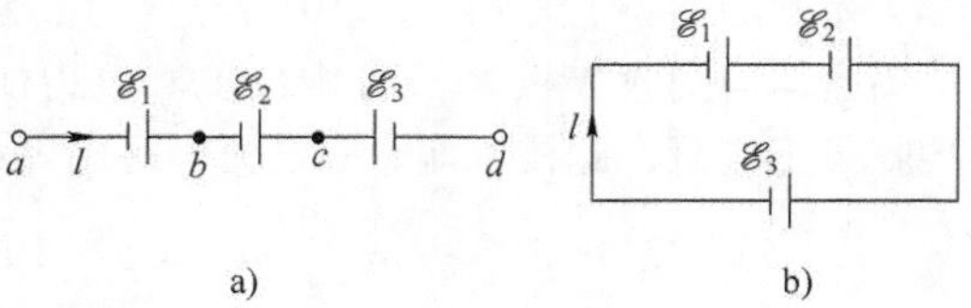

a) b)

图 10-4

$$\mathscr{E}=\mathscr{E}_1+\mathscr{E}_2-\mathscr{E}_3 \tag{10-5}$$

利用电动势的定义式，也可记为

$$\begin{aligned}\mathscr{E}&=\int_a^b \boldsymbol{E}_{\mathrm{K}}\cdot\mathrm{d}\boldsymbol{l}+\int_b^c \boldsymbol{E}_{\mathrm{K}}\cdot\mathrm{d}\boldsymbol{l}-\int_d^c \boldsymbol{E}_{\mathrm{K}}\cdot\mathrm{d}\boldsymbol{l}\\&=\int_a^b \boldsymbol{E}_{\mathrm{K}}\cdot\mathrm{d}\boldsymbol{l}+\int_b^c \boldsymbol{E}_{\mathrm{K}}\cdot\mathrm{d}\boldsymbol{l}+\int_c^d \boldsymbol{E}_{\mathrm{K}}\cdot\mathrm{d}\boldsymbol{l}=\int_a^d \boldsymbol{E}_{\mathrm{K}}\cdot\mathrm{d}\boldsymbol{l}\end{aligned} \tag{10-6}$$

或

$$\mathscr{E}=\int_l \boldsymbol{E}_{\mathrm{K}}\cdot\mathrm{d}\boldsymbol{l} \tag{10-7}$$

即沿 l 方向的电动势为非静电力电场强度沿 l 的线积分。显然，这个积分只在电源内部存在非静电场的区间内进行。式（10-7）普遍成立，它不仅适用于分离电源，也适用于连续性分布电源，通常我们把式（10-7）作为电动势的一般定义式。

有时我们会遇到在整个闭合回路上都有非静电力的情形（例如温差电动势和感生电动势），这时无法区分“电源内部”和“电源外部”，我们应该考虑整个闭合回路的电动势。若我们考察的电路是一个已设定参照方向为 l 的回路（见图 10-4b），这相当于把图 10-4a 中电路的 a 端和 d 端连接，则回路电动势为

$$\mathscr{E}=\oint_l \boldsymbol{E}_{\mathrm{K}}\cdot\mathrm{d}\boldsymbol{l} \tag{10-8}$$

即非静电力电场强度沿回路方向的线积分。沿电路或回路的电动势可能是正的，也可能是负的。顺便提一下，负电动势不一定是反电动势。负电动势是指电源电动势的方向和电路计算中设定的参考方向相反，而反电动势是指电源电动势的方向和电流的方向相反，即电源处于充电状态。

物理知识应用案例：含源电路的欧姆定律

考察一个含有多个电源及电阻的闭合回路：由于电源内部包含静电场 $\boldsymbol{E}$ 和非静电场 $\boldsymbol{E}_{\mathrm{K}}$，有

$$\boldsymbol{j}'=\gamma'(\boldsymbol{E}+\boldsymbol{E}_{\mathrm{K}}) \tag{10-9}$$

故

$$\boldsymbol{E}=\frac{\boldsymbol{j}'}{\gamma'}-\boldsymbol{E}_{\mathrm{K}} \tag{10-10}$$

根据恒定电场的环路定理，有

$$\oint \boldsymbol{E}\cdot\mathrm{d}\boldsymbol{l}=0=\oint_{源}\frac{\boldsymbol{j}'}{\gamma'}\cdot\mathrm{d}\boldsymbol{l}-\oint_{源}\boldsymbol{E}_{\mathrm{K}}\cdot\mathrm{d}\boldsymbol{l}+\oint_{外}\frac{\boldsymbol{j}}{\gamma}\cdot\mathrm{d}\boldsymbol{l} \tag{10-11}$$

在复杂电路的任一回路中，电势有升有降，若规定沿着选定的绕行方向电势降低部分为正的电势降，电势升高的部分为负的电势降，则由式（10-11）可知，沿任一闭合回路绕行一周，各部分电势降的代数

和恒为零。具体计算复杂电路问题时需要首先假定回路的绕行方向，并规定：

1）若电阻中的电流方向与选定方向相同，则电势降落，电压取 IR；反之取 $-IR$，对电源内阻 r 亦相同。

2）若电动势的方向（负极指向正极）与选定方向相同，则电势升高，取 $-\mathscr{E}$；反之，取 $+\mathscr{E}$。

这样对每一个回路，式（10-11）变为

$$\sum_i \pm I_i r_i + \sum_i \mp \mathscr{E}_i + \sum_i \pm I_i R_i = 0 \tag{10-12}$$

式中，$\oint_{源} \frac{\boldsymbol{j}'}{\gamma'} \cdot \mathrm{d}\boldsymbol{l} = \sum_i \pm I_i r_i$ 为闭合回路中所有电源内阻的电势降；$-\oint_{源} \boldsymbol{E}_{\mathrm{K}} \cdot \mathrm{d}\boldsymbol{l} = \sum_i \mp \mathscr{E}_i$ 为闭合回路中所有电源上的电势降；$\oint \frac{\boldsymbol{j}}{\gamma} \cdot \mathrm{d}\boldsymbol{l} = \sum_i \pm I_i R_i$ 为闭合回路中所有外电阻的电势降。式（10-12）称为基尔霍夫第二定律，又称为回路电压方程。

对于无相互跨越支路的平面复杂电路，其所包含的每一个“网孔”对应的就是一个独立的回路。每一个独立回路都可以列出一个独立的回路方程，对于其他复杂的电路，独立回路的特点是：至少包含一个不含于其他回路的支路。把所有独立的节点方程和所有独立回路的回路方程联立，便能求解复杂电路。在求解复杂电路时各支路中电流的方向有时难以判断，这时可以先设定各支路中电流的正方向。根据所设电流正方向分别列出各独立回路方程和各独立节点方程，联立求解，若解出的第 i 个支路中的电流 $I_i>0$，则表示该支路中的实际电流方向与所设电流方向一致；若 $I_i<0$，则表示该支路中的实际电流方向与所设电流方向相反。

由式（10-12）可以很容易得到高中物理中的闭合电路的欧姆定律：

$$I = \frac{\mathscr{E}}{R+r} \tag{10-13}$$

如果一个闭合电路含有多个电源，则先取一绕行方向，并假设电流方向，然后按上述规定的符号法则便可得

$$I = \frac{\sum \mathscr{E}_i}{\sum R_i + \sum r_i} \tag{10-14}$$

关于闭合电路的欧姆定律应注意以下几点：

1）当 $R\to\infty$ 时，外电路开路，$I=0$，此时电路上没有电流；当 $R=0$ 时，外电路短路，$I=\mathscr{E}/r$，由于 r 一般很小，而 I 很大，所以极易烧毁电源，应注意避免发生这种情况。

2）在恒定电路中，从电路的某一点出发，绕电路一周，各个元件的电压之和为零，这是一个很重要的结论，在分析电路时经常用到。

3）电源两端的电压 U_{AB} 称作路端电压，它是电源向电路提供能量（也称为放电）时的电压，$U_{AB}=IR=\mathscr{E}-Ir$。

对于一段含源电路（见图10-5），仍然沿用闭合电路关于电势降符号选取的规定，计算时需要首先假定 $A\to B$ 的方向，然后计算 A 和 B 两点间的电势差 U_{AB}。一段含源电路的欧姆定律表达式为

$$U_{AB} = V_A - V_B = \sum \pm \mathscr{E}_i + \sum \pm I(R_i + r_i) \tag{10-15}$$

若 $U_{AB}<0$，则表明从 $A\to B$ 电势升高，即 $V_B>V_A$；若 $U_{AB}>0$，则表明从 $A\to B$ 电势降低，即 $V_B<V_A$。

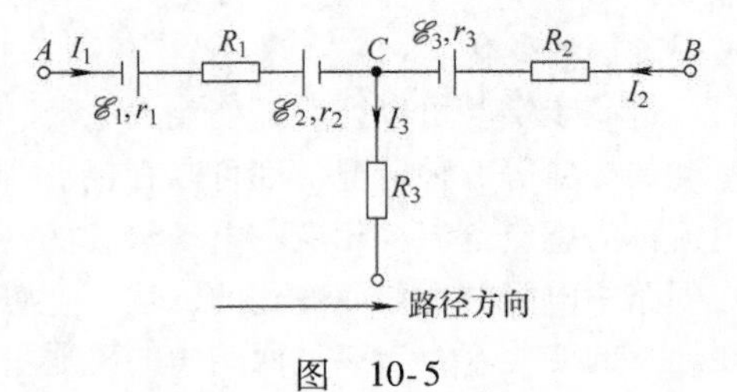

图　10-5

应用上面关于电势降符号选取的两条规则，可以确定图10-5所示电路中 A 和 B 两点间的电势差。我们选定自左向右为路径方向。路径方向从 A 点出发，将各部分电势降相加，得

$$U_{AB} = V_A - V_B = -\mathscr{E}_1 + I_1 r_1 + I_1 R_1 + \mathscr{E}_2 + I_1 r_2 - \mathscr{E}_3 - I_2 r_3 - I_2 R_2 \tag{10-16}$$

10.2 电磁感应定律

10.2.1 中学物理知识回顾

1. 电磁感应现象

1820 年，奥斯特发现了电流的磁效应，从一个侧面揭示了电现象和磁现象之间的联系。既然电流可以产生磁场，人们自然也联想到，磁场是否也能产生电流呢？英国物理学家法拉第历经十年努力，于 1831 年第一次发现了变化的磁场能在回路中激发电流的现象，即电磁感应现象，而后总结出相应的电磁感应规律。下面结合几个典型的电磁感应演示实验说明电磁感应现象及其产生的条件。

如图 10-6 所示的演示实验表明，磁铁插入或拔出闭合线圈时，灵敏电流计都会显示有电流通过。插入（见图 10-7a）与拔出（见图 10-7b）时电流反向。电流的大小与插入或拔出时的速度有关，若磁铁不动，则线圈中无电流。此前已经知道，一个载流螺线管类似一个条形磁铁，所以，如果以一个小载流螺线管代替图 10-7 中的磁铁，可得到相同的实验结果。

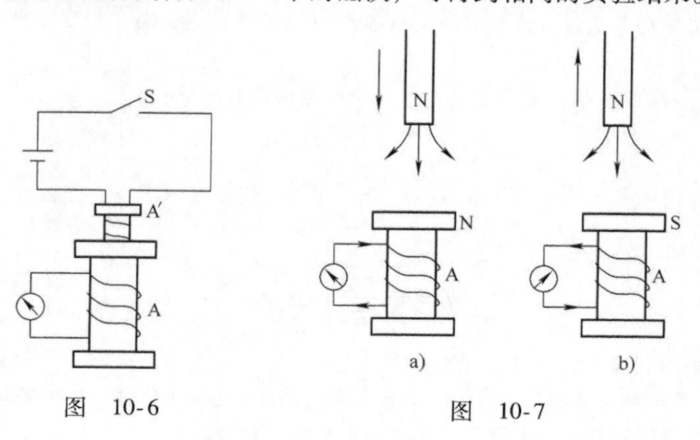

图 10-6　　图 10-7

由以上实验看到，当磁铁或小载流螺线管与 A（闭合回路）有相对运动时，A 中有电流。那么，相对运动和 A 中磁通量的变化，哪一个才是 A 中电流产生的原因呢？为进一步分析其原因，我们做演示实验如图 10-6 所示。将载流螺线管 A′放在 A 中，A′与 A 无相对运动。当开关 S 接通或断开时，A 中亦有电流。可见，相对运动不是 A 中产生电流的原因，A 中电流的产生应归结于 A 中磁场的变化。

进一步实验可以证明，变化的电流、变化的磁场、运动着的电流、运动着的磁场和在磁场中运动的导体等五种情况，都可以在闭合导体回路中产生电流。我们把这种由磁通量变化产生的电流称为感应电流，相应的电动势称为感应电动势。在闭合导体回路中形成的感应电流是随所在回路中电阻的变化而变化的，然而，感应电动势却与此电阻的变化无关，它唯一取决于回路中磁通量的变化率。当穿过回路中的磁通量发生改变时，或穿过回路的磁通量变化率不为零时，就产生感应电动势；当闭合导体回路时，在感应电动势的作用下，回路中产生感应电流。

2. 楞次定律

1833 年，楞次在总结大量实验结果的基础上提出了一个判定电磁感应中感应电流方向的法则，称为楞次定律：闭合回路中感应电流的方向，是要使感应电流在回路所围面积上产生的磁通量去抵消或反抗引起感应电流的磁通量的变化。楞次定律表明，电磁感应的结果是反抗电磁感应的原因。这里的结果是指感应电流所产生的磁通量，原因是指引起电磁感应的磁通量的变化。

考虑如图 10-8 所示的实验，即一块条形磁铁穿过一个闭合线圈的过程。图 10-8a 是磁铁向左运动靠近线圈的情况。这时线圈中的磁场 $\boldsymbol{B}$ 向左且在增强，故磁通量 Φ 在增加，按楞次定律，感应电流 I'的磁通量 Φ'应反抗 Φ 的增加，即感应电流在线圈中的磁场 $\boldsymbol{B}'$应与 $\boldsymbol{B}$ 的方向相反即向右，再由右手螺旋法则就可以确定感应电流 I'的方向应如图 10-8a 所示。图 10-8b 是磁铁已穿过线圈继续向左运动的情况。这时磁场 $\boldsymbol{B}$ 仍向左但在减小，故磁通量 Φ 在减小。按楞次定律，感应电流的磁通量 Φ'应反抗 Φ 的减小，即感应电流的磁场 $\boldsymbol{B}'$应与 $\boldsymbol{B}$ 的方向相同即向左，故感应电流 I'的方向应与图 10-8a 中的相反。

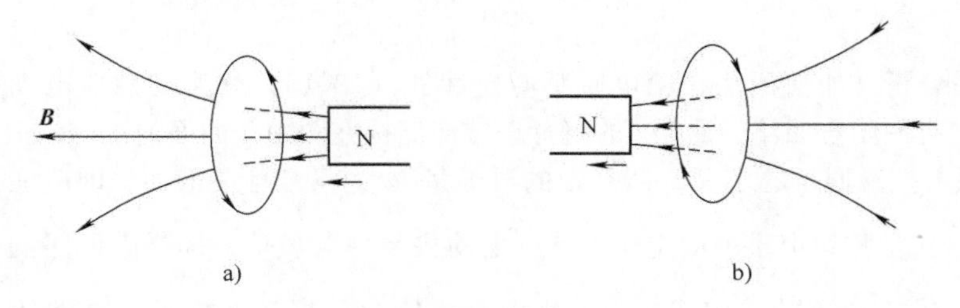

图　10-8

借助上述实验可以说明楞次定律的物理意义。在实验中闭合线圈里有感生电流产生，于是线圈中应有能量释放出来，如发出焦耳热。应该考虑一下这些能量究竟是从哪里来的？观察图 10-8a，电磁感应在闭合线圈上产生的电流会形成一个磁矩，按右手螺旋法则，磁矩向右，即右边是 N 极。线圈的 N 极会排斥磁铁的 N 极，阻止它的相对运动。因而，要进行电磁感应，磁铁就必须要克服斥力而做功，通过做功，磁铁运动的机械能转化为了电能。图 10-8b 中的情况读者可以自己分析，这时线圈的左面是 N 极，它会通过吸引来反抗相对运动，在这个过程中磁铁也要克服引力做功，把机械能转换为电能。可见，电磁感应中释放的能量并不是凭空而来的，而是其他能量如机械能等转换而来的。

10.2.2　法拉第电磁感应定律

1. 关于法拉第电磁感应定律的两个约定

法拉第电磁感应定律是一个定量的定律，它给出感应电动势的大小所服从的规律。感应电流是由感应电动势来驱动的，所以法拉第电磁感应定律所反映的规律也更本质一些。在通常的法拉第电磁感应定律的表述中，已经把楞次定律关于方向的判定也包含进去了。

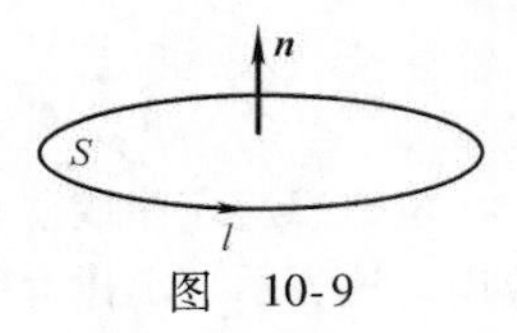

图　10-9

下面介绍一下这个定律表述中的两个约定，这样可以使表述更简洁一些。如图 10-9 所示，有一个闭合回路 l，任选一个方向作为回路绕行的正方向（约定一）。回路中的物理量，如电动势、电流等，均以该方向作为参考方向来决定它们符号的正、负。回路所围曲面 S 的法向 $\boldsymbol{n}$ 取回路正方向的右手螺旋方向，即当我们伸直大拇指并弯曲其余的四个手指，使四个手指指向回路绕行的正方向时，大拇指所指向的方向（约定二），图中的法向矢量 $\boldsymbol{n}$ 向上。定义于面积上的物理量，如磁通量，以该方向来决定其符号，如果磁场向上则磁通量为正，如果磁场向下则磁通量为负。此外，由于磁感应线是闭合曲线，所以通过回路所围的任何一个曲面上的磁通量 Φ 都相等，即与曲面的选取无关，因而可把回路所围曲面 S 上的磁通量 Φ 简称为回路中的磁通量。

磁通量的计算式为

$$\Phi = \int_S \boldsymbol{B} \cdot \mathrm{d}\boldsymbol{S} \tag{10-17}$$

2. 法拉第（电磁感应）定律

在上述约定下，法拉第电磁感应定律可表述为：当回路中的磁通量 Φ 变化时，在回路上产生的感应电动势为

$$\mathscr{E}_i = -\frac{\mathrm{d}\Phi}{\mathrm{d}t} \tag{10-18}$$

即感应电动势等于回路中的磁通量对时间的变化率的负值。感应电动势的大小显然为

$$\mathscr{E}_i = \left|\frac{\mathrm{d}\Phi}{\mathrm{d}t}\right| \tag{10-19}$$

下面我们来分析，如何用法拉第电磁感应定律式（10-18）来判定感应电动势的方向。如图 10-10a所示，有一闭合回路，回路 l 的绕行正方向已标在图中，曲面的法向向上。若有一磁场 $\boldsymbol{B}$ 向上且在增强，按磁通量的定义，回路中的磁通量 Φ 为正，且在增加，即磁通量随时间的变化率$\frac{\mathrm{d}\Phi}{\mathrm{d}t}$也为正。按法拉第电磁感应定律，感应电动势 $\mathscr{E}$ 应为负值，即逆着回路的正方向（图中已标出）。这个方向显然与楞次定律判定的方向是一致的。若 $\boldsymbol{B}$ 在减弱，如图 10-10b 所示，则 Φ 在减小，$\frac{\mathrm{d}\Phi}{\mathrm{d}t}$为负，则 $\mathscr{E}$ 应为正，这也正是楞次定律指出的方向。读者可以自己验证图 10-11 的其他情况。从上述分析中我们可以得到一个启示，即在法拉第电磁感应定律中的负号，实际上代表着对感应电动势方向的判定，是楞次定律的数学表示。顺便说明一下，以后我们在提到电磁感应定律时，通常是指楞次定律和法拉第定律这两个实验定律的全部内容。

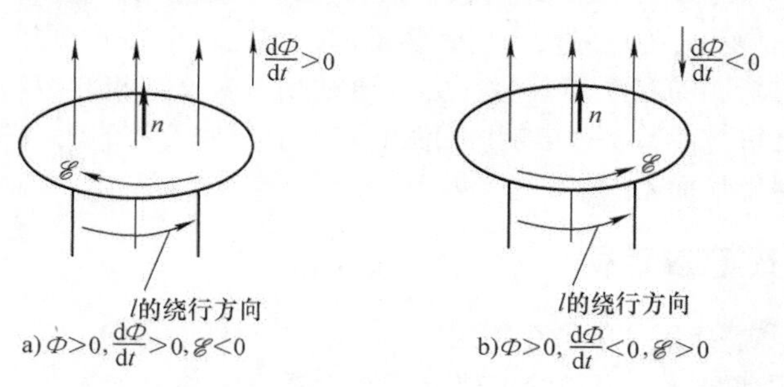

图 10-10

电磁感应定律成立于任一瞬时，即磁通量的瞬时变化率决定感应电动势在该瞬时的大小和方向，这表示该定律有瞬时性。

有时一个闭合回路是由多匝线圈串联组成的，此时回路的总电动势应该是每匝线圈中的电动势之和，即

$$\mathscr{E} = \sum \mathscr{E}_i = -\sum \frac{\mathrm{d}\Phi_i}{\mathrm{d}t} = -\frac{\mathrm{d}\sum \Phi_i}{\mathrm{d}t} = -\frac{\mathrm{d}\Phi}{\mathrm{d}t} \tag{10-20}$$

式中，$\Phi = \sum \Phi_i$ 为各匝线圈磁通量的总和，称为全磁通或磁链。Φ 的含义扩展了，但定律的形式却保持不变。在简单情况下，各匝线圈的磁通量相等，则全磁通 $\Phi = N\Phi_1$，其中，Φ_1 为一匝线圈的磁通量，有

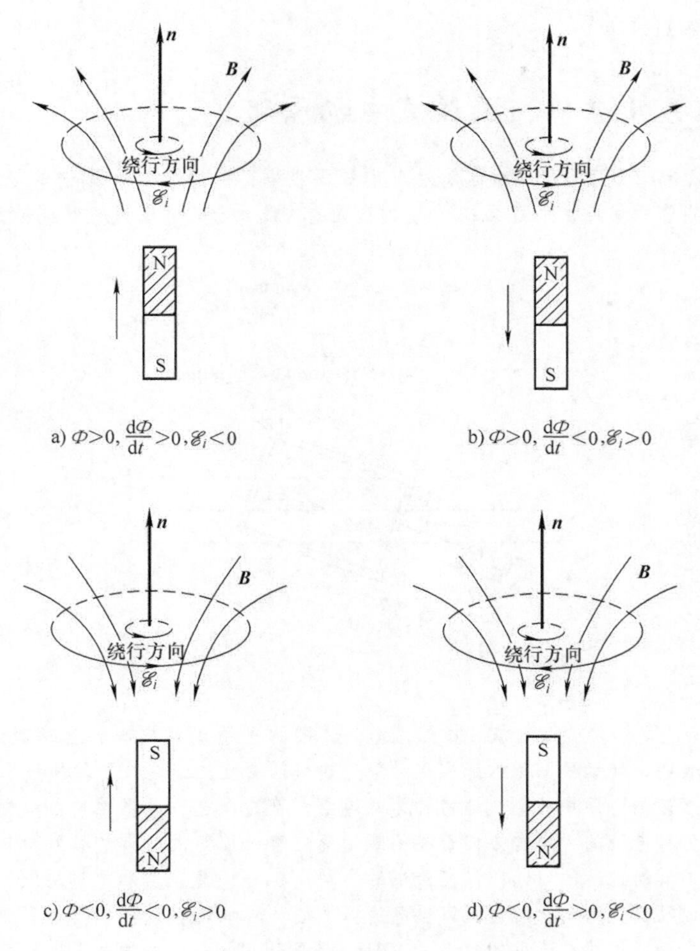

图　10-11

$$\mathscr{E} = N\mathscr{E}_1 = -N\frac{d\boldsymbol{\Phi}_1}{dt} = -\frac{d(N\boldsymbol{\Phi}_1)}{dt} = -\frac{d\boldsymbol{\Phi}}{dt} \tag{10-21}$$

式（10-21）是确定感应电动势大小和方向的普遍公式，由于用楞次定律来判定感应电动势的方向更方便，为简化实际计算，我们常使用楞次定律来判断电动势的方向，用法拉第电磁感应定律式（10-19）来确定感应电动势的大小。

3. 感应电流和感应电荷

若闭合回路的电阻为 R，则感应电流为

$$I_i = \frac{\mathscr{E}_i}{R} = -\frac{1}{R}\frac{d\boldsymbol{\Phi}}{dt} \tag{10-22}$$

式中各量的方向约定与电磁感应定律中的方向约定相同。在简单的情况下，电流的方向可由楞次定律直接判定，电流的大小可由其绝对值得到。若回路中只有感应电流，则在一个过程中流过闭合回路任一截面的感应电荷量为

$$q = \int_{t_1}^{t_2} I_i dt = -\frac{1}{R}\int_{\Phi_1}^{\Phi_2} d\boldsymbol{\Phi} = \frac{1}{R}(\boldsymbol{\Phi}_1 - \boldsymbol{\Phi}_2) \tag{10-23}$$

其方向约定和电磁感应定律相同。式（10-23）表明，感应电荷的特点是它只取决于磁通量的变

化量，而与变化率无直接关系。

 物理知识应用案例：交流发电机原理

如图 10-12 所示，$abcd$ 是面积为 S、匝数为 N 的矩形线框，在匀强磁场 $\boldsymbol{B}$ 中以匀角速度 ω 绕中心轴 OO' 转动，若 $t=0$ 时线圈的法线 $\boldsymbol{n}$ 平行于 $\boldsymbol{B}$，t 时刻线圈的法线 $\boldsymbol{n}$ 与磁感应强度 $\boldsymbol{B}$ 间的夹角 $\theta=\omega t$，这时通过线圈的磁链数为

$$\Phi = N\boldsymbol{B}\cdot\boldsymbol{S} = NBS\cos\omega t \tag{10-24}$$

因此有

$$\mathscr{E} = -N\frac{\mathrm{d}\Phi}{\mathrm{d}t} = NBS\omega\sin\omega t = \mathscr{E}_{\mathrm{m}}\sin\omega t \tag{10-25}$$

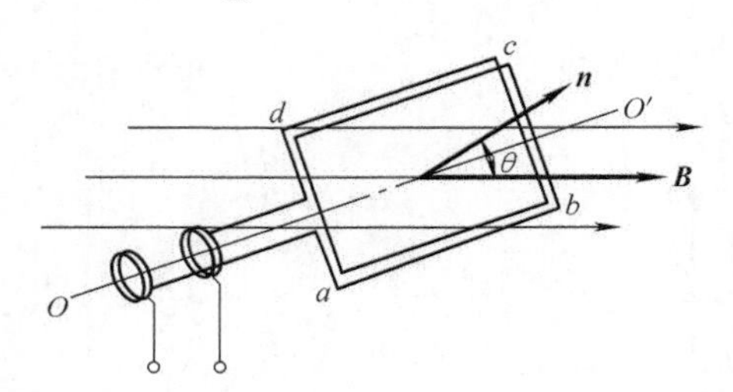

图 10-12

式中，$\mathscr{E}_{\mathrm{m}}=NBS\omega$ 是动生电动势的最大值。显然，增加线圈的匝数 N 或提高转速等都是增大 $\mathscr{E}_{\mathrm{m}}$ 的有效方法。上面的计算结果表明，转动线圈中的感应电动势是随时间变化的，这种随时间按正弦或余弦函数规律变化的电动势和与其相应的电路中的电流通常称为交流电，普通发电机提供的和通过变压器传输的就是这种交流电，交流电动势和电流的大小和方向都在不断地变化着，且变化一周电动势和电流的大小和方向又恢复到开始时的状态，其所经历的时间叫作交流电的周期，其 1s 内电动势和电流所做完全变化的次数叫作交流电的频率。美国以及其他南美、北美国家供电的标准频率是 60Hz，欧洲、澳大利亚、亚洲以及非洲等国家，工业上和日常生活所用的交流电的频率是 50Hz，我国使用的交流电的频率也是 50Hz。

当线圈中形成感应电流时，它在磁场中要受到安培力的作用，其方向阻碍线圈运动。因此，为了继续发电，原动机保持线圈转动必须克服阻力的力矩做功。可见，发电机的原理就是利用电磁感应现象，将机械能转化为电能。

实际的发电机构造都比较复杂。线圈的匝数很多，它们嵌在硅钢片制成的铁心上，组成电枢；磁场是用电磁铁激发的，磁极一般也不止一对。大型发电机产生的电压较高，电流也很大，若仍采用转动电枢式，用集流环和电刷将电流输出则很困难，所以一般采用转动磁极式，电枢不动，磁体转动。

【例 10-1】 如图 10-13 所示，一回路 l 由 N 匝面积为 S 的线圈串联而成，回路绕行的正方向及面积 S 的法向矢量 $\boldsymbol{n}$ 均标明在图中。线圈绕 z 轴以匀角速度 ω 转动，$t=0$ 时线圈法向与 x 轴的夹角 $\theta=0$。若有均匀磁场沿 x 轴方向且 $B=B_0\sin\omega t$，求回路中的感应电动势。

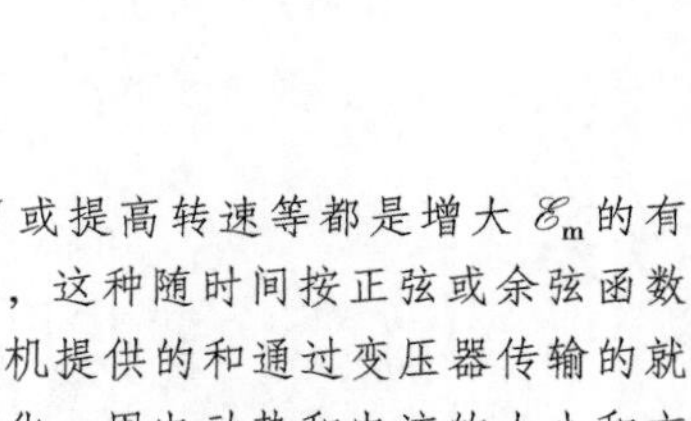

图 10-13

【解】 由题意可知，磁感应强度 $B=B_0\sin\omega t$ 的值是按正弦规律振荡的，所以图中标出的 $\boldsymbol{B}$ 的方向应该是一个参考方向。就是说，若 $B>0$，即 $\boldsymbol{B}$ 沿 x 轴正向，若 $B<0$，即 $\boldsymbol{B}$ 沿着 x 轴负向。由于磁场是均匀磁场，所以面积 S 上的磁链数

$$\Phi = N\Phi_1 = NBS\cos\theta$$

按题意

$$B = B_0 \sin\omega t$$
$$\theta = \omega t$$

故

$$\Phi = NB_0 \sin\omega t S\cos\omega t = \frac{1}{2}NB_0 S\sin 2\omega t$$

磁链数也是一个振荡的量，当 $\boldsymbol{B}$ 与 $\boldsymbol{n}$ 成锐角时，$\Phi>0$；当 $\boldsymbol{B}$ 与 $\boldsymbol{n}$ 成钝角时，$\Phi<0$。感应电动势为

$$\mathscr{E} = -\frac{\mathrm{d}\Phi}{\mathrm{d}t} = -NB_0 S\omega\cos 2\omega t$$

当 $\mathscr{E}>0$ 时，电动势沿着回路的正方向；当 $\mathscr{E}<0$ 时，电动势沿回路的负方向。感应电动势是一个交变电动势，其频率为转动频率的 2 倍，这是由于磁场也是在振荡的缘故。若磁场为恒定磁场 $B=B_0$，则

$$\Phi = N\Phi_1 = NB_0 S\cos\theta = NB_0 S\cos\omega t$$

感应电动势为

$$\mathscr{E} = -\frac{\mathrm{d}\Phi}{\mathrm{d}t} = NB_0 S\sin\omega t$$

即为一般发电机中的交变电动势，其频率与转动频率一致。

10.3 感应电动势

根据法拉第电磁感应定律，磁通量的变化会产生感应电动势。然而，磁通量变化有两种可能的原因。一是磁场不变，而导体回路的形状、大小或位置变化而引起的磁通量变化，这种情况下产生的感应电动势称为动生电动势，此时一定包含有导体相对于磁场的运动。另一种情况是导体回路不发生任何变化，而是磁场随时间变化，从而引起磁通量变化而产生感应电动势，这种感应电动势叫感生电动势。动生电动势和感生电动势形成的机制是什么呢？

10.3.1 动生电动势的理论解释及其计算

我们先讨论一个动生电动势的实例。如图 10-14 所示，在匀强磁场 $\boldsymbol{B}$ 中有一固定的 U 形导线框，上面挂一长度为 l 的活动边，活动边以速度 $\boldsymbol{v}$ 向右平移，我们来求回路中的感应电动势。设坐标系为 Ox，则穿过回路的磁通量为

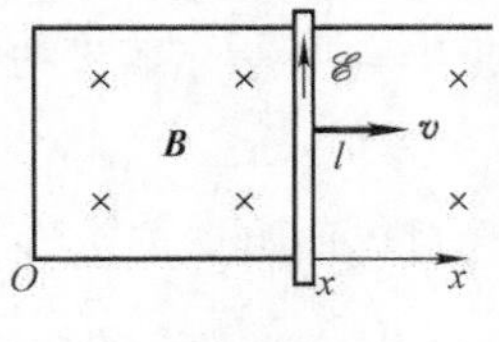

$$\Phi = BS = Blx \tag{10-26}$$

图 10-14

于是，回路中电动势的大小为

$$\mathscr{E} = \frac{\mathrm{d}\Phi}{\mathrm{d}t} = Bl\frac{\mathrm{d}x}{\mathrm{d}t} = Blv \tag{10-27}$$

按楞次定律，回路中电动势的方向是沿着逆时针方向的，电动势的大小 Blv 可以这样理解，lv 是活动边单位时间内扫过的面积，而 Blv 则是活动边单位时间内扫过的磁通量。这个结论的由来可以这样分析，感应电动势的大小等于回路中磁通量的变化率，而在动生电动势的情况下，磁场不变，那么磁通量的变化率当然就全部来自于活动边单位时间扫过的磁通量了。

考虑图 10-14 中那个导体活动边 l，在图 10-15 中已把它隔离画出来了。当 l 以速度 $\boldsymbol{v}$ 向右移动时，导体中的载流子（设带 $+q$）也被牵连而具有一个向右的速度 $\boldsymbol{v}$，因此，载流子受到一个

洛伦兹力（非静电力）$\boldsymbol{F}_{\mathrm{K}}=q\boldsymbol{v}\times\boldsymbol{B}$ 的作用，按图 10-15 中标出的$\boldsymbol{v}$和 $\boldsymbol{B}$ 的方向可知，$\boldsymbol{F}_{\mathrm{K}}$ 的大小为

$$F_{\mathrm{K}} = qvB \tag{10-28}$$

方向向上，我们可以认为，在导线中存在一个洛伦兹力场（非静电场），其电场强度$\boldsymbol{E}_{\mathrm{K}}=\dfrac{\boldsymbol{F}_{\mathrm{K}}}{q}$，在这个例子中，$\boldsymbol{E}_{\mathrm{K}}$ 的大小为

$$E_{\mathrm{K}} = \frac{F_{\mathrm{K}}}{q} = vB \tag{10-29}$$

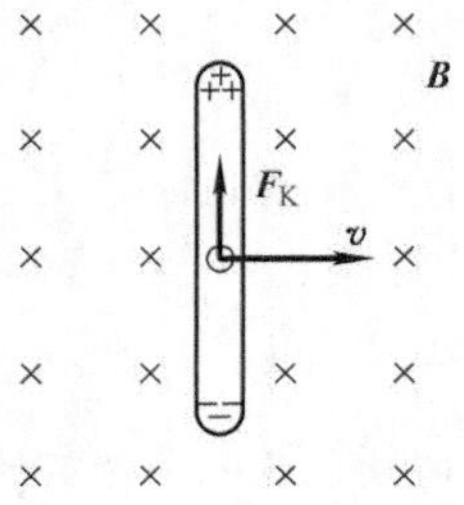

图 10-15

方向向上，这是一个匀强场。非静电场的存在使导线成为一个电源，按电动势的定义

$$\mathscr{E} = \int_l \boldsymbol{E}_{\mathrm{K}} \cdot \mathrm{d}\boldsymbol{l} \tag{10-30}$$

并且规定 l 的方向从电源负极指向正极，由于 $\boldsymbol{E}_{\mathrm{K}}$ 的大小为 vB，方向向上且与 $\boldsymbol{l}$ 的同向，故导线上的电动势

$$\mathscr{E} = \int_-^+ \boldsymbol{E}_{\mathrm{K}} \cdot \mathrm{d}\boldsymbol{l} = \int_-^+ E_{\mathrm{K}}\mathrm{d}l = Bvl \tag{10-31}$$

即电动势的大小为 Blv，且为正，这表示电源电动势的方向沿 l 的方向，即向上，$\boldsymbol{l}$ 的上端为正极，下端为负极。动生电动势的方向也可以用载流子受到的洛伦兹力直观地判定，正载流子受到的洛伦兹力向上，因而它将运动到导线的上端，故上端应为电源的正极，即电动势方向向上。以上结论与前面用实验定律即电磁感应定律得出的结果完全一致。

上述分析表明，动生电动势所对应的非静电场力就是洛伦兹力。在一般的情况下，载流子受到的洛伦兹力$\boldsymbol{F}_{\mathrm{K}}=q\boldsymbol{v}\times\boldsymbol{B}$ 所提供的洛伦兹力场一般地表示为

$$\boldsymbol{E}_{\mathrm{K}} = \frac{\boldsymbol{F}_{\mathrm{K}}}{q} = \boldsymbol{v}\times\boldsymbol{B} \tag{10-32}$$

沿 l 的方向的电动势也可以一般地表示为

$$\mathscr{E} = \int_l \boldsymbol{E}_{\mathrm{K}} \cdot \mathrm{d}\boldsymbol{l} = \int_-^+ (\boldsymbol{v}\times\boldsymbol{B}) \cdot \mathrm{d}\boldsymbol{l} \tag{10-33}$$

在求解问题时，先假设电源的正、负极，由负极指向正极的方向就是 $\mathrm{d}\boldsymbol{l}$ 的方向，如果计算结果 $\mathscr{E}>0$，表示假设的电源正、负极与实际相符；如果 $\mathscr{E}<0$，表示假设的电源正、负极与实际相反。

可以证明，式（10-33）中的 $\int_l(\boldsymbol{v}\times\boldsymbol{B})\cdot\mathrm{d}\boldsymbol{l}$ 的含义也是表示导线 l 在单位时间内所扫过的磁通量。从上面的分析我们可以得出一个有关动生电动势形成机制的一般性结论：当一段运动导线在磁场中运动时，该导线将以洛伦兹力为非静电力而形成一个电源。这个电源的电动势大小即为该导线在单位时间内扫过的磁通量（或形象地说成：单位时间内切割磁力线的条数）。这个电动势的方向在简单的情况下可以用正载流子所受洛伦兹力的方向来判定，在复杂的情况下可以用式（10-33)的计算结果的符号来判定。这个结论不仅说明了动生电动势的形成机制，而且也指出了动生电动势的分布：它只存在于磁场中运动着的导线上。

以上我们研究了动生电动势的起因，下面讨论它的能量转换问题。由上面的讨论我们知道，如导轨框也是导体，则其将与导体棒组成闭合回路，当导体棒向右或向左运动时，回路中就有感应电流产生，因而要在回路中产生焦耳热，这一能量是由导体棒运动的机械能转化而来的。事实上，由楞次定律可知，感应电流必然产生阻碍导体棒运动的效果，此阻力就是导体棒中通过感应

电流时在磁场中所受的安培力。设感应电流的大小为 I，则安培力的大小为

$$F_{\mathrm{m}} = IBl \tag{10-34}$$

安培力的方向与$\boldsymbol{v}$的方向相反，因而是运动的阻力。为了保持导体棒向右做匀速运动，我们必须再加一个外力以克服此阻力，

$$F_{外} = -F_{\mathrm{m}} \tag{10-35}$$

那么，在导体棒运动过程中外力消耗的功率是多少呢？经典力学中功率与力和速度的公式为

$$P_{外} = \boldsymbol{F}_{外} \cdot \boldsymbol{v} = BIlv \tag{10-36}$$

而在导线回路中的电功率为

$$P = \mathscr{E}I = BlvI \tag{10-37}$$

可见

$$P_{外} = P \tag{10-38}$$

在导体棒做匀速运动时，外力克服阻力（安培力）所做的功（机械功）全部转化为回路中的电能。

由于洛伦兹力 $\boldsymbol{F}_{\mathrm{L}}$与运动方向垂直，故洛伦兹力对电荷永远不做功，而这里又说动生电动势是由洛伦兹力做功而引起的，两者是否矛盾呢？其实并不矛盾，这里的讨论只涉及洛伦兹力的一部分。另一部分是自由载流子形成的电流在磁场中受到的安培力。导体棒所受到的安培力就是棒中所有自由载流子受到的总洛伦兹力在向左方向的一个分力，由图 10-16 可见，当导体棒在均匀磁场中以速度$\boldsymbol{v}$向右运动产生感应电流时，自由载流子还有相对于导体向上的定向运动速度 $\boldsymbol{u}$，载流子的总定向运动速度为$\boldsymbol{v}+\boldsymbol{u}$，一个载流子所受的洛伦兹力就成为

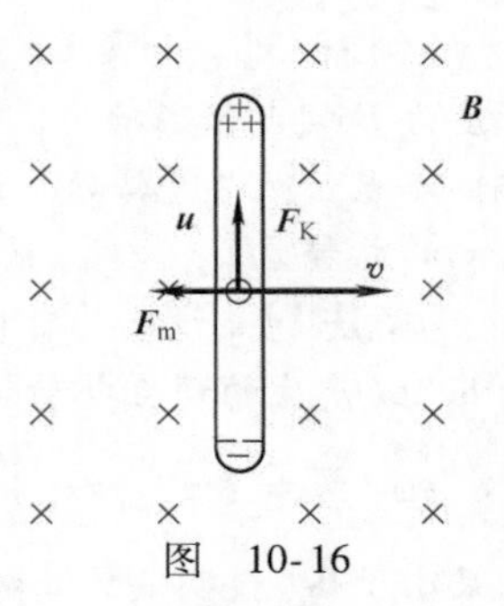

图　10-16

$$\boldsymbol{F}_{\mathrm{L}} = q(\boldsymbol{u}+\boldsymbol{v}) \times \boldsymbol{B} = q\boldsymbol{u}\times\boldsymbol{B} + q\boldsymbol{v}\times\boldsymbol{B} = \boldsymbol{F}' + \boldsymbol{F}_{\mathrm{K}} \tag{10-39}$$

此力与合速度 $\boldsymbol{u}+\boldsymbol{v}$垂直，因此不做功。这里的 $\boldsymbol{F}'$是载流子相对于导体向上定向运动而受到的洛伦兹力。所以在这一情形下洛伦兹力 $\boldsymbol{F}_{\mathrm{L}}$对电子做功的功率为

$$P_{\mathrm{L}} = \boldsymbol{F}_{\mathrm{L}} \cdot (\boldsymbol{u}+\boldsymbol{v}) = (\boldsymbol{F}'+\boldsymbol{F}_{\mathrm{K}}) \cdot (\boldsymbol{u}+\boldsymbol{v}) = \boldsymbol{F}_{\mathrm{K}} \cdot \boldsymbol{u} + \boldsymbol{F}' \cdot \boldsymbol{v} \tag{10-40}$$

根据 $\boldsymbol{F}'$与 $\boldsymbol{F}_{\mathrm{K}}$ 的定义，

$$\boldsymbol{F}' = q\boldsymbol{u}\times\boldsymbol{B},\ \boldsymbol{F}_{\mathrm{K}} = q\boldsymbol{v}\times\boldsymbol{B} \tag{10-41}$$

$\boldsymbol{F}_{\mathrm{K}}$ 的方向与 $\boldsymbol{u}$ 相同，对载流子做正功，相应的功率为 $qvBu$，它形成动生电动势。而另一个分量 $\boldsymbol{F}'$的方向与$\boldsymbol{v}$相反，阻碍导体运动，从而做负功，相应的功率为 $-q\boldsymbol{v}Bu$。可见，两个分量所做功的代数和等于零，即

$$P_{\mathrm{L}} = qvBu - quBv = 0 \tag{10-42}$$

可见，洛伦兹力的一个分力 $\boldsymbol{F}'$做负功，而另一个分力 $\boldsymbol{F}_{\mathrm{K}}$ 做正功，大小相等，总功为零。这当然符合洛伦兹力不做功的事实，但外力克服 $\boldsymbol{F}'$对每个载流子做功的功率为

$$\boldsymbol{F}_{外} \cdot \boldsymbol{v} = -\boldsymbol{F}' \cdot \boldsymbol{v} = \boldsymbol{F}_{\mathrm{K}} \cdot \boldsymbol{u} \tag{10-43}$$

即外力克服洛伦兹力的一个分力 $\boldsymbol{F}'$所做的功转化为洛伦兹力的另一个分力所做的正功，这些功全部转化为感应电流的能量。因此，洛伦兹力并不提供能量，而只是传递能量，即外力克服洛伦兹力的一个分量 $\boldsymbol{F}'$所做的功，通过洛伦兹力的另一个分量 $\boldsymbol{F}'_{\mathrm{K}}$转变成导体的动生电动势。它是完全符合能量守恒和转换这一普遍规律的，动生电动势的能量是由外部机械能提供的。

【例 10-2】 如图 10-17 所示，一导线弯成 3/4 圆弧，圆弧的半径为 R。导线在与圆弧所在平面垂直的均匀磁场 $\boldsymbol{B}$ 中以速度$\boldsymbol{v}$垂直于磁场向右平动，求导线上的动生电动势。

【解】 直接考虑圆弧扫过的磁通量或进行积分均可解出此题，但最简单的方法是作一个回

路，借助法拉第电磁感应定律来求解。设想连接 aO 和 Ob，使导线形成一个回路。顺便说明一下，圆弧上的动生电动势只取决于圆弧在磁场中运动的情况，与是否连成一个回路无关，因而连接后圆弧上的动生电动势并不会发生改变，但是计算却要简单得多。此时回路中的磁通量是一个常量，所以回路电动势为零。回路电动势为零并不意味着回路中没有电动势分布，而是电动势在回路中相互抵消了。aO 段由于不切割磁力线，所以没有动生电动势，

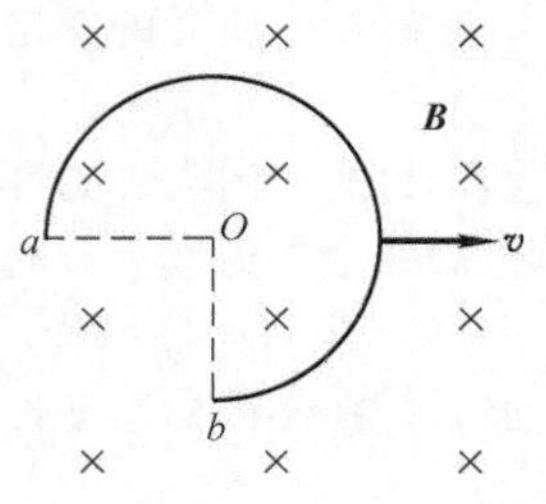

图　10-17

$$\mathscr{E}_{Oa}=0$$

bO 段上的动生电动势的大小显然为

$$\mathscr{E}_{bO}=BRv$$

方向向上。故圆弧上的动生电动势为

$$\mathscr{E}_{\widehat{ab}}=0-\mathscr{E}_{Oa}-\mathscr{E}_{ba}=-BRv$$

其方向应沿回路抵消 bO 段上的电动势 $\mathscr{E}_{bO}$，即是沿弧由 b 到 a 的方向。

【例 10-3】 如图 10-18 所示，一根长度为 L 的铜棒在磁感应强度为 $\boldsymbol{B}$ 的匀强磁场中，以角速度 ω 在与磁场方向垂直的平面上绕棒端点 a 做匀速转动。试求在铜棒中产生的感应电动势和铜棒两端的电势差 U_{ab}。

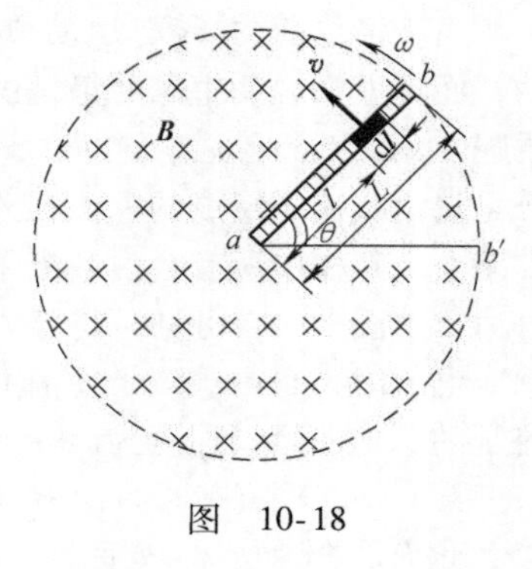

图　10-18

【解法 1】 设 a 为负极，在 l 处取 $\mathrm{d}\boldsymbol{l}$ 线元，$\mathrm{d}\boldsymbol{l}$ 的方向由 a 指向 b。$\mathrm{d}\boldsymbol{l}$ 产生的动生电动势为 $\mathrm{d}\mathscr{E}_i=(\boldsymbol{v}\times\boldsymbol{B})\cdot\mathrm{d}\boldsymbol{l}$

故 $$\mathscr{E}_i=\int_a^b\mathrm{d}\mathscr{E}_i=-\int_0^L vB\mathrm{d}l=-\int_0^L\omega Bl\mathrm{d}l=-\frac{1}{2}\omega BL^2$$

结果小于 0，说明 a 为正极，即 a 点的电势比 b 点的高。a 和 b 两点间的电势差为

$$U_{ab}=-\mathscr{E}_i=\frac{1}{2}\omega BL^2$$

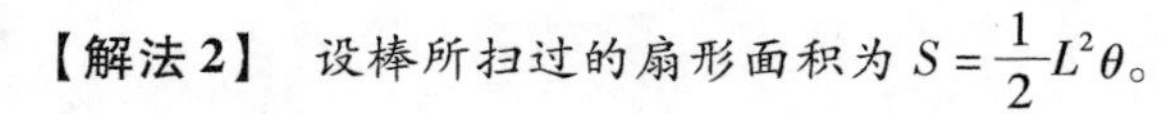

【解法 2】 设棒所扫过的扇形面积为 $S=\frac{1}{2}L^2\theta$。

通过回路的磁通量为

$$\Phi=\int_S\boldsymbol{B}\cdot\mathrm{d}\boldsymbol{S}=-BS=-\frac{1}{2}BL^2\theta$$

则回路中的感应电动势为

$$\mathscr{E}_i=-\frac{\mathrm{d}\Phi}{\mathrm{d}t}=\frac{1}{2}BL^2\frac{\mathrm{d}\theta}{\mathrm{d}t}=\frac{1}{2}\omega BL^2$$

由于 ab' 和 $b'b$ 导线不动，不产生的电动势，所以上式即为 ab 产生的电动势。

【例 10-4】 如图 10-19 所示，一长直导线中通有电流 $I=10\mathrm{A}$，有一长 $L=0.2\mathrm{m}$ 的金属棒 AB，以 $v=2\mathrm{m/s}$ 的速度平行于长直导线做匀速运动，如棒的近导线一端距离导线 $a=0.1\mathrm{m}$，求金属棒中的动生电动势。

【解】 建立图示 Ol 坐标，在任意 l 处取线元 $\mathrm{d}\boldsymbol{l}$，则在 $\mathrm{d}\boldsymbol{l}$ 处的磁感应强度为

$$B=\frac{\mu_0 I}{2\pi l}$$

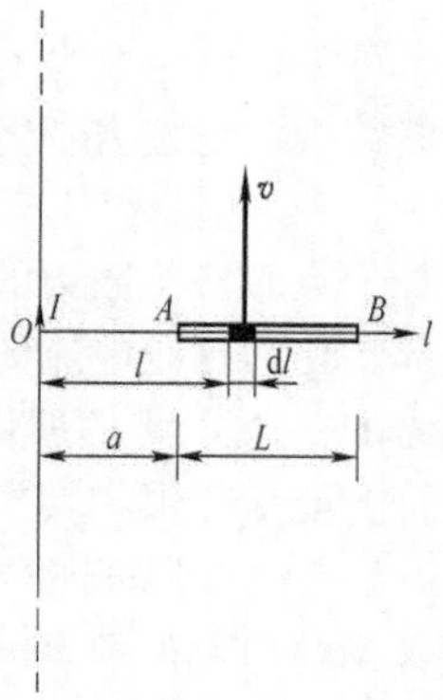

图　10-19

假设 A 为负极，则动生电动势为

$$\mathscr{E}_i = \int_L \mathrm{d}\mathscr{E}_i = \int_L (\boldsymbol{v}\times \boldsymbol{B}) \cdot \mathrm{d}\boldsymbol{l} = -\int_a^{a+l} v\frac{\mu_0 I}{2\pi l}\mathrm{d}l$$

$$\mathscr{E}_i = -\frac{\mu_0 Iv}{2\pi}\int_a^{a+l}\frac{\mathrm{d}l}{l} = -\frac{\mu_0 Iv}{2\pi}\ln\frac{a+l}{a}$$

$$= -\frac{4\pi\times 10^{-7}\times 10\times 2}{2\pi}\ln\frac{0.3}{0.1}\mathrm{V} = -4.4\times 10^{-6}\mathrm{V}$$

结果小于0，说明 A 为正极，即 A 点的电势比 B 点的高。

10.3.2 感生电动势的理论解释及其计算

当导体回路不动时，由于磁场变化引起穿过回路的磁通量发生变化而产生的电动势，叫作感生电动势。显然，由于回路不发生运动，所以这时产生电动势的非静电力不再是洛伦兹力。那么，它是什么力呢？麦克斯韦首先分析了这种情况并提出一个假说：一个变化磁场会在它的周围空间激发一个感生电场。这个电场是一个非静电性的有旋电场，它沿导体回路的环流 $\oint_L \boldsymbol{E}_\mathrm{K}\cdot \mathrm{d}\boldsymbol{l}$ 不等于零。于是，这个环流就正好为一个回路提供电动势 $\mathscr{E}_i = \oint_L \boldsymbol{E}_{感}\cdot \mathrm{d}\boldsymbol{l}$。麦克斯韦关于感生电场的假说完满地解释了感生电动势的形成机制并得到近代物理实验的完全证明。如在电子感应加速器中，一个电子在由变化着的磁场产生的感生电场中获得加速度而加速旋转，并最终使电子加速到非常接近光速的水平。

下面我们来定量地分析感生电场与变化磁场的关系。在变化磁场中，设有一个导线回路 l，按法拉第电磁感应定律，可得出回路中的电动势

$$\mathscr{E}_i = -\frac{\mathrm{d}\Phi}{\mathrm{d}t}$$

按电动势和磁通量的定义有

$$\mathscr{E}_i = \oint_L \boldsymbol{E}_{感}\cdot \mathrm{d}\boldsymbol{l}$$

$$\Phi = \int_S \boldsymbol{B}\cdot \mathrm{d}\boldsymbol{S}$$

其中，面积 S 为回路 l 所围的面积，于是有

$$\oint_L \boldsymbol{E}_{感}\cdot \mathrm{d}\boldsymbol{l} = -\frac{\mathrm{d}}{\mathrm{d}t}\int_S \boldsymbol{B}\cdot \mathrm{d}\boldsymbol{S} \tag{10-44}$$

或

$$\oint_L \boldsymbol{E}_{感}\cdot \mathrm{d}\boldsymbol{l} = -\int_S \frac{\partial \boldsymbol{B}}{\partial t}\cdot \mathrm{d}\boldsymbol{S} \tag{10-45}$$

式中，$\frac{\partial \boldsymbol{B}}{\partial t}$为磁场 $\boldsymbol{B}$ 对时间的变化率，记为偏导数形式是因为 $\boldsymbol{B}$ 还可能会随空间而变。式（10-45）即为感生电场和变化磁场的关系，式中的负号表明：感生电场 $\boldsymbol{E}_{感}$绕磁场变化率$\frac{\partial \boldsymbol{B}}{\partial t}$左旋，这一点在下面的例子中会有具体的说明。

感生电场是一种新型的电场，它与静电场既有联系又有区别。它与静电场的共同之处是：对电荷有作用力（不论电荷运动与否）。但是，它们的区别是很大的。静电场是由电荷产生的，而感生电场是由变化的磁场产生的；静电场是有源无旋场，而感生电场是无源有旋场。

感生电场是无源场，其电位移矢量在任意闭合曲面 S 上的电通量为零，即有

$$\oint_S \boldsymbol{D}_{感} \cdot \mathrm{d}\boldsymbol{S} = 0 \tag{10-46}$$

式中，$\boldsymbol{D}_{感} = \varepsilon \boldsymbol{E}_{感}$是由感生电场$\boldsymbol{E}_{感}$定义的电位移矢量。

根据麦克斯韦感生电场假说，感生电动势所对应的非静电场力就是感生电场力，这叫作感生电动势的理论解释。由这个解释，我们可以得到在感生电场中一段导线上的感生电动势为

$$\mathscr{E} = \int_a^b \boldsymbol{E}_{感} \cdot \mathrm{d}\boldsymbol{l} \tag{10-47}$$

式中，$\boldsymbol{E}_{感}$表示感生电场的电场强度。对于一个闭合回路，其上的电动势可以表示为

$$\mathscr{E} = \oint_l \boldsymbol{E}_{感} \cdot \mathrm{d}\boldsymbol{l} \tag{10-48}$$

从这些公式可以看出，只要知道了感生电场，就可以计算出感生电动势。在前面的知识点中，我们利用安培环路定理可以求出高度对称的电流分布所激发的磁场。同样的道理，用感生电场和变化磁场的关系式（10-45），我们可以求出高度对称的磁场在变化时所激发的有旋电场。下面介绍一个例子。

【例 10-5】 有一半径为 R 的长直载流螺线管，其横截面如图 10-20所示，螺线管内有垂直于纸面向里的匀强磁场 $\boldsymbol{B}$，B 以$\dfrac{\partial B}{\partial t}$的变化率增强，求螺线管内、外感生电场的分布。

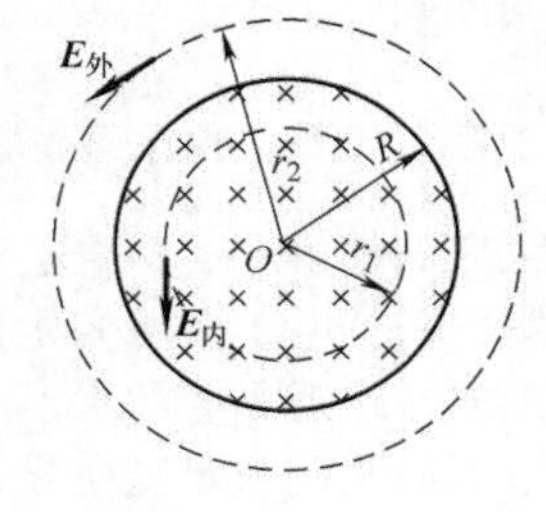

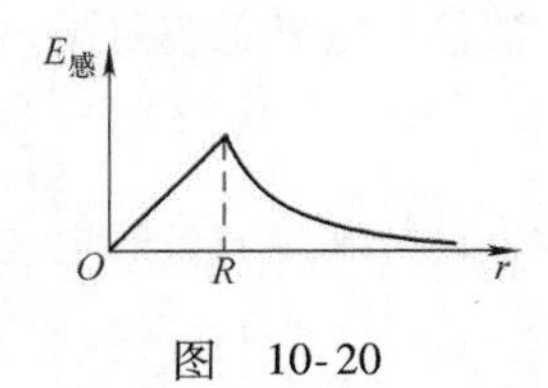

图 10-20

【解】 由于空间存在变化的磁场，所以空间各点将激发感生电场，由于螺线管磁场的柱对称性，以螺线管轴心为圆心的任意半径圆周上各点$\boldsymbol{E}_{感}$大小相等，方向切向，假设圆周绕行方向为顺时针方向，则在螺线管内

$$r_1 < R, \oint_L \boldsymbol{E}_{感1} \cdot \mathrm{d}\boldsymbol{l} = E_{感1} 2\pi r_1 = -\int_S \frac{\partial \boldsymbol{B}}{\partial t} \cdot \mathrm{d}\boldsymbol{S} = -\frac{\partial B}{\partial t}\pi r_1^2$$

$$E_{感1} = -\frac{r_1}{2}\frac{\partial B}{\partial t}$$

负号表示感生电场的方向为逆时针方向，如图 10-20 所示。

$$r_2 > R, \oint_L \boldsymbol{E}_{感外} \cdot \mathrm{d}\boldsymbol{l} = E_{感外} 2\pi r_2 = -\int_S \frac{\partial \boldsymbol{B}}{\partial t} \cdot \mathrm{d}\boldsymbol{S} = -\frac{\partial B}{\partial t}\pi R^2$$

$$E_{感外} = -\frac{R^2}{2r_2}\frac{\partial B}{\partial t}$$

负号表示感生电场的方向为逆时针方向，如图 10-20 所示。

$$r = R, E_R = -\frac{R}{2}\frac{\partial B}{\partial t}$$

【例 10-6】 在上述螺线管内，在与轴线相距 h 处放置长为 L 的金属棒 ab，如图 10-21a 所示。求棒中的感生电动势。

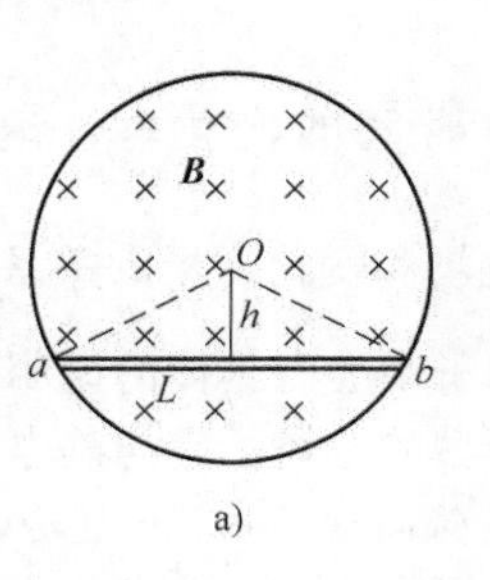

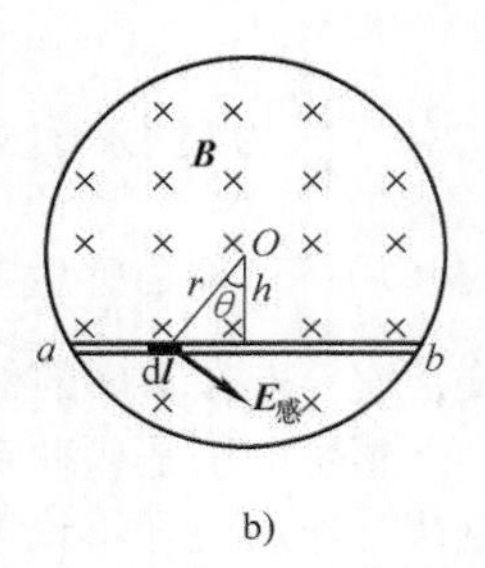

图 10-21

【解法 1】 用电动势定义求解。由前面的讨论可知，在螺线管内感生电场的大小为 $E_{内} = \dfrac{r}{2}\dfrac{\partial B}{\partial t}$，如图 10-21b 所示，方向为逆时针方向，在 ab 上距 O 为 r 处取线元 $\mathrm{d}\boldsymbol{l}$，$\mathrm{d}\boldsymbol{l}$ 的方向从 a 指向 b，其上的感生电动势为

$$\mathrm{d}\mathscr{E}_i = \boldsymbol{E}\cdot \mathrm{d}\boldsymbol{l} = \frac{r}{2}\frac{\partial B}{\partial t}\mathrm{d}l\cos\theta$$

$$\mathscr{E}_{ab} = \int_a^b \mathrm{d}\mathscr{E}_i = \int_0^L \frac{h}{2}\frac{\partial B}{\partial t}\mathrm{d}l = \frac{1}{2}hL\frac{\partial B}{\partial t}$$

方向：因$\frac{\partial B}{\partial t}>0$，所以$\mathscr{E}_{ab}>0$，即由$a$指向$b$，$b$端电势高。

【解法2】 应用法拉第电磁感应定律求解，作一假想回路$aOba$，绕行方向设为顺时针方向。设回路所围的面积为S，则

$$S = \frac{1}{2}hL$$

磁通量为$\Phi=\frac{1}{2}hLB$，由法拉第电磁感应定律得

$$\mathscr{E}_i = -\frac{\mathrm{d}\Phi}{\mathrm{d}t} = -\frac{1}{2}hL\frac{\partial B}{\partial t}$$

由题意$\frac{\partial B}{\partial t}>0$，所以$\mathscr{E}_i<0$，即为逆时针方向。

由于$\boldsymbol{E}_{感}$与回路中aO、Ob垂直，在aO、Ob中不产生感生电动势，所以回路中产生的感生电动势是由ab产生的，则有

$$\mathscr{E}_{ab} = \frac{1}{2}hL\frac{\partial B}{\partial t}$$

方向：由a指向b，b端电势高。

以上两种解法，结果完全一样。

最后应当指出，上面我们把感应电动势分成动生和感生两种，这种分法在一定程度上只有相对的意义。例如在如图10-7所示的情形中，如果在线圈为静止的参考系内观察，磁棒的运动引起空间磁场的变化，线圈中的电动势是感生的。但是，如果我们在随磁棒一起运动的参考系内观察，则磁棒是静止的，空间的磁场也未发生变化，而是线圈在运动，因而线圈内的电动势是动生的。所以，由于运动是相对的，就发生了这样的情况，同一感应电动势，在某一参考系内看，是感生的，在另一参考系内看，变成动生的了。然而，我们也必须清楚地看到，坐标变换只能在一些特殊情形里消除动生和感生电动势的界限，在普遍的情况下感生电动势是不可能通过坐标变换归结到动生电动势的，反之亦然。

物理知识应用案例：电子感应加速器

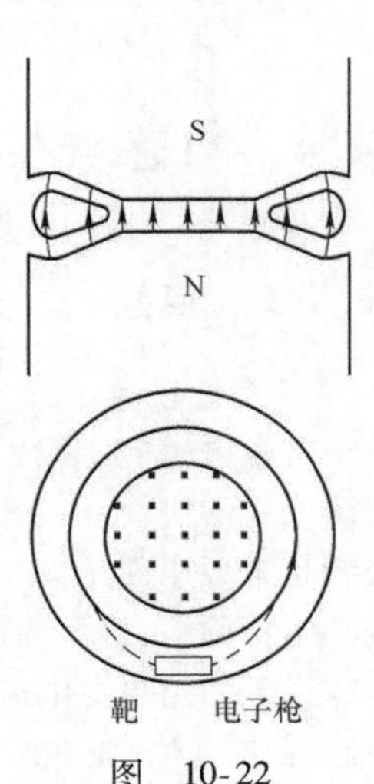

图　10-22

电子感应加速器是利用在变化磁场中产生的涡旋电场来加速电子的一种装置，图10-22是这种加速器的示意图。在由电磁铁产生的非匀强磁场中安放环状真空室，当电磁铁用低频的强大交变电流励磁时，真空室中会产生很强的涡旋电场$E_{感}=\frac{r}{2}\frac{\partial B}{\partial t}$。由电子枪发射的电子，一方面在洛伦兹力的作用下做圆周运动，同时被涡旋电场加速。前面我们得到的带电粒子在匀强磁场中做圆周运动的规律表明，粒子的运行轨道半径r与其速率v成正比。而在电子感应加速器中，真空室的径向线度是极其有限的，必须将电子限制在一个固定的圆形轨道上，同时还要被加速。那么这个要求是否能够实现呢？

由于洛伦兹力为电子做圆周运动提供向心力，可以得到

$$evB_r = \frac{mv^2}{r} \tag{10-49}$$

式中，B_r 是电子运行轨道上的磁感应强度。因此有

$$B_r = \frac{mv}{er} \tag{10-50}$$

由式（10-50）可以看出，要使电子在有确定半径 r 的轨道上运动，真空室中的磁感应强度 B_r 就应该随电子动量的增加而增加，式（10-50）两边对时间求导，得

$$\frac{dB_r}{dt} = \frac{1}{er}\frac{d(mv)}{dt} \tag{10-51}$$

电子沿圆轨道切向运动，其动量的变化率等于它所受到的切向力 $e\boldsymbol{E}_{感}$，所以式（10-51）又可写为

$$\frac{dB_r}{dt} = \frac{E_{感}}{r} \tag{10-52}$$

将

$$E_{感} = \frac{1}{2\pi r}\left|\frac{d\Phi_m}{dt}\right| \tag{10-53}$$

代入，得

$$\frac{dB_r}{dt} = \frac{1}{2\pi r^2}\left|\frac{d\Phi_m}{dt}\right| \tag{10-54}$$

通过电子圆形轨道所围面积的磁通量为 $\Phi_m = \pi r^2 B$，B 是面积 S 内的平均磁感应强度，于是

$$\frac{dB_r}{dt} = \frac{1}{2}\frac{dB}{dt}$$

上式表明，B 与 B_r 都在改变，但应一直保持

$$B_r = \frac{1}{2}B \tag{10-55}$$

这是使电子维持在不变的圆形轨道上加速时磁场必须满足的条件。在电子感应加速器的设计中，两极间的空隙从中心向外逐渐增大，也是为了使磁场的分布满足这一要求。实际上，由于产生的是交变磁场，有旋电场的方向也是随时间而变的，一般从电子枪射入的电子有较大的初速率，通常，只利用交变场中的1/4周期对电子进行加速就已经可以使电子绕行多到几十万圈而获得相当高的能量了，这样的能量已能够满足一般的研究和应用了。在第一个1/4周期末，利用特殊的装置使电子脱离轨道射向靶子。电子感应加速器最初主要用于核物理研究，由于低能电子感应加速器结构简单、造价低廉，目前在国民经济的许多领域中也被广泛应用，如用于工业探伤或医疗上诊治癌症等。

10.4 自感与互感

10.4.1 自感

1. 自感现象

按电磁感应定律，当穿过回路的磁通量发生变化时，回路中就有感应电动势产生。作为一个普遍成立的定律，它并不区分穿过回路的磁通量源于何处。在通常的情况下有两种可能：磁通量或者是来源于回路自身中的电流，或者是来源于其他回路中的电流。在前一种情况下发生的电磁感应，称为自感，后一种情况称为互感。我们先讨论自感。

由于回路自身电流变化引起回路中磁通量的变化，而在自身回路中感应电动势的现象称为自感现象，所激起的电动势称为自感电动势。

2. 自感

先讨论回路电流在自身回路中产生磁通量的规律。从理论上讲，知道了磁通量的规律后，由电磁感应定律就会很容易得到回路自感电动势的规律。如图 10-23 所示，有一回路 l，所围面积 S 的法向沿 l 的右手螺旋方向。若回路中有电流 I，则在回路周围存在一个磁场 $\boldsymbol{B}$，按毕奥－萨伐尔定律，任一点的磁场 $\boldsymbol{B}$ 的大小和电流 I 成正比，又按磁通量的定义 $\Phi = \int_S \boldsymbol{B} \cdot \mathrm{d}\boldsymbol{S}$ 可知，面积 S 上的磁通量也和 I 成正比，即有

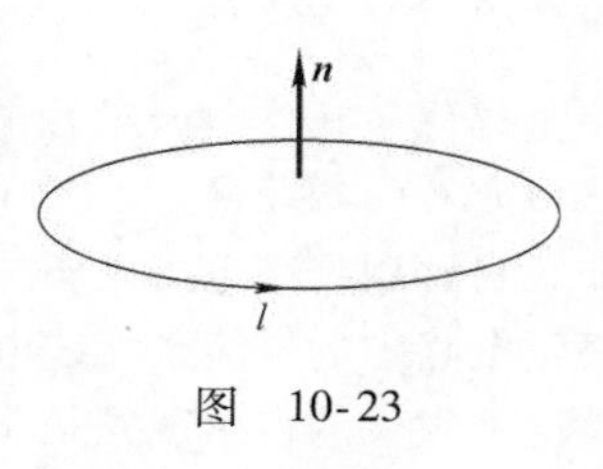

图　10-23

$$\Phi = LI \tag{10-56}$$

式中，比例系数 L 称为回路的自感。

值得注意的是，L 是一个与电流无关，仅取决于回路形状和介质性质的常量，而且是一个正的常量。由图 10-23 可知，若电流为正，则磁通量为正；若电流为负，则磁通量为负，故 L 是一个正数。自感可记为

$$L = \frac{\Phi}{I} \tag{10-57}$$

式（10-57）可看成是自感的定义式，它表示回路中有单位电流时产生的磁通量，可见其物理意义是回路产生磁通量的能力。若回路由 N 匝线圈串联而成，则 Φ 应该理解为全磁通 $\Phi = N\Phi_1$，式中 Φ_1 为一匝线圈的磁通量。全磁通与匝数相关，故自感 L 也与匝数相关。

自感的单位是亨（H），常常也使用毫亨（mH）。

3. 自感电动势

根据法拉第电磁感应定律，自感线圈的电流变化将引起磁通量的变化，从而产生电动势。这就是所谓的自感电动势。由法拉第定律有

$$\mathscr{E}_L = -\frac{\mathrm{d}\Phi}{\mathrm{d}t} = -\frac{\mathrm{d}(LI)}{\mathrm{d}t} = -L\frac{\mathrm{d}I}{\mathrm{d}t} \tag{10-58}$$

式（10-58）表明，由于 L 是一正常量，故自感电动势与电流变化率必然符号相反，即在回路中总是反向，这表明，自感电动势总是反抗电流的变化。式（10-58）又可记为

$$L = -\frac{\mathscr{E}_L}{\mathrm{d}I/\mathrm{d}t} \tag{10-59}$$

此即自感的另一个定义式。由此可见，自感的物理意义还有第二种含义：它等于回路中一个单位的电流变化率在自身回路中产生的电动势，代表着回路自己激发电动势的能力。容易理解，自感电动势公式对于多匝线圈依然成立，计算时只要把 Φ 理解为全磁通即可。

计算自感通常有如下步骤：先设回路中有电流 I，然后可由毕奥－萨伐尔定律或安培环路定律得到回路中的磁场 $\boldsymbol{B}$，再将 $\boldsymbol{B}$ 对回路所围面积积分求出磁通量 Φ，然后由 $L = \frac{\Phi}{I}$ 即可求出自感，进而就能很容易地求自感电动势了。

【例 10-7】 一长直螺线管，长度为 l，横截面面积为 S，线圈的总匝数为 N，管中介质的磁导率为 μ，试求其自感。

【解】 对于长直螺线管，其磁感应强度的大小为 $B = \mu nI = \mu \frac{N}{L}I$。

通过螺线管的磁通量为

$$\Phi = NBS = \mu\frac{N^2}{L}IS$$

自感为
$$L = \frac{\Phi}{I} = \mu \frac{N^2}{l} S = \mu n^2 V$$

螺线管在体积一定的情况下，若想增加自感，则可增加单位长度上的线圈匝数，也可增加管内磁介质的磁导率。

自感现象在电工电子技术领域中应用非常广泛，利用线圈具有阻碍电流变化的特性，可以稳定电路中的电流；无线电设备中常以它和电容器的组合构成谐振电路或滤波电路等。在某些情况下发生的自感现象是非常有害的，例如具有大自感的线圈电路断开时，由于电路中的电流变化很快，在电路中会产生很大的自感电动势，以致击穿线圈本身的绝缘保护，或者在电闸断开的间隙中产生强烈的电弧，可能烧坏电闸开关。这些在实际中都需要设法避免。

10.4.2 互感

1. 互感现象

由于一个回路中电流的变化引起另一个回路中磁通量变化并激起感应电动势的现象称为互感现象。

2. 互感

与自感类似，我们讨论两个回路的形状、相对位置和周围介质的磁导率 μ 不变的情况，并且首先讨论两个回路相互产生磁通量的规律。有两个回路 l_1 和 l_2，它们各自所围面积 S_1 和 S_2 的法向如图 10-24 所示。若 l_1 中有电流 I_1，则 I_1 将在 S_2 上产生一个磁通量 Φ_{21}，称为回路 l_2 中由电流 I_1 所激起的磁通量。显然，Φ_{21} 应正比于 I_1，即

$$\Phi_{21} = M_{21} I_1 \tag{10-60}$$

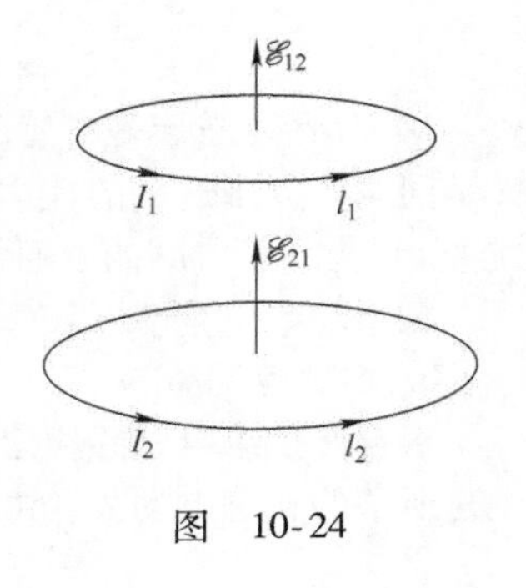

图 10-24

式中，M_{21} 称为回路 1 对回路 2 的互感。同理，若 l_2 中有电流 I_2，也有

$$\Phi_{12} = M_{12} I_2 \tag{10-61}$$

式中，M_{12} 称为回路 2 对回路 1 的互感。可以证明：在任意情况下，M_{12} 和 M_{21} 都相等，记为 $M = M_{12} = M_{21}$，称 M 为两回路之间的互感。于是上面两个式子可记为

$$\Phi_{21} = M I_1 \tag{10-62}$$

$$\Phi_{12} = M I_2 \tag{10-63}$$

对于互感，有如下三点值得注意。第一，M 的大小仅取决于两回路的形状、相对位置及周围介质的磁导率而与电流无关。第二，式（10-62）和式（10-63）可改记为

$$M = \frac{\Phi_{21}}{I_1} = \frac{\Phi_{12}}{I_2} \tag{10-64}$$

式（10-64）可作为互感的定义式，它表示两个回路的互感等于一个回路中有单位电流时，在另一个回路中产生的磁通量，可见其物理意义是两回路相互产生磁通量的能力。第三，若两回路都是多匝线圈，则 Φ_{21} 和 Φ_{12} 应理解为全磁通，此时，M 与两线圈的匝数相关。互感的单位和自感相同，都为亨利（H）或毫亨（mH）。

3. 互感电动势

若回路 l_1 中电流 I_1 变化，则回路 l_2 中的磁通量 Φ_{21} 也将发生变化，于是 l_2 中出现一个电动势，称为互感电动势，即

$$\mathscr{E}_{21} = -\frac{\mathrm{d}\Phi_{21}}{\mathrm{d}t} = -\frac{\mathrm{d}(MI_1)}{\mathrm{d}t} = -M\frac{\mathrm{d}I_1}{\mathrm{d}t} \tag{10-65}$$

同理，我们也可以得到

$$\mathscr{E}_{12} = -\frac{\mathrm{d}\Phi_{12}}{\mathrm{d}t} = -\frac{\mathrm{d}(MI_2)}{\mathrm{d}t} = -M\frac{\mathrm{d}I_2}{\mathrm{d}t} \tag{10-66}$$

常用式（10-65）和式（10-66）求互感电动势的大小，用楞次定律求互感电动势的方向。合并式（10-65）和式（10-66）可得

$$M = -\frac{\mathscr{E}_{21}}{\mathrm{d}I_1/\mathrm{d}t} = -\frac{\mathscr{E}_{12}}{\mathrm{d}I_2/\mathrm{d}t} \tag{10-67}$$

式（10-67）也可作为互感的定义式。它表明，互感等于一个回路中有一个单位的电流变化率时在另一个回路中产生的电动势，即互感可以描述两回路相互激发感应电动势的能力。

4. 互感的计算方法

计算互感的思路通常有两个。一个是设回路 l_1 中有电流 I_1，求出 I_1 在回路 l_2 中激发的磁场 B_{21}，进而求出磁通量 Φ_{21}，然后除以 I_1 即得 M。另一个是设回路 l_2 中有电流 I_2，通过 Φ_{12} 求出 M。应注意，无论先设 I_1 或 I_2，所求结果都是相同的，但不同的设法，求解过程的难易程度并不一样，有时甚至差别很大，应引起高度重视。

【例 10-8】 设在一长度 l 为 1m、横截面面积 S 为 10cm^2、密绕有 N_1 为 1000 匝线圈的长直螺线管中部，再绕 N_2 为 20 匝的线圈，如图 10-25 所示。(1) 试计算这个共轴螺线管的互感；(2) 如果在回路 1 中电流随时间的变化率为 10A/s，求回路 2 中所引起的互感电动势。

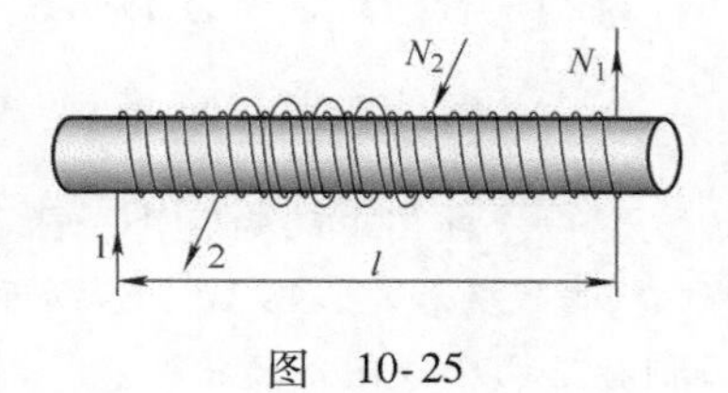

图　10-25

【解】 (1) 如果在长直螺线管上通过的电流为 I_1，则螺线管内中部的磁感应强度为

$$B = \mu_0\frac{N_1I_1}{l}$$

穿过 N_2 匝线圈的总磁通量为

$$\Phi_{21} = BSN_2 = \mu_0\frac{N_1I_1}{l}SN_2$$

由互感的定义，得

$$M = \frac{\Phi_{21}}{I_1} = \mu_0\frac{N_1N_2S}{l} = \frac{12.57\times10^{-7}\times1000\times20\times10^{-3}}{1}\text{H}$$
$$= 25.1\times10^{-6}\text{H} = 25.1\mu\text{H}$$

大家可以思考，能不能设回路 2 中 I_2 去求出 M 呢？

(2) 在回路 2 中所引起的互感电动势为

$$\mathscr{E}_{21} = -M\frac{\mathrm{d}I_1}{\mathrm{d}t} = -25.1\times10^{-6}\times10\text{V} = -25.1\times10^{-5}\text{V} = -251\mu\text{V}$$

互感是在一些电器以及电子线路中时常遇到的现象，有些电器利用互感现象把电能从一个回路输送到另一个回路中去，例如变压器和感应圈等。但互感现象也常常会带来不利的一面，例如在收音机各回路之间，以及电话线与电力输送线之间会因为互感现象产生有害干扰。了解互感现象的物理本质就可以设法改变电器、电路和电器元件间的布置，以增大或减小回路间的相互耦合。

物理知识应用案例：自感线圈的串联

当两个自感线圈串联时，由于有互感的存在，其总的自感可以表示为

$$L = L_1 + L_2 \pm 2M \tag{10-68}$$

式中，L_1、L_2和M分别表示两个自感线圈的自感和它们之间的互感。正、负号取决于两个自感线圈的串联是正串（两个线圈产生的磁场方向相同）还是反串（两个线圈产生的磁场方向相反）。我们将式（10-68）的证明作为下面的一个例题。

【例 10-9】 如图 10-26 所示，有两自感线圈串接，若已知两自感线圈的自感分别为L_1和L_2，互感为M，求串联线圈的等效自感。

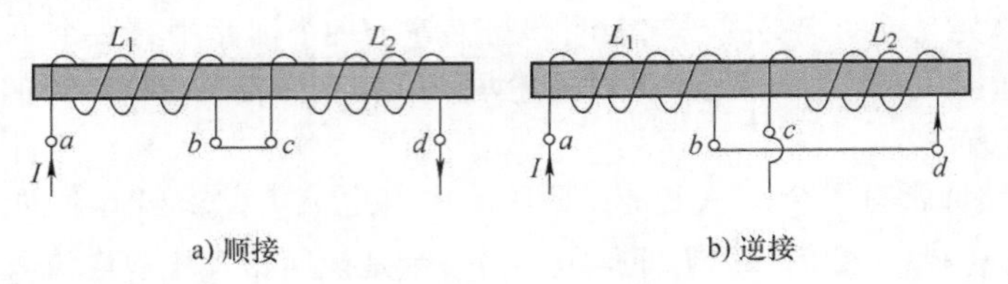

图 10-26

【解】 设回路方向为$abcd$方向，回路中的电流为I，则回路的全磁通为两个线圈中的磁通量之和，即

$$\Phi = \Phi_1 + \Phi_2$$

Φ_1为第一个线圈中的磁通量，它等于第一个线圈自己产生的磁通量Φ_{11}和第二个线圈产生的磁通量Φ_{12}的代数和。如图 10-26a 所示，两个线圈的磁场是彼此增强的，故Φ_{11}和Φ_{12}应相加，此时我们称这两个线圈是顺接的。

$$\Phi_1 = \Phi_{11} + \Phi_{12} = L_1 I + MI$$

同理，Φ_2为第二个线圈中的磁通量，有

$$\Phi_2 = \Phi_{22} + \Phi_{21} = L_2 I + MI$$

故回路全磁通为

$$\Phi = (L_1 + L_2 + 2M) I$$

串联线圈的等效自感为

$$L = \Phi / I = L_1 + L_2 + 2M$$

若把线圈抽头bd相连，则两个线圈的磁通量彼此削弱，此时我们称这两个线圈是反接的，如图 10-26b所示，有

$$\Phi_1 = \Phi_{11} - \Phi_{12} = L_1 I - MI$$
$$\Phi_2 = \Phi_{22} - \Phi_{21} = L_2 I - MI$$

串联线圈的等效自感为

$$L = L_1 + L_2 - 2M$$

对于两个串联的自感线圈，可以定义一个耦合系数k来描述两回路的耦合（即相互影响）能力，即

$$k = \frac{M}{\sqrt{L_1 L_2}} \tag{10-69}$$

式中，M是两回路的互感；L_1、L_2是两回路的自感。一般地，$k \leqslant 1$。当$k = 1$时，称两回路完全耦合，这只有在没有磁漏，即两回路中每个回路产生的磁通量都完全要通过另一个回路时才能实现。绕在同一圆筒上的两个长直密绕螺线管，以及在一个铁心上的两个线圈，都可以近似看作是完全耦合的。

【例 10-10】 如图 10-27 所示，两个同轴圆柱壳，其半径分别为a、b，通过它们的电流为I，

但电流的流向相反，设在两圆柱壳间充满磁导率为μ的均匀磁介质，试求其自感。

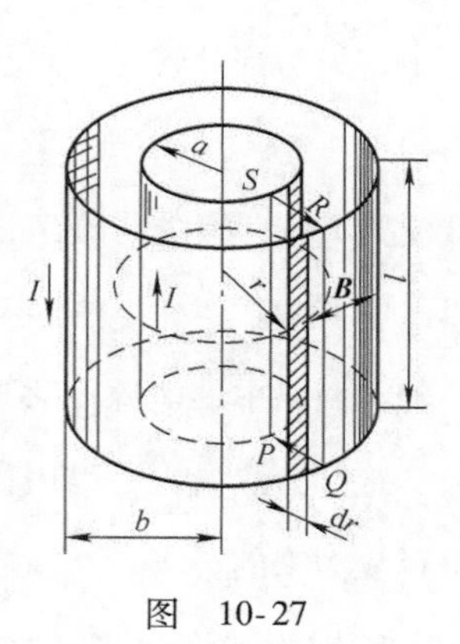

图　10-27

【解】　两圆柱壳之间的磁感应强度为

$$B = \frac{\mu I}{2\pi r}$$

则r处宽dr、长l的面元的磁通量为

$$d\Phi = \boldsymbol{B}\cdot d\boldsymbol{S} = Bl dr = \frac{\mu I}{2\pi r} l dr$$

则穿过$PQRS$回路的磁通量为

$$\Phi = \int_a^b \frac{\mu I}{2\pi r} l dr = \frac{\mu Il}{2\pi}\int_a^b \frac{dr}{r} = \frac{\mu Il}{2\pi}\ln\frac{b}{a}$$

$$L = \frac{\Phi}{I} = \frac{\mu l}{2\pi}\ln\frac{b}{a}$$

故单位长度的自感为$\frac{\mu}{2\pi}\ln\frac{b}{a}$。

10.5　磁场的能量

10.5.1　载流线圈的磁能

考虑一个LR电路中电流增长的过程。如图10-28所示，开关S闭合后，电流开始增长。选取顺时针方向为回路的正方向，则在电流增长过程中电流I沿l方向，即为正值。I在增加，故其变化率$\frac{dI}{dt}$也为正值，即也沿l方向。因而自感电动势$\mathscr{E}_L = -L\frac{dI}{dt}$为负值，即逆着$l$方向。

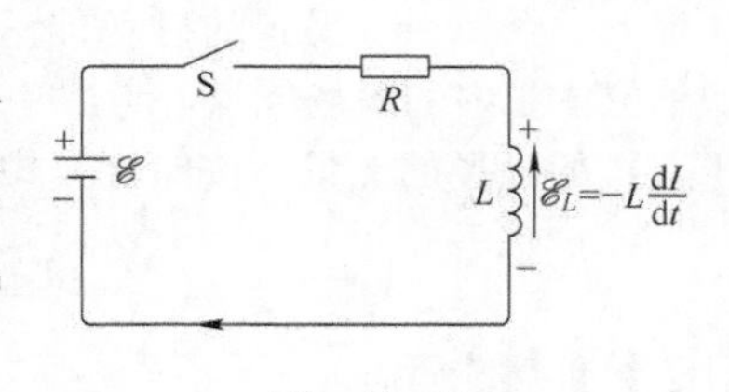

图　10-28

自感这时的作用相当于一个电源，由于自感电动势与电流方向相反，所以是一个反电动势，处于“充电”状态，要吸取能量。自感线圈中储存了能量的结论也可以通过接下来的实验说明。当回路中的电流达到稳定后，再断开S，若R是一个电灯，则它会猛亮一下然后再熄灭。电源断开后，电灯的闪光能量就是由储存在自感线圈中的能量释放而来的。

一个载流为I的自感线圈储存了多少能量呢？下面来分析这个问题。按欧姆定律有

$$\mathscr{E} + \mathscr{E}_L = IR \tag{10-70}$$

式中，自感电动势$\mathscr{E}_L$为负值。为便于分析，把式（10-70）改写为

$$\mathscr{E} = -\mathscr{E}_L + IR$$

式中，$-\mathscr{E}_L$为正值。此式表示回路中的电压关系，即电源电动势提供的电压，一部分用于克服自感电动势，一部分用于克服电阻发出焦耳热。把上式两边同时乘以电流I

$$I\mathscr{E} = -I\mathscr{E}_L + I^2R \tag{10-71}$$

这是回路中的功率关系，其含义请读者自行分析。把式（10-71）对电流增长过程积分，设$t=0$时，$I=0$，而任意时刻t时的电流为I，则有

$$\int_0^t I\mathscr{E}dt = -\int_0^t I\mathscr{E}_L dt + \int_0^t I^2R dt \tag{10-72}$$

这个结果表示电流增长过程中的能量转换关系：电源对回路输入的能量，一部分储存在自感线

圈之中，另一部分转化为焦耳热输出到外界。把储存在自感线圈中的能量积分出来，即得

$$W_{m} = -\int_{o}^{t} I\mathscr{E}_{L}\mathrm{d}t = \int_{o}^{t} IL\frac{\mathrm{d}I}{\mathrm{d}t}\mathrm{d}t = \int_{o}^{I} LI\mathrm{d}I = \frac{1}{2}LI^{2} \tag{10-73}$$

即载流为 I 的自感线圈储存的能量为

$$W_{m} = \frac{1}{2}LI^{2} \tag{10-74}$$

若将回路中的电源 $\mathscr{E}$ 去掉，但仍保持回路闭合，则回路中的电流将逐步衰减并继续发出焦耳热。这部分热量也可以用积分算出，其值也仍为 $\frac{1}{2}LI^{2}$。显然，这部分能量是由自感中的磁场能量释放而来的。

10.5.2 磁场的能量与能量密度

1. 磁场能量的概念

在前面的知识点中我们知道，载流的自感线圈储存有能量。然而，当我们研究这种能量的载体时就会碰到一个问题，谁是这个能量的载体？仍然考虑前面电路的电流增长过程，我们会发现，电源输出能量的一部分给了自感线圈，并被自感线圈储存了起来。考虑到在电流增长过程中自感线圈的周围同时增长的是磁场，因而能量应该存在于磁场之中，即磁场也具有能量，这就是磁场能量的概念。

2. 磁场能量密度

上一个知识点得到的磁场能量是一个载流自感线圈的全部能量，下面分析磁场能量密度，即单位体积内的磁场能量。考虑一个简单的情况，即一个载流为 I 的长直螺线管（也是一个自感线圈）的磁场的能量。按储能公式（10-74），螺线管的磁场能量为

$$W_{m} = \frac{1}{2}LI^{2} \tag{10-75}$$

对于长直螺线管

$$\begin{cases} L = \mu n^{2} V \\ B = \mu n I \end{cases}$$

故

$$W_{m} = \frac{1}{2}\mu n^{2} V\left(\frac{B}{\mu n}\right)^{2} = \frac{B^{2}}{2\mu}V \tag{10-76}$$

这表示，磁场能量与螺线管的体积，即磁场所填充的空间成正比，这意味着能量确实是存在于磁场空间中的（不是导体中的电流上）。螺线管的磁场是均匀磁场，故磁场能量也应是均匀分布的，所以磁场能量密度

$$w_{m} = \frac{W_{m}}{V} = \frac{B^{2}}{2\mu} \tag{10-77}$$

这就是磁场能量密度的公式。它也可以改写为

$$w_{m} = \frac{B^{2}}{2\mu} = \frac{1}{2}BH = \frac{1}{2}\mu H^{2} \tag{10-78}$$

根据已知条件的不同，可以使用上述公式的不同形式。

利用磁场能量密度公式可以计算一般非均匀磁场的能量。在非均匀磁场中取一体积元 $\mathrm{d}V$，在 $\mathrm{d}V$ 内的介质和磁场都可以看作是均匀的，所以磁场能量密度也可以看作是均匀的。若介质的磁导率为 μ，磁感应强度为 B，则由磁场能量密度公式即可求出体积元内的磁场能量密度 w_{m}，进

而求出体积元内的磁场能量

$$dW_m = w_m dV = \frac{B^2}{2\mu}dV$$

而空间中某一体积 V 中的磁场能量为

$$W_m = \int_V dW_m = \int_V w_m dV = \int_V \frac{B^2}{2\mu}dV \tag{10-79}$$

一般来说，若研究的对象是一个回路，而且回路的自感 L 是已知的，则用载流自感线圈的储能公式计算磁场能量更为方便。

【例10-11】 同轴电缆由半径分别为 R_1 和 R_2、长度均为 l 的两个同轴的导体薄圆筒组成，其间充满磁导率为 μ 的磁介质。内、外圆筒分别流过大小相等、方向相反的电流，其横截面如图10-29所示，求电缆中的磁场能量。

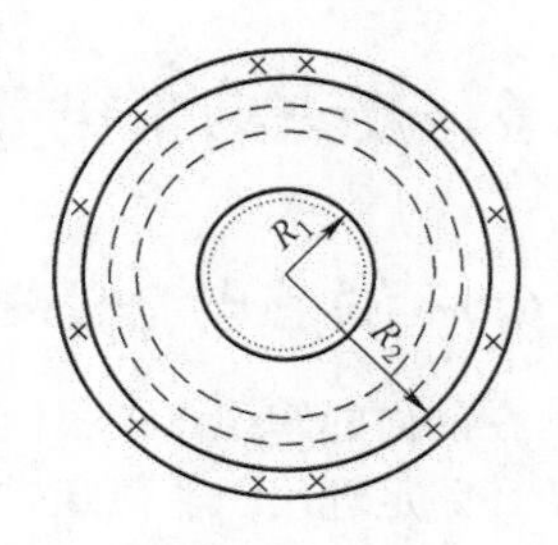

图　10-29

【解】 在前一知识点的例题中已求出同轴电缆的自感为

$$L = \frac{\mu l}{2\pi}\ln\frac{R_2}{R_1}$$

故可由载流自感线圈的储能公式直接得到电缆的磁场能量

$$W_m = \frac{1}{2}LI^2 = \frac{1}{2}\frac{\mu l}{2\pi}\ln\frac{R_2}{R_1}I^2 = \frac{\mu l I^2}{4\pi}\ln\frac{R_2}{R_1}$$

下面我们使用磁场能量密度来计算磁场能量。电缆的磁场集中在两个圆筒之间（内筒内、外筒外磁场均为零），故只需要计算这个体积内的磁场能量。取一长度为 l、半径为 r、厚度为 dr 的圆柱壳，它的体积为

$$dV = 2\pi r l dr$$

圆柱壳内磁场的大小是相同的

$$B = \frac{\mu I}{2\pi r}$$

故磁场能量密度是均匀的

$$w_m = \frac{B^2}{2\mu} = \frac{\mu I^2}{8\pi^2 r^2}$$

圆柱壳中的磁场能量为

$$dW_m = w_m dV = \frac{\mu I^2}{8\pi^2 r^2}2\pi r l dr = \frac{\mu l I^2}{4\pi r}dr$$

电缆中的磁场能量为

$$W_m = \int_V dW_m = \int_{R_1}^{R_2}\frac{\mu l I^2}{4\pi r}dr = \frac{\mu l I^2}{4\pi}\ln\frac{R_2}{R_1}$$

这个结果与前面相同。这表明这两种方法是完全等效的。

 物理知识应用案例：电磁铁

电磁铁是一种通电后对铁磁物质产生吸力，把磁能转换成机械能的电磁元件。电磁铁由磁介质铁心和线圈组成，依靠电磁系统中产生的电磁力，使衔铁做机械运动，对外做功。电磁铁的原理虽简单，但它的设计和计算却比较复杂，这是多种原因造成的，例如，电磁铁的磁场分布不均匀、所用的磁介质材料具有非线性等。

电磁铁可作为开关电器的一个组成部件，如接触器、继电器的电磁系统，自动开关的电磁脱扣器等。它也能单独构成一类电器，如牵引电磁铁、制动电磁铁、起重电磁铁、电磁离合器和电磁工作台等。

电磁铁的表面吸力，如忽略漏磁，可近似用磁能密度公式来计算，其结果为

$$F = \frac{B_0^2 S_0}{2\mu_0}$$

式中，S_0为铁心的截面面积；B_0为气隙磁感应强度。在设计时，根据需要的电磁力F选择气隙磁感应强度B_0，若B_0选得过低，则铁心尺寸将增加，若B_0选得过高，则可能出现铁心过饱合，因此，B_0的选择要适当。一般衔铁行程大的取小值，行程小的取大值。

10.6　麦克斯韦电磁场理论及其基本思想

10.6.1　位移电流假设及其本质

在前面的知识点中我们知道，恒定电流激发的恒定磁场满足安培环路定理。现在我们讨论安培环路定理用于非恒定磁场时所遇到的问题。图10-30a、b分别表示一个平板电容器充电和放电时的情况。我们注意到，由于电路中有电容器，所以不论是充电或放电，在同一时刻通过电路中导体上任何截面的传导电流依然相等，但在电容器两极板之间传导电流I中断。也即，对于图10-30a中以闭合曲线L为边界的S_1和S_2两个曲面来说，电流I只穿过曲面S_1而不穿过曲面S_2。现在在回路L上使用安培环路定理

$$\oint_L \boldsymbol{H} \cdot \mathrm{d}\boldsymbol{l} = I$$

对S_1而言，由于穿过S_1的电流为I，我们得到

$$\oint_L \boldsymbol{H} \cdot \mathrm{d}\boldsymbol{l} = I \tag{10-80}$$

但对S_2而言，由于穿过S_2的电流为0，我们得到

$$\oint_L \boldsymbol{H} \cdot \mathrm{d}\boldsymbol{l} = 0 \tag{10-81}$$

显然，在同一个回路上磁场环流不同，在理论上是相互矛盾的。在稳恒情况下正确的安培环路定理在非稳恒情况下就不正确了。

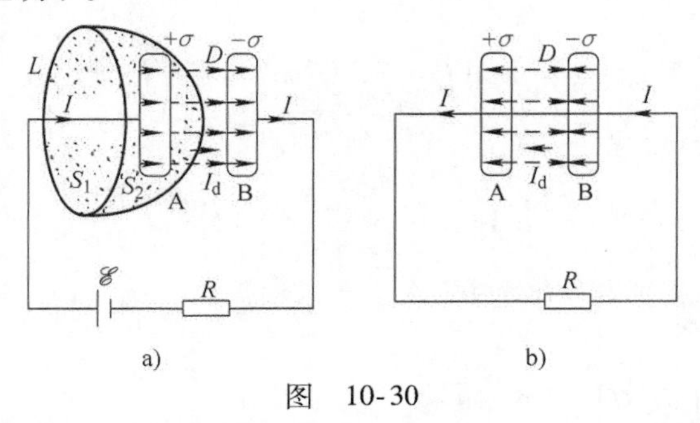

图　10-30

麦克斯韦注意到，在考虑对安培环路定理进行修正时，矛盾的原因在于非稳恒情况下电流的不连续性，即穿过曲面S_1的电流为I而穿过曲面S_2的电流为零。设想一下，如果我们能在电容器的两极板之间寻求到一个物理量，其大小和方向都等于电流I，再假设这个物理量能如同电流一样激发磁场，那么电流就能借助于这个物理量而实现连续，而式（10-81）的右端就应该是这

个物理量，因为它也等于 I，于是矛盾将不再出现。至于这个假设的真实性问题，即它是否真正能如同电流一样激发磁场，我们可以期待于实验的验证。

下面我们来寻求这个等于 I 的物理量。在图 10-30 中，电容器中虽无电流通过，但在充电和放电的过程中，电容器极板间的电场会随着极板上电荷量的变化而随时间变化。从电场变化的方向来看，在充电时（见图 10-30a），电场加强，电位移矢量随时间的变化率 $\frac{\partial \boldsymbol{D}}{\partial t}$ 的方向向右，与电场的方向一致，也与导线中电流的方向一致；当放电时（见图 10-30b），电场减弱，$\frac{\partial \boldsymbol{D}}{\partial t}$ 的方向向左，与电场的方向相反，但仍与导线中电流的方向一致。这提示我们考虑，中断的电流是否可以由电场的变化率来接替？能否借助于变化的电场来实现电流的连续性。

考虑图 10-30a 所示的情况，我们把 S_1 和 S_2 组成一个闭合曲面 S。按电流的连续性方程（即电荷守恒定律），通过 S 面流出的电流 $\oint_S \boldsymbol{j}\cdot \mathrm{d}\boldsymbol{S}$ 应等于单位时间内 S 面内电荷量 q 的减少：

$$\oint_S \boldsymbol{j}\cdot \mathrm{d}\boldsymbol{S} = -\frac{\mathrm{d}q}{\mathrm{d}t} \tag{10-82}$$

$\mathrm{d}\boldsymbol{S}$ 指向曲面外法线方向。麦克斯韦假设，静电场高斯定理对于变化电场依然成立

$$\oint_S \boldsymbol{D}\cdot \mathrm{d}\boldsymbol{S} = q \tag{10-83}$$

将式（10-83）两边对时间求导：

$$\oint_S \frac{\partial \boldsymbol{D}}{\partial t}\cdot \mathrm{d}\boldsymbol{S} = \frac{\mathrm{d}q}{\mathrm{d}t} \tag{10-84}$$

再将其代入电流的连续性方程得

$$\oint_S \left(\boldsymbol{j} + \frac{\partial \boldsymbol{D}}{\partial t}\right)\cdot \mathrm{d}\boldsymbol{S} = 0 \tag{10-85}$$

由于 $\frac{\partial \boldsymbol{D}}{\partial t}$ 和 $\boldsymbol{j}$ 都具有相同的量纲，据此，麦克斯韦创造性地提出一个假说：变化的电场可以等效成一种电流，称为位移电流，并定义

$$\boldsymbol{j}_{\mathrm{d}} = \frac{\partial \boldsymbol{D}}{\partial t} \tag{10-86}$$

为位移电流密度，即电场中某点的位移电流密度等于该点电位移矢量随时间的变化率，而

$$I_{\mathrm{d}} = \int_S \boldsymbol{j}_{\mathrm{d}}\cdot \mathrm{d}\boldsymbol{S} \tag{10-87}$$

为位移电流，即通过电场中某截面的位移电流等于位移电流密度在该截面上的通量。为便于分析上述问题，把电流连续性方程改写为

$$-\oint_S \boldsymbol{j}\cdot \mathrm{d}\boldsymbol{S} = \oint_S \frac{\partial \boldsymbol{D}}{\partial t}\cdot \mathrm{d}\boldsymbol{S} \tag{10-88}$$

按位移电流的定义，式（10-88）表明，流入闭合曲面 S 的电流（即通过图 10-30a 中截面 S_1 的电流）I 等于流出闭合曲面的位移电流（即通过截面 S_2 的位移电流 I_{d}），我们看到，电流通过位移电流实现了连续。麦克斯韦进而假设，在磁效应方面位移电流与传导电流等效，即它们都按同一规律在周围空间激发磁场，其本质表明：变化的电场也要产生磁场。

位移电流与传导电流还是有区别的。传导电流是电荷的定向运动，而位移电流等效于变化的电场；传导电流要产生焦耳热，而位移电流则没有。

10.6.2 全电流和全电流定律

1. 全电流

由电流连续性方程可以看到，在交变电流中传导电流 I_c和位移电流 I_d各自并不连续，但它们的和是连续的。我们定义传导电流 I_c和位移电流 I_d相加的和为全电流，即

$$I = I_c + I_d \tag{10-89}$$

显然，全电流总是连续的。

2. 全电流定律

由于位移电流产生磁场的规律是被假设为与传导电流一样的，所以麦克斯韦以全电流代替传导电流，对安培环路定律进行修正，把它从稳恒磁场推广到非稳恒的情况，并得到

$$\oint_L \boldsymbol{H} \cdot \mathrm{d}\boldsymbol{l} = I = I_c + I_d = \oint_S \left(\boldsymbol{j} + \frac{\partial \boldsymbol{D}}{\partial t}\right) \cdot \mathrm{d}\boldsymbol{S} \tag{10-90}$$

上述结论称为全电流定律。全电流定律完全解释了前一个知识点中碰到的问题。

3. 实验验证

自麦克斯韦提出位移电流假设后，大量的理论和实践都证明全电流定律是普遍成立的，它适用于任意的电场和磁场。这意味着，变化的电场也能在周围空间激发一个磁场，其激发的规律和电流激发磁场的规律完全相同。例如，若空间没有传导电流，只有变化的电场，则全电流定律为

$$\oint_L \boldsymbol{H} \cdot \mathrm{d}\boldsymbol{l} = \oint_S \frac{\partial \boldsymbol{D}}{\partial t} \cdot \mathrm{d}\boldsymbol{S} \tag{10-91}$$

它表示一个变化的电场与它所激发的磁场的关系。和我们讨论过一个变化的磁场与它所激发的感生电场的关系

$$\oint_L \boldsymbol{E} \cdot \mathrm{d}\boldsymbol{l} = -\int_S \frac{\partial \boldsymbol{B}}{\partial t} \cdot \mathrm{d}\boldsymbol{S} \tag{10-92}$$

比较可以发现，电场和磁场的相互激发遵从相似的规律。上面两个关系式表明，磁场 $\boldsymbol{H}$ 的方向与位移电流密度$\frac{\partial \boldsymbol{D}}{\partial t}$的方向之间的关系（就像磁场与传导电流密度的方向之间的关系一样）服从右手螺旋关系，而感生电场 $\boldsymbol{E}$ 与磁场变化率 $\frac{\partial \boldsymbol{B}}{\partial t}$ 的方向服从左手螺旋关系（见图 10-31）。如同在电磁感应中所指出的那样，负号表示电磁场在相互激发过程中遵从能量守恒定律。

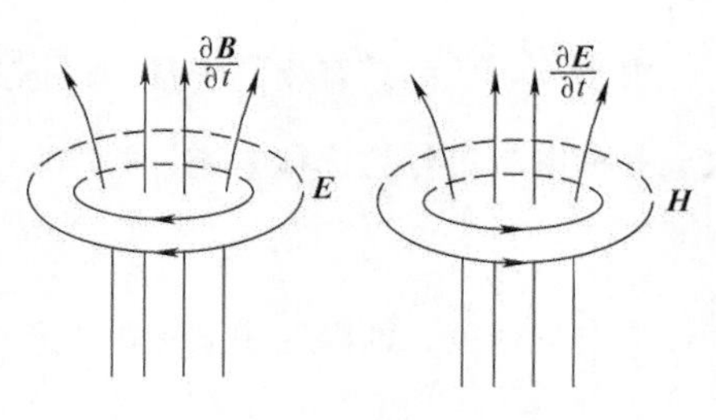

图 10-31

在讨论传导电流和位移电流的分布时，也应注意到它们的区别。根据位移电流的定义，在电场中每一点只要有电位移的变化，就有相应的位移电流密度存在。因此，不仅在电介质中，就是在导体，甚至真空中，也可以产生位移电流。但在通常情况下，电介质中的电流主要是位移电流，传导电流可忽略不计，而在导体中的电流主要是传导电流，位移电流可以忽略不计。至于在高频电流的场合，由于电场的变化率很快，导体内的位移电流就不可忽略了。

【例 10-12】 有一半径为 $R=3.0\mathrm{cm}$ 的圆形平行平板空气电容器，现对该电容器充电，充电电路上的传导电流 $I_c=2.5\mathrm{A}$，若略去电容器的边缘效应，求：(1) 两极板间的位移电流和位移电流密度；(2) 两极板间离开轴线的距离 $r=2.0\mathrm{cm}$ 的 P 点处的磁感应强度。

【解】 (1) 两极板间的位移电流就等于电路上的传导电流，即 $I_d=I_c$。电容器内两极板间的电场可视为均匀电场，位移电流是均匀分布的，位移电流密度为

$$j_{\mathrm{d}} = \frac{\mathrm{d}D}{\mathrm{d}t} = \frac{I_{\mathrm{d}}}{\pi R^2} = \frac{I_{\mathrm{c}}}{\pi R^2}$$

（2）在图 10-32 中，以轴上一点为圆心、r 为半径作一平行于两极板平面的圆形回路。由全电流定律有

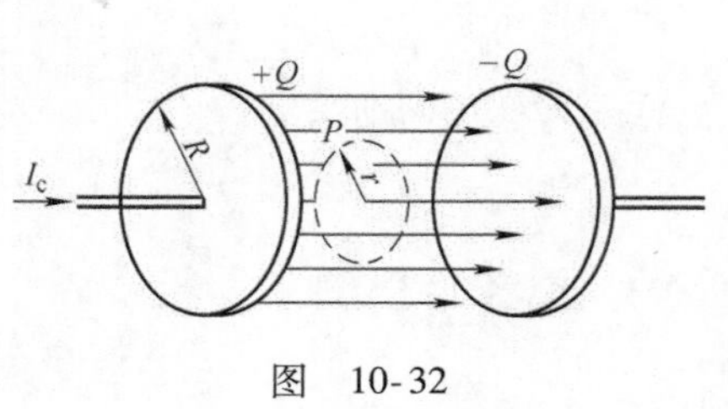

图　10-32

$$\oint_l \boldsymbol{H} \cdot \mathrm{d}\boldsymbol{l} = I'_{\mathrm{c}} + I'_{\mathrm{d}}$$

式中，$I'_{\mathrm{c}} + I'_{\mathrm{d}}$ 为穿过圆形回路的全电流。由于电容器内两极板间没有传导电流，所以 $I'_{\mathrm{c}} = 0$；穿过回路的位移电流为

$$I'_{\mathrm{d}} = j_{\mathrm{d}} \pi r^2 = \frac{I_{\mathrm{c}}}{\pi R^2} \cdot \pi r^2 = \frac{r^2 I_{\mathrm{c}}}{R^2}$$

考虑到极板间磁场强度 $\boldsymbol{H}$ 对轴线的对称性，故在圆形回路上各点的 $\boldsymbol{H}$ 的大小均相同，其方向均与回路上各点相切，于是，$\boldsymbol{H}$ 沿上述圆形回路的积分为

$$\oint_l \boldsymbol{H} \cdot \mathrm{d}\boldsymbol{l} = H \cdot 2\pi r$$

$$H \cdot 2\pi r = \frac{r^2 I_{\mathrm{c}}}{R^2}$$

即

$$H = \frac{r I_{\mathrm{c}}}{2\pi R^2}$$

另外，考虑到电容器两极板间为空气，且略去边缘效应，所以有 $B = \mu_0 H$。于是可得两极板间与轴线相距为 r 的 P 点处的磁感强度为

$$B = \frac{\mu_0 r I_{\mathrm{c}}}{2\pi R^2}$$

将已知量代入上式，距轴线为 r 的 P 点处的磁感应强度的值为

$$B = 2 \times 10^{-7} \frac{0.02 \times 2.5}{0.03^2} \mathrm{T} = 1.11 \times 10^{-5} \mathrm{T}$$

10.6.3　麦克斯韦电磁场理论的基本思想

在提出了感生电场假设和位移电流假设之后，麦克斯韦对电磁规律又进行了细致的分析和高度的概括、总结。由感生电场假设和位移电流假设可以知道，变化的磁场要产生感生电场，变化的电场也要产生磁场。即在一般情况下，电场和磁场都是变化的，它们将相互激发，因而它们是不可分割的、统一的，它们整体被称为电磁场。单独的静电场和单独的恒定磁场都只是电磁场的特殊情况。在一般情况下，电场和磁场只是电磁场的分量。麦克斯韦电磁场统一的思想和理论后来被赫兹发现的电磁波完全证实。在前面的知识点中学习的有关电场和磁场的理论都可以纳入一个统一的电磁场理论中来处理。下面我们来讨论这个统一的电磁场满足的规律。

在电磁场中，电场分量由两个部分叠加而成：一部分是电荷产生的静电场，另一部分是变化的磁场产生的感生电场。磁场分量也由两个部分叠加而成：运动电荷（电流）产生的恒定磁场和变化电场产生的磁场。对于静止电荷激发的静电场和恒定电流激发的恒定磁场，它们满足如下的一些基本方程：

（1）静电场的高斯定理

$$\oint_S \boldsymbol{D} \cdot \mathrm{d}\boldsymbol{S} = \int_V \rho \mathrm{d}V = q$$

（2）静电场的环路定理

$$\oint_L \boldsymbol{E} \cdot \mathrm{d}\boldsymbol{l} = 0$$

（3）磁场的高斯定理

$$\oint_S \boldsymbol{B} \cdot \mathrm{d}\boldsymbol{S} = 0$$

（4）安培环路定理

$$\oint_L \boldsymbol{H} \cdot \mathrm{d}\boldsymbol{l} = \int_S \boldsymbol{j} \cdot \mathrm{d}\boldsymbol{S} = I$$

如果考虑到感生电场和变化电场产生的磁场，则上面的静电场的环路定理应修改为

$$\oint_L \boldsymbol{E} \cdot \mathrm{d}\boldsymbol{l} = -\frac{\mathrm{d}\Phi}{\mathrm{d}t} = -\int_S \frac{\partial \boldsymbol{B}}{\partial t} \cdot \mathrm{d}\boldsymbol{S}$$

显然，这对静电场和有旋电场都能成立。安培环路定理应修改为全电流定律

$$\oint_L \boldsymbol{H} \cdot \mathrm{d}\boldsymbol{l} = I_c + I_d = \int_S \left(\boldsymbol{j} + \frac{\partial \boldsymbol{D}}{\partial t}\right) \cdot \mathrm{d}\boldsymbol{S} \tag{10-93}$$

其他方程不需要修改就适用于一般电磁场中的电场分量和磁场分量。于是，电磁场所满足的四个基本方程为

$$\oint_L \boldsymbol{E} \cdot \mathrm{d}\boldsymbol{l} = -\int_S \frac{\partial \boldsymbol{B}}{\partial t} \cdot \mathrm{d}\boldsymbol{S} \tag{10-94}$$

$$\oint_S \boldsymbol{D} \cdot \mathrm{d}\boldsymbol{S} = \int_V \rho \mathrm{d}V \tag{10-95}$$

$$\oint_S \boldsymbol{B} \cdot \mathrm{d}\boldsymbol{S} = 0 \tag{10-96}$$

$$\oint_L \boldsymbol{H} \cdot \mathrm{d}\boldsymbol{l} = \int_S \left(\boldsymbol{j} + \frac{\partial \boldsymbol{D}}{\partial t}\right) \cdot \mathrm{d}\boldsymbol{S} \tag{10-97}$$

上述四个方程称为麦克斯韦方程组（积分形式）。式中的电场量 $\boldsymbol{D}$、$\boldsymbol{E}$ 为电荷激发的电场和涡旋电场的总电场，磁场量 $\boldsymbol{H}$、$\boldsymbol{B}$ 为传导电流和位移电流激发的总磁场。从上述方程组我们还可以看到，在电磁场中的电场和磁场是相互联系的、不可分割的。电磁场的所有特性都可以由上述四个方程来确定。

在有介质存在时，$\boldsymbol{E}$、$\boldsymbol{B}$ 都和介质的性质有关，要完整地说明宏观电磁现象，除了上述四个方程外，还要加上下面三个关系式，对各向同性均匀介质有

$$\begin{cases} \boldsymbol{D} = \varepsilon \boldsymbol{E} \\ \boldsymbol{B} = \mu \boldsymbol{H} \\ \boldsymbol{j} = \gamma \boldsymbol{E} \end{cases} \tag{10-98}$$

式中的第一个式子和第二个式子是电位移矢量和磁场强度的定义式，第三个式子是欧姆定律的微分形式。如果再加上电磁力的基本规律

$$\boldsymbol{F} = q\boldsymbol{E} + q\boldsymbol{v} \times \boldsymbol{B} \tag{10-99}$$

则麦克斯韦的电磁场理论就成为一个非常完备的理论体系了。

从麦克斯韦方程组可以看出，在相对稳定的情况下，即只存在电荷和恒定电流时，麦克斯韦方程组表现为静电场和恒定磁场所遵从的规律。这时，电场和磁场都是静态的，它们之间没有联系。而在运动的情况下，即当电荷在运动、电流也在变化时，麦克斯韦方程组描述了变化着的电场和磁场之间的紧密关系：变化的电场要激发一个有旋磁场，变化的磁场又会激发一个有旋电

场，电场和磁场就以这种互激的形式在同一空间相互依存并形成一个统一的整体，这就是真正意义上的电磁场。可以证明，电磁场一旦产生，即使场源电荷及电流不存在了，这种互激依然可以随着时间的流逝而在空间无限地伸延。在距离电荷和电流很远的空间，电磁场最终是以波动的形式在传播着，这就是电磁波。电磁波的波速，经麦克斯韦的计算，正好等于光速，于是麦克斯韦断言，光也是一种电磁波。光和电磁场在麦克斯韦理论中的统一，使得经典电磁学的发展到达顶峰，成为麦克斯韦最辉煌的成就。自此，电磁学已成为一门可与牛顿力学并立的、完备的科学理论（经典物理）。

10.6.4　偶极振子的辐射

考察图 10-33a 所示的一个简单而又重要的辐射系统——偶极振子，这是一个理想系统模型，它由相距为 l、带等量异号电荷的两个小的球形导体组成，小球上的电荷量 $\pm q$ 随时间按正弦规律变化：

$$q = q_0 \sin\omega t \tag{10-100}$$

则其电偶极矩为

$$\boldsymbol{p} = q\boldsymbol{l} = q_0 \boldsymbol{l}\sin\omega t = \boldsymbol{p}_0 \sin\omega t$$

电偶极矩 p 随时间按正弦或余弦规律变化，故称为振荡电偶极子（简称为偶极振子）。分子内的离子相对振动、天线上电荷的振动都可以看成是偶极振子。在振荡电偶极子中，正、负点电荷都在做加速运动，所以都发射电磁波，图 10-33b 给出了电偶极子周围的电磁场的电场线和磁场线的大致分布。由于偶极子的电偶极矩呈周期性变化，其周围产生涡旋电场的场强必然是周期性变化的。根据麦克斯韦电磁理论，变化的涡旋电场的周围要产生磁场，这种磁场也必然呈周期性变化，而周期性变化的磁场又要产生新的周期性变化的涡旋电场。如此交替激发，电磁场便由近及远地传播出去，这样，在振荡电偶极子的周围空间便形成了电磁波。

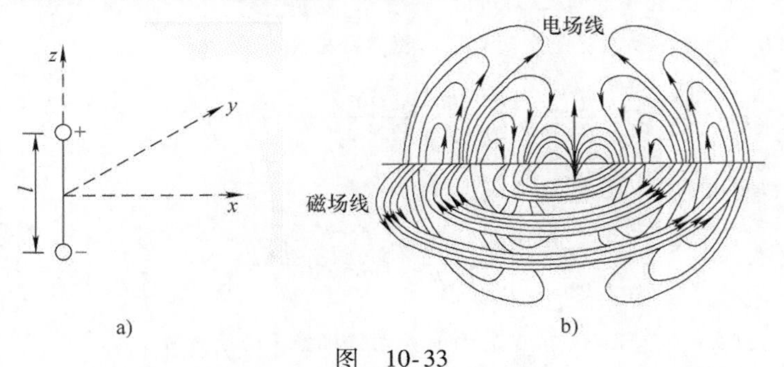

图　10-33

偶极振子的一种特殊形式是它的长度 l 远小于偶极振子辐射的波长，这种偶极振子称为赫兹偶极子。计算表明，在 $r >> \lambda$ 时，远离偶极子处的辐射区的场为

$$\boldsymbol{E} = \frac{p_0 \omega^2 \sin\theta}{4\pi\varepsilon_0 c^2 r}\sin\left(\omega t - \frac{2\pi}{\lambda}r\right)\boldsymbol{e}_\theta \tag{10-101}$$

$$\boldsymbol{B} = \frac{\mu_0 p_0 \omega^2 \sin\theta}{4\pi c r}\sin\left(\omega t - \frac{2\pi}{\lambda}r\right)\boldsymbol{e}_\varphi \tag{10-102}$$

式中，$\boldsymbol{e}_\theta$和$\boldsymbol{e}_\varphi$分别是在 θ 和 φ 方向的单位矢量，如图 10-34 所示。方程表明 $\boldsymbol{E}$ 和 $\boldsymbol{B}$ 是同相的。偶极振子电荷随时间变化在导体中将引起电流 I，即

$$I = \frac{\mathrm{d}q}{\mathrm{d}t} = q_0 \omega\cos\omega t = I_0 \cos\omega t \tag{10-103}$$

式中，$I_0=q_0\omega=\dfrac{p_0}{l}\omega$，利用光速 $c=\sqrt{\dfrac{1}{\mu_0\varepsilon_0}}$和波阻抗 $\eta_0=\sqrt{\dfrac{\mu_0}{\varepsilon_0}}=120\pi$，辐射场可以简化为

$$\boldsymbol{E}=\frac{I_0 l\eta_0\sin\theta}{2r\lambda}\sin\left(\omega t-\frac{2\pi}{\lambda}r\right)\boldsymbol{e}_\theta=E_0\frac{\sin\theta}{r}\sin\left(\omega t-\frac{2\pi}{\lambda}r\right)\boldsymbol{e}_\theta \tag{10-104}$$

$$\boldsymbol{H}=\frac{I_0 l\sin\theta}{2r\lambda}\sin\left(\omega t-\frac{2\pi}{\lambda}r\right)\boldsymbol{e}_\varphi=H_0\frac{\sin\theta}{r}\sin\left(\omega t-\frac{2\pi}{\lambda}r\right)\boldsymbol{e}_\varphi \tag{10-105}$$

图 10-34

式中，$E_0=\dfrac{I_0 l\eta_0}{2\lambda}$，$H_0=\dfrac{I_0 l}{2\lambda}$。

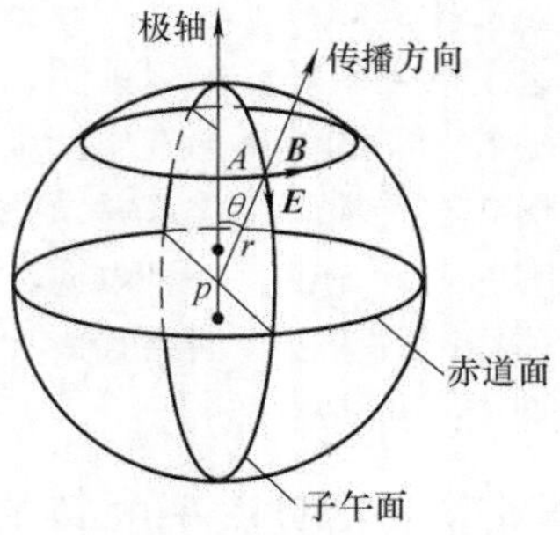

 物理知识应用案例：偶极振子的辐射特性

偶极振子又称电基本振子，其等效电流元相当于一段理想的高频电流直导线，其长度 l 远小于波长 λ，其半径 a 远小于 l，同时振子沿线的电流 I 处处等幅同相。用这样的电流元可以构成实际的更复杂的天线，因而偶极振子的辐射特性是研究更复杂天线辐射特性的基础。考察偶极振子辐射场，即式（10-101）和式（10-102），有如下特点：

1）辐射波为球面波（传播方向为 $\boldsymbol{e}_r$）；

2）辐射波为横电磁波（Transverse Electromagnetic wave），即 TEM 波，且有

$$\boldsymbol{E}=\eta\boldsymbol{H}\times\boldsymbol{e}_r,\boldsymbol{H}=\frac{1}{\eta}\boldsymbol{e}_r\times\boldsymbol{E},\boldsymbol{e}_r=\frac{\boldsymbol{E}\times\boldsymbol{H}}{EH} \tag{10-106}$$

3）电磁波能量也沿 $\boldsymbol{e}_r$方向传输。可以证明，单位时间通过垂直传播方向单位面积的能量（即坡印廷矢量）为 $\boldsymbol{S}=\dfrac{1}{2}\boldsymbol{E}\times\boldsymbol{H}$，因此，偶极振子在辐射区的坡印廷矢量为

$$\boldsymbol{S}=\frac{1}{\mu_0}\boldsymbol{E}\times\boldsymbol{B}=\frac{I_0^2 l^2\eta_0\sin^2\theta}{4\lambda^2 r^2}\sin^2(\omega t-kr)\,\boldsymbol{e}_r \tag{10-107}$$

因为$\sin^2(\omega t-kr)$的平均值是$\dfrac{1}{2}$，因而

$$\overline{\boldsymbol{S}}=\frac{I_0^2 l^2\eta_0\sin^2\theta}{8\lambda^2 r^2}\boldsymbol{e}_r=S_0\frac{\sin^2\theta}{r^2}\boldsymbol{e}_r \tag{10-108}$$

式中，$S_0=\dfrac{I_0^2 l^2\eta_0}{8\lambda^2}$，$\boldsymbol{e}_r$的系数恒为正值，所以能量总是由偶极振子沿径向向外流。

4）辐射具有方向性：$\overline{S}$正比于 $\sin^2\theta/r^2$，即与角度有关，又与 r^2 成反比。图 10-35 是离偶极振子一定距离 r 处的$\overline{S}$与 θ 的函数关系，也称为偶极振子的功率方向图。可见沿轴线方向（$\theta=0$）能流为零，而与偶极振子成直角方向的能流为最大。

场量正比于 $\sin\theta$（见式（10-104）、式（10-105）），沿偶极振子轴线方向（$\theta=0$ 或 π），无辐射；而沿垂直于轴线方向（$\theta=\pi/2$），辐射最强（见图 10-36a）。

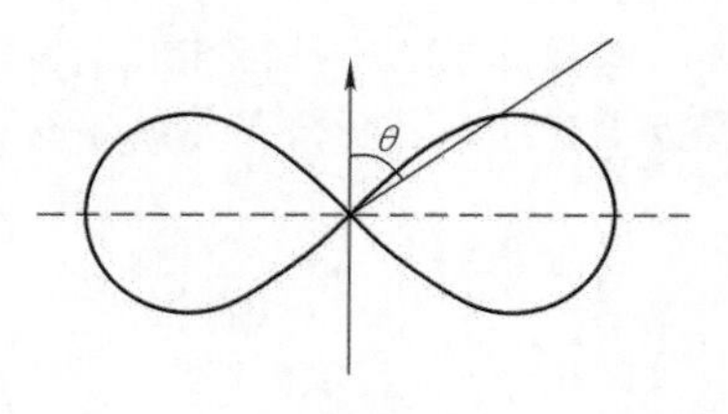

图 10-35

另一方面，辐射场与 φ 坐标无关（绕偶极振子轴线旋转对称）。图 10-36 中分别画出了偶极振子在电场所在平面（称为 E 面）和磁场所在平面（称为 H 面）内的方向图。

5）频率越高，辐射越强。

6）辐射功率和辐射电阻：偶极振子向自由空间辐射的总功率称为辐射功率 P_r，它等于坡印廷矢量在

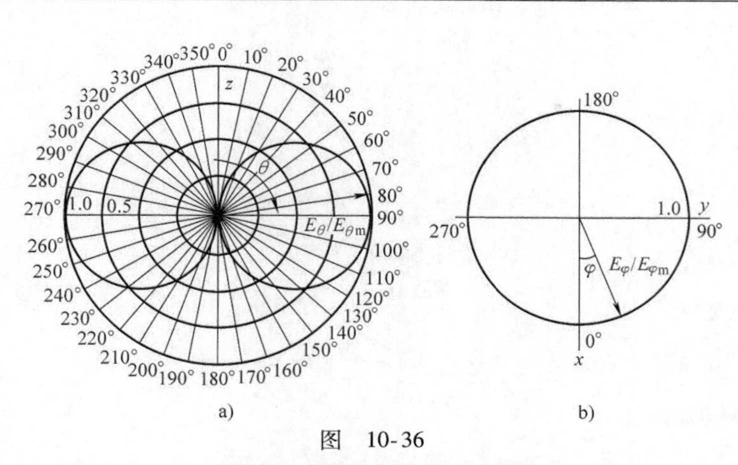

图　10-36

任一包围偶极振子的球面上的积分，下面求偶极振子的平均辐射功率表示式。

在球坐标中取环形球面面元 dA，

$$dA = 2\pi r^2 \sin\theta d\theta$$

通过整个球面的能流，也就是该偶极振子的平均辐射总功率 P 为

$$P = \int \bar{S} dA = \int_0^{\pi} \frac{I_0^2 l^2 \eta_0 \sin^2\theta}{8\lambda^2 r^2} 2\pi r^2 \sin\theta d\theta = \frac{\pi I_0^2 l^2 \eta_0}{3\lambda^2} = 40\pi^2 I_0^2 \left(\frac{l}{\lambda}\right)^2 \mathrm{W} \tag{10-109}$$

式（10-109）表明，辐射功率取决于偶极振子的电长度$\dfrac{l}{\lambda}$，若几何长度不变，频率越高或波长越短，则辐射功率越大。因为已经假定空间介质不消耗功率且在空间内无其他场源，所以辐射功率与距离 r 无关。既然辐射出去的能量不再返回波源，为方便起见，将天线辐射的功率看成被一个等效电阻所吸收的功率，这个等效电阻就称为辐射电阻 R_r。类比于普通正弦交流电路，可以得出

$$P_r = \frac{1}{2} I_0^2 R_r \tag{10-110}$$

式中，R_r 称为该天线归算于电流 I_0 的辐射电阻，这里 I_0 是电流的振幅值。将式（10-109）代入式（10-110），得偶极振子的辐射电阻为

$$R_r = 80\pi^2 \left(\frac{l}{\lambda}\right)^2 \Omega \tag{10-111}$$

天线的辐射电阻越大，表示在一定输入电流下辐射功率越大。因此，辐射电阻通常是用来表征天线辐射能力的一个量。

本章总结

1. 电源的电动势和电源的端电压

电源的电动势：$\mathscr{E} = \int_{-\ (\text{电源内})}^{+} \boldsymbol{E}_{\mathrm{K}} \cdot d\boldsymbol{l}$，$\mathscr{E} = \oint_{(\text{导体回路})} \boldsymbol{E}_{\mathrm{K}} \cdot d\boldsymbol{l}$

电源的端电压：$V_+ - V_- = \int_+^- \boldsymbol{E}_{\mathrm{K}} \cdot d\boldsymbol{l}$（任意路径）

一段含源电路的欧姆定律：$U_{AB} = \sum_i \pm \mathscr{E}_i + \sum_i \pm I_i(R_i + r_i)$

回路电压方程（基尔霍夫第二方程）：$\sum_i (\mp \mathscr{E}_i) + \sum_i \pm I_i(R_i + r_i) = 0$

2. 法拉第电磁感应定律　$\mathscr{E}_i = -\dfrac{d\Phi}{dt}$，$\mathscr{E}_i = -N\dfrac{d\Phi_1}{dt} = -\dfrac{d\Phi}{dt}$

感应电流：
$$I_i = -\frac{1}{R}\frac{\mathrm{d}\Phi}{\mathrm{d}t}$$

感应电荷量：
$$q_i = \int_{t}^{t_2} I_i \mathrm{d}t = \frac{1}{R}(\Phi_1 - \Phi_2)$$

3. 动生电动势
$$\mathscr{E}_i = \int_a^b \mathrm{d}\mathscr{E}_i = \int_a^b (\boldsymbol{v}\times\boldsymbol{B})\cdot\mathrm{d}\boldsymbol{l}$$
$$\mathscr{E}_i = \oint_L (\boldsymbol{v}\times\boldsymbol{B})\cdot\mathrm{d}\boldsymbol{l};$$

非静电力是洛伦兹力。

4. 感生电动势
$$\oint_L \boldsymbol{E}_i\cdot\mathrm{d}\boldsymbol{l} = -\frac{\mathrm{d}}{\mathrm{d}t}\int_S \boldsymbol{B}\cdot\mathrm{d}\boldsymbol{S}$$

非静电力是涡旋电场力。

5. 自感和互感
$$L = \frac{\Phi}{I},\ \mathscr{E}_L = -L\frac{\mathrm{d}I}{\mathrm{d}t}\ (L\text{不变})$$
$$M = \frac{\Phi_{21}}{I_1} = \frac{\Phi_{12}}{I_2}$$
$$\mathscr{E}_{21} = -M\frac{\mathrm{d}I_1}{\mathrm{d}t},\mathscr{E}_{12} = -M\frac{\mathrm{d}I_2}{\mathrm{d}t}(M\text{不变})$$
$$M \leqslant \sqrt{L_1 L_2}\ (\text{无漏磁时取等号})$$

6. 磁场能量
$$w_{\mathrm{m}} = \frac{1}{2}BH = \frac{1}{2}\mu H^2$$
$$W_{\mathrm{m}} = \int_V w_{\mathrm{m}}\mathrm{d}V = \int_V \frac{1}{2}BH\mathrm{d}V = \int_V \frac{B^2}{2\mu}\mathrm{d}V$$
$$W_{\mathrm{m}} = \frac{1}{2}LI^2$$

7. 麦克斯韦方程组

(1) 麦克斯韦的两个假设

涡旋电场和位移电流；

位移电流密度和位移电流 $\boldsymbol{j}_{\mathrm{d}} = \frac{\partial \boldsymbol{D}}{\partial t}$，$I_{\mathrm{d}} = \frac{\mathrm{d}\Phi_{\mathrm{d}}}{\mathrm{d}t}$

(2) 麦克斯韦方程组的积分形式
$$\oint_S \boldsymbol{D}\cdot\mathrm{d}\boldsymbol{S} = \int_V \rho\mathrm{d}V(\text{电场的高斯定理})$$
$$\oint_L \boldsymbol{E}\cdot\mathrm{d}\boldsymbol{l} = -\int_S \frac{\partial \boldsymbol{B}}{\partial t}\cdot\mathrm{d}\boldsymbol{S}(\text{电场的环路定理})$$
$$\oint_S \boldsymbol{B}\cdot\mathrm{d}\boldsymbol{S} = 0(\text{磁场的高斯定理})$$
$$\oint_L \boldsymbol{H}\cdot\mathrm{d}\boldsymbol{l} = I_{\mathrm{c}} + I_{\mathrm{d}} = \int_S\left(\boldsymbol{j} + \frac{\partial \boldsymbol{D}}{\partial t}\right)\cdot\mathrm{d}\boldsymbol{S}(\text{全电流的安培环路定理})$$

习　题

(一) 填空题

10-1　如习题 10-1 图所示，一半径为 r 的很小的金属圆环，在初始时刻与一半径为 a ($a \gg r$) 的大金属圆环共面且同心。在大圆环中通以恒定的电流 I，方向如图。如果小圆环以匀角速度 ω 绕其任一方向的直径转动，并设小圆环的电阻为 R，则任一时刻 t 通过小圆环的磁通量 $\Phi =$ ________，小圆环中的感应电流

$i=$________。

10-2　一所围面积为 S 的平面导线闭合回路置于载流长螺线管中，回路的法向与螺线管轴线平行。设长螺线管单位长度上的匝数为 n，通过的电流为 $I=I_m\sin\omega t$（电流的正向与回路的正法向成右手关系），其中 I_m 和 ω 为常数，t 为时间，则该导线回路中的感生电动势为________。

10-3　磁换能器常用来检测微小的振动。如习题 10-3 图所示，在振动杆的一端固接一个 N 匝的矩形线圈，线圈的一部分在匀强磁场 $\boldsymbol{B}$ 中，设杆的微小振动规律为 $x=A\cos\omega t$，当线圈随杆振动时，线圈中的感应电动势为________。

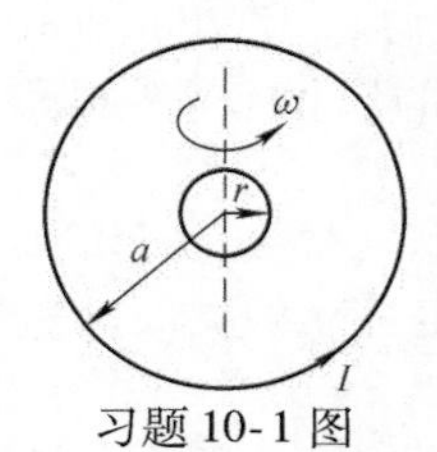

习题 10-1 图

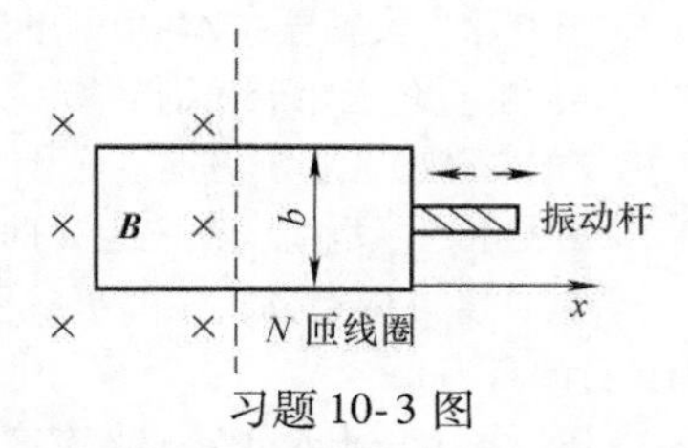

习题 10-3 图

10-4　如习题 10-4 图所示，等边三角形的金属框边长为 l，放在均匀磁场中，ab 边平行于磁感应强度 $\boldsymbol{B}$，当金属框绕 ab 边以角速度 ω 转动时，bc 边上沿 bc 的电动势为________，ca 边上沿 ca 的电动势为________，金属框内的总电动势为________。(规定电动势沿 $abca$ 绕向为正值)

10-5　金属杆 AB 以匀速 $v=2\text{m/s}$ 平行于长直载流导线运动，导线与 AB 共面且相互垂直，如习题 10-5 图所示。已知导线载有电流 $I=40\text{A}$，则此金属杆中的感应电动势 $\mathscr{E}_i=$________，电势较高端为________。(取 $\ln 2=0.69$)

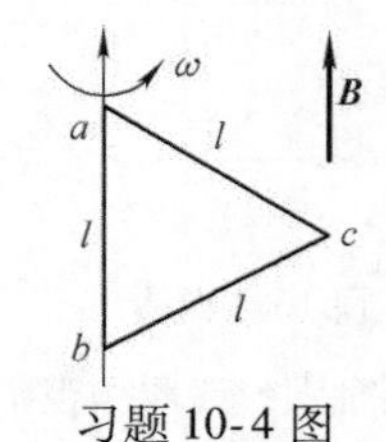

习题 10-4 图

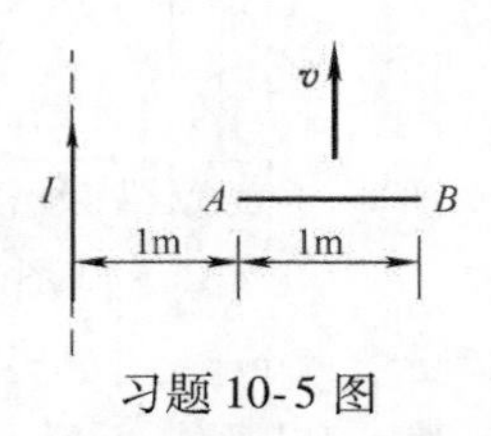

习题 10-5 图

10-6　如习题 10-6 图所示，四根辐条的金属轮子在均匀磁场 $\boldsymbol{B}$ 中转动，转轴与 $\boldsymbol{B}$ 平行，轮子和辐条都是导体，辐条长为 R，轮子转速为 n，则轮子中心 O 与轮边缘 b 之间的感应电动势为________，电势最高点是在________处。

10-7　载有恒定电流 I 的长直导线旁有一半圆环导线 cd，半圆环半径为 b，环面与直导线垂直，且半圆环两端点连线的延长线与直导线相交，如习题 10-7 图所示。当半圆环以速度 $\boldsymbol{v}$ 沿平行于直导线的方向平移时，半圆环上的感应电动势的大小为________。

习题 10-6 图

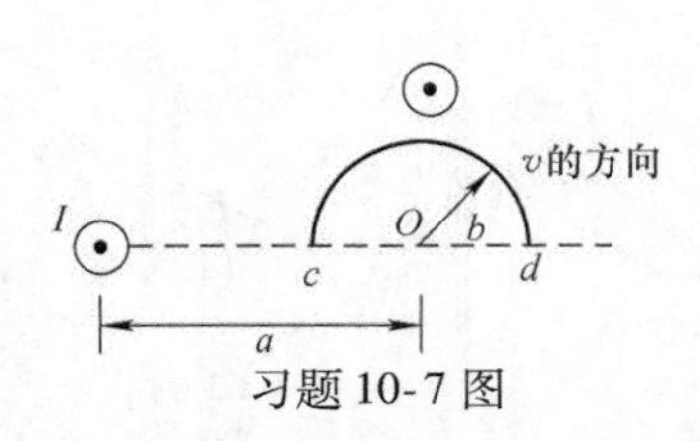

习题 10-7 图

10-8　在一自感线圈中，电流在 0.002s 内均匀地由 10A 增加到 12A，在此过程中线圈内自感电动势为 400V，则线圈的自感 $L=$________。

10-9　真空中两只长直螺线管 1 和 2，长度相等，单层密绕匝数相同，直径之比 $d_1/d_2=1/4$。当它们通以相同的电流时，两螺线管储存的磁能之比为 $W_1:W_2=$________。

10-10　真空中一根无限长直导线中通有电流 I，则距导线垂直距离为 a 的某点的磁能密度 w_m = ________。

10-11　一超高频环形天线具有 11cm 的直径。一电视信号的磁场垂直于该环形的平面，并且在某一时刻其大小以 0.16T/s 的速率变化。已知磁场是均匀的，则在天线中的感应电动势为________。

（二）计算题

10-12　如习题 10-12 图所示，有一半径为 r 的半圆环导线在均匀磁场 B 中以角速度 ω 绕与磁场垂直的轴 ab 旋转，当它转到如习题 10-12 图的位置时，求圆环上的动生电动势。

10-13　如习题 10-13 图所示，长直导线 AB 中的电流 I 沿导线向上，并以 $dI/dt=2A/s$ 的变化率均匀增长。导线附近放一个与之共面的直角三角形线框，其一边与导线平行，位置及线框尺寸如习题 10-13 图所示，求此线框中产生的感应电动势的大小和方向。

10-14　如习题 10-14 图所示，一电荷线密度为 λ 的长直带电线（与一正方形线圈共面并与其一对边平行）以变速率 $v=v(t)$ 沿着其长度方向运动，正方形线圈中的总电阻为 R，求 t 时刻方形线圈中感应电流 $i(t)$ 的大小（不计线圈自身的自感）。

10-15　如习题 10-15 图所示，一根长直导线载有直流电流 I，近旁有一个两条对边与它平行并与它共面的矩形线圈，以匀速度 $\boldsymbol{v}$ 沿垂直于导线的方向离开导线。设 $t=0$ 时，线圈位于图示位置，求：

（1）在任意时刻 t 通过矩形线圈的磁通量；

（2）在图示位置时矩形线圈中的电动势 $\mathscr{E}_i$。

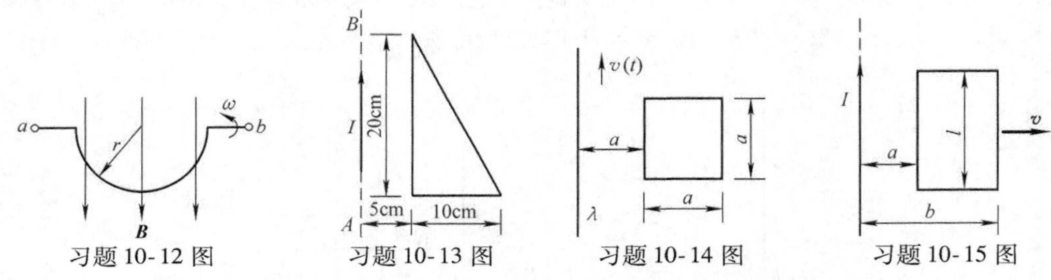

习题 10-12 图　　习题 10-13 图　　习题 10-14 图　　习题 10-15 图

10-16　如习题 10-16 图所示，两个半径分别为 R 和 r 的同轴圆形线圈相距 x，且 $R>>r$，$x>>R$。若大线圈通有电流 I 而小线圈沿 x 轴方向以速率 v 运动，试求 $x=NR$ 时（N 为正数）小线圈回路中产生的感应电动势的大小。

10-17　如习题 10-17 图所示，在距长直电流 I 为 d 处有一直导线长为 l，与电流共面，图中倾角为 α，导线以速度 $\boldsymbol{v}$ 向上平动，求导线上的动生电动势。

10-18　如习题 10-18 图所示，有两个圆心共面的圆线圈，半径分别为 R_1 和 R_2，且 $R_1<<R_2$，求它们之间的互感。

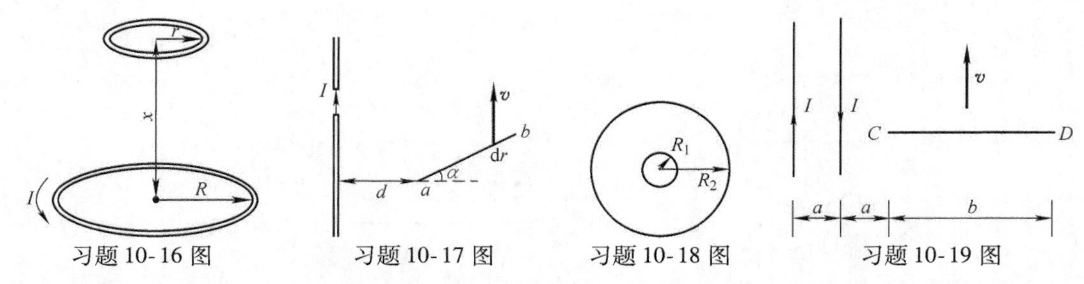

习题 10-16 图　　习题 10-17 图　　习题 10-18 图　　习题 10-19 图

10-19　两相互平行无限长的直导线载有大小相等、方向相反的电流，长度为 b 的金属杆 CD 与两导线共面且垂直，相对位置如习题 10-19 图所示。CD 杆以速度 $\boldsymbol{v}$ 平行于直线电流运动，求 CD 杆中的感应电动势，并判断 C、D 两端哪端电势较高。

10-20　一长同轴电缆，如习题 10-20 图所示，包含半径分别为 a 和 b 的两个薄壁共轴导体圆柱面。内

柱面载有恒定电流 i，外柱面为电流提供返回的路径。电流在两柱面间建立一磁场。(1) 计算在长为 l 的一段电缆的磁场中所存储的能量。(2) 设 $a=1.2\text{mm}$，$b=3.5\text{mm}$，$i=2.7\text{A}$，那么电缆每单位长度所存储的能量是多少？

10-21　如习题 10-21 图所示，两个密绕线圈，较小的半径为 R_2，匝数为 N_2，较大的半径为 R_1，匝数为 N_1，在同一平面中共轴。(1) 对这样两个线圈的结构，试推导互感 M 的表达式；(2) 假定 $R_1 >> R_2$；对于 $N_1=N_2=1200$ 匝，$R_2=1.1\text{cm}$，$R_1=15\text{cm}$，互感 M 的值是多少？

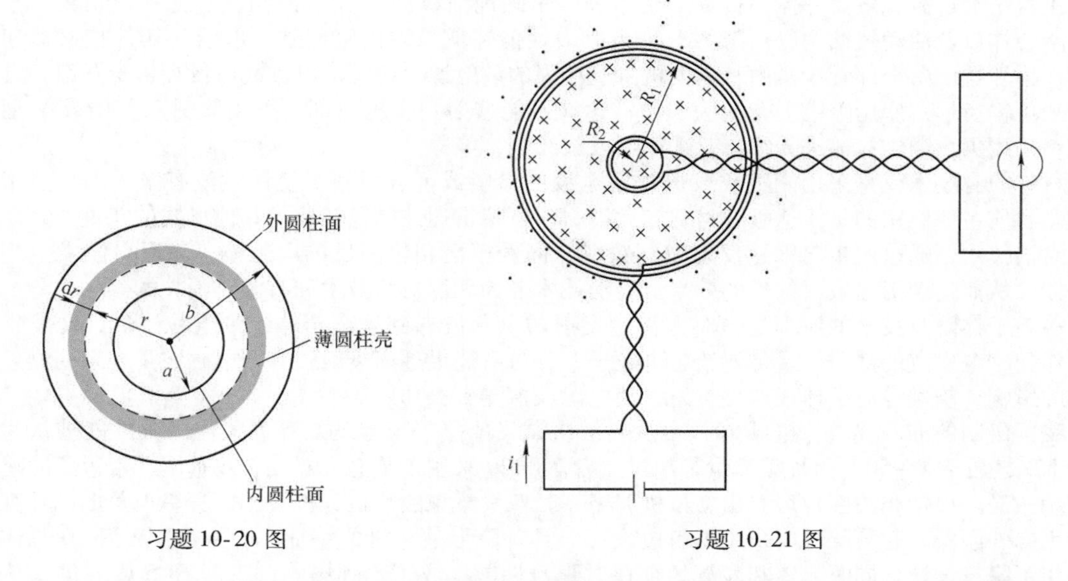

习题 10-20 图　　　　习题 10-21 图

10-22　一个被束缚在圆柱内的均匀磁场，磁感应强度 $\boldsymbol{B}$ 与纸面垂直，背向读者。已知 B 随时间变化的速率为每秒减小 0.01T，P 点距圆心 O 的距离 $d=8\text{cm}$，试求在 O、P 两点电子的加速度 a。

10-23　一列火车中的一节闷罐车箱宽 2.5m，长 9.5m，高 3.5m；车壁由金属薄板制成。在地球磁场的竖直分量为 $0.62\times10^{-4}\text{T}$ 的地方，这个闷罐车以 60km/h 的速度在水平轨道上向北运动。

(1) 这个闷罐车两边之间金属板上的感应电动势是多少？

(2) 若考虑车两边积累的电荷所引起的电场，问车内净电场强度是多少？

(3) 若将两边当作两个非常长的平行平板处理，那么每一边上的电荷面密度是多少？

10-24　用试验线圈磁通量与感应电荷量之间的关系解释信用卡读卡机原理。

(1) 推导通过试验线圈的总电荷量 Q 与磁感应强度 B 的关系。已知试验线圈共 N 匝，每匝面积均为 A，通过线圈的磁通量在 Δt 时间内由其初始值减小到零。线圈的总电阻为 R，总电荷量 $Q=I\Delta t$，I 为由于磁通量变化产生的平均感应电流。

(2) 使用信用卡读卡机时，信用卡背面的磁条被迅速地“挥过”读卡机内的线圈。请运用试验线圈同样的思想解释读卡机是如何破译磁条内存储的信息的。

(3) 信用卡必须恰好以确切的速度“挥过”读卡机吗？为什么？

 工程应用阅读材料——飞机隐身与反隐身技术

隐身科技（Stealth Technology）又称为“匿踪技术”，匿踪是指减少和控制泄露给敌人可侦测到的信号，包括：雷达反射截面面积（RCS）、热辐射红外线（IR）、海底声波、卫星视讯、电磁辐射以及金属磁场等。凡能使这些信号减少或降低，并有效控制以避免敌方侦测到者，均属隐身技术。

隐身技术应用于作战飞机并投入实战后，打破了原有的攻防平衡态势，促使作战样式和防

御系统发生了重大变革。飞机隐身技术包括雷达隐身技术、红外隐身技术、电子隐身技术、可见光隐身技术、声波隐身技术、电磁隐身技术等，由于现代防空体系中最为重要、使用最广、发展最快的探测器是雷达，因此，雷达隐身技术成为最主要的隐身技术。雷达隐身技术的核心就是降低目标的雷达反射截面面积（RCS），目前可采取的 RCS 减缩手段主要包括外形隐身技术、材料隐身技术、对消技术和等离子体隐身技术。

外形隐身的主要措施有：采用翼身融合体、全埋式座舱和半埋式发动机，使机翼与机身、座舱与机身平滑过渡，融为一体；机翼采用飞翼、带圆钝前缘的 V 型大三角翼、低置三角翼、平底翼融合体以及活动翼结构等；努力减少飞机表面能造成散射的突起物，取消一切外挂武器和吊舱，将外挂设备全部置于机内；借助机身遮挡强的散射源，将发动机进气口设在机身背部，进气道采用锯齿形；座舱盖镀上金属膜，使雷达波不能透射到座舱内部；采用倾斜双垂尾或 V 型尾翼；采用尖形鼻锥；改进天线罩，采用可收放天线，等等。

材料隐身技术就是采用能吸收或透过雷达波的涂料或复合材料，使雷达波有来无回、多来少回。目前主要使用的是雷达吸波材料，此类材料可将雷达波能量转化为其他形式的能量。

对消技术是通过产生与雷达反射波同频率、同振幅但相位相反的电磁波，与反射波发生相消干涉，从而达到消除散射信号的效果。对消技术分为无源对消技术和有源对消技术。

等离子体隐身技术的原理是当对方雷达发射的电磁波遇到等离子体的带电粒子后，便发生相互作用，电磁波的部分能量传递给带电粒子，其自身能量逐渐衰减，其余电磁波受一系列物理作用的影响，绕过等离子体或产生折射，使电磁波探测失去功效。

我国研制的准四代战斗机歼 20，自从它首次试飞的那一天起就被高度关注。其性能被认为接近 F22，强于 T－50，而且载弹量都超过二者。歼 20 采用了单座、双发、双垂尾、带边条的鸭式气动布局。根据相关图片可看出，该机属于一款双发重型战斗机，机头、机身呈现菱形，垂直尾翼也向外倾斜，起落架舱门采用锯齿边设计，具备隐形战斗机的特征。隐身方面，歼 20 总体上采用了隐身设计，同时鸭翼和腹鳍的存在对隐身性能构成了不利影响，正面 RCS 值（即雷达反射截面积，飞机对雷达波的有效反射面积）应该会大于 F22。

对付隐身飞机，即雷达反隐身技术可以从三个方面着手：研制和发展新式雷达，从更广阔的频域和空域对抗隐身飞机；采用一些新技术来提高现有雷达的探测能力；针对隐身飞机的弱点采取相应的战略、战术部署。

由于隐身飞机只是在一定频率范围和一定空间内才具有隐身性能，因此，扩大雷达探测系统在频域、空域的探测范围和能力，就可以减小隐身飞机的威胁，如采用①米波，毫米波雷达，②超宽带雷达，③超视距雷达，④无源雷达，⑤谐波雷达，⑥激光雷达，⑦极化雷达，⑧天基/空基雷达探测系统，⑨双/多基地雷达等。

采用新技术提高现有雷达的反隐身能力不失为一种效费比更高的反隐身技术手段。提高雷达探测能力的主要技术手段有：采用频率捷变、扩频技术、低旁瓣或旁瓣对消、窄波束、置零技术、多波束、极化变换、伪随机噪声、恒虚警电路等技术来提高雷达的抗干扰能力；采用大时宽脉冲压缩技术、功率合成技术、增大雷达发射功率等措施来提高雷达的发射功率等。提高雷达接收机的信号处理质量，可以增加对低 RCS 目标回波的探测概率和抗干扰能力，主要改进手段有：降低接收机的噪声系数；采用高性能的数字滤波器等。雷达组网技术是通过不同频段的雷达在大角度范围内从不同方位照射隐身飞机，既可利用隐身飞机的空域窗口，又可利用其频域窗口；所有截获的信号由数据处理中心进行数据融合处理，即使在某部雷达受到干扰或不能覆盖某一区域时，其他雷达也可提供相关信息，从而在公共覆盖域内获得比单部雷达更多的目标数据。

从战略、战术部署上对抗隐身飞机的手段包括：建立综合一体化的多传感器预警探测系统；建立军民两用的统一雷达系统；采用雷达接力的形式，即远程预警雷达或预警机搜索发现目标，给引导雷达指示目标，组织隐身飞机航路两侧的引导雷达从侧面进行交替掌握，为航空兵部队和防空部队指示目标并保障其攻击隐身飞机；实施目标推测和机动作战手段等。

第11章　简谐振动和简谐波

当一个物体看上去是静止的时候，构成物体的原子和分子其实正在快速地振动。例如，晶体内部的原子在处于周期性电场的作用下，以一定的频率持续地振动，这种振动用于石英钟和手表中。振动的本质是什么？最简单的振动就是弹簧振子和单摆。可通过分析这两种简单的简谐振动来认识其他振动。

振动和波动是物质的基本运动形式。在力学中有机械振动和机械波，在电学中有电磁振荡和电磁波，声波是一种机械波，光则是电磁波，量子力学又叫波动力学。

机械振动是最直观的振动，物体在某固定位置附近的往复运动叫作机械振动，它是物体的一种普遍运动形式。例如，活塞的往复运动、树叶在空气中的抖动、琴弦的振动、心脏的跳动等都是振动。

广义地说，任何物理量在某一量值附近随时间做周期性的变化都可以叫作振动。例如，交流电路中的电流和电压、振荡电路中的电场强度和磁场强度等均随时间做周期性的变化，因此都可以称为振动。

11.1　简谐振动

11.1.1　中学物理知识回顾

1. 弹簧振子模型

弹簧振子是一个理想化的简谐振动模型。将质量可忽略不计的轻弹簧一端固定，另一端与质量为 m 的物体相连，置于光滑的水平面上。若该系统在振动过程中，弹簧的形变较小（即形变弹簧作用于物体上的力总是满足胡克定律），那么，这样的弹簧 - 物体系统称为弹簧振子。

如图11-1所示，当弹簧处于自然状态（弹簧既未伸长也未压缩的状态）时，振子受到的合外力为0，此时振子的位置称为稳定平衡位置，以平衡位置为坐标原点，当振子偏离平衡位置的位移为 x 时，其受到的弹力作用为

$$F = -kx \tag{11-1}$$

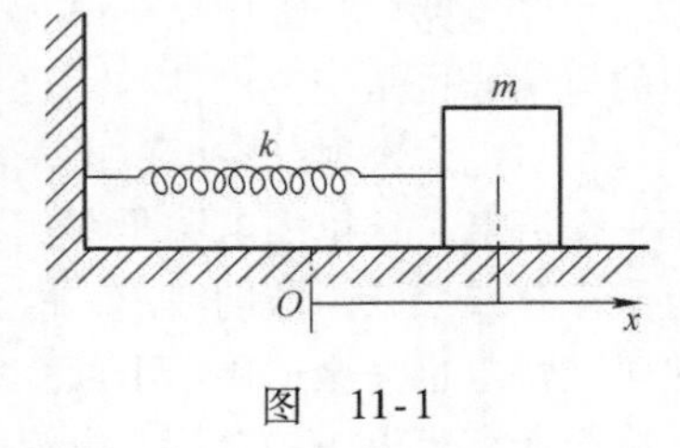

图　11-1

式中，k 为弹簧的劲度系数，负号表示弹力的方向与振子的位移方向相反。式（11-1）表明振子在运动过程中受到的力总是指向平衡位置，且力的大小与振子偏离平衡位置的位移大小成正比，这种力就称为线性回复力。

简谐振动的运动学方程为

$$x = A\cos(\omega t + \varphi) \tag{11-2}$$

2. 描述简谐振动的特征量

（1）振幅 A　物体偏离平衡位置的最大位移（或角位移）的绝对值叫作振幅。振幅的大小由初始条件决定。

(2) 周期、频率、角频率

1) 周期：当物体做简谐振动时，完成一次全振动所需的时间称为周期，用字母 T 表示。由周期函数的性质，有

$$A\cos(\omega t+\varphi)=A\cos[\omega(t+T)+\varphi]=A\cos(\omega t+\varphi+2\pi)$$

由此可知

$$\omega T=2\pi,\quad T=\frac{2\pi}{\omega}$$

2) 频率：单位时间内系统所完成的全振动的次数，用 ν 表示。

$$\nu=\frac{1}{T}=\frac{\omega}{2\pi}\tag{11-3}$$

在国际单位制中，ν 的单位是"赫兹"(Hz)。

3) 角频率：系统在 2πs 内完成的全振动的次数。

$$\omega=\frac{2\pi}{T}=2\pi\nu\tag{11-4}$$

简谐振动的角频率是由系统的力学性质决定的，如弹簧振子系统，它的角频率由振子的质量和弹簧的劲度系数决定，即 $\omega=\sqrt{\frac{k}{m}}$。故简谐振动的角频率又称为固有（本征）角频率，由此确定的振动周期称为固有（本征）周期。

(3) 相位和初相位　在简谐振动方程中，余弦函数中的变量（$\omega t+\varphi$）叫作振动的相位，记为 $\Phi=\omega t+\varphi$，简谐振动的状态仅随相位的变化而变化，因而相位是描述简谐振动状态的物理量。相位是一个非常重要的概念，读者要注意两点：相位与时间一一对应，相位不同是指时间先后不同。相位是以角度的方式出现，便于我们讨论振动的细节。将相位对时间求导，可得

$$\omega=\frac{\mathrm{d}\Phi}{\mathrm{d}t}\tag{11-5}$$

故角频率表示相位变化的速率，是描述简谐振动状态变化快慢的物理量。ω 是一个常量，表示相位是匀速变化的。

φ 为初相位，即 $t=0$ 时的相位。初相位描述简谐振动的初始状态。

3. 对简谐交流电的描述

交流电路广泛地应用于电力工程、无线电电子技术和电磁测量中。大多数无线电电子设备中的电信号也是交流电信号。这里电信号的来源是多种多样的，在收音机和电视机中，通过天线接收了从电台发射到空间的电磁波，形成整机的信号源。在电力系统中，从发电到输配电，用的都是交流电，这里的电源是交流发电机。交流发电机产生的交变电动势随时间变化的关系基本上是正弦或余弦函数的波形，故也叫作简谐交流电。关于简谐振动的描述和分析问题的思想方法对交流电也完全适用。下面介绍描述交流电的特征量。

简谐交流电中的电压、电流和电动势均可写成余弦（或正弦）函数形式：

$$u(t)=U_{\mathrm{m}}\cos(\omega t+\varphi_u)$$
$$i(t)=I_{\mathrm{m}}\cos(\omega t+\varphi_i)$$
$$\mathscr{E}(t)=\mathscr{E}_{\mathrm{m}}\cos(\omega t+\varphi_e)$$

回顾简谐振动的描述方法，类比地把 U_{m}、I_{m}、$\mathscr{E}_{\mathrm{m}}$ 分别称为电压、电流和电动势的振幅，它表示交流电压、电流和电动势的峰值或最大值。交流电每秒钟重复变化的次数称为频率，用 ν 表示，单位为赫兹（Hz）；交流电重复变化一次所需要的时间称为周期，用 T 表示，单位为秒（s）；频率和周期互为倒数，即 $\nu=1/T$；交流电在 2π s 内重复变化的次数称为角频率，用 ω 表

示，即 $\omega=2\pi/T=2\pi\nu$。周期、频率和角频率从不同的角度描述了交流电的变化快慢，三者只要知道其一，其余就可以通过公式变换求出。

交流电随时间做周期性的变化，在不同的时间 t，$(\omega t+\varphi)$ 是随时间变化的角度，称为相位角，简称相位。$T=0$ 时的相位角 φ 即为初相位角，简称初相位。初相位的大小与所取的计时起点有关，所取计时起点不同，交流电的初相位也就不同，因此，初相位决定了交流电的初始值。相位与初相位的单位相同，为弧度（rad），有时为了方便也可以用度（°）。

振幅（峰值）、频率和初相位是确定简谐交流电的三个特征参量。

11.1.2　简谐振动系统理论分析

1. 弹簧振子系统

对于弹簧振子系统，由牛顿第二定律可得

$$m\frac{\mathrm{d}^2x}{\mathrm{d}t^2}=-kx \quad 或 \quad \frac{\mathrm{d}^2x}{\mathrm{d}t^2}+\frac{k}{m}x=0 \tag{11-6}$$

令

$$\omega=\sqrt{\frac{k}{m}} \tag{11-7}$$

即有

$$\frac{\mathrm{d}^2x}{\mathrm{d}t^2}+\omega^2x=0 \tag{11-8}$$

这正是谐振微分方程，其解为

$$x=A\cos(\omega t+\varphi) \tag{11-9}$$

式（11-9）表示 x 是一个谐振量。总结一下：若质点所受的合外力是线性回复力，则质点的运动是简谐振动，这可作为简谐振动的判据或它的动力学定义。由式（11-8）可知，简谐振动的判据还可推广为：当任何一个物理量对时间的二阶导数与其本身成正比、且反号时，该物理量做简谐振动。

简谐振动的 ω 由式（11-7）决定。这意味着 ω 是由振动系统本身的力学性质（包括物体的质量和力的性质）决定的，所以我们把 ω 称为振动系统的固有角频率。

能满足式（11-9）的系统又称为谐振子系统。

2. 简谐振动的速度、加速度

微分方程 $\frac{\mathrm{d}^2x}{\mathrm{d}t^2}+\omega^2x=0$ 的解

$$x=A\cos(\omega t+\varphi)$$

称为简谐振动的运动学方程。式中，A 和 φ 是由初始条件确定的两个积分常数，由于

$$\cos(\omega t+\varphi)=\sin\left(\omega t+\varphi+\frac{\pi}{2}\right)$$

令 $\varphi'=\varphi+\frac{\pi}{2}$，简谐振动的运动学方程亦可写成

$$x=A\sin(\omega t+\varphi') \tag{11-10}$$

可见，简谐振动的运动规律也可用正弦函数表示，本书对机械振动统一用余弦函数表示，对电磁振动统一用正弦函数表示。

由简谐振动的运动学方程可求得任意时刻质点的振动速度和加速度，即

$$v=\frac{\mathrm{d}x}{\mathrm{d}t}=-\omega A\sin(\omega t+\varphi)=\omega A\cos\left(\omega t+\varphi+\frac{\pi}{2}\right) \tag{11-11}$$

$$a = \frac{\mathrm{d}v}{\mathrm{d}t} = -\omega^2 A\cos(\omega t+\varphi) = \omega^2 A\cos(\omega t+\varphi+\pi) \tag{11-12}$$

广义地说，简谐振动速度 v 和加速度 a 也都是简谐振动，它们振动的频率相同，振幅分别为 A、ωA 和 $\omega^2 A$，即依次多一个因子 ω；它们的相位依次超前 $\pi/2$，因而加速度和位移反相。它们的相互关系可用图 11-2 所示的振动曲线表示。和振动方程比较亦可以看出

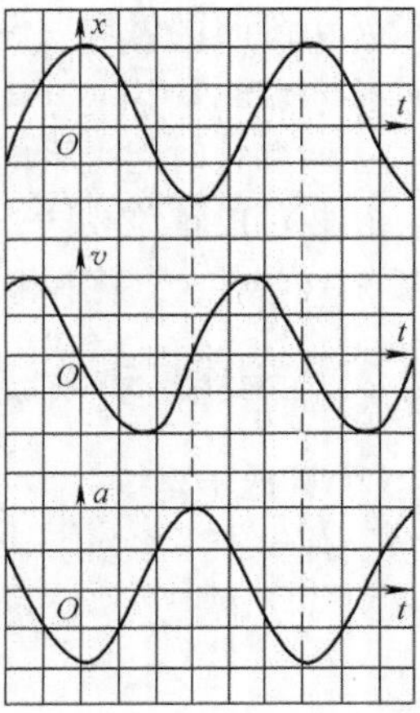

$$a = \frac{\mathrm{d}^2 x}{\mathrm{d}t^2} = -\omega^2 x \tag{11-13}$$

这一关系式说明，简谐振动的加速度与位移的大小成正比，而方向相反。

图 11-2

3. 振幅和初相位与初始条件的关系

$t=0$ 时的速度和加速度称为初始条件。由简谐振动运动学方程和其速度方程，有

$$x_0 = A\cos\varphi \tag{11-14}$$

$$v_0 = -\omega A\sin\varphi \tag{11-15}$$

所以

$$A = \sqrt{x_0^2 + \frac{v_0^2}{\omega^2}} \tag{11-16}$$

$$\varphi = \arctan\left(-\frac{v_0}{\omega x_0}\right) \tag{11-17}$$

式（11-16）和式（11-17）称为振幅和初相位与初始条件的关系。由此可知，只要初始条件确定，质点简谐振动的振幅和初相位就是确定的。

【例 11-1】 一质量为 $m=1.0\mathrm{kg}$ 的物体悬挂于轻弹簧下端，平衡时可使弹簧伸长 $l=9.8\times10^{-2}\mathrm{m}$，今使物体在平衡位置获得方向向下、初速度的大小 $v_0=1\mathrm{m\cdot s^{-1}}$的速度，此后物体将在竖直方向上运动。不计空气阻力，（1）试证其在平衡位置附近的振动是简谐振动；（2）求物体的速度、加速度及其最大值；（3）求最大回复力。

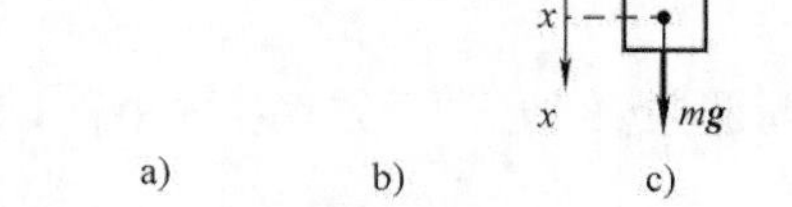

图 11-3

【解】 （1）如图 11-3 所示，在振子所受合力为零的平衡位置 A 取原点 O，向下为 x 轴正方向，设某一瞬时振子的坐标为 x，则物体在振动过程中的运动方程为

$$m\frac{\mathrm{d}^2 x}{\mathrm{d}t^2} = -k(x+l) + mg$$

式中，l 是弹簧挂上重物后的净伸长，因为 $mg=kl$，所以上式变为

$$m\frac{\mathrm{d}^2 x}{\mathrm{d}t^2} = -kx$$

即为

$$\frac{\mathrm{d}^2 x}{\mathrm{d}t^2} + \omega^2 x = 0$$

式中，$\omega^2=\dfrac{k}{m}$。于是该系统做简谐振动。

$$\omega = \sqrt{\frac{g}{l}} = 10\text{rad}\cdot\text{s}^{-1}$$

设振动系统的运动学方程为

$$x = A\cos(\omega t + \varphi)$$

依题意知 $t=0$ 时，$x_0 = A\cos\varphi = 0$，$v_0 = -\omega A\sin\varphi = 1\text{m}\cdot\text{s}^{-1}$，可求出

$$A = \sqrt{x_0^2 + \frac{v_0^2}{\omega^2}} = \frac{v_0}{\omega} = 0.1\text{m}$$

$$\varphi = \arctan\left(-\frac{v_0}{-\omega x_0}\right) = \pm\frac{\pi}{2}$$

由 $v_0 > 0$ 得

$$\varphi = -\frac{\pi}{2}$$

振动系统的运动学方程为

$$x = 0.1\cos\left(10t - \frac{\pi}{2}\right)\quad(\text{SI})$$

（2）此简谐振动的速度为

$$v = \frac{\mathrm{d}x}{\mathrm{d}t} = -\omega A\sin(\omega t + \varphi) = -\sin\left(10t - \frac{\pi}{2}\right)\quad(\text{SI})$$

加速度为

$$a = \frac{\mathrm{d}v}{\mathrm{d}t} = -\omega^2 A\cos(\omega t + \varphi) = -10\cos\left(10t - \frac{\pi}{2}\right)\quad(\text{SI})$$

速度和加速度的最大值为

$$v_{\mathrm{m}} = 1\text{m}\cdot\text{s}^{-1},\quad a_{\mathrm{m}} = 10\text{m}\cdot\text{s}^{-2}$$

（3）最大回复力和最大位移相对应

$$F_{\mathrm{m}} = kA = m\omega^2 A = 10\text{N}$$

【例 11-2】 已知如图 11-4 所示的简谐振动曲线，试写出简谐振动的运动学方程。

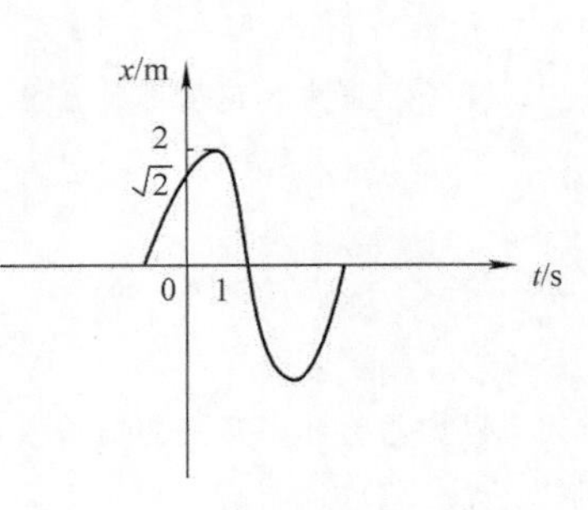

图　11-4

【解】 设谐振动运动学方程为 $x = A\cos(\omega t + \varphi)$。从图 11-4 中易知 $x_0 = \sqrt{2}\text{m}$，$A = 2\text{m}$，下面只要求出 φ 和 ω 即可。从图 11-4 中分析知，$t=0$ 时，有

$$x_0 = 2\cos\varphi = \sqrt{2},\ v_0 = -2\omega\sin\varphi > 0$$

所以

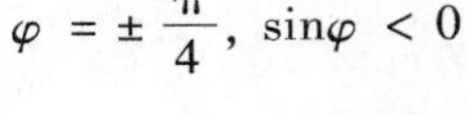

$$\varphi = \pm\frac{\pi}{4},\ \sin\varphi < 0$$

得

$$\varphi = -\frac{\pi}{4}$$

再从图中分析，$t=1\text{s}$ 时

$$x_1 = 2\cos\left(\omega - \frac{\pi}{4}\right) = 0$$

$$v_1 = -2\omega\sin\left(\omega - \frac{\pi}{4}\right) < 0$$

所以

$$\omega - \frac{\pi}{4} = \frac{1}{2}\pi, \ \omega = \frac{3\pi}{4}\text{rad} \cdot \text{s}^{-1}$$

所以简谐振动的运动学方程为

$$x = 2\cos\left(\frac{3\pi}{4}t - \frac{\pi}{4}\right) \quad (\text{SI})$$

物理知识应用案例：微振动的简谐近似

1. 单摆

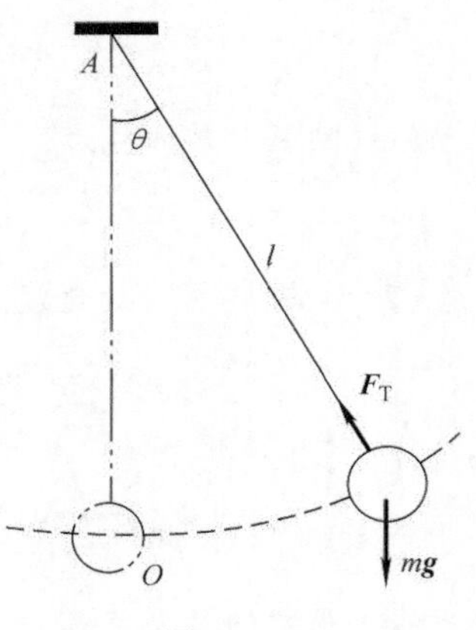

图 11-5

如图 11-5 所示，细线长为 l，一端固定在 A 点，另一端系一质量为 m 的小球，不计细线的质量和伸长。细线在竖直位置时，小球在 O 点。此时作用在小球上的合外力矩为零，故位置 O 即为平衡位置。将小球稍微移离平衡位置 O，小球在重力作用下就会在位置 O 附近来回往复地运动。这一振动系统称为单摆。

把单摆在某一时刻离开平衡位置的角位移 θ 作为位置变量，并规定小球在平衡位置右方时，θ 为正，在左方时，θ 为负。重力对 A 点的力矩为 $mgl\sin\theta$，拉力 $\boldsymbol{F}_\text{T}$ 对该点的力矩为零，所以单摆是在重力矩作用下而振动的。根据转动定律，得

$$J\beta = M = -mgl\sin\theta$$

式中，负号表示重力矩的符号总是和 $\sin\theta$ 的符号（即角位移 θ 的符号）相反；$J = ml^2$ 为小球对 A 轴的转动惯量；$\beta = \dfrac{\text{d}^2\theta}{\text{d}t^2}$ 为小球的角加速度。当角位移 θ 很小时，θ 的正弦函数可用 θ 的弧度代替，所以

$$\beta = \frac{\text{d}^2\theta}{\text{d}t^2} = -\frac{g}{l}\theta$$

式中，摆长和重力加速度都是常量，而且均为正值。令

$$\omega^2 = \frac{g}{l}$$

有

$$\frac{\text{d}^2\theta}{\text{d}t^2} + \omega^2\theta = 0$$

上式可以归结为如下形式的简谐振动的微分方程，即

$$\frac{\text{d}^2x}{\text{d}t^2} + \omega^2x = 0$$

可见，小角度单摆振动是简谐振动，振动周期为

$$T = \frac{2\pi}{\omega} = 2\pi\sqrt{\frac{l}{g}}$$

2. 复摆

任何刚体悬挂后所做的摆动都叫作复摆。如图 11-6 所示，一刚体悬挂于 O 点，刚体的质心 C 距刚体的悬挂点 O 之间的距离是 h。选 θ 角增加的方向为正方向，故 z 转轴垂直纸面向外，

$$M_z = -mgh\sin\theta = J\frac{\text{d}^2\theta}{\text{d}t^2}$$

当 θ 很小时，$\theta \approx \sin\theta$，故有

$$\frac{\mathrm{d}^2\theta}{\mathrm{d}t^2} + \frac{mgh}{J}\theta = 0$$

因此

$$\frac{\mathrm{d}^2\theta}{\mathrm{d}t^2} + \omega^2\theta = 0$$

式中

$$\omega = \sqrt{\frac{mgh}{J}}$$

可见，小角度复摆振动也是简谐振动，其振动周期为

$$T = \frac{2\pi}{\omega} = 2\pi\sqrt{\frac{J}{mgh}}$$

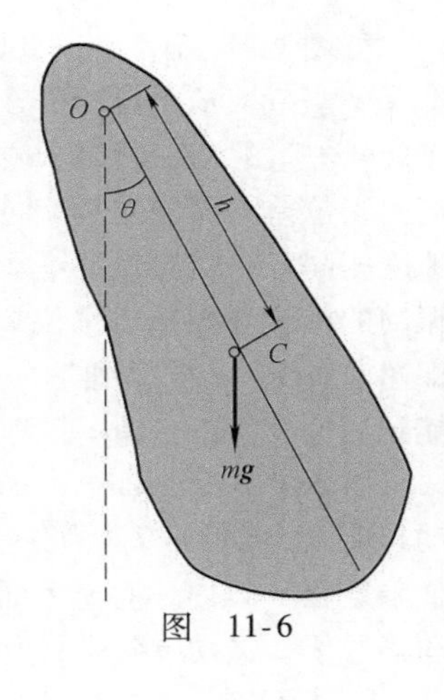

图　11-6

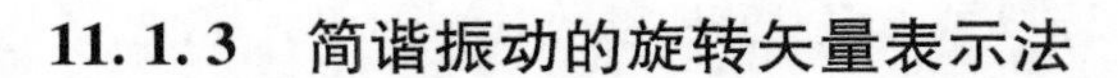

11.1.3　简谐振动的旋转矢量表示法

1. 旋转矢量表示法

若采用三角函数解析法来分析振动问题，代数运算是很烦琐的。因此，简谐振动除了用运动学方程和振动曲线来描述以外，还有一种很直观、很方便的描述方法，称为旋转矢量表示法。

如图 11-7 所示，在一个平面上作一个水平向的 Ox 坐标轴，以原点 O 为起点作一个长度为 A 的振动矢量 $\boldsymbol{A}$。矢量 $\boldsymbol{A}$ 绕原点 O 以匀角速度 ω 沿逆时针方向旋转，故称为旋转矢量，矢量端点在平面上将画出一个圆，称为参考圆。

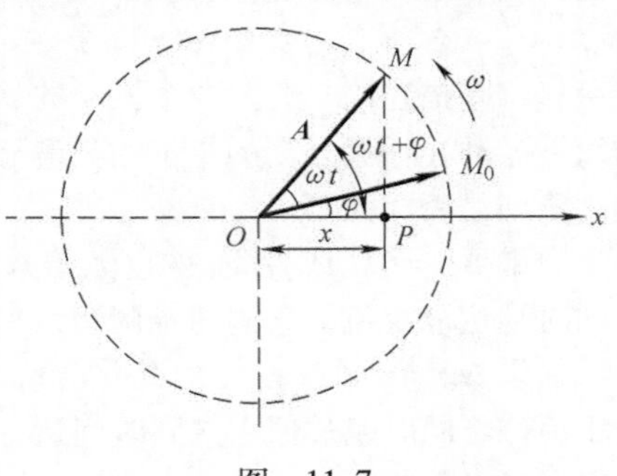

图　11-7

设 $t=0$ 时矢量 $\boldsymbol{A}$ 与 x 轴的夹角即初角位置为 φ，则任意 t 时刻 $\boldsymbol{A}$ 与 x 轴的夹角即角位置为 $\Phi=\omega t+\varphi$，矢量的端点 M 在 x 轴上的投影点 P 的坐标为

$$x = A\cos(\omega t + \varphi)$$

这与简谐振动的运动学方程完全相同。由此可知，旋转矢量的端点在 x 轴上的投影点的运动就是简谐振动。显然，一个旋转矢量与一个简谐振动相对应，其对应关系是：旋转矢量的长度就是振动的振幅，因而旋转矢量又称为振幅矢量；旋转矢量的角位置就是振动的相位，旋转矢量的初角位置就是振动的初相位，旋转矢量的角位移就是振动相位的变化；旋转矢量的角速度就是振动的角频率，即相位变化的速率；旋转矢量旋转的周期和频率就是振动的周期和频率。我们在讨论一个简谐振动时，用上述方法作一个旋转矢量来帮助分析，可以使运动的各个物理量更直观，运动过程更清晰，有利于问题的解决。

和简谐振动的旋转矢量表示法相同，简谐交流电也可以用一个逆时针旋转的矢量在 x 轴上的投影表示简谐交流电，矢量的大小等于交流电的峰值，矢量旋转的角速度等于交流电的角频率，在 $t=0$ 时，该矢量与 x 轴的夹角等于交流电的初相位。在任一时刻 t，交流电流的瞬时值为振幅矢量在 x 轴上的投影，即

$$i = I_{\mathrm{m}}\cos(\omega t + \varphi)$$

旋转矢量表示法可以形象地表示出简谐交流电的三个参量，且可以方便直观地计算两个同频率的简谐交流电的叠加。

由于在实用中常用交流电的有效值，所以一般旋转矢量表示法中也常用有效值表示其大小，矢量的大小也就代表有效值，交流电有效值的概念后面会叙述。

如图 11-8 所示为 $t=0$ 时某两个振动的旋转矢量图。其中，$\boldsymbol{A}_1$是 x_1振动对应的旋转矢量，$\boldsymbol{A}_2$是 x_2振动对应的旋转矢量。由于旋转矢量的角位置表示振动的相位，因而它们的夹角代表它们的相位差。如果是两个同频率的简谐振动，则旋转矢量的角速度相同，它们的相位差不随时间改变。从图中可以看出，x_2振动的相位（矢量的角位置）始终要比 x_1振动的相位大 $\pi/2$，即超前 $\pi/2$。x_2振动到达一个状态后，x_1振动总要在 $T/4$ 后才能到达这个状态，即 x_2振动超前 x_1振动 $T/4$。

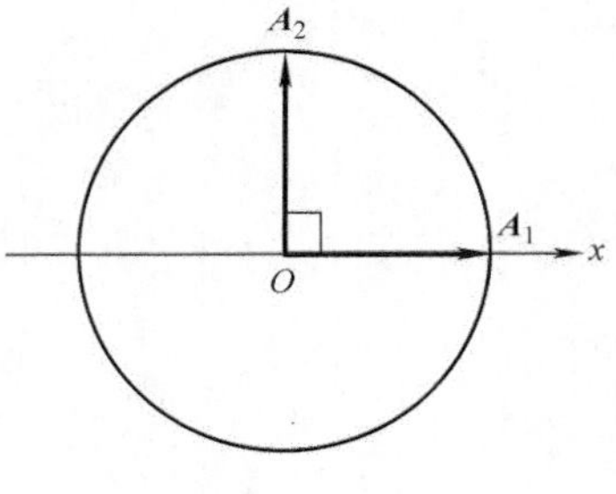

图 11-8

由于 $x_1=A_1\cos\omega t=A_1\cos(\omega t+2\pi)$，所以也可以说是 x_1振动超前 x_2振动 $3\pi/2$。为了表述的一致性，我们约定把$|\Delta\varphi|$的值限定在 π 以内，对于上面的两个简谐振动，我们统一说成x_2振动超前x_1振动 $\pi/2$，或说成x_1振动落后于 x_2振动 $\pi/2$，而不说是 x_1振动超前 x_2振动 $3\pi/2$ 或 x_2振动落后于 x_1振动 $3\pi/2$。

2. 相位差

有下列两个简谐振动

$$x_1=A_1\cos(\omega t+\varphi_1),\ x_2=A_2\cos(\omega t+\varphi_2)$$

它们的相位差（也称相差）为

$$\Delta\varphi=(\omega t+\varphi_2)-(\omega t+\varphi_1)=\varphi_2-\varphi_1=\Delta\varphi \tag{11-18}$$

相位差描述同一时刻两个振动的状态差。从式（11-18）可以看出，两个连续进行的同频率的简谐振动在任意时刻的相位差都等于其初相差而与时间无关。由这个相位差的值可以分析它们的步调是否相同。

如果 $\Delta\varphi=0$（或者 2π 的整数倍），则两振动质点将同时到达各自的极大值，同时越过原点并同时到达极小值，它们的步调始终相同。这种情况我们说二者同相。

如果 $\Delta\varphi=\pi$（或者 π 的奇数倍），则两振动质点中的一个到达极大值时，另一个将同时到达极小值，将同时越过原点并同时到达各自的另一个极值，它们的步调正好相反。对于这种情况，我们说二者反相。

当 $\Delta\varphi$ 为其他值时，我们一般说二者不同相。例如，对于下面两个简谐振动

$$x_1=A_1\cos\omega t,x_2=A_2\cos(\omega t+\pi/2)=A_2\cos\omega(t+T/4)$$

它们的相位差为 $\Delta\varphi=\pi/2$，即 x_2振动的相位始终要比 x_1振动的相位超前 $\pi/2$。

图 11-9 给出了这两个振动的振动曲线（设两个振动的振幅相同，图中实线表示 x_1振动，虚线表示 x_2振动）。从图中可以看出，在 $t=0$ 时，x_1振动的相位为 0，x_2振动的相位为 $\pi/2$，在 $t=T/4$ 时，x_1振动的相位变为了 $\pi/2$，而 x_2振动的相位则变为 π。对于这种情况，我们说 x_2振动在相位上超前 x_1振动 $\pi/2$，或说是x_1振动落后于x_2振动 $\pi/2$，即两个振动比较，相位大的一个称为超前，相位小的一个称为落后。从时间上看，x_2振动超前 x_1振动 $T/4$，即x_1振动必须要在 $T/4$ 后才能到达x_2振动现在的状态。也就是说，两个振动比较，时间因子大的一个称为超前，时间因子小的一个称为落后。两个同频率的简谐振动的相位差 $\Delta\varphi$ 和时间差 Δt 的关系仍然可以表示为

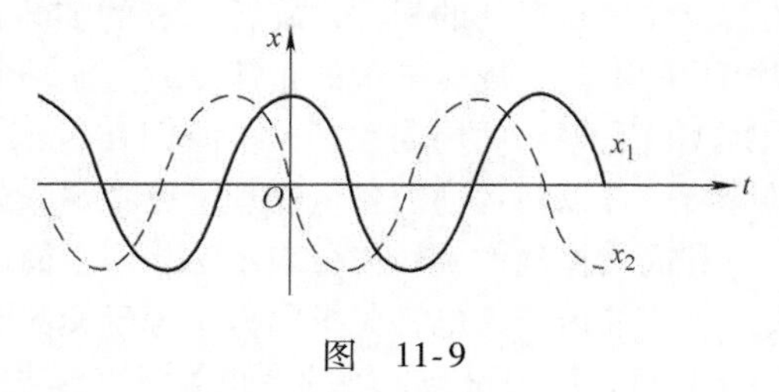

图 11-9

$$\Delta\varphi=\omega\Delta t=\frac{2\pi}{T}\Delta t \tag{11-19}$$

这表示，一个振动的时间每超前一个周期，则它的相位超前2π。

【例11-3】 一质点沿x轴做简谐振动，振幅$A=0.06\text{m}$，周期$T=2\text{s}$，当$t=0$时，质点对平衡位置的位移$x_0=0.03\text{m}$，此时刻质点向x轴正方向运动。求：（1）初相位；（2）在$x_1=-0.03\text{m}$且向x轴负方向运动时物体的速度、加速度以及从这一位置回到平衡位置所需的最短时间。

【解】 （1）取平衡位置为坐标原点。设位移表达式为

$$x = A\cos(\omega t + \varphi)$$

其中，$A=0.06\text{m}$，$\omega=\frac{2\pi}{T}=\pi\text{rad}\cdot\text{s}^{-1}$，当$t=0$时，有$x_0=0.03\text{m}$且向$x$轴正方向运动，所以

$$\cos\varphi = 0.5,\quad \sin\varphi < 0$$

得

$$\varphi = -\frac{\pi}{3}$$

于是此简谐振动的运动方程为

$$x = 0.06\cos\left(\pi t - \frac{\pi}{3}\right)(\text{SI})$$

下面我们用旋转矢量法来求初相位φ。由初始条件，$t=0$时$x_0=0.03\text{m}=A/2$，质点向x轴正向运动，可画出如图11-10所示的旋转矢量的初始位置M_0，从而得出$\varphi=-\frac{\pi}{3}$。

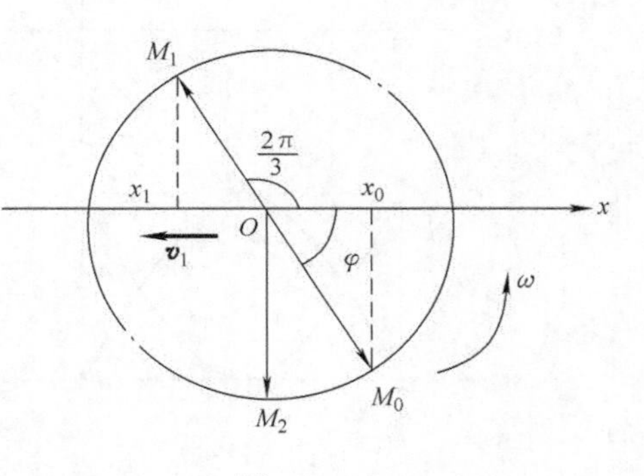

图 11-10

（2）设$t=t_1$时，$x_1=-0.03\text{m}$，$v<0$。这时旋转矢量的矢端应该在M_1的位置，即有

$$x_1 = 0.06\cos(\pi t_1 - \pi/3) = -0.03$$

且$\pi t_1-\pi/3$为第二象限角，取

$$\pi t_1 - \pi/3 = \frac{2\pi}{3}$$

此时质点的速度、加速度为

$$v = -\omega A\sin(\omega t + \varphi) = -0.06\pi\sin\frac{2\pi}{3} = -0.16\text{m}\cdot\text{s}^{-1}$$

$$a = -\omega^2 A\cos(\omega t + \varphi) = -0.06\pi^2\cos\frac{2\pi}{3} = 0.30\text{m}\cdot\text{s}^{-2}$$

从$x_1=-0.03\text{m}$回到平衡位置，旋转矢量的矢端应该从M_1的位置逆时针旋转到M_2的位置，旋转矢量旋转的最小角度为$3\pi/2-2\pi/3=5\pi/6$，需要的最短时间为

$$t = \frac{5\pi}{6\omega} = 0.83\text{s}$$

11.2 简谐振动的能量 能量平均值

11.2.1 简谐振动的能量

以弹簧振子为例来说明简谐振动的能量。设振子的质量为m，弹簧的劲度系数为k，在某一时刻的位移为x，速度为v，即

$$x = A\cos(\omega t + \varphi),\ v = -\omega A\sin(\omega t + \varphi)$$

于是，振子所具有的振动动能和振动势能分别为

$$E_k = \frac{1}{2}mv^2 = \frac{1}{2}m\omega^2A^2\sin^2(\omega t+\varphi)$$

$$= \frac{1}{2}kA^2\sin^2(\omega t+\varphi) \tag{11-20}$$

$$E_p = \frac{1}{2}kx^2 = \frac{1}{2}kA^2\cos^2(\omega t+\varphi) \tag{11-21}$$

这说明，弹簧振子的动能和势能是按余弦或正弦函数的二次方随时间变化的。动能、势能和总能量随时间变化的曲线如图 11-11 所示。

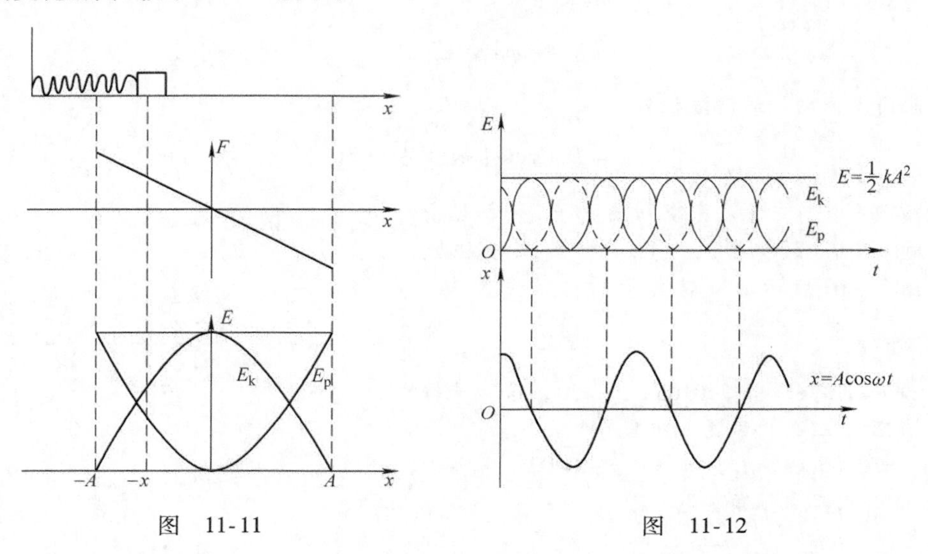

图　11-11　　　　图　11-12

显然，动能最大时，势能最小，而动能最小时，势能最大。简谐振动的过程正是动能和势能相互转换的过程。

简谐振动的总能量为

$$E = \frac{1}{2}kA^2 = \frac{1}{2}m\omega^2A^2 = \frac{1}{2}mv_m^2 \tag{11-22}$$

即简谐振动系统在振动过程中机械能守恒。从力学观点看，这是因为做简谐振动的系统都是保守系统。此外，式（11-22）还说明简谐振动的能量正比于振幅的二次方，正比于系统固有角频率的二次方。

讨论：如图 11-12 所示，

（1）当 $x=0$ 时，势能 $E_p=\frac{1}{2}kx^2=0$，动能 $E_k=\frac{1}{2}m\omega^2A^2$，为最大。

（2）当 $x=A$ 时，势能 $E_p=\frac{1}{2}kA^2$ 为最大，动能 $E_k=0$。

（3）系统的总机械能 $E=E_p+E_k=\frac{1}{2}m\omega^2A^2=\frac{1}{2}kA^2$ 不随时间变化。

11.2.2　能量平均值

动能和势能在一个周期内的平均值定义为

$$\overline{E}_k = \frac{1}{T}\int_0^T E_k(t)\,\mathrm{d}t = \frac{1}{T}\int_0^T \frac{1}{2}kA^2\sin^2(\omega t+\varphi)\,\mathrm{d}t = \frac{1}{4}kA^2 \tag{11-23}$$

$$\overline{E}_p = \frac{1}{T}\int_0^T E_p(t)\,\mathrm{d}t = \frac{1}{T}\int_0^T \frac{1}{2}kA^2\cos^2(\omega t+\varphi)\,\mathrm{d}t = \frac{1}{4}kA^2 \tag{11-24}$$

可见，

$$\overline{E}_k = \overline{E}_p = \frac{1}{4}kA^2 = \frac{1}{2}E \tag{11-25}$$

动能和势能在一个周期内的平均值相等，且均等于总能量的一半。

上述结论虽是从弹簧振子这一特例推出，但具有普遍意义，适用于任何一个简谐振动系统。

对于实际的振动系统，我们可以通过讨论它的势能曲线来研究其能否做简谐振动近似处理。

设系统沿 x 轴振动，其势能函数为 $E_p(x)$，如果势能曲线存在一个极小值，该位置就是系统的稳定平衡位置，在该位置（取 $x=0$）附近将势能函数用级数展开为

$$E_p(x) = E_p(0) + \left(\frac{\mathrm{d}E_p}{\mathrm{d}x}\right)_{x=0} x + \frac{1}{2}\left(\frac{\mathrm{d}^2E_p}{\mathrm{d}x^2}\right)_{x=0} x^2 + \cdots$$

由于势能极小值在 $x=0$ 的平衡位置处，有

$$\frac{\mathrm{d}E_p(x)}{\mathrm{d}x} = 0 \tag{11-26}$$

若系统是做微振动

$$\left(\frac{\mathrm{d}^2E_p}{\mathrm{d}x^2}\right)_{x=0} \neq 0 \tag{11-27}$$

略去 x^3 及以上高阶无穷小，得到

$$E_p(x) \approx E_p(0) + \frac{1}{2}\left(\frac{\mathrm{d}^2E_p}{\mathrm{d}x^2}\right)_{x=0} x^2 \tag{11-28}$$

根据保守力与势能函数的关系

$$F = -\frac{\mathrm{d}E_p(x)}{\mathrm{d}x} \tag{11-29}$$

对式（11-28）两边关于 x 求导可得

$$F = -\left(\frac{\mathrm{d}^2E_p}{\mathrm{d}x^2}\right)_{x=0} x = -kx \tag{11-30}$$

这说明，一个微振动系统一般都可以当作简谐振动处理。

物理知识应用案例：交流电的有效值

在实际工作中，使用交流电的目的之一是使用交流电产生的效应，如电灯、电炉等利用交流电产生的热效应，因此，可以通过电流所产生的效应来衡量交流电的大小，即用有效值来表示交流电效应的大小。

定义：在相同的电阻中，分别通以直流电和交流电，如果在交流电的一个周期 T 内二者消耗的电能（或电功）相等，则把这个直流电流值称为交流电流的有效值，相应的直流电压值称为交流电压的有效值。

瞬时值为 i 的交流电通过电阻 R 时，在一个周期 T 内的总功为

$$A_{交} = \int_0^T I_m^2\cos^2(\omega t+\varphi_i)R\,\mathrm{d}t$$

电流为 I 的直流电通过电阻 R 时，在一个周期 T 内的总功为

$$A_{直} = I^2RT$$

根据有效值定义，$A_{交}=A_{直}$，所以得简谐交流电流的有效值为

$$I=\sqrt{\frac{1}{T}\int_0^T I_m^2\cos^2(\omega t+\varphi_i)\mathrm{d}t}=\sqrt{\frac{1}{2}I_m^2}=\frac{1}{\sqrt{2}}I_m=0.707I_m$$

这就是说，余弦交流电的有效值等于它的瞬时值的二次方在一个周期内的平均值的二次方根，故交流电的有效值又称为方均根值。这一结论不仅适用于余弦交流电，而且也适用于任何周期性的量，但不能用于非周期量。用类似的方法可得电压和电动势的有效值和峰值的关系为

$$U=\frac{1}{\sqrt{2}}U_m=0.707U_m$$

$$\mathscr{E}=\frac{1}{\sqrt{2}}\mathscr{E}_m=0.707\mathscr{E}_m$$

各种交流电表的读数几乎都是有效值。

11.2.3 振动分析的能量法

单自由度系统无阻尼自由振动的又一个重要分析方法是能量法。前面的振动分析方法是从力和运动的关系上去分析，应用的是牛顿第二定律。这里的振动分析方法是从能量观点去分析，应用的是机械能守恒定律。

对于单自由度固有系统，它的惯性元件在振动时提供动能是 $E_k=\frac{1}{2}mv^2$。它的弹性元件则提供势能，重力也提供势能，以静平衡位置为零势能点，则它的势能是 $E_p=\frac{1}{2}kx^2$。系统是无阻尼的，没有能量耗散，也没有外加策动力作用，不会提供额外的能量，所以系统的机械能守恒，即有 $\frac{\mathrm{d}E}{\mathrm{d}t}=\frac{\mathrm{d}}{\mathrm{d}t}(E_k+E_p)=0$，这构成了用能量法分析无阻尼自由振动的理论基础。

首先，应用能量法可推导出系统无阻尼自由振动的微分方程

$$\frac{\mathrm{d}}{\mathrm{d}t}\left(\frac{1}{2}mv^2+\frac{1}{2}kx^2\right)=mv\frac{\mathrm{d}v}{\mathrm{d}t}+kx\frac{\mathrm{d}x}{\mathrm{d}t}=0$$

因为 $v=\frac{\mathrm{d}x}{\mathrm{d}t}\neq0$，有

$$\frac{\mathrm{d}^2x}{\mathrm{d}t^2}+\frac{k}{m}x=0$$

在很多情况下写出系统的动能和势能表达式比分析力和运动的关系更为方便，因而常常应用能量法来推导振动微分方程。

其次，能量法还提供了振动分析的近似方法。在前面所述的方法中，往往只能处理一些表示为集中质量或转动惯量的惯性元件，难以分析分布质量的惯性元件。例如，一根弹簧，我们是把它看作无质量的弹性元件。能否考虑它的质量对振动系统的影响呢？能量法提供了近似分析方法。

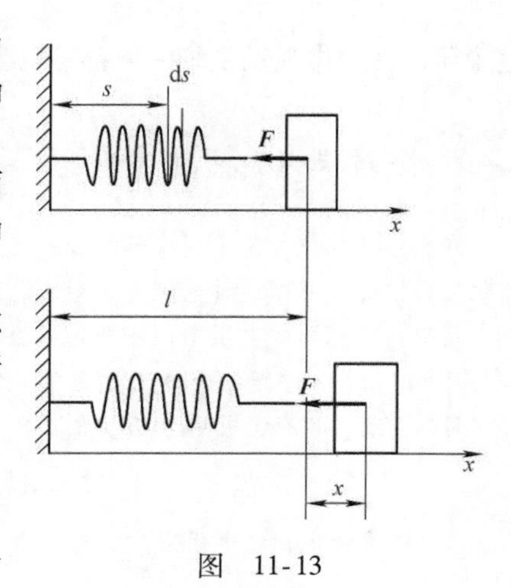

图 11-13

【例 11-4】 现在考虑一下弹簧振子振动时弹簧质量的影响。如图 11-13 所示，设弹簧质量为 m，沿弹簧长度均匀分布，振子质量为 m'。以 v 表示振子在某时刻的速度，设弹簧各点的速度和它们到固定端的长度成正比。证明：

（1）此时刻弹簧振子的动能为$\frac{1}{2}\left(m'+\frac{m}{3}\right)v^2$，从而可知此系统的有效质量为$m'+\frac{m}{3}$。

（2）此系统的角频率应为$[k/(m'+m/3)]^{1/2}$。

【证明】 （1）设弹簧某时刻长度为l，则距离其固定端为s的$\mathrm{d}s$微元段质量和速度为

$$\mathrm{d}m = \frac{m}{l}\mathrm{d}s$$

$$v_l = \frac{s}{l}v$$

这一微元段的动能为

$$\frac{1}{2}\mathrm{d}mv_l^2 = \frac{1}{2}\left(\frac{s}{l}v\right)^2\mathrm{d}m = \frac{mv^2}{2l^3}s^2\mathrm{d}s$$

整个弹簧的动能为

$$E'_{\mathrm{k}} = \int_0^l \frac{mv^2}{2l^3}s^2\mathrm{d}s = \frac{1}{6}mv^2$$

整个弹簧振子系统的动能为

$$E_{\mathrm{k}} = \frac{1}{2}\left(m'+\frac{m}{3}\right)v^2$$

从而此系统的有效质量为

$$m'+\frac{m}{3}$$

（2）弹簧振子的总能量为

$$E = E_{\mathrm{k}} + E_{\mathrm{p}} = \frac{1}{2}\left(m'+\frac{m}{3}\right)v^2 + \frac{1}{2}kx^2 = \text{常数}$$

此式对x求导，可得

$$\left(m'+\frac{m}{3}\right)v\frac{\mathrm{d}v}{\mathrm{d}x} + kx = 0$$

所以

$$\left(m'+\frac{m}{3}\right)\frac{\mathrm{d}v}{\mathrm{d}t} = \left(m'+\frac{m}{3}\right)\frac{\mathrm{d}^2x}{\mathrm{d}t^2} = -kx$$

由此得此系统的角频率为

$$[k/(m'+m/3)]^{1/2}$$

由以上分析可以看出，应用能量法分析我们就可以考虑类似弹簧质量等因素的影响。若我们忽略弹簧质量，则会使计算所得的固有频率偏高，将影响计算的精度。用折算质量去修正计算结果，既方便又有利于提高精度，是工程上采用的很好的近似方法。

11.3 简谐振动的合成

一个质点同时参与两个振动，在独立作用原理前提下，这个质点的合运动就是这两个振动的合成。一般情况下振动的合成是比较复杂的，我们先来看同方向、同频率的简谐振动的合成问题。

11.3.1 同方向简谐振动的合成

1. 同方向、同频率简谐振动的合成

设质点同时参与两个同方向、同频率的简谐振动

$$x_1 = A_1\cos(\omega t + \varphi_1),\ x_2 = A_2\cos(\omega t + \varphi_2)$$

合振动是
$$x = x_1 + x_2 = A_1\cos(\omega t + \varphi_1) + A_2\cos(\omega t + \varphi_2)$$
$$= (A_1\cos\varphi_1 + A_2\cos\varphi_2)\cos\omega t - (A_1\sin\varphi_1 + A_2\sin\varphi_2)\sin\omega t \quad (11\text{-}31)$$

若把式（11-31）记为
$$x = A\cos\varphi\cos\omega t - A\sin\varphi\sin\omega t = A\cos(\omega t + \varphi) \quad (11\text{-}32)$$

与式（11-31）对比有
$$A_1\cos\varphi_1 + A_2\cos\varphi_2 = A\cos\varphi$$
$$A_1\sin\varphi_1 + A_2\sin\varphi_2 = A\sin\varphi$$

两式平方并求和得到
$$A = \sqrt{A_1^2 + A_2^2 + 2A_1A_2\cos(\varphi_2 - \varphi_1)} \quad (11\text{-}33)$$

两式相除得到
$$\tan\varphi = \frac{A_1\sin\varphi_1 + A_2\sin\varphi_2}{A_1\cos\varphi_1 + A_2\cos\varphi_2} \quad (11\text{-}34)$$

由此可见，同方向同频率的简谐振动的合振动仍为一同频率的简谐振动，其振幅和初相位由式（11-33）、式（11-34）确定。

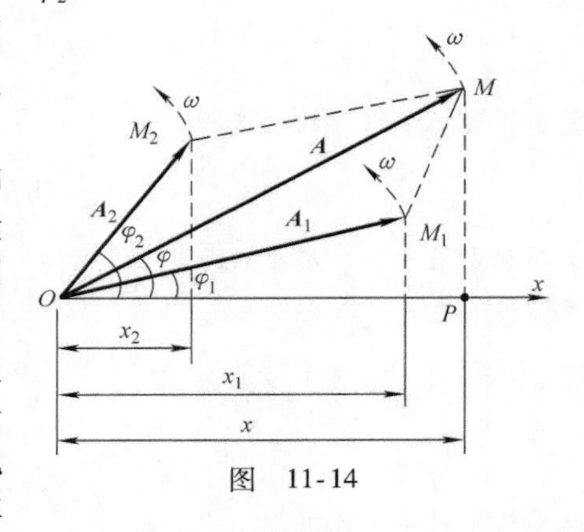

图 11-14

利用旋转矢量讨论上述问题则更为简洁直观。如图11-14所示，取坐标轴 Ox，画出两分振动的旋转矢量 $\boldsymbol{A}_1$ 和 $\boldsymbol{A}_2$，它们与 x 轴的夹角分别为 φ_1 和 φ_2，并以相同角速度 ω 沿逆时针方向旋转，x_1 和 x_2 分别为旋转矢量 $\boldsymbol{A}_1$ 和 $\boldsymbol{A}_2$ 在 x 轴上的投影，x 是 $\boldsymbol{A}_1$ 和 $\boldsymbol{A}_2$ 的合矢量 $\boldsymbol{A}$ 在 x 轴上的投影。因两分矢量 $\boldsymbol{A}_1$ 和 $\boldsymbol{A}_2$ 的夹角恒定不变，所以合矢量 $\boldsymbol{A}$ 的模保持不变，而且同样以角速度 ω 旋转。这说明合矢量 $\boldsymbol{A}$ 所代表的合振动仍是简谐振动，其振动频率与原来两个振动相同。图中矢量 $\boldsymbol{A}$ 即 $t=0$ 时的合振动旋转矢量，任一时刻合振动的位移等于该时刻 $\boldsymbol{A}$ 在 x 轴上的投影，即
$$x = A\cos(\omega t + \varphi)$$
其中振幅 A 是合矢量 $\boldsymbol{A}$ 的长度，初相位 φ 是初始时刻合矢量 $\boldsymbol{A}$ 与 x 轴之间的夹角。对图中三角形 OM_1M 运用余弦定律，即可求得式（11-33），又从图中直角三角形 OMP，根据 $\tan\varphi = MP/OP$，即可求得式（11-34）。由式（11-33）可知，合振幅 A 除了与分振幅 A_1、A_2 有关外，还决定于两个振动的相位差（$\varphi_2 - \varphi_1$）。下面讨论合振动的振幅与两分振动相位差之间的关系。

当相位差 $\varphi_2 - \varphi_1 = \pm 2k\pi \quad (k=0,\ 1,\ 2,\ \cdots)$ 时，
$$A = \sqrt{A_1^2 + A_2^2 + 2A_1A_2} = A_1 + A_2 \quad (11\text{-}35)$$
即两分振动同相时，合振幅最大。

当相位差 $\varphi_2 - \varphi_1 = \pm(2k+1)\pi \quad (k=0,1,2,\cdots)$ 时，
$$A = \sqrt{A_1^2 + A_2^2 - 2A_1A_2} = |A_1 - A_2| \quad (11\text{-}36)$$
即两分振动反相时，合振幅最小。

一般情况下，合振幅在 $A_1 + A_2$ 与 $|A_1 - A_2|$ 之间。

简谐交流电的叠加 回顾同方向、同频率简谐振动的合成方法，设在一个二支路并联电路中有两个同频率交流电 i_1 和 i_2：
$$i_1 = I_{1m}\cos(\omega t + \varphi_1)$$
$$i_2 = I_{2m}\cos(\omega t + \varphi_2)$$

则两电流之和为

$$i = i_1 + i_2 = I_{1m}\cos(\omega t + \varphi_1) + I_{2m}\cos(\omega t + \varphi_2)$$

合电流仍然是同频率交流电，

$$i = I_m\cos(\omega t + \varphi)$$

其峰值和初相位由下式确定

$$I_m = \sqrt{I_{1m}^2 + I_{2m}^2 + 2I_{1m}I_{2m}\cos(\varphi_2 - \varphi_1)}$$

$$\tan\varphi = \frac{I_{1m}\sin\varphi_1 + I_{2m}\sin\varphi_2}{I_{1m}\cos\varphi_1 + I_{2m}\cos\varphi}$$

2. 同方向、不同频率简谐振动的合成

设质点同时参与两个同方向、但频率分别为 ω_1 和 ω_2 的简谐振动，即

$$x_1 = A_1\cos(\omega_1 t + \varphi_1),\quad x_2 = A_2\cos(\omega_2 t + \varphi_2)$$

由于

$$\Delta\varphi = (\omega_2 t + \varphi_2) - (\omega_1 t + \varphi_1) = (\omega_2 - \omega_1)t + (\varphi_2 - \varphi_1)$$

是随时间变化的，所以合矢量 $\boldsymbol{A}$ 的大小和转动角速度也要不断变化，也就是说，图11-14中的平行四边形 OM_1MM_2 形状会改变，合矢量 $\boldsymbol{A}$ 的长度和角速度都将随时间而改变。因此合矢量 $\boldsymbol{A}$ 所代表的合振动虽然仍与原来的振动方向相同，但不再是简谐振动，而是比较复杂的周期运动。

这里，为了突出频率不同的效果，我们设两分振动的振幅相同，且初相均等于0，合振动的位移为

$$x = x_1 + x_2 = A_1(\cos\omega_1 t + \cos\omega_2 t) \tag{11-37}$$

利用三角恒等式可求得

$$x = 2A\cos\left(\frac{\omega_2 - \omega_1}{2}t\right)\cos\left(\frac{\omega_2 + \omega_1}{2}t\right) \tag{11-38}$$

这时，式（11-38）中第一项因子 $2A\cos\frac{\omega_2 - \omega_1}{2}t$ 的周期要比另一因子 $\cos\frac{\omega_2 + \omega_1}{2}t$ 的周期长得多。为了突出问题的主要矛盾，我们研究频率相近的两个简谐振动的合成，设两个简谐振动的角频率 ω_1 和 ω_2 很接近，且 $\omega_1 > \omega_2$。式（11-38）表示的运动可以看作振幅按照 $\left|2A\cos\frac{\omega_2 - \omega_1}{2}t\right|$ 缓慢变化，而角频率等于 $\frac{\omega_2 + \omega_1}{2}$ 的“准谐振动”，这是一种振幅有周期性变化的“简谐振动”（见图11-15，$\nu_1 = 4.5\text{Hz}$，$\nu_2 = 4\text{Hz}$，虚线间隔为1s）。或者说，合振动描述的是一个高频振动受到一个低频振动调制的运动，这种振动的振幅时大时小的周期性变化现象叫作“拍”。

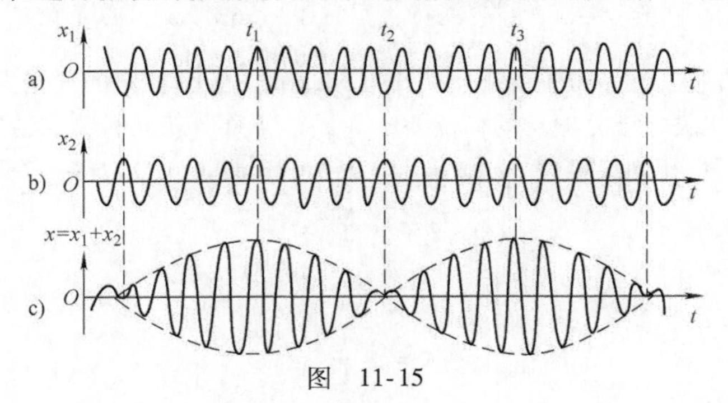

图　11-15

由于振幅只能取正值，因此拍的角频率应为调制角频率$\frac{\omega_2-\omega_1}{2}$的2倍，即$\omega_{拍}=|\omega_1-\omega_2|$，于是拍频为

$$\nu_{拍}=\frac{\omega_{拍}}{2\pi}=\left|\frac{\omega_2}{2\pi}-\frac{\omega_1}{2\pi}\right|=|\nu_1-\nu_2| \tag{11-39}$$

即拍频等于两个分振动频率之差。

拍现象在声振动、电磁振荡、无线电技术和波动中经常遇到。例如拍现象可用于频率的测定上，使待测振动系统振动时发出的声音与已知频率的标准音叉发生的声音会合，测听其强弱相间的拍音（它反映出合振动能量的强弱变化）而得出拍频，即得到两者的频率差，从而确定待测系统的振动频率。拍频振动有很多实际应用，例如管乐器中的双簧管就是利用两个簧片振动频率的微小差别产生出颤动的拍音，超外差式收音机中的振荡电路、汽车速度监视器等也都利用了拍的原理。

用旋转矢量法理解上述结果更简单一些。分别画出两个旋转矢量，若$\omega_2>\omega_1$，$\boldsymbol{A}_2$比$\boldsymbol{A}_1$转得快，当$\boldsymbol{A}_2$与$\boldsymbol{A}_1$反向时合振幅最小，当$\boldsymbol{A}_2$与$\boldsymbol{A}_1$同向时合振幅最大，并且这种变化是周期性的。

11.3.2 两个互相垂直的简谐振动的合成

1. 两个互相垂直并具有相同频率的简谐振动的合成

设两个振动的方向分别沿着x轴和y轴，并表示为

$$x=A_1\cos(\omega t+\varphi_1),\ y=A_2\cos(\omega t+\varphi_2)$$

由以上两式消去t，就得到合振动的轨迹方程。为此，先将上式改写成下面的形式：

$$\frac{x}{A_1}=\cos\omega t\cos\varphi_1-\sin\omega t\sin\varphi_1 \tag{11-40}$$

$$\frac{x}{A_2}=\cos\omega t\cos\varphi_2-\sin\omega t\sin\varphi_2 \tag{11-41}$$

以$\cos\varphi_2$乘以式（11-40），以$\cos\varphi_1$乘以式（11-41），并将所得两式相减，得

$$\frac{x}{A_1}\cos\varphi_2-\frac{y}{A_2}\cos\varphi_1=\sin\omega t\sin(\varphi_2-\varphi_1) \tag{11-42}$$

以$\sin\varphi_2$乘以式（11-40），以$\sin\varphi_1$乘以式（11-41），并将所得两式相减，得

$$\frac{x}{A_1}\sin\varphi_2-\frac{y}{A_2}\sin\varphi_1=\cos\omega t\sin(\varphi_2-\varphi_1) \tag{11-43}$$

将式（11-42）和式（11-43）分别平方，然后相加，就得到合振动的轨迹方程

$$\frac{x^2}{A_1^2}+\frac{y^2}{A_2^2}-2\frac{xy}{A_1A_2}\cos(\varphi_2-\varphi_1)=\sin^2(\varphi_2-\varphi_1) \tag{11-44}$$

式（11-44）是椭圆方程，在一般情况下，两个互相垂直、频率相同的简谐振动合振动的轨迹为一椭圆，而椭圆的形状决定于分振动的相位差$\varphi_2-\varphi_1$。下面分析几种特殊情形。

1）两分振动的相位相同或相反：$\varphi_2-\varphi_1=0$或π，这时，式（11-44）变为

$$\left(\frac{x}{A_1}\mp\frac{y}{A_2}\right)^2=0 \tag{11-45}$$

即

$$y=\pm\frac{A_2}{A_1}x \tag{11-46}$$

在式（11-46）中，当两分振动的相位相同时，取正号；当两分振动的相位相反时，取负号。它

表示合振动的轨迹是通过坐标原点的直线，如图 11-16 所示。当 $\varphi_2-\varphi_1=0$ 时，此直线的斜率为 A_2/A_1（图 11-16 中的直线 a）；当 $\varphi_2-\varphi_1=\pi$ 时，此直线的斜率为 $-A_2/A_1$（图 11-16 中直线 b）。显然，在这两种情况下，合振动都仍然是简谐振动，合振动的频率与分振动的相同，而合振动的振幅为

$$A = \sqrt{A_1^2 + A_2^2} \tag{11-47}$$

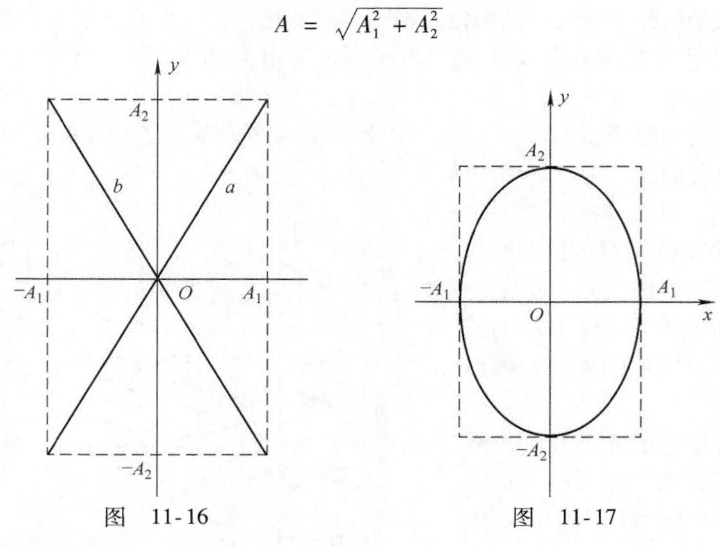

图　11-16　　　　图　11-17

2）两分振动的相位相差 $\pm\pi/2$，有

$$\frac{x^2}{A_1^2} + \frac{y^2}{A_2^2} = 1 \tag{11-48}$$

式（11-48）表示，合振动的轨迹是以坐标轴为主轴的正椭圆，如图 11-17 所示。当 $\varphi_2-\varphi_1=\dfrac{\pi}{2}$ 时，振动沿顺时针方向进行；当 $\varphi_2-\varphi_1=-\dfrac{\pi}{2}$时，振动沿逆时针方向进行。如果两个分振动的振幅相等，即 $A_1=A_2$，椭圆变为圆，如图 11-18 所示。

3）两分振动的相位差不为上述数值。合振动的轨迹为处于边长分别为 $2A_1$（x 方向）和 $2A_2$（y 方向）的矩形范围内的任意确定的椭圆。图 11-19 中画出了几种不同相位差所对应的合振动的轨迹图形。

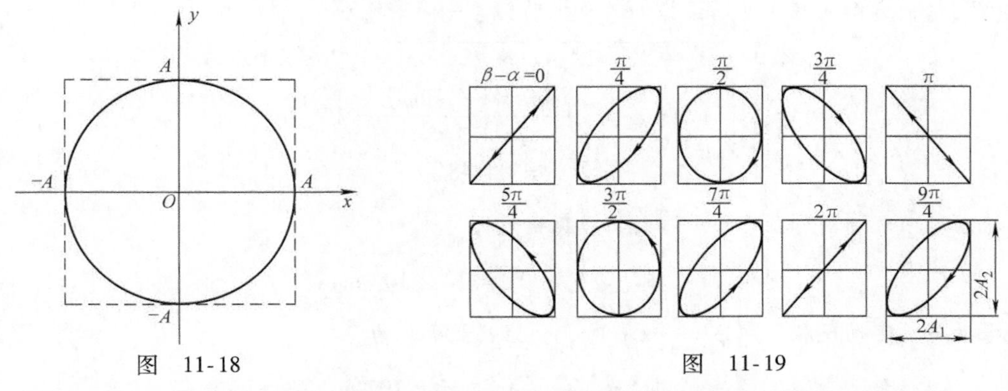

图　11-18　　　　图　11-19

总之，一般说来，两个振动方向互相垂直、频率相同的简谐振动，其合振动轨迹为一直线、圆或椭圆。轨迹的形状、方位和运动方向由分振动的振幅和相位差决定。在电子示波器中，若令

互相垂直的正弦变化的电学量频率相同，即可以在荧光屏上观察到合成振动的轨迹。

以上讨论同时也说明：任何一个直线简谐振动、椭圆运动或匀速圆周运动都可以分解为两个互相垂直的同频率的简谐振动。通过这些例子，可以加深我们对运动叠加原理的认识。

2. 两个互相垂直、具有不同频率的简谐振动的合成

如果两个分振动的频率接近，其相位差将随时间变化，合振动的轨迹将不断按图 11-19 所示的顺序，在上述矩形范围内由直线逐渐变为椭圆，又由椭圆逐渐变为直线，并不断重复进行下去。

如果两个分振动的频率相差较大，但有简单的整数比关系，这时合振动为有一定规则的稳定的闭合曲线，这种曲线称为李萨如图形。

图 11-20 表示了两个分振动的频率之比为 1:2、1:3 和 2:3 情况下的李萨如图形。利用李萨如图形的特点可以由一个频率已知的振动求得另一个振动的频率。这是无线电技术中常用来测定振荡频率的方法。

如果两个互相垂直的简谐振动的频率之比是无理数，那么合振动的轨迹将不重复地扫过整个由振幅所限定的矩形 $(2A_1 \times 2A_2)$ 范围。这种非周期性运动称为准周期运动。

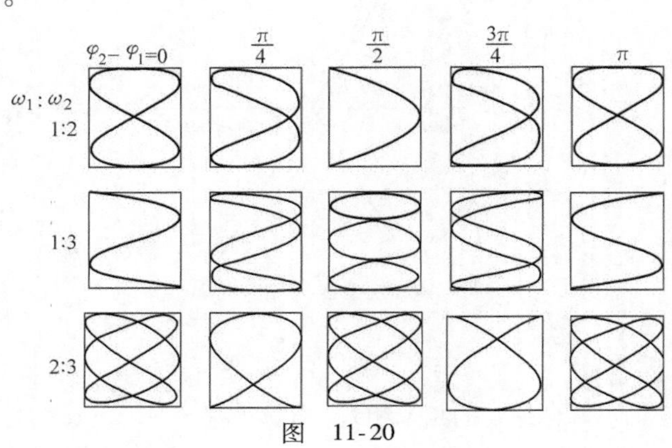

图 11-20

【例 11-5】 质点同时参与两个简谐振动，它们的运动方程分别为

$$x_1 = 5\times10^{-2}\cos\left(10t+\frac{3}{4}\pi\right) \quad \text{(SI)}$$

$$x_2 = 6\times10^{-2}\cos\left(10t+\frac{1}{4}\pi\right) \quad \text{(SI)}$$

（1）求合振动的振幅和初相；

（2）另有一同方向的简谐振动

$$x_3 = 7\times10^{-2}\cos(10t+\varphi) \quad \text{(SI)}$$

问 φ 为何值时，x_1+x_3 的振幅最大？φ 为何值时，x_2+x_3 的振幅最小？幅值各为多少？

【解】 同方向同频率的简谐振动的合振动仍为一简谐振动

$$A = \sqrt{A_1^2+A_2^2+2A_1A_2\cos(\varphi_2-\varphi_1)} = 7.8\times10^{-2}\,\text{m}$$

$$\tan\varphi = \frac{A_1\sin\varphi_1+A_2\sin\varphi_2}{A_1\cos\varphi_1+A_2\cos\varphi_2} = 11$$

$$\varphi = 84°48'$$

当 x_3 振动与 x_1 振动同相，即 $\varphi=\frac{3\pi}{4}$ 时，合振幅最大，为

$$A_{13} = A_1+A_3 = 12\times10^{-2}\,\text{m}$$

当 x_3 振动与 x_2 振动反相，即 $\varphi=\frac{\pi}{4}\pm\pi$ 时，合振幅最小，为

$$A_{23} = |A_2-A_3| = 1\times10^{-2}\,\text{m}$$

物理知识应用案例：旋转的磁场

通电线圈在磁场中会受到力矩的作用旋转起来，而向旋转线圈通电要用到电刷，电刷就要面临磨损的问题，这也是很多电动机的故障原因。能不能让线圈自身产生电流呢？

如图11-21a所示，在装有手柄的蹄形磁铁的两极间放置一个闭合导体线圈，当转动手柄带动蹄形磁铁旋转（转速为n_0）时，将发现导体线圈也跟着旋转（转速为n）；若改变磁铁的转向，则导体线圈的转向也跟着改变。为什么会有这个现象呢？当磁铁旋转时，磁铁与闭合的导体线圈发生相对运动，导体切割磁力线，导体内部将产生感应电动势$\mathscr{E}$和感应电流i。感应电流又使导体线圈受到一个磁场力$\boldsymbol{F}$的作用，于是导体线圈就沿磁铁的旋转方向转动起来，注意到线圈与磁铁如果同步转动，就意味着二者没有相对运动，线圈中没有感应电流，要想维持同步转动，线圈中必须外加电流产生转动力矩，这就是同步电动机的特点；线圈与磁铁不同步转动就意味着二者之间有相对运动，线圈中会自己产生感应电流进而产生转动力矩，这就是异步电动机的基本原理。可见，欲使异步电动机旋转，必须有旋转的磁场和闭合的转子线圈绕组。

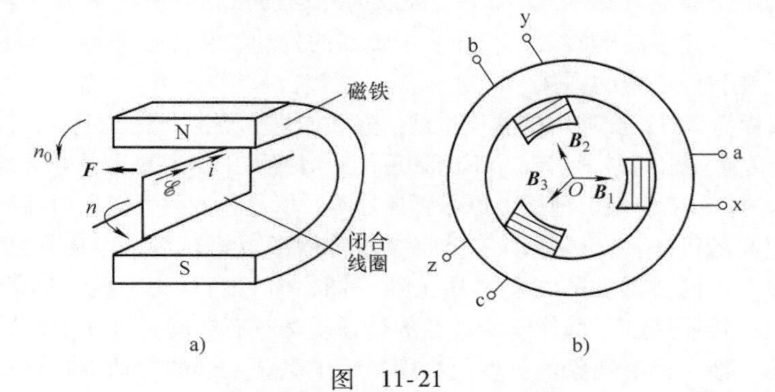

图 11-21

三相交流电产生旋转磁场的原理性装置如图11-21b所示，三个相同结构的绕组ax、by、cz排列在圆周上，位置彼此相差2π/3角度。当把三相交流电通入三个绕组时，它们在中心点O产生的磁感应强度矢量的方向各自沿着每个绕组的法线（见图11-21b），而大小是交变的。因为它们的幅值相同，相位彼此差2π/3，所以三个磁感应强度大小的瞬时值可以表示为

$$B_1 = B_0\cos\omega t, B_2 = B_0\cos\left(\omega t + \frac{2\pi}{3}\right), \quad B_3 = B_0\cos\left(\omega t - \frac{2\pi}{3}\right)$$

在任一时刻，中心点O的总磁感应强度$\boldsymbol{B}$就是这三个磁感应强度的矢量和。这三个磁感应强度矢量既有相位差，又有方向差，在$\boldsymbol{i}$、$\boldsymbol{j}$方向的分量分别为

$$\begin{aligned}B_x &= B_{1x} + B_{2x} + B_{3x}\\ &= B_0\cos\omega t + B_0\cos\left(\omega t + \frac{2\pi}{3}\right)\cos\left(\frac{2\pi}{3}\right) + B_0\cos\left(\omega t - \frac{2\pi}{3}\right)\cos\left(-\frac{2\pi}{3}\right)\\ &= \frac{3B_0}{2}\cos\omega t\end{aligned}$$

$$\begin{aligned}B_y &= B_{1y} + B_{2y} + B_{3y}\\ &= B_0\cos\left(\omega t + \frac{2\pi}{3}\right)\sin\left(\frac{2\pi}{3}\right) + B_0\cos\left(\omega t - \frac{2\pi}{3}\right)\sin\left(-\frac{2\pi}{3}\right)\\ &= \frac{3B_0}{2}\sin\omega t\end{aligned}$$

所以，中心点O的总磁感应强度$\boldsymbol{B}$为

$$\boldsymbol{B} = B_x\boldsymbol{i} + B_y\boldsymbol{j} = \frac{3B_0}{2}\cos(\omega t)\boldsymbol{i} + \frac{3B_0}{2}\sin(\omega t)\boldsymbol{j}$$

这表明，总磁感应强度是一个大小为 $3B_0/2$、以角速度 ω 逆时针方向旋转的矢量。顺便提一下，如果将三个绕组中的任意两个相序颠倒，如 by 接第三相、cz 接第二相，可以证明总磁感应强度的旋转方向变为顺时针。

11.4 简谐波的描述

我们在足球场的看台上常常会看到一种“人浪”。它在看台上到处传播，这种传播的“东西”显然不是单个的球迷，每个球迷只在自己的座位上站起来举手后又坐下，这种东西只是暂时站起来的球迷对本来坐着的观众的一个扰动，正是这种扰动在看台的观众中传播，我们就把“扰动的传播”称为波。

这种运动与我们以前考察过的运动不同，并非是分子、足球、汽车和其他物体实际的位置变动。

当我们观察一块石子丢在水中产生的波纹时，若有一个软木塞浮在水面上，在波纹经过软木塞时，软木塞则上下晃动（振动），而不随波纹向外运动，波纹使软木塞上下晃动需要对软木塞做功，提供能量。因此，波本质上是在介质中传播的扰动，它传送能量，却不传送物质。这就是波这种运动呈现在我们心中的图像。

如同火车运载货物一样，介质中的波也运载信息和能量。从这个意义上讲，波又称为载波，它是通信技术与能量传输技术的科学基础，不论是现代通信技术中的卫星通信和光纤通信，还是现代电力工业中的输电网，或者海浪、地震、原子弹爆炸等，所显现的巨大破坏力都是波的作为。

波是振动在空间的传播，机械振动在介质中的传播形成机械波，电磁振荡在真空或介质中的传播形成电磁波。不同类型波的物理本质虽然不同，但它们具有一些共同的特征和规律，例如，它们都有一定的传播速度，都伴随着能量的传播，都具有空间、时间上的周期性，线性波还遵从叠加原理，有干涉、衍射现象等。近代物理揭示出微观粒子的运动也具有与上述性质相似的特性，所以我们认为微观粒子具有波粒二象性，并称之为物质波，不过其波函数的物理意义与经典波函数完全不同。下面我们从最简单的机械波入手，开始认识波的基本特征。

11.4.1 中学物理知识回顾

1. 机械波的产生

在弹性介质中，介质的每个质元都有自己的平衡位置。如果振动物体（波源）使某个质元受到外力作用而离开平衡位置，则相邻的质元就会给它弹力的作用，在弹力和质元惯性的作用下，该质元就在平衡位置附近振动起来。在该质元受到弹力作用的同时，其相邻质元必受到反作用（弹力），也随之振动起来。这样，振动（状态）就以一定的速度由近及远地传播开来，形成机械波。可见，机械波的产生必须具备两个条件：

1）有做机械振动的物体，谓之波源或振源；

2）有连续的弹性介质（从宏观来看，气体、液体、固体均可视为连续体）。

如果波动中使介质各部分振动的回复力是弹性力，则称为弹性波。例如，声波即为弹性波。机械波不一定都是弹性波，如水面波就不是弹性波，水面波中的回复力是水质元所受的重力和表面张力，它们都不是弹性力。下面我们只讨论弹性波。

通过以上的波动图景，我们对简谐波传播的物理本质有如下的认识：

1）机械波有赖于介质传播，而质元本身并不随波的传播而向前移动。所有的质元都以原来的位置为平衡位置做同频率、同方向、同振幅的简谐运动，但位移相位有规律地“参差不齐”，因而波动是介质中各质元保持一定相位联系的集体振动。

2）振源的状态随时间发生周期性的变化，它所经历的每一状态顺次向前传递。前已提及，机械振动的状态可以用位置、速度等力学量来描述，也可以用振动相位来描述，因而机械波是力学量周期性的变化在空间的传播过程，亦即相位的传播过程。

3）振源得以持续振动是外界不断馈入能量所致。随着振动状态的传递，原来静止的质元获得能量而开始振动。沿波传播的方向，每个质元不断从后面的质元中吸取能量，又不断地向前面的质元放出能量，因而波动也是能量的传播过程。

简谐波是最简单、最基本的波。可以证明，任何周期性的机械波都可以看作若干个简谐波的合成。因此，对任意一个周期性的波动过程的物理本质，均可做如上认识。

2. 横波和纵波

按振动方向与波传播方向之间的关系可将波分为横波与纵波。

质元振动方向与波的传播方向垂直的波称为横波，平行的称为纵波。

图 11-22 是横波在一根弦线上传播的示意图，将弦线分成许许多多可视为质点的小段，质点之间以弹性力相联系。设 $t=0$ 时质点都在各自的平衡位置，此时质点 1 在外界作用下由平衡位置向上运动，由于弹性力的作用，质点 1 即带动质点 2 向上运动，继而质点 2 又带动质点 3……于是各质点就先后上下振动起来。

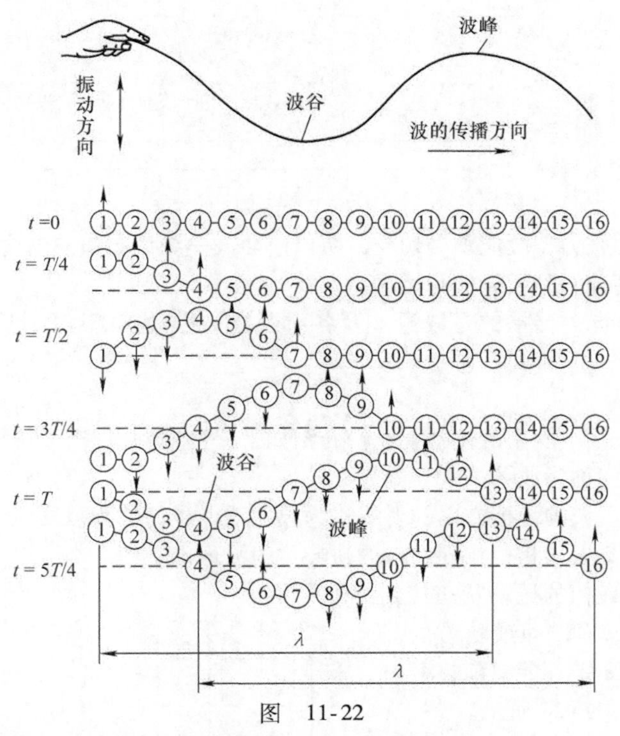

图　11-22

图 11-22 中画出了不同时刻各质点的振动状态，设波源的振动周期为 T。由图可知，当 $t=T/4$ 时，质点 1 的初始振动状态传到了质点 4，当 $t=T/2$ 时，质点 1 的初始振动状态传到了质点 7……当 $t=T$ 时，质点 1 完成了自己的一次全振动，其初始振动状态传到了质点 13，此时，质点 1 至质点 13 之间各点偏离各自平衡位置的矢端曲线就构成了一个完整的波形。在以后的过程中，每经过一个周期，就向右传出一个完整波形，可见沿着波的传播方向向前看去，前面各质点的振动相位都依次落后于波源的振动相位。

横波的质元振动方向与传播方向垂直，说明当横波在介质中传播时，介质中层与层之间将发生相对位错，即产生切变。只有固体能承受切变，因此横波只能在固体中传播。

图 11-23 是纵波在一根弹簧中传播的示意图，在纵波中，质元的振动方向与波的传播方向平行，因此在介质中就形成稠密和稀疏的区域，故又称为疏密波，纵波可引起介质产生体变，固、液、气体都能承受体变，因此，纵波能在所有物质中传播，纵波传播的其他规律与横波相同。

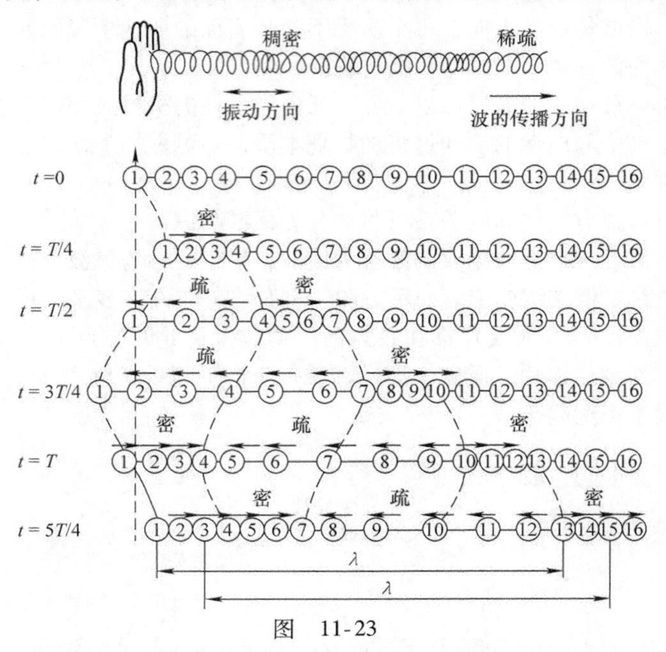

图　11-23

在液面上因有表面张力，故能承受切变，所以液面波是纵波与横波的合成波。此时，组成液体的微元在自己的平衡位置附近做椭圆运动。

综上所述，机械波向外传播的是波源（及各质点）的振动状态和能量，介质中的质元并不随波前进。

3. 波线和波面

为了形象地描述波在空间中的传播，我们介绍如下一些概念。

1）波传播到的空间称为波场。

2）在波场中，代表波的传播方向的射线称为波射线，也简称为波线。

3）波场中同一时刻振动相位相同的点的轨迹称为波面。

4）某一时刻波源最初的振动状态传到的波面叫作波前或波阵面，即最前方的波面，因此，任意时刻只有一个波前，而波面可有任意多个，如图 11-24 所示。

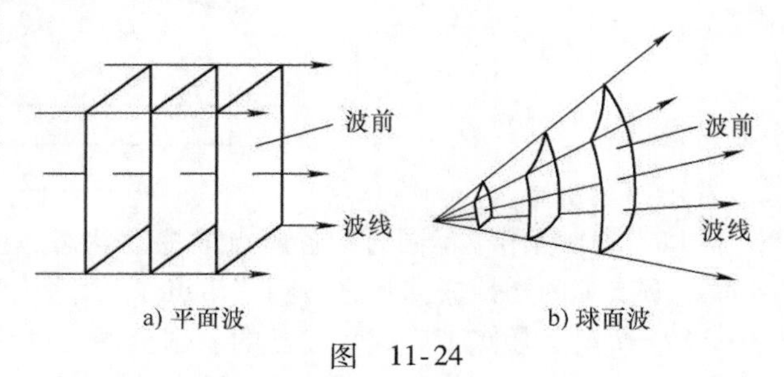

图　11-24

按波面的形状，可将波分为平面波、球面波和柱面波等。在各向同性介质中，波线恒与波面垂直。

4. 描述波动的几个物理量

（1）波长 λ　在同一时刻，沿波线上各质点的振动相位是依次落后的，则同一波线上相邻的相位差为 2π 的两振动质点之间的距离叫作波长，用 λ 表示。当波源做一次全振动时，波传播的距离就等于一个波长，因此波长反映了波的空间周期性。显然，波长与波速、周期和频率的关系为

$$\lambda = uT = \frac{u}{\nu} \text{或} u = \frac{\lambda}{T} = \lambda\nu \tag{11-49}$$

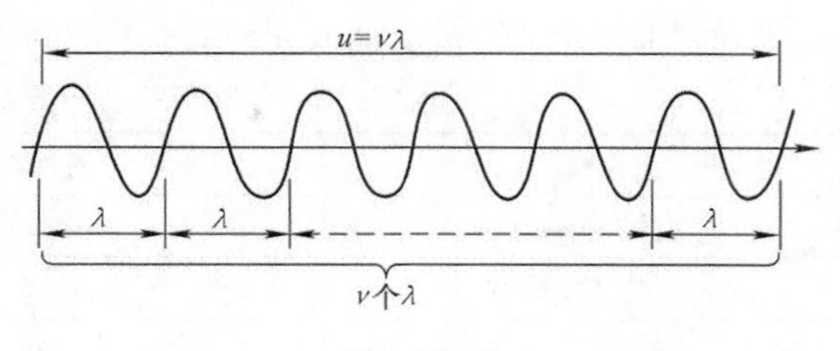

图　11-25

式（11-49）不仅适用于机械波，也适用于电磁波。它的物理意义是明显的，即 1s 内通过波线上一点的完整波的数目乘上每个完整波的长度，就等于波向前推进的速度，也就是波的传播速度，如图 11-25 所示。

由于机械波的波速仅由介质的力学性质决定，因此，不同频率的波在同一介质中传播时都具有相同的波速，而同一频率的波在不同介质中传播时波速不同，因而其波长不同。

（2）波动周期和频率　波动过程也具有时间上的周期性，波动周期是指一个完整波形通过介质中某固定点所需的时间，用 T 表示。周期的倒数叫作频率，波动频率即为单位时间内通过介质中某固定点完整波的数目，用 ν 表示。由于波源每完成一次全振动就有一个完整的波形发送出去，由此可知，当波源相对于介质静止时，波动周期即为波源的振动周期，波动频率即为波源的振动频率。波动周期 T 与频率 ν 之间的关系为

$$T = \frac{2\pi}{\omega} = \frac{1}{\nu} \tag{11-50}$$

（3）波速 u　波动是振动状态（即相位）的传播，振动状态在单位时间内传播的距离叫作波速，因此波速又称相速，用 u 表示。对于机械波，波速通常由介质的性质决定。可以证明，对于简谐波，在固体中传播的横波和纵波的波速分别为

$$u_{\perp} = \sqrt{\frac{G}{\rho}},\ u = \sqrt{\frac{E}{\rho}} \tag{11-51}$$

式中，G 和 E 分别是介质的切变模量和弹性模量（也叫杨氏模量）；ρ 为介质的密度。

在弦中传播的横波的波速为

$$u_{\perp} = \sqrt{\frac{F_{\mathrm{T}}}{\mu}} \tag{11-52}$$

式中，F_{T}是弦中张力；μ 为弦的线密度。

在液体和气体中不可能发生切变，所以不可能传播横波。液体和气体中只能传播与体变有关的弹性纵波（液体表面的波是由重力和表面张力引起，包含纵波和横波两种成分）。在液体和气体中纵波传播的速度为

$$u = \sqrt{\frac{K}{\rho}} \tag{11-53}$$

式中，K 是介质的体积模量；ρ 是介质的密度。对于理想气体，把声波中的气体过程作为绝热过程近似处理，根据分子动理论和热力学（见第 6 章），可推出声速的公式为

$$u = \sqrt{\frac{\gamma p}{\rho}} = \sqrt{\frac{\gamma RT}{M}} \tag{11-54}$$

式中，M 是气体的摩尔质量；γ 是气体的比热容比；p 是气体的压强；T 是热力学温度；R 是摩尔气体常数。

声波在理想气体中的传播速度为

$$u = \sqrt{\frac{\gamma p}{\rho}} = \sqrt{\frac{1.4 \times 1.013 \times 10^5}{1.293}}\mathrm{m \cdot s^{-1}} = 331.2\mathrm{m \cdot s^{-1}}$$

波速与介质中质点的振动速度是两个不同的概念，注意区分。一些介质中的声速见表11-1。

表11-1　一些介质中的声速

介质	温度/℃	速率/$m \cdot s^{-1}$
空气（1atm）	0	331
空气（1atm）	20	343
氢（1atm）	0	1270
纯水	25	1493
海水	25	1531
花岗岩	20	6000
铁	20	5130
铜	20	3750

11.4.2　平面简谐波的波函数和物理意义

在介质中行进的波叫作行波。在波的传播中，如果波源和介质中各质元都做简谐振动，则这种波叫作简谐波。任何复杂的波都可以看作若干个简谐波叠加的结果。如何定量地描述一个波动过程？机械波是机械振动在弹性介质中的传播，是介质中大量质元参与的一种集体运动，下面我们要寻找一个所谓的波函数，要求它能表示波传播方向上任一质元在任何时刻的位移。

1. 平面简谐波的波函数

最简单、最基本的行波是平面简谐波。因为波动是振动状态的传播过程，所以波动方程必须能够定量地描述有波传播的介质中任意一点在任意时刻质元偏离平衡位置的位移，下面讨论平面简谐波的波动方程。因为同一波面上各质元振动状态完全相同，所以只要给出一条波线上各质元的振动规律，就可以知道空间所有质元的振动规律，因此，平面简谐波的波动方程只要描述出一条波线上各质元的振动规律就可以了。

如图11-26所示，设一平面简谐波在不吸收能量、无限大的均匀介质中沿Or轴正向传播，相速为u，取Or轴为一条波线，O为坐标原点，已知O点处质元的振动规律为

$$y_0 = A\cos(\omega t + \varphi) \qquad (11\text{-}55)$$

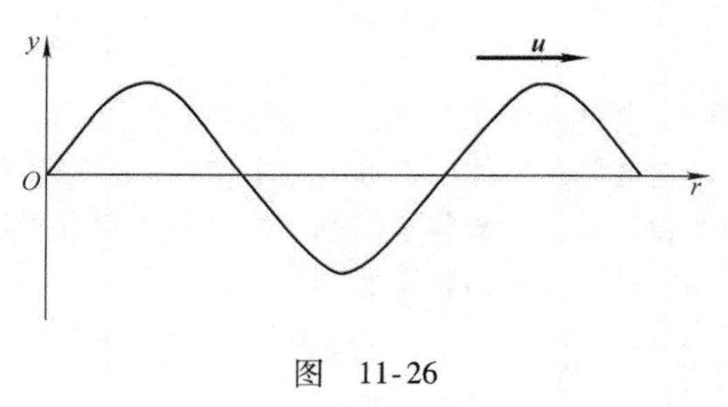

图　11-26

式中，A为振幅；ω为角频率；φ为初相位；y_0为t时刻原点O处质元离开平衡位置的位移。在波线（即Or轴）上任取一点P，其坐标为$OP = r$，下面的任务就是要找出P点处质元在任一时刻t离开平衡位置的位移y。

由于振动是以速度u沿Or轴正向传播的，原点O处质元的某一振动状态传到P点需要的时间$t' = \frac{r}{u}$，所以P点处质元在t时刻的位移y应等于O点处质元在$\left(t - \frac{r}{u}\right)$时刻的位移，即

$$y = A\cos\left(\omega\left(t - \frac{r}{u}\right) + \varphi\right) \qquad (11\text{-}56)$$

式（11-56）即为沿Or轴正向传播的平面简谐波的表达式或波函数，它含有时间t和位置坐标r两个变量，给出了波线上任意一处的质元在任意时刻的位移。因为$\omega = \frac{2\pi}{T} = 2\pi\nu$，$u = \lambda\nu = \frac{\lambda}{T}$，

所以平面简谐波的波函数也可以写成下列形式：

$$y = A\cos\left(2\pi\left(\nu t - \frac{r}{\lambda}\right) + \varphi\right) \tag{11-57}$$

$$y = A\cos\left(2\pi\left(\frac{t}{T} - \frac{r}{\lambda}\right) + \varphi\right) \tag{11-58}$$

上述结果是波沿着 Or 轴正向传播的情形，如果波沿着 Or 轴负向传播，则 P 点处质元的振动状态比 O 点处质元的同一振动状态要超前一段时间$\frac{r}{u}$，因此，P 点处质元在 t 时刻的位移 y 应等于原点 O 处质元在 $\left(t + \frac{r}{u}\right)$ 时刻的位移，即

$$y = A\cos\left(\omega\left(t + \frac{r}{u}\right) + \varphi\right) \tag{11-59}$$

$$y = A\cos\left(2\pi\left(\nu t + \frac{r}{\lambda}\right) + \varphi\right) \tag{11-60}$$

$$y = A\cos\left(2\pi\left(\frac{t}{T} + \frac{r}{\lambda}\right) + \varphi\right) \tag{11-61}$$

式（11-59）~式（11-61）是沿 Or 轴负向传播的平面简谐波的波函数。

上面的讨论是已知原点 O 处质元的振动规律，求出波线上任意一点处质元的振动规律（波动方程）。已知振动规律的点称为始点，原点 O 可以取在始点上，也可能不在始点上。为简便起见，通常把原点 O 取在始点上，得出如式（11-56）的波动方程。若原点 O 未在始点上，设始点坐标为 r_1，振动规律为 $y = A\cos(\omega t + \varphi)$，则某一振动状态从始点传到 r 处所需时间为$\frac{r - r_1}{u}$，r 处质元 t 时刻的位移与 r_1 处质元 $t - \frac{r - r_1}{u}$时刻的位移相等，所以

$$y = A\cos\left(\omega\left(t - \frac{r - r_1}{u}\right) + \varphi\right) \tag{11-62}$$

这就是已知坐标为 r_1 处质元的振动规律时的波函数。

始点与波源也不是一回事。始点可以在波源上，也可以不在波源上。若波源、始点均位于原点 O 上，则沿 Or 轴正向传播的波函数为

$$y = A\cos\left(\omega\left(t - \frac{r}{u}\right) + \varphi\right) \tag{11-63}$$

式中，r 只能取正值，即 $r > 0$；而沿 Or 轴负向传播的波函数为

$$y = A\cos\left(\omega\left(t + \frac{r}{u}\right) + \varphi\right) \tag{11-64}$$

式中，r 只能取负值，即 $r < 0$。也可以将波函数改写为

$$y = A\cos\left(\frac{2\pi}{\lambda}(ut \mp r) + \varphi\right) = A\cos[(\omega t \mp kr) + \varphi] \tag{11-65}$$

式中，$k = \frac{2\pi}{\lambda}$，称为波数，它表示在 2π 长度内所具有的完整波的数目。

2. 波函数的物理意义

1）波动方程中含有位置坐标 r 和时间 t 两个自变量，当位置坐标 r 为定值 r_a时，介质质元位移 y 只是时间 t 的函数，这种情况是只考察波射线上与原点的距离为 r_a处质元在波动中的行为，这时波动方程就变成该质元的振动方程，即

$$y = A\cos\left(\omega t - \frac{2\pi}{\lambda}r_a + \varphi\right) = A\cos(\omega t + \alpha) \tag{11-66}$$

式中，$\alpha = -\frac{2\pi}{\lambda}r_a + \varphi$ 是该质元做简谐振动的初相，若 r_a 为不同的值，则表示波线上不同位置的质元都在做同频率的简谐振动，但初相位各不相同。$-\frac{2\pi}{\lambda}r_a$ 表示坐标为 r_a 处质元的振动比原点 O 处落后的相位，离 O 点越远，r_a 越大，相位落后得越多。所以，沿传播方向，波线上各质元的振动相位依次落后。若 $r = \lambda$，则该处质元的振动与原点 O 处质元的振动相差为 2π。可见，波长这个物理量反映出波在空间上的周期性。

2）当时间 t 为定值 t_a 时，位移 y 只是位置坐标 r 的函数，这种情况相当于在 t_a 时刻把波线上各个质元偏离平衡位置的位移（即波形）"拍照"下来。这时波动方程变为

$$y = A\cos\left(\omega t_a - 2\pi\frac{r}{\lambda} + \varphi\right) = A\cos\left(2\pi\frac{r}{\lambda} + \alpha\right) \tag{11-67}$$

式中，$\alpha = -\omega t_a - \varphi$。该方程表示在 t_a 时刻波线上各质元离开平衡位置位移的分布情况，当 $t = T$ 时，$y = A\cos\left[2\pi\frac{r}{\lambda} - 2\pi - \varphi\right]$，可见 $t = T$ 时的波形与 $t = 0$ 时的波形相同，说明周期这个物理量反映了波在时间上的周期性。

另外，可以导出同一波线上两质点之间的相位差为

$$\Delta\varphi = -\frac{2\pi}{\lambda}(r_2 - r_1) \tag{11-68}$$

3）如果 r 和 t 都在变化，波动方程就描绘出波线上所有质元在不同时刻的位移，或者说，波动方程包括了不同时刻的波形。图 11-27 给出了 t 时刻和 $t + \Delta t$ 时刻的两条波形曲线，由图 11-27可以看出，在 Δt 时间内，整个波形沿 Or 轴正方向移动了一段距离 $\Delta r = u\Delta t$，波形移动的速度就是相速 u。可见，当 r 和 t 同时变化时，波动方程描述了波的传播，给出了波线上各个不同质点在不同时刻的位移，或者说它包括了各个不同时刻的波形，也就是反映了波形不断向前推进的波动传播的全过程。

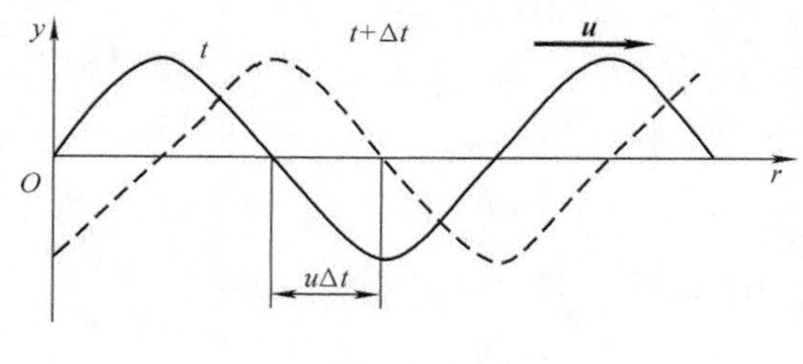

图 11-27

3. 波动中质点振动的速度与加速度

介质中任一质点的振动速度可通过波动方程表达式，把 r 看作定值，将 y 对 t 求导数（偏导数）得到，记作$\frac{\partial y}{\partial t}$。以常用的波函数 $y = A\cos\left[\omega\left(t - \frac{r}{u}\right) + \varphi\right]$为例，质点的振动速度为

$$v = \frac{\partial y}{\partial t} = -A\omega\sin\left[\omega\left(t - \frac{r}{u}\right) + \varphi\right] \tag{11-69}$$

质点的加速度为 y 对 t 的二阶偏导数，即

$$a = \frac{\partial^2 y}{\partial t^2} = -A\omega^2\cos\left[\omega\left(t - \frac{r}{u}\right) + \varphi\right] \tag{11-70}$$

由此可知，介质中各质点的振动速度和加速度都是变化的。

【例 11-6】　已知波动方程为 $y=0.01\text{m}\cos\pi\left((10\text{s}^{-1})t-\frac{x}{10\text{m}}\right)$，求：(1) 振幅、波长、周期、波速；(2) $x=10\text{m}$ 处质点的振动方程及该质点在 $t=2\text{s}$ 时的振动速度；(3) 距原点为 20m 和 60m 两点处质点振动的相位差。

【解】　(1) 用比较法，将题给的波动方程改写成如下形式：

$$y=0.01\cos10\pi\left(t-\frac{x}{100}\right)\quad(\text{SI})$$

并与波函数的标准形式比较

$$y=A\cos\left(\omega\left(t-\frac{x}{u}\right)+\varphi\right)$$

即可得：振幅 $A=0.01\text{m}$，角频率 $\omega=10\pi\cdot\text{s}^{-1}$，波速 $u=100\text{m}\cdot\text{s}^{-1}$，初相 $\varphi=0$。频率 $\nu=5\text{Hz}$，周期 $T=1/\nu=0.2\text{s}$，波长 $\lambda=uT=20\text{m}$。

(2) 将 $x=10\text{m}$ 代入

$$y=0.01\cos10\pi\left(t-\frac{x}{100}\right)\quad(\text{SI})$$

得

$$y=0.01\cos(10\pi t-\pi)\quad(\text{SI})$$

所以

$$v=-0.1\pi\sin(10\pi t-\pi)\quad(\text{SI})$$

$$t=2\text{s 时},\ v=0$$

(3) 在同一时刻，波线上坐标为 x_1 和 x_2 两点处质点振动的相位差为

$$\Delta\varphi=-\frac{2\pi}{\lambda}(x_2-x_1)=-2\pi\frac{\delta}{\lambda}$$

式中，$\delta=x_2-x_1$ 是波动传播到 x_2 和 x_1 处的波程之差。

当 $\delta=x_2-x_1=40\text{m}$ 时，　　$\Delta\varphi=-2\pi\frac{\delta}{\lambda}=-4\pi$

上式中，负号表示 x_2 处的振动相位落后于 x_1 处的振动相位。

【例 11-7】　平面简谐波在 $t=0$ 和 $t=1\text{s}$ 时的波形如图 11-28 所示。求：(1) 波的角频率和波速；(2) 写出此简谐波的波动方程；(3) 以图中 P 点为坐标原点，写出波动方程。

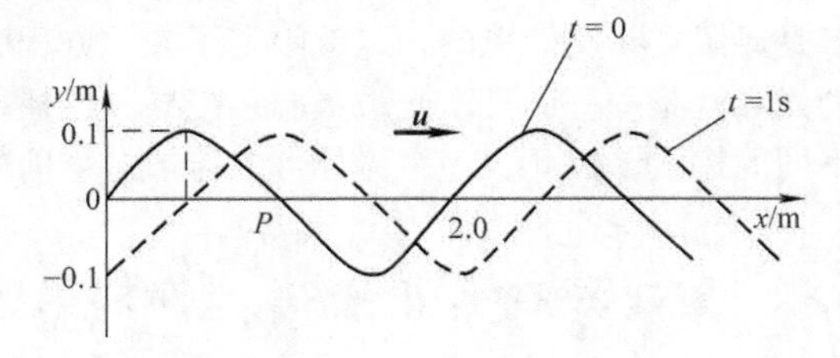

图 11-28

【解】　(1) 图中所示振幅和波长分别为：$A=0.1\text{m}$，$\lambda=2.0\text{m}$。

在 $t=1\text{s}$ 时间内，波形沿 x 轴正方向移动了 $\lambda/4$，则波的周期和角频率分别为

$$T=4\text{s},\ \omega=\frac{2\pi}{T}=\frac{\pi}{2}\text{s}^{-1}$$

波速为

$$u=\frac{\lambda}{T}=0.5\text{m}\cdot\text{s}^{-1}$$

(2) 设原点 O 处质点的振动方程为

$$y_0 = A\cos(\omega t + \varphi)$$

由 $t=0$ 初始条件得

$$y_0 = A\cos\varphi = 0,\ v_0 = -\omega A\sin\varphi < 0$$

$$\varphi = \frac{\pi}{2}$$

此平面简谐波的波函数为

$$y = A\cos\left[\omega\left(t - \frac{x}{u}\right) + \varphi\right] = 0.1\cos\left(\frac{\pi}{2}t - \pi x + \frac{\pi}{2}\right) \quad \text{(SI)}$$

(3) 我们看到，如果知道了某一个质点的振动方程，通过相位（或时间）超前或落后的概念就很容易得到波动方程。

$$y_P = 0.1\cos\left(\frac{\pi}{2}t + \frac{\pi}{2} - \pi\right) = 0.1\cos\left(\frac{\pi}{2}t - \frac{\pi}{2}\right)$$

$$y = A\cos\left[\omega\left(t - \frac{x}{u}\right) + \varphi\right] = 0.1\cos\left(\frac{\pi}{2}t - \pi x - \frac{\pi}{2}\right) \quad \text{(SI)}$$

4. 平面简谐行波的微分方程

波传播着的振动状态，对于时间和空间都是周期性的，它可以传播能量却没有物质迁移，产生波的系统可以看成无限多耦合着的振子。电磁波、声波和物质波（德布罗意波）等都满足相同的数学方程即波动方程，都具有波的基本性质。

将沿 x 轴传播的平面简谐波的波函数分别对 t 和 x 求二阶偏导数

$$\frac{\partial^2 y}{\partial t^2} = -A\omega^2\cos\left(\omega\left(t - \frac{x}{u}\right) + \varphi\right)$$

$$\frac{\partial^2 y}{\partial x^2} = -A\frac{\omega^2}{u^2}\cos\left(\omega\left(t - \frac{x}{u}\right) + \varphi\right)$$

比较上面两式可得到

$$\frac{\partial^2 y}{\partial x^2} = \frac{1}{u^2}\frac{\partial^2 y}{\partial t^2} \tag{11-71}$$

式（11-71）反映的是一切平面波必须满足的波动微分方程。

对于波动方程，仅考虑无限延伸的波动，这时的数学描述比较容易，但自然界中的波动多数都是局限在某空间里的，这就限定了波动方程解的形式，求解时必须依据相应的边界条件。现代的光导就是一个例子，光被限制在光导中传播，这时会受光导边界条件的限制，能够激发出各种不同的模式，因此，一个光导可以传播多个信号。

物理知识应用案例：声呐

海洋开发、航运、地质勘探、水下物体搜索、军事活动等都需要有高效的水下观察手段。陆地上常用的光波和无线电波在水中衰减很快，无法长距离传播，而声波却可以在水中传输很远的距离，因此它理所当然地成为最主要的水下信息载体。水下较远距离的探测和成像一般都使用声呐设备。声呐可以分成多个种类。按工作方式可分为主动声呐、被动声呐；按载体可分成舰艇用声呐、潜艇用声呐、航空吊放声呐及岸用声呐；按工作任务又可分为预警声呐、导航声呐、通信声呐、猎雷声呐、剖面声呐和图像声呐等。

目前水底成像声呐主要有回声探测仪、前视声呐、侧视声呐等。图像声呐是一种功能通用的声呐，即可以通过声呐图像进行目标识别来给出预警信息，也可以通过声呐图像分析目标的表面结构进而对目标进行检测。图像声呐的波束形成主要有两种：电子波束形成技术和声透镜波束形成技术。电子波束形成技术采用阵列技术，通过传感器阵列接收空间声场信息，对阵列信号进行时空相关处理得到多个波束，阵列信号处理理论已是水声信号处理中的一个基本内容，在目标探测、噪声中的信号检测及目标信号特征参数估计等诸多领域中起着举足轻重的作用。其技术内容主要是波束形成、空间增益的获取、干扰抑制、为后置信号处理环节提供良好的波形及目标参数的估计等。多波束技术需要与阵列规模匹配的模拟数字信号处理电路来作为支撑，如何简化模拟数字电路规模也是人们研究的方向之一。

声透镜波束形成技术采用声透镜进行波束形成，可以极大地减小声呐接收机的电路规模。声透镜的工作原理与光学透镜相同，都依据几何射线成像理论。某一方向传播来的声波经过声透镜时，由于透镜前后界面的折射作用，使声波会聚在一点，即透镜的焦点上；在焦点位置放一个接收换能器就能实现对来自该方向波束的接收。在透镜焦平面位置布放一个由多个阵元组成的接收基阵，就能接收到来自不同方向的入射声波，得到目标的距离信息。如果声透镜是柱面透镜或接收阵是一维线列阵，可以进行二维声成像；如果声透镜和接收基阵都是二维的，则可以进行三维声成像。

【例 11-8】 一平面波在介质中以速度 $u=20\text{m}\cdot\text{s}^{-1}$ 沿直线传播，已知在传播路径上某点 A 的振动方程为 $y_A=3\cos 4\pi t$，如图 11-29 所示。(1) 以 A 点为坐标原点，写出波函数，并求出 C、D 两点的振动方程；(2) 以 B 点为坐标原点，写出波函数，并求出 C、D 两点的振动方程。

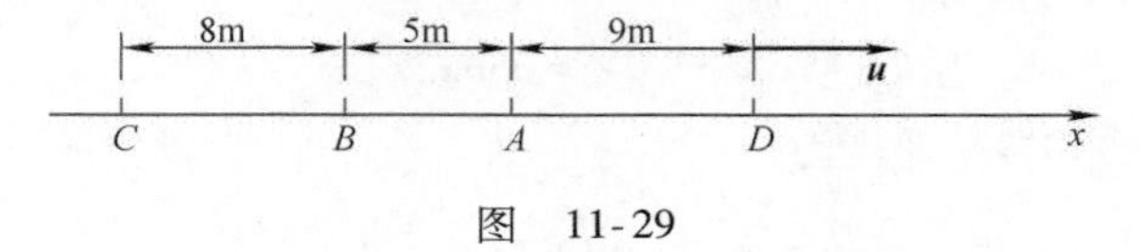

图　11-29

【解】 已知 $u=20\text{m}\cdot\text{s}^{-1}$，$\omega=4\pi\cdot\text{s}^{-1}$，$T=\dfrac{2\pi}{\omega}=0.5\text{s}$，$\lambda=uT=10\text{m}$。若以 A 点为坐标原点，则原点的振动方程为

$$y_0=y_A=3\cos 4\pi t$$

所以波函数为

$$y=3\cos 4\pi\left(t-\frac{x}{20}\right)=3\cos\left(4\pi t-\frac{\pi}{5}x\right)$$

对于 C 点，$x_C=-13\text{m}$；对于 D 点，$x_D=9\text{m}$。C 点和 D 点的振动方程分别为

$$y_C=3\cos\left(4\pi t-\frac{\pi}{5}x_C\right)=3\cos\left(4\pi t+\frac{13}{5}\pi\right)$$

$$y_D=3\cos\left(4\pi t-\frac{\pi}{5}x_D\right)=3\cos\left(4\pi t-\frac{9}{5}\pi\right)$$

对 B 点，$x_B=-5\text{m}$；　$y_B=3\cos\left(4\pi t-\dfrac{\pi}{5}\cdot(-5)\right)=3\cos(4\pi t+\pi)$

若以 B 点为坐标原点，则原点的振动方程为

$$y_0=y_B=3\cos(4\pi t+\pi)$$

此时波函数为

$$y=3\cos\left[4\pi\left(t-\frac{x}{20}\right)+\pi\right]=3\cos\left(4\pi t-\frac{\pi}{5}x+\pi\right)$$

式中，x 是波线上任意一点的坐标（以 B 点为坐标原点），所以对于 C 点，$x_C=-8\text{m}$；对 D 点，$x_D=14\text{m}$。C 点和 D 点的振动方程分别为

$$y_C=3\cos\left(4\pi t+\frac{8}{5}\pi+\pi\right)=3\cos\left(4\pi t+\frac{13}{5}\pi\right)$$

$$y_D=3\cos\left(4\pi t-\frac{\pi}{5}\times 14+\pi\right)=3\cos\left(4\pi t-\frac{9}{5}\pi\right)$$

11.5 波的能量 能流密度（波强）

11.5.1 波的能量和能量密度

在波的传播中，载波的介质并不随波向前移动，波源的振动能量是通过介质间的相互作用而传播出去的。介质中各质点都在各自的平衡位置附近振动，因而具有动能；同时，介质因形变而具有弹性势能。下面我们以介质中任一体积元 $\mathrm{d}V$ 为例来讨论波动能。

1. 介质中体积元的能量

如图 11-30 所示，设一细棒沿 Ox 轴放置，密度为 ρ，横截面面积为 S，弹性模量为 E。当平面简谐波以波速 u 沿 Ox 轴正向传播时，棒中波动方程为

$$y = A\cos\left(\omega\left(t-\frac{x}{u}\right)+\varphi_0\right)$$

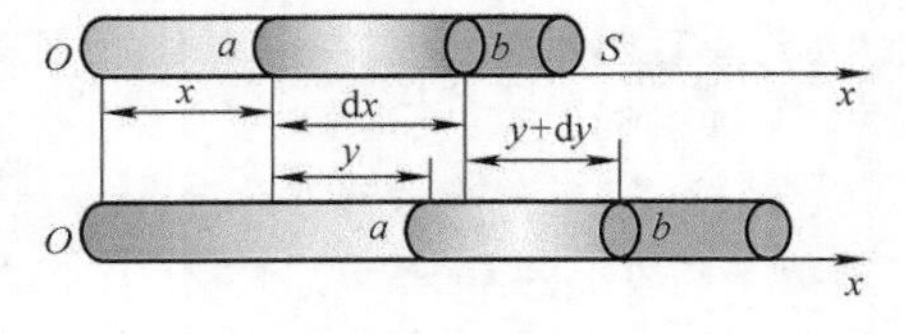

图 11-30

在棒上任取一体积元 ab，质量为 $\mathrm{d}m=\rho\mathrm{d}V=\rho S\mathrm{d}x$，当有波传到该体积元时，其振动速度为

$$v=\frac{\partial y}{\partial t}=-A\omega\sin\left(\omega\left(t-\frac{x}{u}\right)+\varphi_0\right) \tag{11-72}$$

因而该体积元的振动动能为

$$\mathrm{d}E_\mathrm{k}=\frac{1}{2}(\mathrm{d}m)v^2=\frac{1}{2}\rho\mathrm{d}VA^2\omega^2\sin^2\left(\omega\left(t-\frac{x}{u}\right)+\varphi_0\right) \tag{11-73}$$

设在时刻 t 该体积元正在被拉长，两端面 a 和 b 的位移分别为 y 和 $y+\mathrm{d}y$，则体积元 ab 的实际伸长量为 $\mathrm{d}y$，有

$$\frac{F}{S}=E\frac{\mathrm{d}y}{\mathrm{d}x}$$

由形变产生的弹性回复力大小为

$$F=ES\frac{\mathrm{d}y}{\mathrm{d}x}=\frac{ES}{\mathrm{d}x}\mathrm{d}y$$

则该体积元的弹性势能为

$$\mathrm{d}E_\mathrm{p}=\frac{1}{2}k(\mathrm{d}y)^2=\frac{1}{2}\frac{ES}{\mathrm{d}x}(\mathrm{d}y)^2=\frac{1}{2}ES\mathrm{d}x\left(\frac{\mathrm{d}y}{\mathrm{d}x}\right)^2 \tag{11-74}$$

把

$$\frac{\partial y}{\partial x}=\frac{\omega A}{u}\sin\left(\omega\left(t-\frac{x}{u}\right)+\varphi_0\right) \tag{11-75}$$

和固体中纵波的速度 $u=\sqrt{\dfrac{E}{\rho}}$ 代入式（11-74），则弹性势能可写成

$$\mathrm{d}E_\mathrm{p}=\frac{1}{2}\rho\mathrm{d}VA^2\omega^2\sin^2\left(\omega\left(t-\frac{x}{u}\right)+\varphi_0\right) \tag{11-76}$$

于是该体积元的机械能为

$$\mathrm{d}E=\mathrm{d}E_\mathrm{k}+\mathrm{d}E_\mathrm{p}=\rho\mathrm{d}VA^2\omega^2\sin^2\left(\omega\left(t-\frac{x}{u}\right)+\varphi_0\right) \tag{11-77}$$

式（11-77）表明，波在介质中传播时，介质中任一体积元的总能量随时间做周期性变化。这说明该体积元和相邻的介质之间有能量交换，体积元的能量增加时，它从相邻介质中吸收能

量；体积元的能量减少时，它向相邻介质释放能量。这样，能量不断地从介质的一部分传递到另一部分，所以，波动过程也就是能量传播的过程。

应当注意，波动的能量和简谐振动的能量有着明显的区别。在一个孤立的简谐振动系统中，它和外界没有能量交换，所以机械能守恒且动能和势能在不断地相互转换，当动能有极大值时势能为极小值，当动能为极小时势能为极大值，而在波动中，体积内总能量不守恒，且同一体积元内的动能和势能是同步变化的，即动能有极大值时势能也为极大值。

2. 波的能量密度

单位体积介质中所具有的波的能量，称为能量密度，用 w 表示，即

$$w=\frac{\mathrm{d}E}{\mathrm{d}V}=\rho A^2\omega^2\sin^2\left(\omega\left(t-\frac{x}{u}\right)+\varphi_0\right) \tag{11-78}$$

能量密度在一个周期内的平均值称为平均能量密度，用$\overline{w}$表示，即

$$\overline{w}=\frac{1}{T}\int_0^T w\mathrm{d}t=\frac{1}{T}\int_0^T\rho A^2\omega^2\sin^2\left(\omega\left(t-\frac{x}{u}\right)+\varphi_0\right)\mathrm{d}t=\frac{1}{2}\rho A^2\omega^2 \tag{11-79}$$

式（11-79）指出，平均能量密度与波振幅的二次方、角频率的二次方及介质密度成正比。此公式适用于各种弹性波。

11.5.2　波的能流密度

所谓能流，即单位时间内通过与波的传播方向垂直的某一截面的能量。如图 11-31 所示，设想在介质中作一个垂直于波速的截面面积为 ΔS、长度为 u 的长方体，则在单位时间内，体积为 $u\Delta S$ 的长方体内的波动能量都要通过 ΔS 面，因此，通过与波的传播方向垂直的 ΔS 截面面积的能流为

$$P=wu\Delta S=u\rho A^2\omega^2\sin^2\left(\omega\left(t-\frac{x}{u}\right)+\varphi_0\right)\Delta S \tag{11-80}$$

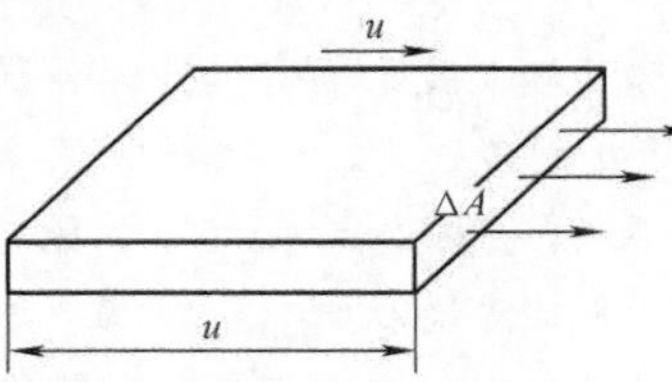

通过ΔA面的平均能流

图　11-31

平均能流密度为

$$\overline{P}=\frac{wu\Delta S}{\Delta S}=\overline{w}u=\overline{\rho A^2\omega^2\sin^2\left(\omega\left(t-\frac{x}{u}\right)+\varphi_0\right)}u=\frac{1}{2}\rho A^2\omega^2 u \tag{11-81}$$

把平均能流密度定义为矢量，大小如式（11-81），方向为波的传播方向，设为 $\boldsymbol{k}$，则有

$$\boldsymbol{I}=\overline{P}\boldsymbol{k}=\frac{1}{2}\rho A^2\omega^2 u\boldsymbol{k}=\overline{w}\boldsymbol{u} \tag{11-82}$$

平均能流密度也称为波强，或波的强度，即 $\boldsymbol{I}=\overline{w}\boldsymbol{u}$。可见，波强是一个矢量，它等于波的平均能量密度与波速的乘积，简谐波波强的矢量表达式为

$$\boldsymbol{I}=\frac{1}{2}\rho A^2\omega^2\boldsymbol{u} \tag{11-83}$$

即波强与波振幅的二次方、角频率的二次方、介质密度以及波速的大小成正比（只对弹性波成立）。波强的单位是瓦［特］每平方米（$\mathrm{W\cdot m^{-2}}$）。

【例 11-9】　绳波的能流：绳波是一种横波，作为位置和时间函数的波函数为

$$y(x,t)=(0.130\mathrm{m})\cos[(9.00\mathrm{m^{-1}})x+(72.0\mathrm{s^{-1}})t]$$

绳子的线密度为 $0.0067\mathrm{kg\cdot m^{-1}}$，波在传播过程中的能流多大？

【解】　波的平均能流为

$$\overline{P}=\frac{1}{2}\rho\omega^2[A(r)]^2S_{\perp}u$$

其中 $S_{\perp}$ 为绳的横截面面积。由于

$$\rho S_{\perp}=\frac{m}{V}S_{\perp}=\frac{m}{L}=\mu$$

所以

$$\overline{P}=\frac{1}{2}\mu\omega^2[A(r)]^2u$$

把 $u=\frac{\omega}{k}=\frac{72.0/\mathrm{s}}{9.00/\mathrm{m}}=8.00\mathrm{m/s}$ 代入平均能流表达式可以得到

$$\overline{P}=\frac{1}{2}\mu u\omega^2[A(r)]^2=\frac{1}{2}(0.00677\mathrm{kg}\cdot\mathrm{s}^{-1})(8.00\mathrm{m/s})(72.0\cdot\mathrm{s}^{-1})^2(0.130\mathrm{m})^2\approx2.37\mathrm{W}$$

物理知识应用案例：声强和声强级

可听声波是能引起人的听觉的机械波，频率在 20～20000Hz；次声波是人听不到的机械波，频率低于 20Hz；超声波也是人听不到的机械波，频率高于 20000Hz。

（1）声强　即声波的平均能流密度。$I=\frac{1}{2}\rho\omega^2A^2u$，单位：瓦每平方米（$\mathrm{W}\cdot\mathrm{m}^{-2}$）。

对于频率很高的超声波，其声强就很大。现在应用于医学和工业上的各种超声诊断仪、超声探伤仪、超声清洗仪等，它们的声强达到几十瓦特、几百瓦特甚至几千瓦特每平方厘米，有些雷声、爆炸声等由于振幅很大，声强也很大。由于声强的变化范围非常大，数量级可以相差很多，而人耳对声音响度的感觉近似与声强的对数成正比，因此常采用对数标度来引入声强级。

（2）声强级　$L=\lg\frac{I}{I_0}$

其中，$I_0=10^{-12}\mathrm{W}\cdot\mathrm{m}^{-2}$ 为规定声强，是测定声强的参考标准。声强级的单位是贝尔（B），但通常用分贝（dB，1B = 10dB），因此声强级的公式通常记为

$$L=10\lg\frac{I}{I_0}\mathrm{dB}$$

几种声音近似的声强、声强级和响度见表 11-2。

表 11-2　几种声音近似的声强、声强级和响度

声源	声强/($\mathrm{W}\cdot\mathrm{m}^{-2}$)	声强/dB	响度
引起痛觉的声音	1	120	
炮声	1	120	
铆钉机	10^{-2}	100	震耳
交通繁忙的街道	10^{-5}	70	响
通常谈话	10^{-6}	60	正常
耳语	10^{-10}	20	轻
树叶沙沙声	10^{-11}	10	
引起听觉的最弱声音	10^{-12}	0	极轻

本章总结

1. 简谐振动

(1) 简谐振动的特征

动力学特征：　$F=-kx$ 或 $\frac{d^2x}{dt^2}=-\omega^2 x$

运动学特征：　$x=A\cos(\omega t+\varphi)$

能量特征：　$E=E_k+E_p=\frac{1}{2}kA^2$，$\overline{E}_k=\overline{E}_p=\frac{1}{2}E=\frac{1}{4}kA^2$

(2) 简谐振动的特征量及其确定

振幅 A：物体偏离平衡位置的最大位移的绝对值，由初始条件决定。

角频率 ω：物体在 2πs 内所做的全振动的次数，单位为 $\mathrm{rad\cdot s^{-1}}$，由系统本身决定。

与周期 T、频率 ν 的关系为 $\omega=\frac{2\pi}{T}=2\pi\nu$，$\nu=\frac{1}{T}$。

相位 $\omega t+\varphi$，初相位 φ：描述振动状态，由初始条件决定。

$$A=\sqrt{x_0^2+\left(\frac{v}{\omega}\right)^2},\quad \tan\varphi=\frac{-v_0}{\omega x_0}$$

(3) 表述方法

数学解析法：$y=A\cos(\omega t+\varphi)$

图示法：$x-t$，$v-t$，$a-t$ 曲线

旋转矢量表示法

(4) 速度和加速度

$$v=\frac{dx}{dt}=-\omega A\sin(\omega t+\varphi),\ v_m=\omega A$$

$$a=\frac{dv}{dt}=-\omega^2A\cos(\omega t+\varphi),\ a_m=\omega^2 A$$

2. 简谐振动的合成

(1) 同一直线上两个同频率简谐振动的合成（仍为简谐振动）

分振动：$x_1=A_1\cos(\omega t+\varphi_1)$，$x_2=A_2\cos(\omega t+\varphi_2)$

合振动：$x=x_1+x_2=A\cos(\omega t+\varphi)$

$$A=\sqrt{A_1^2+A_2^2+2A_1A_2\cos(\varphi_2-\varphi_1)},\ \tan\varphi=\frac{A_1\sin\varphi_1+A_2\sin\varphi_2}{A_1\cos\varphi_1+A_2\cos\varphi_2}$$

$$\Delta\varphi=\varphi_2-\varphi_1=\begin{cases}\pm 2k\pi\ (k=0,1,2,\cdots A=A_1+A_2) & \text{振动加强}\\ \pm(2k+1)\pi(k=0,1,2,\cdots A=|A_1-A_2|) & \text{振动减弱}\end{cases}$$

(2) 同一直线上两个不同频率简谐振动的合成（不是简谐振动）

当 ω_1 和 ω_2 都很大，但 $|\omega_2-\omega_1|$ 很小时，产生拍现象。拍频 $v_{拍}=|v_2-v_1|$

(3) 两个相互垂直的同频率简谐振动的合成

$$\varphi_2-\varphi_1=\begin{cases}0\text{ 或 }\pi\text{，合运动为简谐振动}\\ \frac{\pi}{2}\text{或}\frac{3\pi}{2}\text{，合运动轨道为正椭圆}\\ \text{其他值，合运动轨道为斜椭圆}\end{cases}\quad \text{（后两种）不是简谐振动}$$

3. 平面简谐波

机械波产生的条件：波源和弹性介质

描述波动的物理量：波速 u、波长 λ、波的周期 T（或频率 ν、角频率 ω）

平均能量密度：$\overline{w}=\frac{1}{2}\rho A^2\omega^2$

平均能流密度（波的强度）：$\boldsymbol{I}=\overline{w}\boldsymbol{u}=\frac{1}{2}\rho A^2\omega^2\boldsymbol{u}$

声强和声强级：$I=\frac{1}{2}\rho\omega^2A^2u$，$L=10\lg\frac{I}{I_0}$（dB）

特征量关系式：$\lambda=uT$，$\omega=2\pi\nu=\frac{2\pi}{T}$

平面简谐波的波函数（波动方程、表达式）：

沿 Ox 轴正方向传播：$y=A\cos\left(\omega(t-\frac{r-r_0}{u})+\varphi_0\right)$

沿 Ox 轴负方向传播：$y=A\cos\left(\omega(t+\frac{r-r_0}{u})+\varphi_0\right)$

平面简谐波的微分方程：$\frac{\partial^2y}{\partial r^2}=\frac{1}{u^2}\frac{\partial^2y}{\partial t^2}$

习　题

（一）填空题

11-1　在两个相同的弹簧下各悬一物体，两物体的质量比为4∶1，则二者做简谐振动的周期之比为________。

11-2　一简谐振子的振动曲线如习题11-2图所示，则以余弦函数表示的振动方程为________。

11-3　一弹簧振子做简谐振动，振幅为 A，周期为 T，其运动方程用余弦函数表示。在 $t=0$ 时，

（1）振子在负的最大位移处，则初相位为________________；

（2）振子在平衡位置向正方向运动，则初相位为________________；

（3）振子在位移为 $A/2$ 处，且向负方向运动，则初相位为________________。

11-4　一物块悬挂在弹簧下方做简谐振动，当该物块的位移等于振幅的一半时，其动能是总能量的________________（设平衡位置处势能为零）。当该物块在平衡位置时，弹簧的长度比原长长 l，这一振动系统的周期为________________。

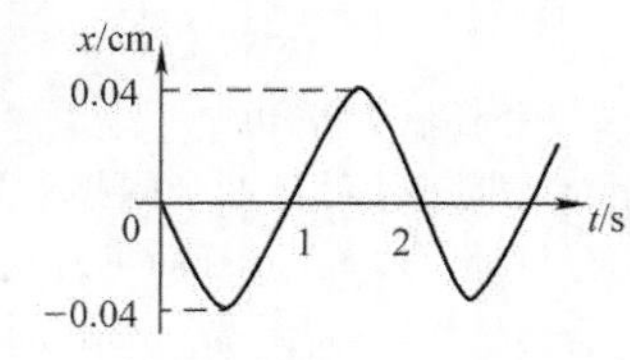

习题 11-2 图

11-5　一物体同时参与同一直线上的两个简谐振动：

$x_1=0.05\cos(4\pi t+\frac{1}{3}\pi)$　(SI)，$x_2=0.03\cos(4\pi t-\frac{2}{3}\pi)$　(SI)

合成振动的振幅为________ m。

11-6　已知波源的振动周期为 4.00×10^{-2}s，波的传播速度为 $300\text{m}\cdot\text{s}^{-1}$，波沿 x 轴正方向传播，则位于 $x_1=10.0\text{m}$ 和 $x_2=16.0\text{m}$ 的两质点振动相位差为________。

11-7　一平面简谐波沿 x 轴正方向传播，波速 $u=100\text{m}\cdot\text{s}^{-1}$，$t=0$ 时刻的波形曲线如习题11-7图所示。可知波长 $\lambda=$ ________；振幅 $A=$ ________；频率 $\nu=$ ________。

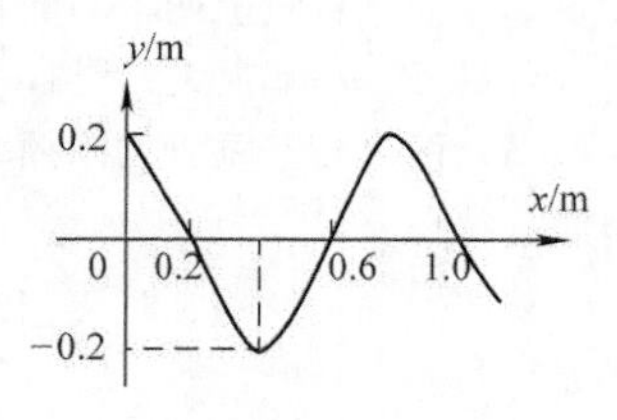

习题 11-7

11-8　一平面简谐波沿 x 轴负方向传播。已知 $x=-1\text{m}$ 处质点的振动方程为 $y=A\cos(\omega t+\varphi)$，若波速为 u，则此波的表达式为________。

11-9　一平面余弦波沿 Ox 轴正方向传播，波动表达式为 $y=A\cos\left(2\pi(\frac{t}{T}-\frac{x}{\lambda})+\varphi\right)$，则 $x=-\lambda$ 处质点的振动方程是________；若以 $x=\lambda$ 处为新的坐标轴原点，且此坐标轴指向与波的传播方向相反，则对此新的坐标轴，该波的波动表达式

是________。

11-10　在截面面积为 S 的圆管中，有一列平面简谐波在传播，其波的表达式为 $y = A\cos\left(\omega t - 2\pi\left(\frac{x}{\lambda}\right)\right)$，管中波的平均能量密度是 w，则通过截面面积 S 的平均能流是________。

（二）计算题

11-11　一轻弹簧在 60N 的拉力下伸长 30cm。现把质量为 4kg 的物体悬挂在该弹簧的下端并使之静止，再把物体向下拉 10cm，然后由静止释放并开始计时。求：

（1）物体的振动方程；

（2）物体在平衡位置上方 5cm 时弹簧对物体的拉力；

（3）物体从第一次越过平衡位置时刻起到它运动到上方 5cm 处所需要的最短时间。

11-12　一简谐振动的振动曲线如习题 11-12 图所示，求振动方程。

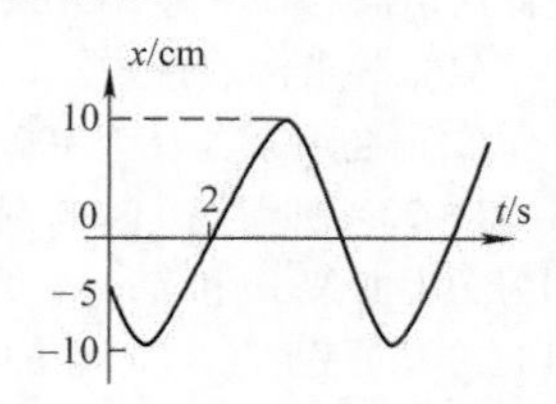

习题 11-12 图

11-13　一质点做简谐振动，其振动方程为

$$x = 6.0\times10^{-2}\cos\left(\frac{1}{3}\pi t - \frac{1}{4}\pi\right)\quad(\text{SI})$$

（1）当 x 值为多大时，系统的势能为总能量的一半？

（2）质点从平衡位置移动到上述位置所需最短时间为多少？

11-14　如习题 11-14 图所示，一质点在 x 轴上做简谐振动，选取该质点向右运动通过 A 点时作为计时起点（$t=0$），经过 2s 后质点第一次经过 B 点，再经过 2s 后质点第二次经过 B 点，若已知该质点在 A、B 两点具有相同的速率，且 $\overline{AB}=10\text{cm}$，求：

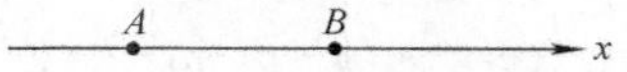

A　B　x

习题 11-14 图

（1）质点的振动方程；

（2）质点在 A 点处的速率。

11-15　两个同方向的简谐振动的振动方程分别为

$$x_1 = 4\times10^{-2}\cos2\pi\left(t+\frac{1}{8}\right)\quad(\text{SI}),\ x_2 = 3\times10^{-2}\cos2\pi\left(t+\frac{1}{4}\right)\quad(\text{SI})$$

求合振动的方程。

11-16　一质点同时参与两个同方向的简谐振动，其振动方程分别为

$$x_1 = 5\times10^{-2}\cos(4t+\pi/3)\quad(\text{SI}),\ x_2 = 3\times10^{-2}\sin(4t-\pi/6)\quad(\text{SI})$$

画出两振动的旋转矢量图，并求合振动的振动方程。

11-17　质量 $m=10\text{g}$ 的小球与轻弹簧组成的振动系统按 $x=0.5\cos\left(8\pi t+\frac{1}{3}\pi\right)$ 的规律做自由振动，式中，t 以 s 作单位，x 以 cm 为单位，求：

（1）振动的角频率、周期、振幅和初相位；

（2）振动的速度、加速度的数值表达式；

（3）振动的能量 E；

（4）平均动能和平均势能。

11-18　习题 11-18 图所示为一平面简谐波在 $t=0$ 时刻的波形图，求：

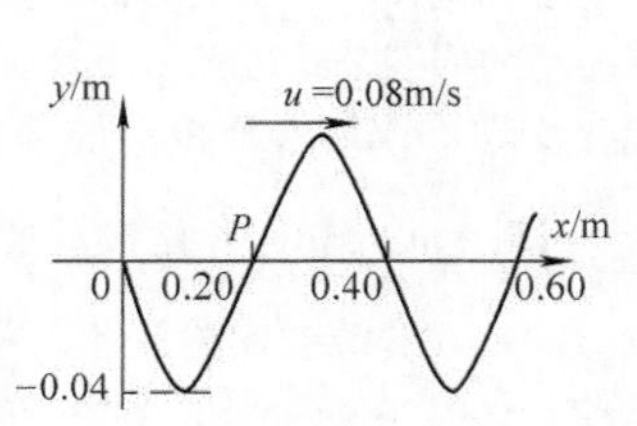

习题 11-18 图

（1）该波的波动表达式；

（2）P 点处质点的振动方程。

11-19　一横波沿绳子传播，其波的表达式为 $y=0.05\cos(100\pi t-2\pi x)$　(SI)，求：

（1）此波的振幅、波速、频率和波长；

（2）绳子上各质点的最大振动速度和最大振动加速度；

（3）$x_1=0.2\text{m}$ 处和 $x_2=0.7\text{m}$ 处两质点振动的相位差。

11-20 如习题11-20图所示，一平面波在介质中以波速 $u=20\mathrm{m\cdot s^{-1}}$ 沿 x 轴负方向传播，已知 A 点的振动方程为 $y=3\times10^{-2}\cos4\pi t$ （SI）。

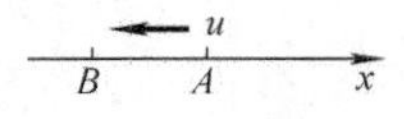

习题11-20图

（1）以 A 点为坐标原点写出波的表达式；

（2）以距 A 点5m处的 B 点为坐标原点，写出波的表达式。

11-21 一振幅为10cm、波长为200cm的一维余弦波沿 x 轴正向传播，波速为 $100\mathrm{cm\cdot s^{-1}}$，在 $t=0$ 时原点处质点在平衡位置向正位移方向运动。求：

（1）原点处质点的振动方程；

（2）在 $x=150\mathrm{cm}$ 处质点的振动方程。

11-22 如习题11-22图所示为一平面简谐波在 $t=0$ 时刻的波形图，设此简谐波的频率为250Hz，且此时质点 P 的运动方向向下，求：

（1）该波的表达式；

（2）在距原点 O 为100m处质点的振动方程与振动速度表达式。

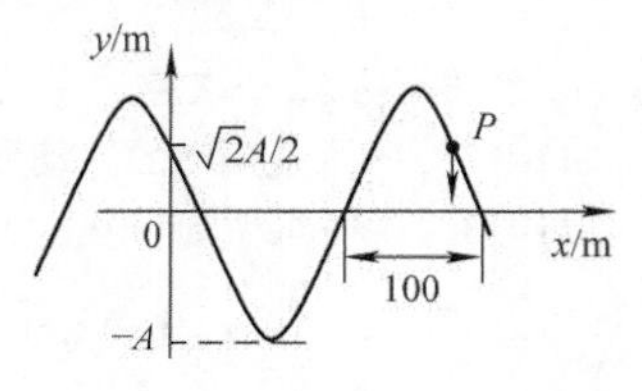

习题11-22图

11-23 如习题11-23图所示，已知 $t=0$ 时和 $t=0.5\mathrm{s}$ 时的波形曲线分别为图中曲线 a 和 b，波沿 x 轴正向传播，试根据图中绘出的条件求：（1）波动方程；（2）P 点的振动方程。

11-24 沿绳子传播的平面简谐波的波动方程为 $y=0.05\cos(10\pi t-4\pi x)$，式中 x、y 以m计，t 以s计，求：（1）波的振幅、波速、频率和波长；（2）绳子上各质点振动时的最大速度和最大加速度；（3）求 $x=0.2\mathrm{m}$ 处质点在 $t=1\mathrm{s}$ 时的相位，它是原点处质点在哪一时刻的相位？

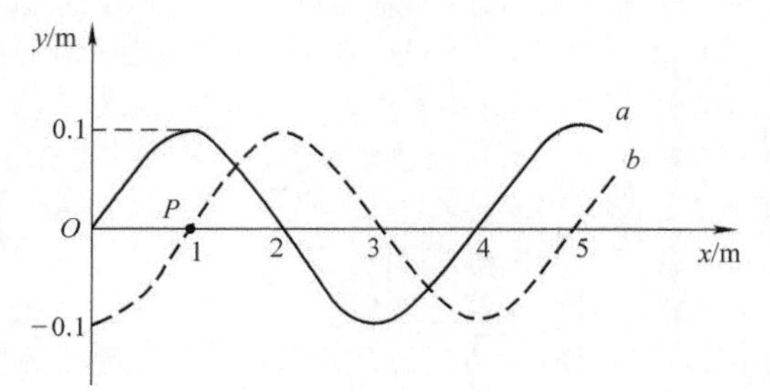

习题11-23图

11-25 一个站台以2.20cm的振幅和6.60Hz的频率发生振动，它的最大加速度是多少？

11-26 一个扬声器的膜片正在做简谐运动，频率是440Hz，最大位移为0.75mm。问其角频率、最大速度和最大加速度的大小各是多少？

11-27 如习题11-27图所示为一位宇航员坐在测量人体质量的装置（BMMD）上。该装置设计的目的是用于空间轨道飞行器，使宇航员在地球轨道上失重条件下能够测量增加的质量。BMMD是一把装有弹簧的椅子，宇航员测量他或她坐在该椅子上时的周期。由振动的物块－弹簧系统振动的周期公式可求出质量。（1）如果 m' 是宇航员的质量，m 是BMMD参与振动的部件的有效质量，证明 $m'=\left(\dfrac{k}{4\pi^2}\right)T^2-m$，式中 T 是振动的周期，k 是弹簧的劲度系数。（2）在“天空实验任务2号”上的BMMD的弹簧劲度系数 $k=605.6\mathrm{N\cdot m^{-1}}$，空椅子的振动周期是0.90149s。求椅子的有效质量。（3）当宇航员坐在椅子里时，振动周期变为2.08832s，计算宇航员的质量。

习题11-27图

11-28 把一个假想的大型弹弓拉伸1.5m，发射一个130g的抛射体，其速率足以逃离地球（$11.2\mathrm{km\cdot s^{-1}}$），假定弹弓的弹性带服从胡克定律，（1）如果全部的弹性势能转化成动能，此装置的劲度系数是多少？（2）假设平均一个人可出力220N，那么需要多少人来拉这个弹性带？

11-29 一个杂技演员坐在高秋千上来回摆动，周期是8.85s。如果她站起来，从而把秋千－演员系统的质心升高了35.0cm。这时新的周期是多少？（把秋千－演员系统当作一个单摆处理）

11-30　沿轨道匀速行驶的火车，每经过一接轨处便受到一次震动，从而使车厢在弹簧上上下振动，设每段铁轨长 12.5m，弹簧每受 1.0t 重力将压缩 1.6mm，空气阻力可忽略，问若车厢及负荷共重 55t，火车以什么速度行驶时，弹簧的振幅最大？

工程应用阅读材料——混沌简介

1. 简单系统中的复杂行为

大摆角的单摆的运动情况分析

$$\frac{d^2\theta}{dt^2}+\frac{g}{l}\sin\theta=0 \qquad ①$$

此方程是一个二阶非线性微分方程，下面就用非线性力学中最基本的研究方法——相图法来研究分析该系统。

“相”的意思是运动状态，质点在某一时刻的运动状态就是它在该时刻的位置和速度，位置和速度的关系曲线就是它的相图。相图法是一种图解分析方法，可用于分析一阶、二阶非线性微分方程的动态过程，取得稳定性、时间响应等有关的信息。在现代计算机模拟计算下，可比较迅速与精确地获得相轨迹图形，用于系统的分析与设计。现在我们以质点的速度和位置作为坐标轴构成直角坐标平面，称为相平面；质点的每一个运动状态对应相平面上的一个点，称为相点；质点运动发生变化时，相点就在相平面内运动，相点的运动轨迹称为相迹线或相图；相点在相平面内运动的速度称为相速度。在相图中能得到质点运动状态的整体概念。

当摆角很大时，对单摆的运动方程式①进行积分，可得到

$$\frac{1}{2}\left(\frac{d\theta}{dt}\right)^2-\frac{g}{l}\cos\theta=C$$

式中，C 为积分常数。

设初始条件为 $t=0$ 时，$\theta=\theta_0$，$\frac{d\theta}{dt}=0$，可得 $C=-\frac{g}{l}\cos\theta_0$，得出

$$\dot{\theta}=\frac{d\theta}{dt}=\pm\sqrt{\frac{2g}{l}(\cos\theta-\cos\theta_0)} \qquad ②$$

由式②做出相图如图 11-32 所示。中心 O 点对应单摆下垂的平衡位置，是一个稳定的不动点，在中心 O 周围（$<5°$），相图是椭圆，对于小角度摆动，对式①积分得出的也是椭圆方程，两种情况相符。摆动幅度再增大，相图不再是椭圆但仍然闭合，说明单摆仍做周期运动。若能量再高，相图不再闭合，表示单摆不再往复摆动，而是沿正向或反向转动起来了。当 $\theta=\theta_0=\pi$ 时，即单摆摆到最高点时，$\frac{d\theta}{dt}=0$，$\frac{d^2\theta}{dt^2}=0$，说明最高点是一个不稳定平衡点。

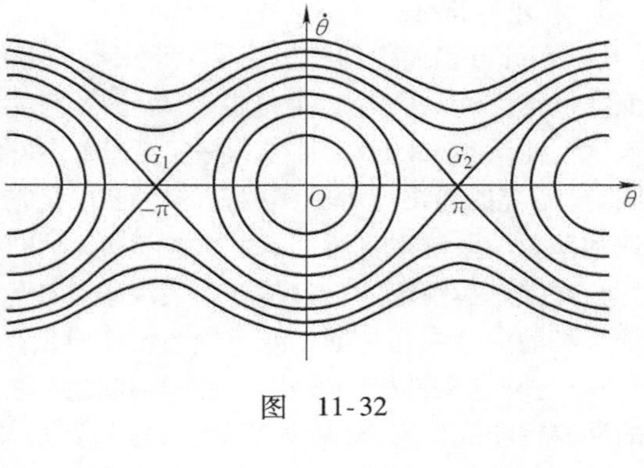

图　11-32

但是要让单摆摆到最高点时恰好静止是不可能的，因为两个分支点 G_1、G_2 是介于单向旋转和往复旋转之间的一个临界状态，究竟如何运动取决于初始条件的细微差别。在求解非线性力学问

题时，相图中出现了分支点，这表明在该状态下力学系统的行为不是完全确定的，于是，一个确定性方程演化出了内在的随机性，一个简单的系统顿时变得复杂起来了。

单摆系统的行为不是完全确定的，这种不可预测的、随机的现象就是混沌。实际上，混沌现象到处可见，它揭示了绚丽多彩、千姿百态的大千世界内在的一种机制，它是那么瞬息万变，充满复杂性，确定性系统包含着混沌，混沌中也存在着特殊的有序。

2. 什么是混沌

混沌在我国传说中指宇宙形成以前模糊一团的景象，中国人常用混沌一词表达某种令人神往的美学境界或体道致知的精神状态，把混沌当作自然界固有的一种秩序，一种生命的源泉。这与历史上的中国神话、中国哲学有很大关系，最终与中国人独特的思维方式有很大的关系。在西方文化中，混沌是“无形”“空虚”“无秩序”。

现代科学所讲的混沌，其基本含义可以概括为：聚散有法，周行而不殆，回复而不闭。意思是说混沌轨道的运动完全受规律支配，但相空间中轨道运动不会中止，在有限空间中永远运动着，不相交也不闭合。混沌运动在表观上是无序的，产生了类随机性，也称内在随机性。混沌模型一定程度上更新了传统科学中的周期模型，用混沌的观点去看原来被视为周期运动的对象，往往有新的理解。

混沌现象是自然界中的普遍现象，天气变化就是一个典型的混沌运动。混沌现象的一个著名表述就是蝴蝶效应，意思是说：一只蝴蝶今天拍打了一下翅膀，使大气的状态产生了微小的改变，但过了一段时间，这个微小的改变能够使本来会产生的龙卷风避免了，或者能使本来不会产生的龙卷风产生了。南美洲一只蝴蝶扇一扇翅膀，可能就会在佛罗里达引起一场飓风。

混沌也是一种数学现象，有其自身颇为古怪的几何学意义，它与被称为奇异吸引子的离奇分形形状相联系。蝴蝶效应表明，奇异吸引子上的详细运动不可预先确定，但这并未改变它是吸引子的这个事实。

混沌也不是独立存在的科学，它与其他各门科学互相促进、互相依靠，由此派生出许多交叉学科，如混沌气象学、混沌经济学、混沌数学等。混沌学不仅极具研究价值，而且有现实应用价值，能直接或间接创造财富。混沌中蕴涵有序，有序的过程也可能出现混沌，大自然就是如此复杂，纵横交错，包含着无穷的奥秘。因此，对混沌科学的进一步研究将使我们对大自然有更深刻的理解。

3. 混沌的特征

1）系统方程无任何随机因子，但必须有非线性项。混沌是决定性动力学系统中出现的一种貌似随机的运动。所谓“决定性”是指描述系统运动状态的方程是确定的，不包含随机变量。要产生混沌运动，则确定性方程一定是非线性的。

2）系统的随机行为是其内在的特征，不是外界引起的。随机性可分为由外界施加的外在随机性和动力学系统本身所固有的内在随机性两种。实际上内在随机并不是一种真正的随机，它的行为是完全正确定的，只是外在表现很复杂，不可预测，就像是随机一样，这种混乱、随机是系统自身的一种内在特征，或者说系统本身就是这样，“混乱”才正常。

3）对初始条件极端敏感。内在随机性是通过对初始条件的极端敏感性表现出来的，初始条件的误差在非线性动态系统中可能会按指数规律增长，“失之毫厘，谬以千里”。处于混沌状态的系统，运动轨道将敏感地依赖初始条件，从两个极其邻近的初值出发的两轨道，在足够长的时间以后，必然会呈现出显著的差别来。无论多么精密的测量都存在误差，我们无法给出真正精确的初始值，再小的误差经系统各部分之间的非线性相互作用也都可能被迅速放大，初始状态的信息很快消失，从而表现为行动的不可预测性，这就是混沌运动。

第12章 波的干涉

12.1 惠更斯原理 波的叠加和干涉

12.1.1 中学物理知识回顾

1. 惠更斯原理

当机械波在弹性介质中传播时，由于介质质点间的弹性力作用，介质中任何一点的振动都会引起邻近各质点的振动，因此，波动到达的任一点都可看作新的波源。例如水面波的传播，如图12-1所示，当一块开有小孔的隔板挡在波的前面时，不论原来的波面是什么形状，只要小孔的线度远小于波长，都可以看到穿过小孔的波是圆形波，就好像是以小孔为点波源发出的一样，说明小孔可以看作新的波源，其发出的波称为次波（子波）。

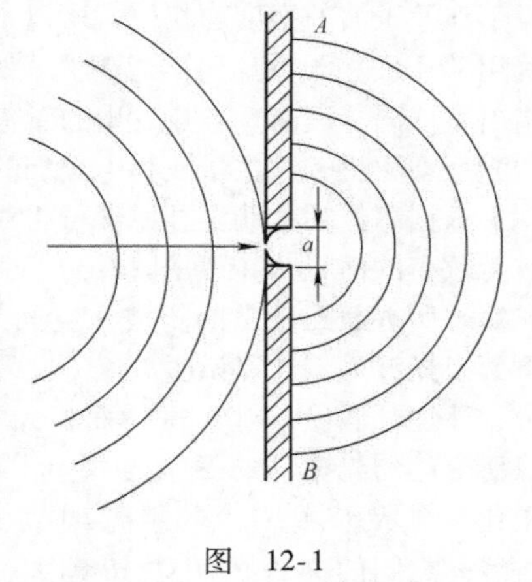

图 12-1

荷兰物理学家惠更斯观察和研究了大量类似现象，于1690年提出了一条描述波传播特性的重要原理：介质中波的波前上的各点，都可以看作发射子波的波源，其后任一时刻这些子波的包络面就是新的波阵面，这就是惠更斯原理。

惠更斯原理不仅适用于机械波，也适用于电磁波，而且不论波动经过的介质是均匀的还是非均匀的，是各向同性的还是各向异性的，只要知道了某一时刻的波阵面，就可以根据这一原理，利用几何作图法来确定以后任一时刻的波阵面，进而确定波的传播方向。此外，根据惠更斯原理还可以很简单地说明波在传播过程中发生的反射和折射等现象。

如图12-2所示，点波源 O 在各向同性的均匀介质中以波速 u 发出球面波，已知在 t 时刻的波阵面是半径为 R_1 的球面 S_1。根据惠更斯原理，S_1 上的各点都可以看作发射子波的新波源，经过 Δt 时间，各子波波阵面是以 S_1 球面上各点为球心，以 $r=u\Delta t$ 为半径的许多球面，这些子波波阵面的包络面 S_2 就是球面波在 $t+\Delta t$ 时刻的新的波阵面，显然，S_2 是一个仍以点波源 O 为球心，以 $R_2=R_1+u\Delta t$ 为半径的球面。如果有障碍物或者是各向异性介质，波面的几何形状将发生变化，方向也会发生改变。

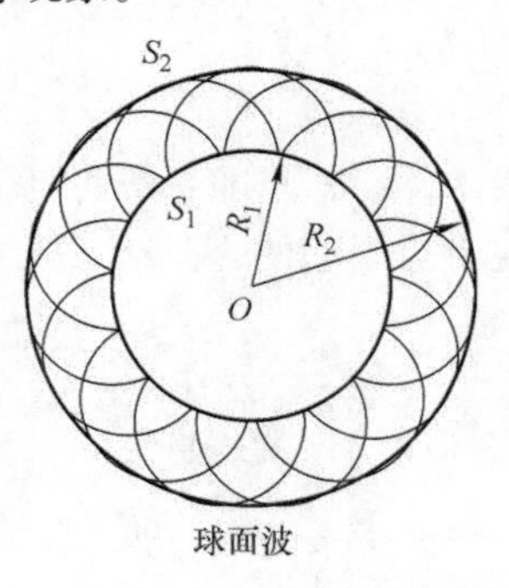

图 12-2

2. 波的叠加原理

当 n 个波源激发的波在同一介质中相遇时，观察和实验表明：各列波在相遇前和相遇后都保持原来的特性（频率、波长、振动方向、传播方向等）不变，与各波单独传播时一样；而在相遇处各质点的振动则是各列波在该处激起的振动的合成，这就是波传播的独立性原理或波的叠加原理。例如，把两个石块同时投入静止的水中，两个振源所激起的水波可以互相贯穿地传播。又如，在嘈杂的公共场所，各种声音都传到人的耳朵，但我们仍能将它们区分开来，这些实例都反映了波传播的独立性。

波的叠加与振动的叠加是不完全相同的。

振动的叠加仅发生在单一质点上，而波的叠加则发生在两波相遇范围内的许多质元上，这就构成了波的叠加所特有的现象。

两个实物粒子相遇时会发生碰撞，而两列波相遇仅在重叠区域构成合成波，过了重叠区又能分道扬镳，这就是波不同于粒子的一个重要运动特征。

波的叠加原理并不是普遍成立的，当人们的实验观察和理论研究扩大到强波范围时，介质就会表现出非线性特征，这时，波就不再遵从叠加原理，这时线性波动方程也不再是正确的，研究这种情形的理论称为非线性波理论。

12.1.2　惠更斯－菲涅耳原理

根据惠更斯原理可以确定波的传播方向，解释衍射中波的绕弯行为，但因惠更斯原理的假设不涉及子波的强度和相位，所以不能解释衍射形成的光强不均匀分布的现象。1818 年，菲涅耳用“子波相干叠加”的思想充实并发展了惠更斯原理，提出了惠更斯－菲涅耳原理。该原理指出：从同一波前上各点发出的子波在空间相遇时会产生相干叠加，波阵面前方空间任一点处的光振动取决于这些子波相干叠加的结果。

根据惠更斯－菲涅耳原理可将某时刻的波前 S 分割成无数多的面元 $\mathrm{d}S$（见图 12-3），每一面元可视为一子波源。所有面元发出的子波在空间某点 P 处相干叠加。下面以光波为例加以说明。

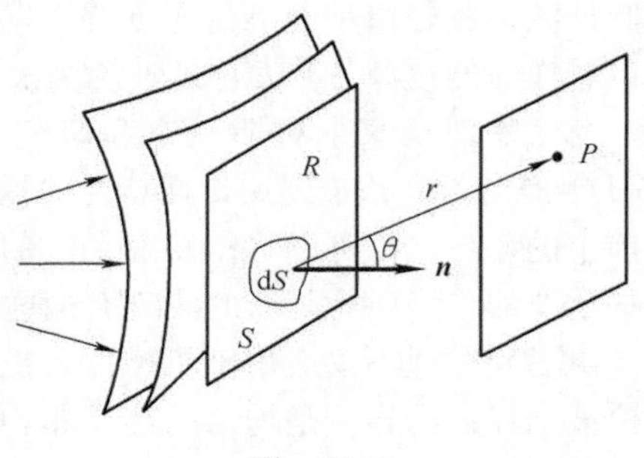

图　12-3

菲涅耳假设：对于每一面积元 $\mathrm{d}S$ 发出的子波在 P 点所引起的光振动的振幅的大小，与面元 $\mathrm{d}S$ 的大小成正比，与从 $\mathrm{d}S$ 到 P 点的距离 r 成反比，并与 r 和 $\mathrm{d}S$ 的法线 $\boldsymbol{n}$ 之间的夹角 θ 有关，θ 越大，则振幅越小；因波阵面 S 是一同相面，所以任意面元 $\mathrm{d}S$ 在 P 点引起的光振动的相位由 r 决定。

根据以上假设，并引入比例常数 C，$\mathrm{d}S$ 发出的子波在 P 点的光振动可写成

$$\mathrm{d}E = C\frac{k(\theta)}{r}\cos\left(\omega t - \frac{2\pi}{\lambda}r\right)\mathrm{d}S \tag{12-1}$$

式中，$k(\theta)$是随 θ 增大而缓慢减小的函数，称为倾斜因子。对式（12-1）积分，就得到波阵面 S 在 P 点引起的合振动，即

$$E = \int_s C\frac{k(\theta)}{r}\cos\left(\omega t - \frac{2\pi}{\lambda}r\right)\mathrm{d}S \tag{12-2}$$

式（12-2）就是惠更斯－菲涅耳原理的数学表达式，称为菲涅耳衍射积分公式。菲涅耳等人用倾斜因子来说明子波不能向后传播，即假设当 $\theta \geqslant \frac{\pi}{2}$时 $k(\theta)=0$，因而子波振幅为零。

借助积分学的方法，原则上可以定量描述光通过各种障碍物时所产生的衍射现象，但是一般来说，这个积分问题是非常复杂的。在讨论单缝夫琅禾费衍射时，我们将采用菲涅耳半波带法做近似处理。后面我们将在 $k(\theta)$和 r 为常量的简单情况下，用菲涅耳衍射积分公式计算单缝衍射的光强分布。

12.1.3　波的干涉

1. 波的叠加的理论分析

在一般情况下，n 列波的合成波既复杂又不稳定，没有实际意义，下面我们考虑最简单的两列波的叠加。以无线电波为例，其波源是电场强度或磁场强度做简谐振动。设 S_1 和 S_2 为波源，如图 12-4 所示，它们的振动方程分别为

$$\boldsymbol{E}_{1波源}=\boldsymbol{E}_{10}\cos(\omega_1 t+\varphi_{10})$$
$$\boldsymbol{E}_{2波源}=\boldsymbol{E}_{20}\cos(\omega_2 t+\varphi_{20})$$

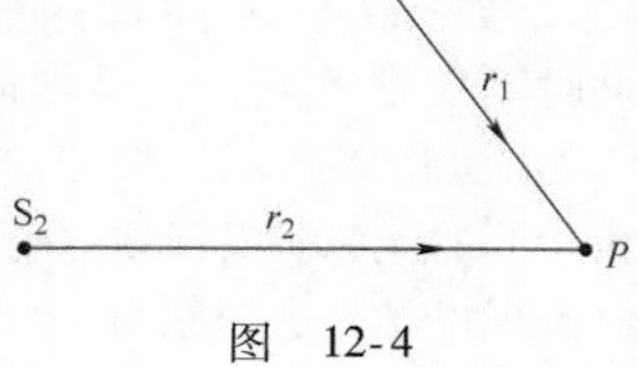

图　12-4

先写出两列波各自单独传播到 P 点时，在 P 点引起的振动方程分别为

$$\boldsymbol{E}_1=\boldsymbol{E}_{10}\cos(\omega_1 t-\frac{\omega_1 r_1}{u}+\varphi_{10})$$

$$\boldsymbol{E}_2=\boldsymbol{E}_{20}\cos(\omega_2 t-\frac{\omega_2 r_2}{u}+\varphi_{20})$$

在 P 点引起的合振动方程为

$$\boldsymbol{E}=\boldsymbol{E}_1+\boldsymbol{E}_2$$

在 P 点的瞬时波强为

$$E^2=\boldsymbol{E}\cdot\boldsymbol{E}=(\boldsymbol{E}_1+\boldsymbol{E}_2)\cdot(\boldsymbol{E}_1+\boldsymbol{E}_2)=E_1^2+E_2^2+2\boldsymbol{E}_1\cdot\boldsymbol{E}_2$$

对于一般波动（光波、无线电波或超声波）来说，观察时间总是远大于振动的周期，因此，人们观察到的都是物理量的时间平均结果，而不是瞬时值，所以计算平均值更有实际意义。合振动的平均相对强度（对光波来说即为光强）为

$$I=\overline{E^2}=\overline{E_1^2}+\overline{E_2^2}+2\,\overline{\boldsymbol{E}_1\cdot\boldsymbol{E}_2}=I_1+I_2+2\,\overline{\boldsymbol{E}_1\cdot\boldsymbol{E}_2} \tag{12-3}$$

在$\overline{\boldsymbol{E}_1\cdot\boldsymbol{E}_2}=0$ 时称为非相干波，此时 $I=I_1+I_2$。由于

$$\overline{\boldsymbol{E}_1\cdot\boldsymbol{E}_2}=\frac{1}{2T}\,\boldsymbol{E}_{10}\cdot\boldsymbol{E}_{20}\int_t^{t+T}\left\{\cos\left[(\omega_2+\omega_1)t+(\varphi_{20}+\varphi_{10})-\frac{\omega_2 r_2+\omega_1 r_1}{u}\right]+\cos\left[(\omega_2-\omega_1)t+(\varphi_{20}-\varphi_{10})-\frac{\omega_2 r_2-\omega_1 r_1}{u}\right]\right\}\mathrm{d}t \tag{12-4}$$

所以，当 $\boldsymbol{E}_1\perp\boldsymbol{E}_2$ 时$\overline{\boldsymbol{E}_1\cdot\boldsymbol{E}_2}=0$，为非相干波；当 $\omega_1\neq\omega_2$ 时$\overline{\boldsymbol{E}_1\cdot\boldsymbol{E}_2}=0$，为非相干波；$\varphi_{10}-\varphi_{20}$不恒定，即与时间 t 有关（如包含 ωt 的形式）时$\overline{\boldsymbol{E}_1\cdot\boldsymbol{E}_2}=0$，为非相干波，则此时 $I=E_1^2+E_2^2$，即合振动的强度等于分振动强度之和，各个波不相干。由此我们得到相干条件：振动方向相同、振动频率相同、相位差恒定。

2. 获得相干光的方法

对于机械振动波源、无线电波波源，人们很容易实现相干条件，即波源的振动方向相同、振动频率相同、相位差恒定，从而获得相干波源。但对于光波的源即光源，相干条件却很难实现，这是由物体发光机理决定的。

普通光源发光的机理是原子（或分子）的自发辐射。原子、分子在吸收能量后处于一种不稳定的激发态，即使没有任何外界作用，它们也会自发地回到低激发态或基态，同时向外发出光波。可见光源和机械波的波源有很大的区别，机械波的波源往往是一个振动的物体，而光源却是千千万万的原子随机地、此起彼伏地发光。

光波有间断性，不是连续的。一个原子的一次发光的时间极短，一般为 $10^{-11}\sim10^{-8}$s，发出

的光波的长度也比较短，把发光时间乘以光速可知，光波的长度在毫米到米的范围，我们把这一段光波称为一个光波列。

如图 12-5a 所示。光波有独立性，在自发辐射中，每一次发光都是**随机**进行的，各光波列的传播方向、振动方向、相位和发出的时间都是随机的。也就是说，在同一个光源发出的光中，不同原子同时发出的光以及同一个原子不同时刻发出的光，在叠加的时候都是独立的、不相干的，如图 12-5b 所示。因此，在现实生活中我们发现两个完全相同的光源所发光线照射在同一个区域时并没有干涉条纹出现也就是这个原因。

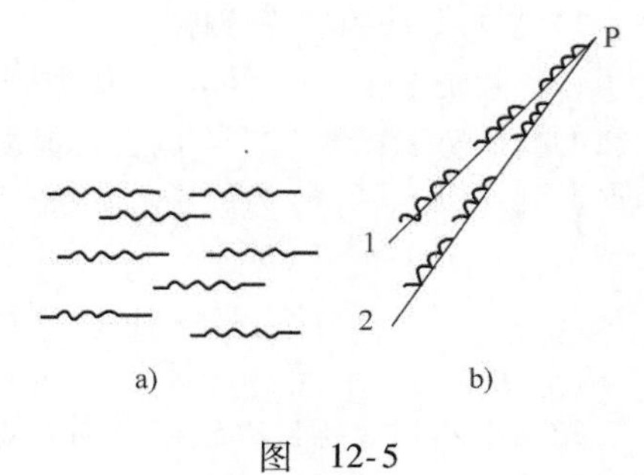

图 12-5

可见，光源和机械波、无线电波的波源有很大的区别，机械波的波源往往是一个振动的物体，无线电波的波源是振荡电路和发射天线，其振动频率、振动方向和振动初相位人为可控，相干条件比较容易满足，因此观察这些波的干涉现象就比较方便。但对光波则不然，光源是千千万万的原子随机地、此起彼伏地发光，振动频率、振动方向和振动初相位人为不可控。那么怎样获得相干光呢?

实现相干光的基本思想是将光源发出的各个光波列分别分解成两个子光波列，然后让两个子光波列在同一个区域相遇而发生干涉。由于在相遇区域内的两个子光波列是从同一个光波列分解出来的，它们的频率、振动方向和初相位完全相同，满足相干条件。而在相遇地点的相位差取决于两个子光波列在分开后的路程和介质环境，若能保证光源的各个光波列在被分解后两个子光波列的路程和介质环境都是一样的，则所有光波列在干涉地点的干涉结果都将是相同的，因此干涉图样就是稳定的。比如，一个光波列被分解后的两个子光波列在某点处是干涉加强(明条纹)，则所有其他光波列在该点的干涉也都是加强（明条纹）。所以，从同一光波列分解出来的子光波列形成的光束互称为相干光。

怎样从一个光波列中分解出两个子光波列呢？具体做法有两种：一种是分波阵面法，即从同一个光波列的波阵面上取出两个子光波列作为相干光源，使它们发出的光在空间相干，如后面将要分析和讨论的杨氏双缝干涉。另一种是分振幅法，即把同一光源发出的光射到介质表面后，经反射和折射，强度“一分为二或一分为四”，然后再让其在空间相遇，相互叠加而产生干涉，如后面将要分析和讨论的薄膜干涉。图 12-6a 所示为分波阵面（获得相干光）法，图 12-6b 所示为分振幅（获得相干光）法。

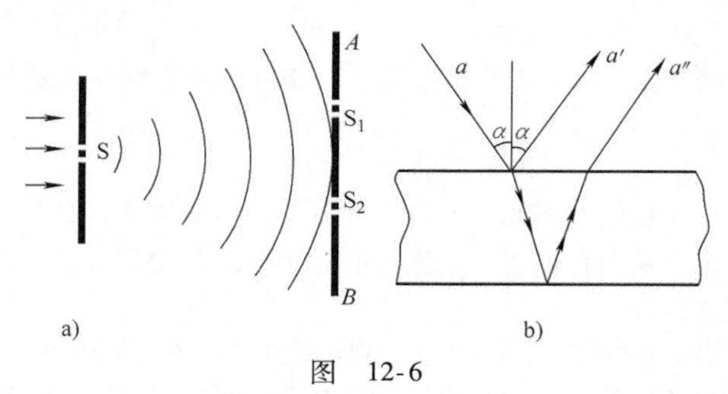

图 12-6

光波是电磁波。通常我们用电场 $\boldsymbol{E}$ 作为光的代表，称为光矢量。之所以选取电场，一方面是由于电场 $\boldsymbol{E}$ 和磁场 $\boldsymbol{H}$ 是紧密相关的，如前所述，如果确定了电场，则磁场也能随即确定。另一方面是在人的视觉以及光化学反应中，电场的作用是主要的。

3. 波的干涉的理论分析

当$\overline{\boldsymbol{E}_1 \cdot \boldsymbol{E}_2} \neq 0$时我们说两波发生干涉，发生干涉的条件称为相干条件。由以上讨论可知，相干条件是：**频率相同，振动方向相同，相位差恒定**。以后我们把满足相干条件的波源叫作相干波源，相干波源发出的波叫相干波。此时式（12-4）变为

$$\overline{\boldsymbol{E}_1 \cdot \boldsymbol{E}_2} = \frac{1}{2T}E_{10}E_{20}\int_0^T \cos\left[(\varphi_{20} - \varphi_{10}) - \omega\frac{r_2 - r_1}{u}\right]\mathrm{d}t = \frac{1}{2}E_{10}E_{20}\cos\Delta\varphi \tag{12-5}$$

式中，$\Delta\varphi$ 是 P 点处两个分振动的相位差，即

$$\Delta\varphi = (\varphi_{20} - \varphi_{10}) - 2\pi\frac{r_2 - r_1}{\lambda} \tag{12-6}$$

利用

$$I_1 = \frac{1}{2}E_{10}^2, \qquad I_2 = \frac{1}{2}E_{20}^2$$

式（12-3）可以写为

$$I = I_1 + I_2 + 2\sqrt{I_1 I_2}\cos\Delta\varphi \tag{12-7}$$

表明满足相干条件的两列波在介质中相遇，在合成波场中某些点的振动始终加强，另一些点的振动始终减弱（或完全抵消），可以形成一种稳定的强弱交替的叠加图样，这种现象称为波的干涉。以光波为例，干涉则表现为叠加区域内有些点较亮，有些点较暗，出现一系列明暗相间的条纹，称为干涉条纹。

根据相干条件，定量分析波的干涉实质上就是求相干区域内各质元的同频率、同方向简谐振动的合成振动。显然合成振动为同频率的简谐振动，振动方程为

$$E = E_1 + E_2 = E_0\cos(\omega t + \varphi_0)$$

合成振动的振幅 E_0 和初位相 φ_0 分别由下面两式给出：

$$E_0^2 = E_{10}^2 + E_{20}^2 + 2E_{10}E_{20}\cos\Delta\varphi \tag{12-8}$$

$$\tan\varphi_0 = \frac{E_{10}\sin\left(\varphi_{10} - \frac{2\pi r_1}{\lambda}\right) + E_{20}\sin\left(\varphi_{20} - \frac{2\pi r_2}{\lambda}\right)}{E_{10}\cos\left(\varphi_{10} - \frac{2\pi r_1}{\lambda}\right) + E_{20}\cos\left(\varphi_{20} - \frac{2\pi r_2}{\lambda}\right)} \tag{12-9}$$

我们重点关注决定波强的振幅 E_0，显然，对于满足

$$\Delta\varphi = (\varphi_{20} - \varphi_{10}) - 2\pi\left(\frac{r_2 - r_1}{\lambda}\right) = \pm 2k\pi \quad (k = 0, 1, 2, \cdots) \tag{12-10}$$

的空间各点，

$$E_0 = E_{10} + E_{20} = E_{0\max}, \qquad I = I_1 + I_2 + 2\sqrt{I_1 I_2} = I_{\max} \tag{12-11}$$

这些点处的合振动始终加强，称为相干加强或干涉相长。

对于满足

$$\Delta\varphi = (\varphi_{20} - \varphi_{10}) - 2\pi\left(\frac{r_2 - r_1}{\lambda}\right) = \pm(2k + 1)\pi \quad (k = 0, 1, 2, \cdots) \tag{12-12}$$

的空间各点，

$$E_0 = |E_{10} - E_{20}| = E_{0\min}, \qquad I = I_1 + I_2 - 2\sqrt{I_1 I_2} = I_{\min} \tag{12-13}$$

这些点处的合振动始终减弱，称为相干减弱或干涉相消。

12.1.4　机械波的干涉

【例 12-1】　如图 12-7 所示，同一介质中有两个相干波源 S_1、S_2，振幅皆为 $A = 33\text{cm}$，当 S_1

点为波峰时，S_2 正好为波谷。设介质中波速 $u=100\text{m}\cdot\text{s}^{-1}$。欲使两列波在 P 点干涉后得到加强，这两列波的最小频率为多大？

【解】 由图可知，

$$\overline{S_1P}=r_1=30\text{cm},\ \overline{S_2P}=r_2=\sqrt{30^2+40^2}\text{cm}=50\text{cm}$$

要使从 S_1、S_2 两个波源发出的波在 P 点干涉后得到加强，其波长必须满足

$$\Delta\varphi=(\varphi_2-\varphi_1)-2\pi\left(\frac{r_2-r_1}{\lambda}\right)=\pm2k\pi\quad(k=0,1,2,\cdots)$$

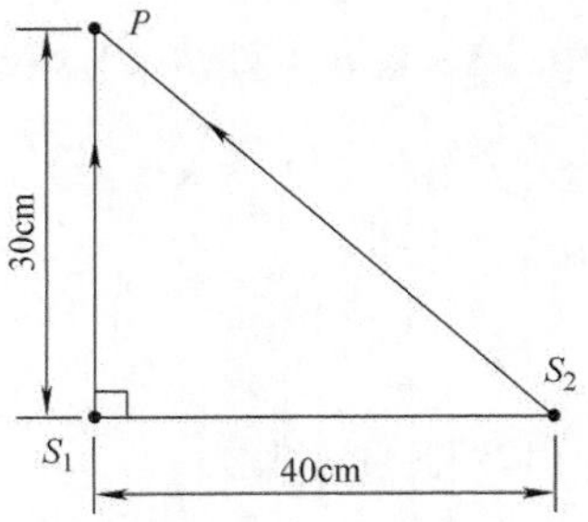

由题意知 $\varphi_2-\varphi_1=\pi$，而 $r_2-r_1=(50-30)\text{cm}=20\text{cm}$，代入上式得

$$\pi-\frac{40\pi}{\lambda}=\pm2k\pi$$

即

$$\lambda=\frac{40}{1+2k}$$

当 $k=0$ 时，λ 为最大值 $\lambda_{\max}$，

$$\lambda_{\max}=\left.\frac{40\text{cm}}{1+2k}\right|_{k=0}=0.4\text{m}$$

故

$$\nu_{\min}=\frac{u}{\lambda_{\max}}=\frac{100}{0.4}\text{Hz}=250\text{Hz}$$

图 12-7

【例 12-2】 如图 12-8 所示，相干波源 S_1 和 S_2 相距 $\frac{\lambda}{4}$（λ 为波长），S_1 的相位比 S_2 的相位超前 $\pi/2$，每一列波的振幅均为 A，并且在传播过程中保持不变。P、Q 为 S_1 和 S_2 连线外侧的任意点。求 P、Q 两点的合振幅。

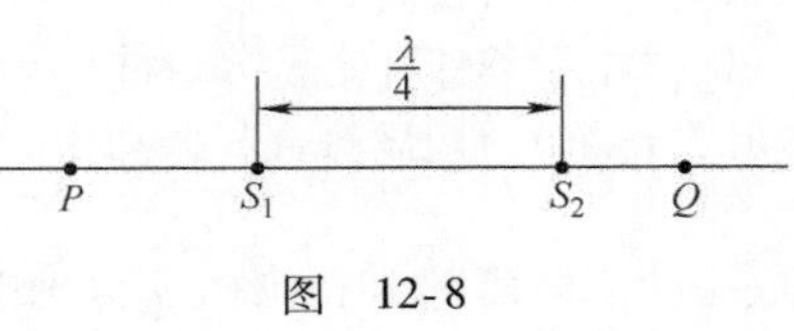

图 12-8

【解】 两个分振动的相位差为

$$\Delta\varphi=\varphi_2-\varphi_1-\frac{2\pi}{\lambda}\Delta r$$

对于 P 点，依题意 $\varphi_2-\varphi_1=-\frac{\pi}{2}$，$\Delta r=\overline{S_2P}-\overline{S_1P}=\frac{\lambda}{4}$，有

$$\Delta\varphi=-\frac{\pi}{2}-\frac{2\pi}{\lambda}\frac{\lambda}{4}=-\pi$$

即 S_1 和 S_2 的振动传到 P 点时相位相反，则 P 点的合振幅为

$$A_P=|A_2-A_1|=0$$

可见，在 S_1 和 S_2 连线左侧延长线上各点，均因干涉而静止。

同理，对于 Q 点，$\Delta r=\overline{S_2Q}-\overline{S_1Q}=-\frac{\lambda}{4}$，则有

$$\Delta\varphi=-\frac{\pi}{2}-\frac{2\pi}{\lambda}\left(-\frac{\lambda}{4}\right)=0$$

即 S_1 和 S_2 的振动传到 Q 点时相位相同，则 Q 点的合振幅为

$$A_Q=A_2+A_1=2A$$

可见，在 S_1 和 S_2 连线的右侧延长线上各点，均因干涉而振动加强。

【例 12-3】 如图 12-9 所示，S_1 和 S_2 为同一介质中的两个相干波源，其振幅均为 5cm，频率均为 100Hz，当 S_1 为波峰时，S_2 恰为波谷，波速为 $10\text{m}\cdot\text{s}^{-1}$。设 S_1 和 S_2 的振动均垂直于纸面，振幅在传播过程中保持不变，试求它们发出的两列波传到 P 点时的干涉结果。

【解】　由题意知

$$A_1=A_2=5\text{cm},\ \nu_1=\nu_2=100\text{Hz}$$

$$\varphi_1-\varphi_2=\pi,\ S_1\ 比\ S_2\ 相位超前,\ u=10\text{m}\cdot\text{s}^{-1}$$

则波长为

$$\lambda=\frac{u}{\nu_1}=\frac{10}{100}\text{m}=0.10\text{m}$$

由图中可知

$$\overline{S_1P}=15\text{cm},\ \overline{S_1S_2}=20\text{cm},\ \overline{S_2P}=25\text{cm}$$

两列波传到 P 点引起振动的相位差为

$$\Delta\varphi=\varphi_2-\varphi_1-2\pi\frac{\overline{S_2P}-\overline{S_1P}}{\lambda}=-\pi-2\pi\frac{25-15}{0.10}=-201\pi$$

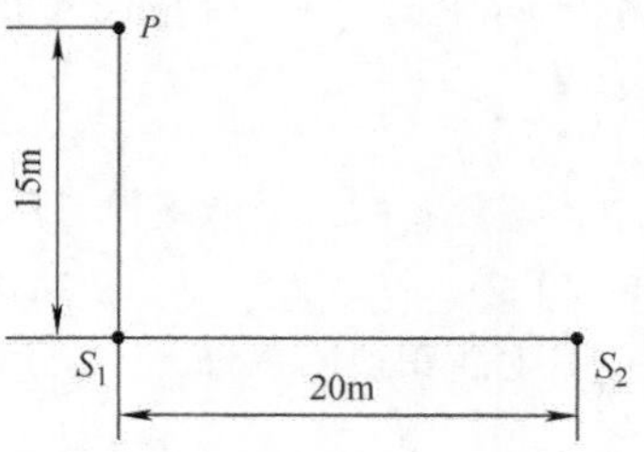

图　12-9

合振幅为

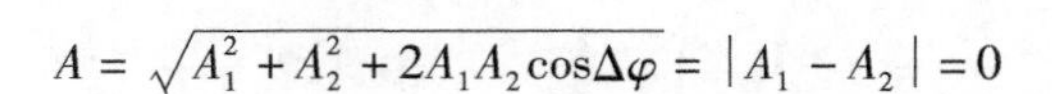

$$A=\sqrt{A_1^2+A_2^2+2A_1A_2\cos\Delta\varphi}=|A_1-A_2|=0$$

即 P 点因干涉而静止。

12.1.5　光波的杨氏双缝干涉

物理学家托马斯·杨在1801年首先用实验方法实现了光的干涉，他让太阳光通过一狭缝，再通过离缝一段距离的两条狭缝，在两狭缝后的屏上得到干涉图样，其实验装置如图12-10a所示。在传统的杨氏双缝实验中，用单色平行光照射一狭缝S，狭缝相当于一个线光源。S后放有与S平行且对称的两条平行的狭缝 S_1 和 S_2，两缝之间的距离很小（0.1mm数量级）。两狭缝处在S发出光波的同一波阵面上，**构成一对初相位相同、等强度的相干光源**。它们发出的相干光在屏后面的空间相干叠加，在双缝的后面放一个观察屏，可以在屏上观察到明暗相间的对称的干涉条纹，这些条纹都与狭缝平行，条纹间的距离相等。在现在的物理实验中，通常是直接把激光束投射到双缝上，即可在屏上观察到干涉条纹，如图12-10b所示。下面分析双缝干涉条纹的分布规律。

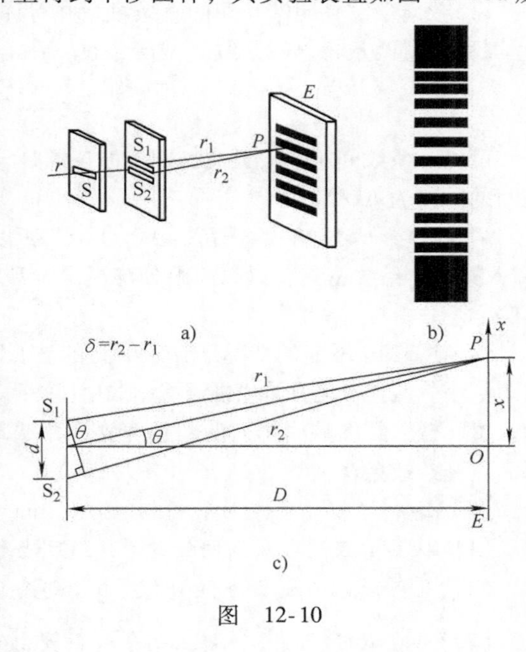

图　12-10

如图12-10c所示，设双缝 S_1 与 S_2 之间的距离为 d，双缝到屏的距离为 D，在屏上以屏中心为原点 O、垂直于条纹方向设立 x 轴，用以表示干涉点的位置。设屏上坐标为 x 处的干涉点 P 到两缝的距离分别为 r_1 和 r_2，从 S_1 和 S_2 发出的两列相干光到达 P 点的波程差应为 r_2-r_1，在通常的情况下距离 D 的大小是米的数量级，条纹分布范围 x 的大小为毫米数量级，即 $D>>d$，$D>>x$，故 $\sin\theta\approx\tan\theta$。所以

$$r_2-r_1\approx d\sin\theta\approx d\tan\theta=\frac{xd}{D} \tag{12-14}$$

（1）干涉加强和减弱的条件　若实验所用单色光的波长为 λ，根据前面的讨论，由干涉相长

的条件

$$\Delta\varphi=(\varphi_2-\varphi_1)-2\pi(\frac{r_2-r_1}{\lambda})=\pm 2k\pi \quad (k=0,1,2,\cdots)$$

把 $\varphi_1=\varphi_2$ 和式（12-14）代入上式，得干涉明条纹的中心位置为

$$x_k=\pm k\frac{D\lambda}{d} \qquad (k=0,1,2,3,\cdots) \tag{12-15}$$

式中，整数 k 称为干涉级数，用于区别不同的条纹；正、负号表示干涉条纹在 O 点两边是对称分布的。

由干涉相消的条件

$$\Delta\varphi=(\varphi_2-\varphi_1)-2\pi(\frac{r_2-r_1}{\lambda})=\pm(2k+1)\pi \quad (k=0,1,2,\cdots)$$

把 $\varphi_1=\varphi_2$ 和式（12-14）代入上式，得暗条纹中心的位置为

$$x_k=\pm(2k+1)\frac{D\lambda}{2d} \quad (k=0,1,2,3,\cdots) \tag{12-16}$$

在屏中心即 $x=0$ 或 $\theta=0$ 处，出现明条纹，称为零级明条纹或中央明条纹，其他各级明条纹和暗条纹相间排列在中央明条纹的两侧，依次为 0 级明条纹、1 级暗条纹、1 级明条纹、2 级暗条纹……

（2）条纹特征　根据以上分析，杨氏双缝干涉图样具有以下特征：

1）干涉条纹是明暗相间的直条纹，并对称分布在中央明条纹两侧。

2）任意两条相邻明条纹（或暗条纹）中心之间的距离，即条纹间距均为

$$\Delta x=x_{k+1}-x_k=\frac{D\lambda}{d} \tag{12-17}$$

可见，条纹间距与 k 无关，即干涉条纹是等间距分布的。任意两条相邻明条纹和暗条纹中心之间的距离为 $\Delta x/2$。

3）在 λ、D 不变的情况下，$\Delta x\propto 1/d$，所以 d 越小，Δx 就越大，条纹稀疏；反之，d 越大，Δx 就越小，条纹密集，以致肉眼分辨不出干涉条纹。所以在观察双缝干涉条纹时，双缝间距要足够小。

4）在 d、D 不变的情况下，入射光的波长不同，干涉条纹的间距也不同，波长越短，条纹间距越小。因此，若用白光照射，则在中央明条纹的两侧，同一级条纹将出现按紫、蓝、青、绿、黄、橙、红的顺序排列的彩色光谱。中央亮条纹仍呈白色，因为对于各种波长的光，$x=0$ 都满足亮条纹条件。

【例 12-4】 以单色光照射到相距为 0.2mm 的双缝上，双缝与屏幕的垂直距离为 1m：

（1）从第 1 级明条纹到同侧的第 4 级明条纹间的距离为 7.5mm，求单色光的波长；

（2）若入射光的波长为 600nm，求相邻两明条纹间的距离。

【解】 在双缝干涉中，屏上明条纹位置由 $x=k\frac{D\lambda}{d}$ 决定，对同侧的条纹级次应同时为正（或负），故可求出光波长。另外，双缝干涉条纹的间距 $\Delta x=\frac{D\lambda}{d}$，由条纹的间隔数 $\Delta k=4-1=3$，也可求出波长。

（1）根据双缝干涉明条纹的条件

$$x_k=\pm k\frac{D\lambda}{d} \quad (k=0,\ 1,\ 2,\ \cdots)$$

把 $k=1$ 和 $k=4$ 代入上式，得

$$\Delta x_{14}=x_4-x_1=(4-1)\frac{D\lambda}{d}$$

所以

$$\lambda=\frac{d}{D}\frac{\Delta x_{14}}{3}$$

已知 $d=0.2\text{mm}$，$\Delta x_{14}=7.5\text{mm}$，$D=1000\text{mm}$，代入上式，得

$$\lambda=\frac{0.2}{1000}\frac{7.5}{3}\text{mm}=500\text{nm}$$

（2）当 $\lambda=600\text{nm}$ 时，相邻两明条纹间的距离为

$$\Delta x=\frac{D\lambda}{d}=\frac{1000}{0.2}\times6\times10^{-4}\text{mm}=3.0\text{mm}$$

物理知识应用案例

1. 菲涅耳双镜和劳埃德镜

1818 年法国物理学家菲涅耳做了双平面反射镜和双棱镜透射实验，进一步证明了光的干涉，并得到了普遍承认。菲涅耳双平面反射镜是利用两个平面镜的反射把波阵面分开，实验装置如图 12-11a 所示。M_1 和 M_2 是一对紧靠着且夹角 α 很小的平面反射镜。狭缝光源 S 的缝方向与两平面镜交线 C 平行。S 发出的光波经两镜面反射而被分割为两束，两反射光在空间有部分交叠。图中接收屏 E 上的交叠区域会形成等距的平行干涉条纹。设 S 对 M_1 和 M_2 的虚像分别为 S_1 和 S_2，接收屏上的干涉图样可以看作是由相干的虚像光源 S_1 和 S_2 发出的光波干涉所产生的。因而在这类问题的计算中，接收屏上交叠区域的光强分布可由 S_1 和 S_2 到接收屏上该处的光程差确定，其分析方法与杨氏双缝实验类似。

劳埃德（Lloyd）于 1834 年提出了一种更简单的观察干涉的装置，如图 12-11b 所示。劳埃德镜装置主要是一平面反射镜。与纸面垂直的狭缝光源 S_1 发出的光波，一部分直接投射到接收屏 E 上，另一部分掠入射到平面镜 MN 上，反射后与直射光波交叠。由于这两束光是由分割波阵面得到的，因此它们在交叠区域将发生干涉，从而在接收屏 E 上呈现干涉条纹。干涉条纹的具体位置可由光源 S_1 及其对平面镜 MN 的虚像 S_2 到接收屏上交叠区的光程差确定。劳埃德镜为后面讨论的反射波的半波损失提供了直接的实验证据：在图 12-11b 中，把接收屏 E 推向平面镜，并置于 $E'N$ 位置。虽然直达光与反射光在 N 处的波程差为零，但在接收屏的 N 处出现的是一暗条纹而不是明条纹。这一变化必然是在反射过程中发生的，因为光在充满着均匀物质或真空中前进时，不可能在中途无故引起这种变化。反射仅在介质表面上发生，因此波的振动必然在这里突然改变了方向，这也等于说明反射光的波程在反射过程中损失了半个波长，即半波损失。

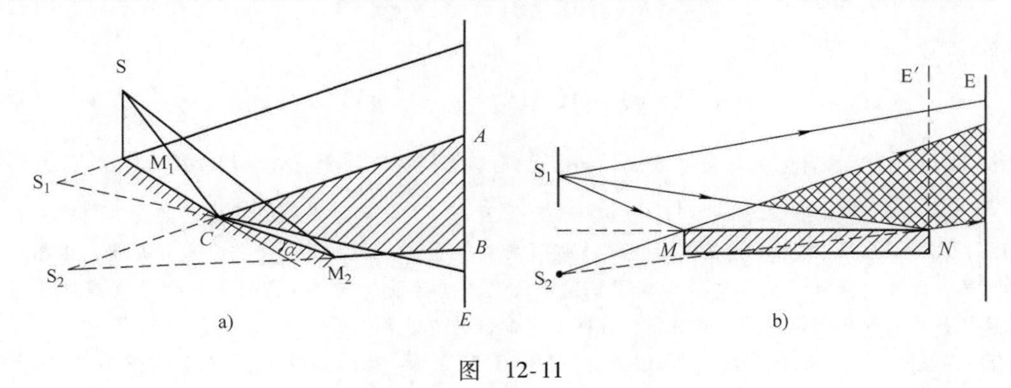

图　12-11

深海航行的潜艇声呐探测系统也采用劳埃德镜方法推算探测目标的航速、距离和深度。例如，在一定深度和距离上航行的潜艇，当其辐射噪声经直达途径和水面反射途径到达接收声呐探测系统时会发生干涉(在浅水区还可能是直射波和海底表面反射波相干叠加的结果)，导致出现双曲线状的干涉条纹。据此，可推算潜艇的航速及其距接收点的距离和深度。

2. 天线阵

无线电波是利用天线辐射的，单个天线的方向性是有限的，为了加强天线的定向辐射能力，可以采用天线阵。天线阵就是将若干个单元天线按一定方式排列而成的天线系统。排列方式可以是直线阵、平面阵和立体阵。实际的天线阵多用相似元组成，所谓相似元，是指各阵元的类型、尺寸相同，架设方位也相同。天线阵的辐射场是各单元天线辐射场的相干叠加。只要调整好各单元天线辐射场之间的相位差，就可以得到所需要的、更强的方向性。等幅二元阵是最常见也是最简单的二元阵类型，下面以它为例来详细分析。

如图 12-12 所示，假设有两个相似元以间隔距离 d 放置在 y 轴上构成一个等幅二元阵，由于两天线空间取向一致，并且结构完全相同，因此，对于远区辐射场而言，可以认为它们到观察点的电波射线近似平行，两天线对观察点的（r, θ, φ）相同，方向函数相等。若忽略传播路径不同对振幅的影响，不计天线阵元间的耦合，则观察点处的合成场为同方向、同频率的简谐振动辐射电场的合成，合成电场仍然是同频率的简谐振动，合成振动的振幅由式（12-8）得

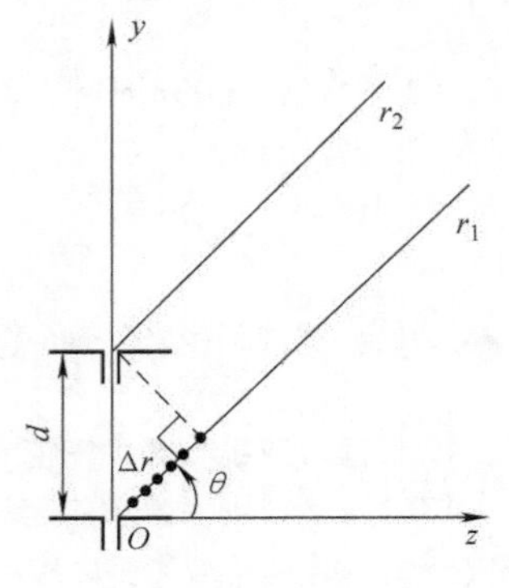

图　12-12

$$|E(\theta,\varphi)| = \sqrt{E_1^2(\theta,\varphi) + E_2^2(\theta,\varphi) + 2E_1(\theta,\varphi)E_2(\theta,\varphi)\cos\Delta\varphi} \tag{12-18}$$

其中
$$\Delta\varphi = (\varphi_{20} - \varphi_{10}) - 2\pi(\frac{r_2 - r_1}{\lambda}) = \Delta\varphi_0 - 2\pi(\frac{r_2 - r_1}{\lambda}) \tag{12-19}$$

对于相似元，$E_1(\theta,\varphi) = E_2(\theta,\varphi)$，所以

$$|E(\theta,\varphi)| = |E_1(\theta,\varphi)|\sqrt{2+2\cos\Delta\varphi} = |E_1(\theta,\varphi)|\left|2\cos\frac{\Delta\varphi}{2}\right| \tag{12-20}$$

定义阵因子为

$$f_a(\theta,\varphi) = \frac{|E(\theta,\varphi)|}{|E_1(\theta,\varphi)|} \tag{12-21}$$

式（12-21）为普遍定义式，不局限于等幅二元阵。显然，等幅二元阵的阵因子为

$$f_a(\theta,\varphi) = \left|2\cos\frac{\Delta\varphi}{2}\right| \tag{12-22}$$

我们知道，一般单一天线的辐射场都有以下的形式，即

$$|E_1(\theta,\varphi)| = A(r)|f_1(\theta,\varphi)| \tag{12-23}$$

所以等幅二元天线阵的辐射场为

$$|E(\theta,\varphi)| = A(r)|f_1(\theta,\varphi)|\left|2\cos\frac{\Delta\varphi}{2}\right| \tag{12-24}$$

式中，$|f_1(\theta,\varphi)|$是天线阵元的方向函数；$\left|2\cos\frac{\Delta\varphi}{2}\right|$是二元阵的阵因子。式（12-24）表明：天线阵的方向函数可以由两项相乘而得，第一项$|f_1(\theta,\varphi)|$称为元因子，它与单元天线的结构及架设方位有关；第二项$f_a(\theta,\varphi)$称为阵因子，取决于两天线的电流比以及相对位置，与单元天线无关。也就是说，由相似元组成的二元阵，其方向函数（或方向图）等于单元天线的方向函数（或方向图）与阵因子（或方向图）的乘积，这就是方向图乘积定理。它在分析天线阵的方向性时有很大作用。

【例 12-5】　**半波振子天线（$l = 0.25\lambda$，$2l = 0.5\lambda$）最具有实用性，它被广泛地应用于短波波段和超短波波段，既可以作为独立天线使用，也可以作为天线阵的阵元，还可以用作微波波段**

天线的馈源。半波振子在远区辐射场为

$$\boldsymbol{E}=\frac{60 I_{\mathrm{m}}}{\lambda} \frac{\cos \left(\frac{\pi}{2} \cos \theta\right)}{\sin \theta} \sin (\omega t-k r) \boldsymbol{e}_{\theta}$$

现考虑如图 12-12 所示的由两个半波振子组成的一个平行二元阵，其间隔距离 $d=0.25\lambda$，两个半波振子的电流振幅相等，初相差为 $\varphi_{10}-\varphi_{20}=\pi/2$，求其 $\boldsymbol{E}$ 面（yOz 面）的方向函数及方向图。

【解】 $\boldsymbol{E}$ 平面（yOz 面）：在单元天线确定的情况下，分析二元阵的重要工作就是首先分析阵因子，而阵因子是相位差的函数，因此有必要先求出 $\boldsymbol{E}$ 平面（yOz 面）上的相位差表达式，如图 12-12 所示，与 z 轴成 θ 角方向的波程差

$$r_1-r_2=d\sin\theta=\frac{\lambda}{4}\sin\theta$$

所以相位差为

$$\Delta\varphi=(\varphi_{20}-\varphi_{10})-2\pi\left(\frac{r_2-r_1}{\lambda}\right)=-\frac{\pi}{2}+\frac{\pi}{2}\sin\theta$$

即在 $\theta=90°$ 和 $\theta=270°$ 时，$\Delta\varphi$ 分别为 0 和 $-\pi$，这意味着，阵因子在 $\theta=90°$ 和 $\theta=270°$ 方向上分别为最大辐射和零辐射。

阵因子可以写为

$$f_a(\theta)=\left|2\cos\left(-\frac{\pi}{4}+\frac{\pi}{4}\sin\theta\right)\right|$$

而半波振子在 $\boldsymbol{E}$ 面的方向函数可以写为（参见下一章式（13-15））

$$f_1(\theta)=\left|\frac{\cos\left(\frac{\pi}{2}\cos\theta\right)}{\sin\theta}\right| \tag{12-25}$$

根据方向图乘积定理，此二元阵在 $\boldsymbol{E}$ 平面（yOz 面）上的方向函数为

$$f_E(\theta)=\left|\frac{\cos\left(\frac{\pi}{2}\cos\theta\right)}{\sin\theta}\right|\times\left|2\cos\left(-\frac{\pi}{4}+\frac{\pi}{4}\sin\theta\right)\right| \tag{12-26}$$

由上面的分析可以画出 $\boldsymbol{E}$ 平面方向图如图 12-13 所示。图中各方向图已经归一化。

由上分析可以看出，在 $\theta=90°$ 的方向上，波程差和电流激励相位差刚好互相抵消，因此两个单元天线在此方向上的辐射场同相叠加，合成场取最大。而在 $\theta=270°$ 方向上，总相位差为 π，因此两个单元天线在此方向上的辐射场反向相消，合成场为零，二元阵具有了单向辐射的功能，从而提高了方向性，达到了排阵的目的。

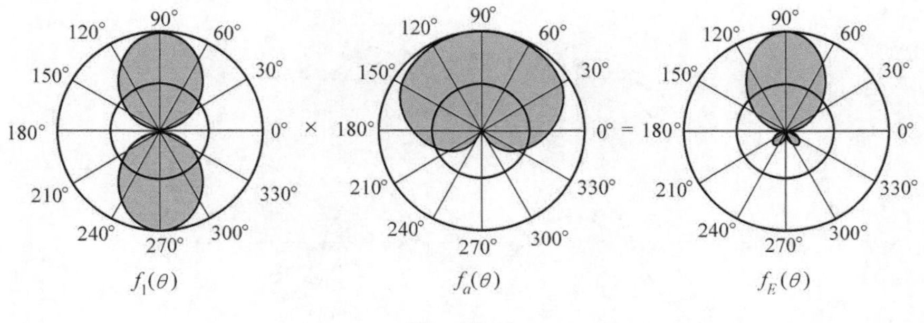

图　12-13

当单元天线为点源，即 $f_1(\theta,\varphi)=1$ 时，$f(\theta,\varphi)=f_a(\theta,\varphi)$。在形成二元阵方向性的过程中，

阵因子$f_a(\theta,\varphi)$的作用十分重要。对二元阵来说，由阵因子绘出的方向图是围绕天线阵轴线回旋的空间图形，通过调整间隔距离d和电流比I_{m2}/I_{m1}，最终调整相位差$\Delta\varphi(\theta,\varphi)$，可以设计出工程需要的方向图的形状。

12.2 驻波

12.2.1 驻波的形成

图12-14是演示驻波实验的示意图。弦线的一端与音叉A相连，另一端跨过劈尖K、滑轮M，系一重物，弦线在AK间被拉紧，音叉振动时，有横波在弦线上从左向右传播，在劈尖K处被反射，形成反射波。在A、K间的弦线上，同时有入射波与反射波传播，它们是等幅的相干波，调劈尖K至适当位置，A、K间的弦线便形成稳定的分段振动的波形，这就是驻波。驻波是两列振幅相同、相速相同的相干波在同一直线上沿相反方向传播、叠加而形成的。图12-15描述了入射波与反射波（用虚线表示）在图示各时刻叠加所形成的驻波。图中绘出了每隔$T/8$的几个时刻的驻波波形。

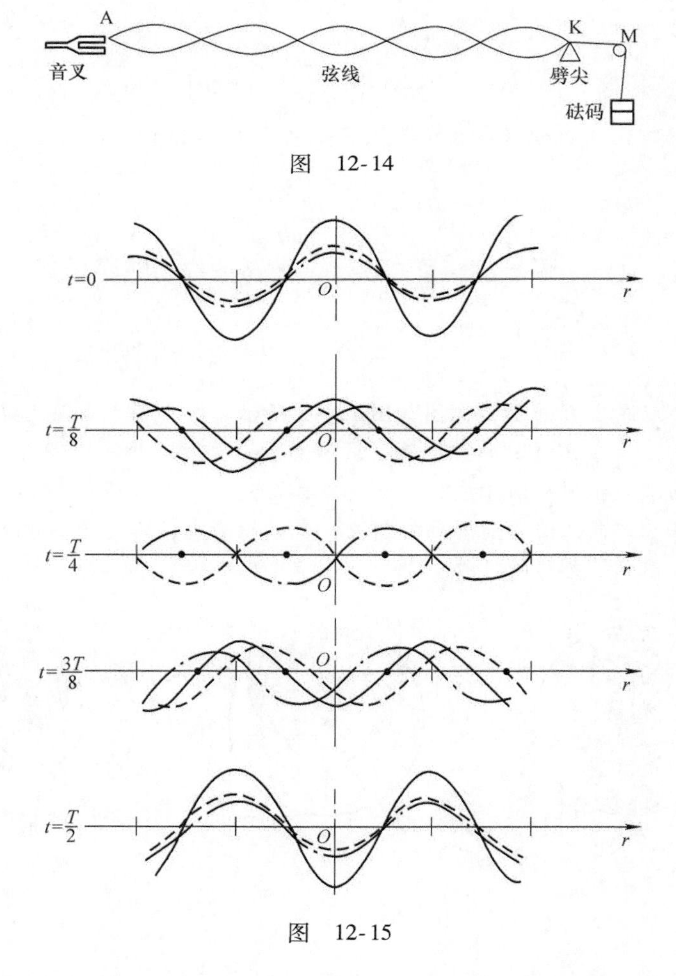

图 12-14

图 12-15

12.2.2　驻波方程

设有两列振幅相同、相速相同、初相为零的相干波，分别沿 Or 轴正方向和 Or 轴负方向传播，波动方程分别为

$$y_1 = A\cos 2\pi\left(\nu t - \frac{r}{\lambda}\right) \tag{12-27}$$

$$y_2 = A\cos 2\pi\left(\nu t + \frac{r}{\lambda}\right) \tag{12-28}$$

在两波相遇处质元的位移为

$$y = y_1 + y_2 = A\cos 2\pi\left(\nu t - \frac{r}{\lambda}\right) + A\cos 2\pi\left(\nu t + \frac{r}{\lambda}\right) \tag{12-29}$$

运用三角函数关系，式（12-29）可简化为

$$y = 2A\cos\left(2\pi\frac{r}{\lambda}\right)\cos(2\pi\nu t) \tag{12-30}$$

式（12-30）称为驻波方程。式中，cos（$2\pi\nu t$）表示简谐振动，而 $\left|2A\cos\left(\frac{2\pi}{\lambda}r\right)\right|$ 即为简谐振动的振幅。r 与 t 被分隔于两个余弦函数中，说明此函数不满足 $y(t+\Delta t, r+u\Delta t) = y(t, r)$，因此，它不表示行波，只表示各质点都在做与原频率相同的简谐振动，但各点的振幅随位置的不同而不同。

12.2.3　驻波的特点

1. 驻波振幅分布特点　波腹与波节

式（12-30）中右端有两个因子 $\left|2A\cos\left(\frac{2\pi}{\lambda}r\right)\right|$ 和 $\cos(2\pi\nu t)$，因子 $\cos(2\pi\nu t)$ 含有时间变量，它表明质点做简谐振动。因子 $2A\cos\left(2\pi\frac{r}{\lambda}\right)$ 与时间无关，只与 r 有关，对于确定的位置 r，其为定值，所以 $\left|2A\cos\left(\frac{2\pi}{\lambda}r\right)\right|$ 是位置 r 处质元做简谐振动的振幅。可见 Or 轴上各质元的振幅随位置 r 不同而异，r 满足 $\left|\cos\left(2\pi\frac{r}{\lambda}\right)\right| = 1$ 的那些点振动的振幅最大（等于 $2A$），叫作波腹；满足 $\left|\cos\left(2\pi\frac{r}{\lambda}\right)\right| = 0$ 的那些点，振动的振幅为零，这些点始终静止不动，叫作波节。其余各点的振幅在零与最大值（$2A$）之间，下面求波腹与波节的位置。

当 $\left|\cos\left(2\pi\frac{r}{\lambda}\right)\right| = 1$ 时，有

$$2\pi\frac{r}{\lambda} = \pm k\pi \quad (k = 0, 1, 2, \cdots) \tag{12-31}$$

即

$$r = \pm k\frac{\lambda}{2} \quad (k = 0, 1, 2, \cdots) \tag{12-32}$$

满足式（12-32）的各点为波腹，相邻波腹之间的距离为

$$\Delta r = r_{k+1} - r_k = (k+1)\frac{\lambda}{2} - k\frac{\lambda}{2} = \frac{\lambda}{2} \tag{12-33}$$

即相邻波腹之间的距离为半个波长。

当$\left|\cos\left(2\pi\frac{r}{\lambda}\right)\right|=0$时，有

$$2\pi\frac{r}{\lambda}=\pm(2k+1)\frac{\pi}{2}\quad(k=0,1,2,\cdots)\tag{12-34}$$

即

$$r=\pm(2k+1)\frac{\lambda}{4}\quad(k=0,1,2,\cdots)\tag{12-35}$$

满足式（12-35）的各点为波节，相邻波节之间的距离为

$$\Delta r=r_{k+1}-r_k=[2(k+1)+1]\frac{\lambda}{4}-(2k+1)\frac{\lambda}{4}=\frac{\lambda}{2}\tag{12-36}$$

即相邻波节之间的距离也为半个波长。显然，波节与相邻波腹之间的距离为$\lambda/4$，故测得了波腹或波节间的距离，便可确定两相干波的波长。若入射波与反射波在弦线上叠加，只有当弦线长度为$\lambda/2$的整数倍时，才能形成驻波。

需要说明的是，式（12-32）和式（12-35）给出的波腹、波节位置的结论并不具有普遍性，因它们是从特例中导出的。

2. 驻波相位的分布特点

从式（12-30）可以看出，因子$\cos(2\pi\nu t)$中的相位$2\pi\nu t$与质元的位置r无关，似乎在同一时刻所有质元都具有相同的相位。其实不然，因为振幅等于$\left|2A\cos\left(2\pi\frac{r}{\lambda}\right)\right|$，所以质元振动的相位与$\cos\left(2\pi\frac{r}{\lambda}\right)$值的正负有关，而$\cos\left(2\pi\frac{r}{\lambda}\right)$值的正负与$r$有关，凡是使$\cos\left(2\pi\frac{r}{\lambda}\right)$值为正的各点的相位均相同；凡是使$\cos\left(2\pi\frac{r}{\lambda}\right)$值为负的各点的相位也相同，但与前述各点的相位相反。

在相邻两波节之间，$\cos\left(2\pi\frac{r}{\lambda}\right)$具有相同的符号，所以两波节之间各点的振动相位相同，而波节两边各点$\cos\left(2\pi\frac{r}{\lambda}\right)$的符号相反，所以波节两边各点振动相位相反。可见，相邻两波节之间的各点，振动位移同时达到最大值，同时通过平衡位置，同时达到负的最大值；波节两边各点的位移同时沿相反方向达到最大值，又同时沿相反方向通过平衡位置，如图12-16所示。所以驻波是做分段的振动，每段内所有质元的振动是同步的。驻波与行波不同，每一时刻，驻波都有确定的波形，这个波形既不向左移，又不向右移，因此才称为驻波。

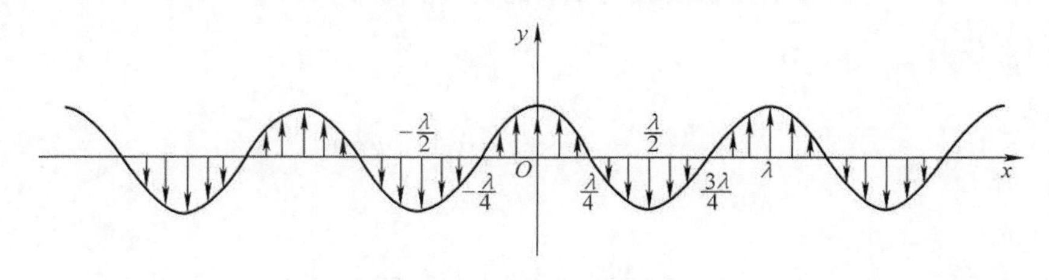

图 12-16

3. 驻波能量的分布特点

让我们看一下驻波的能量。当驻波形成时，介质各点必定同时达到最大位移，又同时通过平

衡位置。就让我们分析这两个状态的情形：当介质质点达到最大位移时，各质点的速度为零，即动能为零，而介质各处却出现了不同程度的形变，越靠近波节处形变量越大。所以在此状态下，驻波的能量以弹性势能的形式集中于波节附近。当介质质点通过平衡位置时，各处的形变都随之消失，弹性势能为零，而各质点的速度都达到了自身的最大值，以波腹处为最大。因此，在这种状态下，驻波的能量以动能的形式集中于波腹附近。由这两种状态的情形可见一斑，于是我们可以得出这样的结论：在驻波中，波腹附近的动能与波节附近的势能之间不断进行着互相转换和转移，却没有能量的定向传播。

从能流角度来看，由于形成驻波的两列相干波的能流密度量值相等，但传播方向相反，因此合成波的能流密度为零，即不存在沿单一方向的能流，故驻波不传播能量。

4. 机械波的半波损失

现在我们把注意力集中在两种介质的界面处，实验发现，在界面处有时形成波节，有时形成波腹。理论和实验表明，这一切均取决于界面两边介质的相对波阻。

机械波的波阻（即波的阻抗）是指介质的密度与波速之乘积 ρu，相对波阻较大的介质称为波密介质，反之称为波疏介质。

实验表明：波从波疏介质入射而从波密介质上反射时，界面处形成波节；波从波密介质入射而从波疏介质上反射时，界面处形成波腹。

如果在界面处形成波节，则表明在界面处入射波与反射波的相位始终相反，或者说在界面处入射波的相位与反射波的相位始终存在着 π 的相位差，这种现象叫作半波损失（或称作半波突变）。

反射波产生半波损失的条件是：波从波疏介质入射并从波密介质反射；对于机械波，还必须是正入射。

如果在界面处形成波腹，则表明在界面处入射波与反射波的相位始终相同，这时反射波没有半波损失。

【例12-6】 如图12-17所示，平面简谐波 $y_{入}=A\cos2\pi\left(\frac{t}{T}-\frac{x}{\lambda}\right)$，此波波速为 u，沿 x 方向传播，振幅为 A，周期为 T。以 B 为反射点且有半波损失，$l=5\lambda$，设反射波振幅近似等于入射波振幅。求：(1) 反射波的波动方程；(2) 驻波方程；(3) 分析 OB 间波节、波腹的位置坐标。

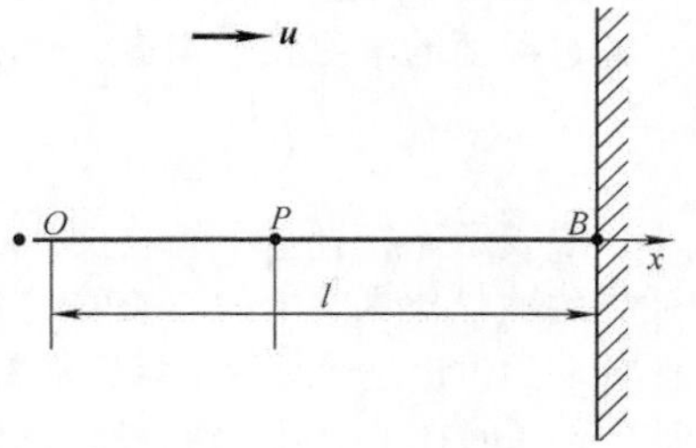

【解】 (1) $y_{入B}=A\cos2\pi\left(\frac{t}{T}-\frac{l}{\lambda}\right)$

考虑到反射点有半波损失，所以反射波的始点振动方程为

$$y_{反B}=A\cos\left[2\pi\left(\frac{t}{T}-\frac{l}{\lambda}\right)-\pi\right]$$

根据始点振动方程可以写出反射波的波动方程（坐标原点 O 不变）为

$$y_{反}=A\cos\left[2\pi\left(\frac{t}{T}+\frac{x-l}{\lambda}\right)-2\pi\frac{5\lambda}{\lambda}-\pi\right]$$

$$=A\cos\left[2\pi\left(\frac{t}{T}+\frac{x}{\lambda}\right)-21\pi\right]=-A\cos2\pi\left(\frac{t}{T}+\frac{x}{\lambda}\right)$$

图　12-17

(2) 驻波由入射波和反射波叠加而成，驻波方程为

$$y=y_{入}+y_{反}=A\cos2\pi(\frac{t}{T}-\frac{x}{\lambda})-A\cos2\pi(\frac{t}{T}+\frac{x}{\lambda})$$
$$=2A\sin\frac{2\pi x}{\lambda}\sin\frac{2\pi t}{T}$$

(3) 由

$$\sin\frac{2\pi x}{\lambda}=0,\quad \frac{2\pi x}{\lambda}=k\pi\quad (k=0,1,2,\cdots,10)$$

得波节坐标

$$x=\frac{k}{2}\lambda$$
$$x=0,\ \frac{\lambda}{2},\ \lambda,\ \frac{3\lambda}{2},\ 2\lambda,\ \cdots,\ \frac{9\lambda}{2},\ 5\lambda$$

由

$$\left|\sin\frac{2\pi}{\lambda}x\right|=1,\quad \frac{2\pi x}{\lambda}=(2k+1)\frac{\pi}{2}\quad (k=0,1,2,\cdots,9)$$

得波腹坐标

$$x=(2k+1)\frac{\lambda}{4}$$
$$x=\frac{\lambda}{4},\frac{3\lambda}{4},\frac{5\lambda}{4},\cdots,\frac{17\lambda}{4},\frac{19}{4}\lambda$$

12.3 薄膜干涉

在日常生活中，我们常见到在阳光的照射下肥皂泡或水面上的油膜呈现出五颜六色的花纹。这是光波在膜的上、下表面反射后相互叠加所产生的干涉现象，称为薄膜干涉。由于反射波和透射波的能量都是由入射波分出来的，所以属于分振幅的干涉。

前面我们讨论了由分波阵面法获得相干光的典型实验——杨氏双缝干涉实验，下面介绍获得相干光的另一种常见方法，即用分振幅法获得相干光的薄膜干涉。

12.3.1 平面薄膜干涉

1. 光程　光程差

通过前面的学习我们知道，介质的折射率定义为真空光速与介质中光速的比，故有

$$n=\frac{c}{u}=\frac{\nu\lambda_0}{\nu\lambda}=\frac{\lambda_0}{\lambda}\tag{12-37}$$

式中，λ_0表示光在真空中的波长；λ 表示介质中的波长。由于 $n\geqslant1$，所以 $\lambda=\lambda_0/n\leqslant\lambda_0$，即光在介质中的波长比真空中的波长要短一些。

前面的讨论是针对两个相干波在同一介质中传播相遇叠加的情况，下面考虑两束相干光在不同介质中传播时在干涉点相遇叠加的相位差。在如图 12-18 所示的介质中，式（12-6）应该写为

$$\Delta\varphi=(\varphi_{20}-\varphi_{10})-(2\pi\frac{r_2}{\lambda_2}-2\pi\frac{r_1}{\lambda_1})$$
$$=(\varphi_{20}-\varphi_{10})-(2\pi\frac{n_2r_2}{\lambda_0}-2\pi\frac{n_1r_1}{\lambda_0})$$
$$=(\varphi_{20}-\varphi_{10})-\frac{2\pi}{\lambda_0}(n_2r_2-n_1r_1)$$

我们将介质折射率 n 与光在该介质中通过的几何路程 r 的乘积定义为光程

$$l = \sum_A^B n_i r_i \tag{12-38}$$

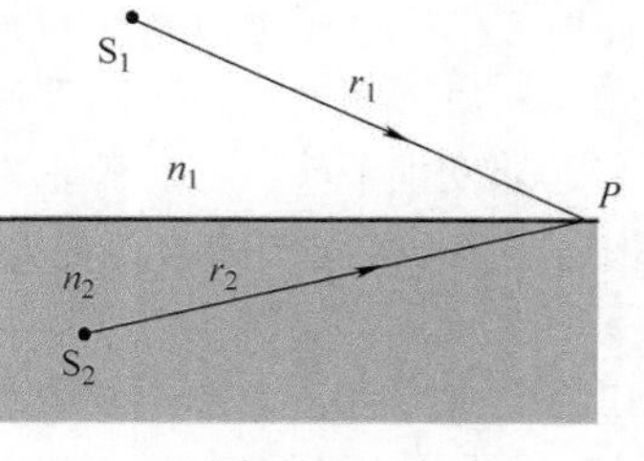

图 12-18

设有两束相干光来自初相位相同的两个相干光源 S_1 和 S_2，在干涉点 P 相遇，如图 12-18 所示。它们从光源到干涉点的波程分别为 r_1 和 r_2，光程分别为 l_1 和 l_2，于是它们在 P 点引起的两个光振动的相位差为

$$\Delta\varphi = \frac{2\pi}{\lambda_0}(n_2 r_2 - n_1 r_1) = 2\pi \frac{l_2 - l_1}{\lambda_0} \tag{12-39}$$

定义两束相干光在干涉点 P 的光程差

$$\delta = l_2 - l_1 = n_2 r_2 - n_1 r_1 \tag{12-40}$$

则该点光振动的相位差为

$$\Delta\varphi = 2\pi \frac{\delta}{\lambda_0} \tag{12-41}$$

以光程代替波程，在公式形式上又回到了“真空”或者“同一介质”的情况。光程显然和波程不同，光程含有波程和折射率两个因素，除非在光路中全是真空或空气，一般情况下光程大于波程。

在物理意义上，光程的概念有等价折算的含义。例如，有 3/4mm 厚、折射率为 4/3 的一层水膜，有 2/3mm 厚、折射率为 3/2 的一块玻璃片，这两个物体在很多方面性质都不同，如力学性质、热学性质、电学性质等。但它们的光程相同（1mm），这意味着光通过它们时所需要的时间，以及由此产生的相位差相同，都相当于 1mm 的真空。在引起光振动的时间差和相位差方面，它们完全等价，或者通俗地说，是不可分辨的。

显然，当光程差满足

$$\delta = l_2 - l_1 = \pm 2k\frac{\lambda}{2} \text{或相位差 } \Delta\varphi = \pm 2k\pi \quad (k = 0, 1, 2, \cdots) \quad \text{干涉加强} \tag{12-42}$$

$$\delta = l_2 - l_1 = \pm(2k+1)\frac{\lambda}{2} \text{或相位差 } \Delta\varphi = \pm(2k+1)\pi \quad (k = 0, 1, 2, \cdots) \quad \text{干涉减弱} \tag{12-43}$$

以上两式表明，当两个相干光源同相位时，在两列波的叠加区域内光程差 δ 等于零或半波长偶数倍的各点，振幅和光强最大；光程差 δ 等于半波长奇数倍的各点，振幅和光强最小。

2. 等倾干涉

图 12-19 所示为光照射到薄膜上后反射光干涉的情况。设入射位置处薄膜的折射率为 n_2，厚度为 e，膜的上、下方的介质的折射率分别为 n_1 和 n_3。一束波长为 λ 的单色光以入射角 i 照到薄膜上，在入射点 A 分为两束，一束是反射光 a，另一束折射进入膜内，在 C 点反射后到达 B 点，再折射回膜的上方形成光束 b，由一束光中按照不同振幅比例分出的 a、b 两束光（分振幅法）是相干光，将在膜

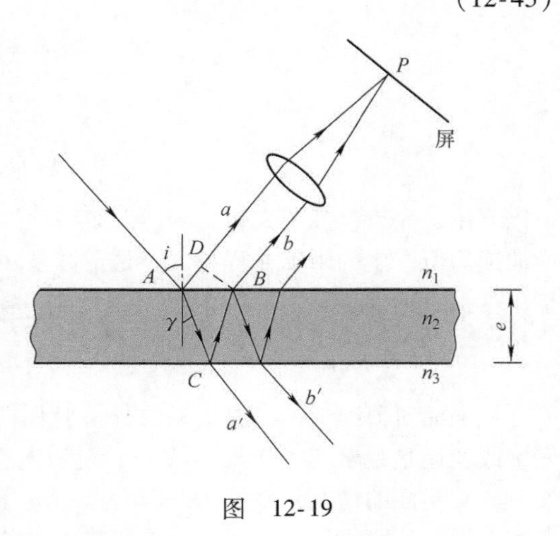

图 12-19

的反射方向产生干涉（称为反射光干涉）。至于那些在膜内经三次、五次……反射再折回膜上方的光线，由于强度迅速下降等原因，可以不必考虑。由于 a、b 两束光线是平行的，所以只能在无穷远处发生干涉，在实验室中可用透镜将它们会聚在焦平面处的屏上进行观察。而透射光 a'、b'相遇时也会发生干涉，通常称为透射光干涉。

由于一旦光程差确定了，代入光干涉的极值条件就可以定量地讨论干涉的光强分布规律，所以下面我们来讨论薄膜干涉的光程差 δ 的计算。我们先以反射光干涉为例来讨论这个问题。如图 12-19所示，薄膜干涉可能涉及三种不同的介质 n_1、n_2 和 n_3，半波损失的讨论是非常关键的，以 $n_1 < n_2 > n_3$为例：a 光是由介质（n_1）入射到薄膜上表面的反射，应有半波损失；b 光是透射光由薄膜入射到介质（n_3）表面的反射，没有半波损失；又由于 DB 到焦平面上像点 P 等光程，所以 a 和 b 两束光在 P 点相遇时的光程差为

$$\delta = n_2(\overline{AC} + \overline{CB}) - (n_1\overline{AD} - \frac{\lambda}{2}) \tag{12-44}$$

式中，$\lambda/2$ 是薄膜上表面反射的半波损失。更一般地，从介质的折射率大小的排列来看，有两种可能的方式。一种是按 $n_1 > n_2 < n_3$或 $n_1 < n_2 > n_3$的顺序排列，即薄膜的折射率大于或小于它两面介质的折射率。此时对反射光干涉要引入附加光程差 $\delta' = \lambda/2$，而对透射光干涉附加光程差 $\delta' = 0$。另一种是 $n_1 > n_2 > n_3$或 $n_1 < n_2 < n_3$的排列顺序，即薄膜折射率的大小，在它两面的介质折射率的大小之间。例如，水面上的油膜、镜头上的保护膜都属于这种情况。这时对反射光干涉，附加光程差为 $\delta' = 0$，而对透射光干涉，$\delta' = \lambda/2$。

将几何关系

$$\overline{AC} = \overline{BC} = \frac{e}{\cos\gamma} \tag{12-45}$$

$$\overline{AD} = \overline{AB}\sin i = 2e\tan\gamma\sin i \tag{12-46}$$

代入式（12-44），得到

$$\delta = 2n_2\frac{e}{\cos\gamma} - 2n_1 e\tan\gamma\sin i + \frac{\lambda}{2} \tag{12-47}$$

按照折射定律 $n_1\sin i = n_2\sin\gamma$，有

$$\begin{aligned}\delta &= 2n_2\frac{e}{\cos\gamma}(1 - \sin^2\gamma) + \frac{\lambda}{2}\\ &= 2n_2 e\cos\gamma + \frac{\lambda}{2}\end{aligned} \tag{12-48}$$

或

$$\delta = 2e\sqrt{n_2^2 - n_1^2\sin^2 i} + \frac{\lambda}{2} \tag{12-49}$$

可以看出，光程差的公式包括两项，第一项是在介质中产生的光程差，第二项是在表面反射时的半波损失所产生的附加光程差。于是干涉条件为

$$\delta = 2e\sqrt{n_2^2 - n_1^2\sin^2 i} + \frac{\lambda}{2} = \begin{cases} k\lambda, & k = 1,2,\cdots \quad (\text{加强}) \\ (2k+1)\dfrac{\lambda}{2}, & k = 0,1,2,\cdots \quad (\text{减弱}) \end{cases} \tag{12-50}$$

从上面对薄膜干涉半波损失的分析我们可以看到一个很简单的规律，即无论是介质的排列发生改变还是观察的方向发生改变，附加光程差总是发生半个波长的变化。而光程差改变 $\lambda/2$ 又意味着干涉的情况正好反相。即若反射光干涉是加强的明条纹，则透射光干涉将是相消的暗条纹，即在薄膜干涉中，反射光干涉与透射光干涉是互补的，这也是能量守恒的要求。

由式（12-50）可知，对于我们这里讨论的厚度均匀的薄膜，光程差只决定于光在薄膜的入射角 i。相同倾角的入射光所形成的反射光到达相遇点的光程差相同，必定处于同一条干涉条纹上。或者说，处于同一条干涉条纹上的各个光点，是由从光源到薄膜的相同倾角的入射光所形成的，故把这种干涉称为等倾干涉。

由以上分析可以看到等倾干涉具有如下的特点：干涉图样是一系列的同心圆环，同一级次在同一个圆环上，圆环内疏外密，靠近中心的圆环干涉级次高。

蝴蝶的翅膀上所呈现出的丰富彩色，正是由于光在薄鳞片上产生的薄膜干涉所引起的。当白光照射到这样的鳞片上时，一部分光被反射，另一部分光透入鳞片，从鳞片的下表面反射，再从上表面透射出一部分光，这部分光将和鳞片上表面反射的光产生相长干涉和相消干涉，鳞片的厚度和折射率以及光入射的角度等因素都会影响干涉的结果，干涉加强的光的波长决定我们看到的颜色。

薄膜干涉常用于干涉计量，如测定细丝、滚柱的直径，判断零件表面光洁度等。

物理知识应用案例：增透膜与增反膜

利用薄膜干涉不仅可以测定光波的波长或薄膜的厚度，还能制成增透膜、增反膜和干涉滤光片等。一般光学仪器都由若干透镜和其他光学元件组成，反射的增加将造成透射光能量的严重衰减，例如潜艇上用的潜望镜，反射面有40多个，由于反射而引起的光能损失竟达90%，为了减少反射损失，增大透射光的强度，可在透镜表面镀上一层透明介质薄膜如氟化镁，它的折射率 $n_2=1.38$，介于玻璃和空气之间，适当选择薄膜厚度，使垂直入射的单色光在薄膜上、下表面反射时的光程差满足干涉相消的条件，由于入射光的能量是一定的，反射光减弱了，则透射光就增大了，这样的薄膜叫作增透膜。有些光学元件则需要减少其透射率，以增加反射光的强度，则在透镜表面镀上一层或多层薄膜，使垂直入射的单色光在薄膜上、下表面反射时的光程差满足干涉相长的条件，这样的薄膜叫作增反膜。氦氖激光器谐振腔的全反射镜镀上15～19层硫化锌氟化镁膜系，可使波长为632.8nm的激光的反射率高达99.6%；宇航员头盔和面罩上都镀有对红外线具有高反射率的多层膜，以屏蔽宇宙空间中极强的红外线照射。

对增透膜、增反膜的分析通常使用近似垂直入射的平行光，即 $i\approx\gamma\approx0$ 的入射光。参考图12-19，下面根据不同的介质分布情况讨论反射、透射的光程差。

当 $n_1>n_2<n_3$ 时（如空气薄膜），

$$\delta_{反}=2n_2e-\frac{\lambda}{2}$$
$$\delta_{透}=2n_2e-\frac{\lambda}{2}-\frac{\lambda}{2}=2n_2e-\lambda \tag{12-51}$$

当 $n_1<n_2>n_3$ 时，

$$\delta_{反}=2n_2e-(-\frac{\lambda}{2})=2n_2e+\frac{\lambda}{2}$$
$$\delta_{透}=2n_2e \tag{12-52}$$

当 $n_1<n_2<n_3$ 时，

$$\delta_{反}=(2n_2e-\frac{\lambda}{2})-(-\frac{\lambda}{2})=2n_2e$$
$$\delta_{透}=2n_2e-\frac{\lambda}{2} \tag{12-53}$$

当 $n_1>n_2>n_3$ 时，

$$\delta_{反}=2n_2e$$
$$\delta_{透}=2n_2e-\frac{\lambda}{2} \tag{12-54}$$

然后根据干涉加强或减弱的条件确定增透还是增反：

$$\delta=\begin{cases}k\lambda, & k=1,2,\cdots \quad (\text{加强})\\ (2k+1)\dfrac{\lambda}{2}, & k=0,1,2,\cdots \quad (\text{减弱})\end{cases} \tag{12-55}$$

由上面的讨论可见，透射光和反射光的光程差相差一个 $\lambda/2$。这意味着对于相同的薄膜，透射光和反射光的干涉是互补的，即若反射光干涉加强，则透射光干涉相消，反之亦然。

【例 12-7】 一油轮漏出的油（折射率 $n_2=1.2$）污染了某海域，在海水（$n_3=1.33$）表面形成一层厚度 $e=460\text{nm}$ 的薄薄的油污。

（1）如果太阳正位于该海域上空，一直升机的驾驶员从机上向下观察，他看到的油层呈现什么颜色？

（2）如果一潜水员潜入该区域水下向上观察，又将看到油层呈现什么颜色？

【解】 这是一个薄膜干涉的问题，在太阳垂直照射的海面上，驾驶员和潜水员所看到的分别是反射光干涉的结果和透射光干涉的结果。光呈现的颜色应该是那些能实现干涉相长，得到加强的光的颜色。

（1）由于油层的折射率 n_2 小于海水的折射率 n_3 但大于空气的折射率 n_1，所以在油层上、下表面反射的光均有半波损失，两反射光之间的光程差为 $\delta_{反}=2n_2e$，当

$$2n_2e=k\lambda \text{ 或 } \lambda=\frac{2n_2e}{k} \quad (k=1,\ 2,\ \cdots)$$

时，反射光干涉相长。把 $n_2=1.2$，$e=460\text{nm}$ 代入，得干涉加强的光波波长。

当 $k=1$ 时，$\lambda_1=2n_2e=1104\text{nm}$；

当 $k=2$ 时，$\lambda_2=n_2e=552\text{nm}$；

当 $k=3$ 时，$\lambda_3=\frac{2}{3}n_2e=368\text{nm}$。

其中，波长为 $\lambda_2=552\text{nm}$ 的绿光在可见范围内，而 λ_1 和 λ_3 则分别在红外线和紫外线的波长范围内，因此，直升机驾驶员将看到油膜呈现绿色。

（2）透射光的光程差为

$$\delta_{透}=2n_2e-\frac{\lambda}{2}$$

利用 $\delta_{透}=k\lambda$（$k=0,\ 1,\ 2,\ \cdots$），得

当 $k=0$ 时，$\lambda_1=\dfrac{2n_2e}{0+1/2}=2208\text{nm}$；

当 $k=1$ 时，$\lambda_2=\dfrac{2n_2e}{1+1/2}=736\text{nm}$；

当 $k=2$ 时，$\lambda_3=\dfrac{2n_2e}{2+1/2}=441.6\text{nm}$；

当 $k=3$ 时，$\lambda_4=\dfrac{2n_2e}{3+1/2}=315.4\text{nm}$。

其中波长为 $\lambda_2=736\text{nm}$ 的红光和 $\lambda_3=441.6\text{nm}$ 的紫光在可见范围内，而 λ_1 是红外线，λ_4 是紫外线，因此，潜水员看到的油膜呈现紫红色。

【例 12-8】 氦－氖激光器中的谐振腔反射镜要求对波长为 $\lambda=623.8\text{nm}$ 的单色光的反射率在99%以上。为此，在反射镜表面镀上由 ZnS 材料（$n_1=2.35$）和 MgF_2 材料（$n_2=1.38$）组成的多层膜，共 13 层，如图 12-20 所示。求每层薄膜的最小厚度。

【解】 在实际使用时，光是以接近于垂直入射的方向射在多层膜上的。光所进入的第一层是折射率高于两侧介质的 ZnS 膜，为了达到增反的目的，膜的厚度应当满足反射光干涉相长条件，即

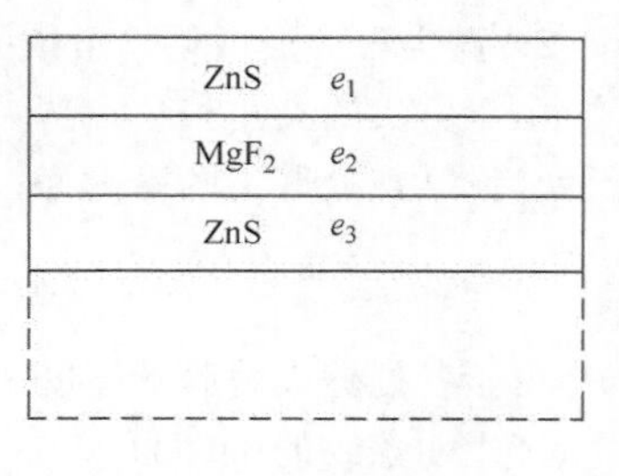

图 12-20

$$2n_1e_1+\frac{\lambda}{2}=k\lambda$$

取其最小厚度，令 $k=1$，可得 ZnS 薄膜厚度

$$e_1=\frac{\lambda}{4n_1}=\frac{632.8}{4\times2.35}\text{nm}=67.3\text{nm}$$

光通过第一层 ZnS 膜后进入第二层，它是折射率低于两侧介质的 MgF_2 膜，因此，使反射光加强的干涉相长条件是

$$2n_2e_2-\frac{\lambda}{2}=k\lambda$$

由此可得 MgF_2 薄膜的最小厚度（$k=0$）

$$e_2=\frac{\lambda}{4n_2}=\frac{632.8}{4\times1.38}\text{nm}=114.6\text{nm}$$

依此类推，可得各 ZnS 层都取厚度 e_1，各 MgF_2 层都取厚度 e_2，最后一层是 ZnS 层，层数为单数。由于各层膜都使波长为 $\lambda=623.8\text{nm}$ 的单色光反射加强，所以膜的层数越多，总反射率就越高。不过，由于介质对光能的吸收，层数也不宜过多，一般以 13 层或多至 15 层、17 层为佳。

12.3.2 劈形薄膜干涉

1. 劈尖干涉装置

如图 12-21a 所示，用两个透明介质片就可以形成一个劈尖。若两个透明介质片是放置在空气中的，则它们之间的空气就形成一个空气劈尖。若放置在某透明液体中，就形成一个液体劈尖。用透明的介质做成的这种夹角很小的劈形薄膜形成的干涉叫作劈尖干涉，又称为等厚干涉。

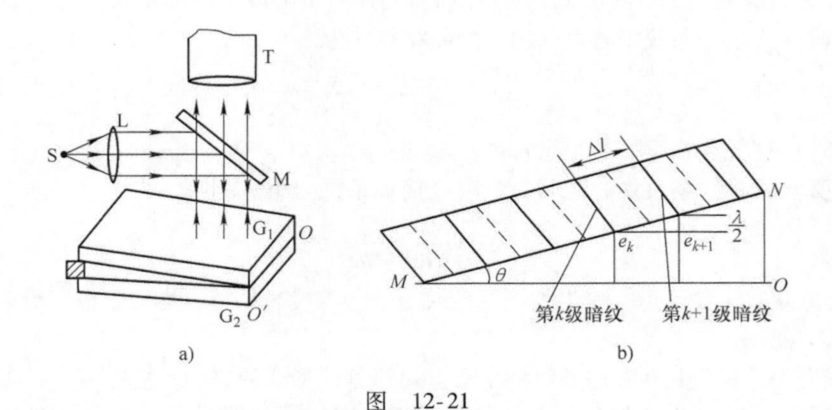

图 12-21

假设劈尖放在空气中，用单色平行光垂直照射到劈尖上，在劈尖上、下表面的反射光将相互干涉，形成干涉条纹。一般在实验中我们采用的是光线近似垂直入射，其光路简图如图 12-21a 所示。图中 S 为置于透镜 L 焦点上的单色光源，M 为半反射半透射的玻璃镜片，T 为观察条纹的读数显微镜。

2. 劈尖干涉形成明暗条纹的条件

由于劈尖的夹角很小，劈尖的上、下两个面上的反射光都可视为与劈尖垂直。如图 12-21b 所示，设某点处劈尖的厚度为 e，介质的折射率 n 满足 $n_1 < n > n_3$ 的条件，两束反射光的光程差为

$$\delta = 2ne + \frac{\lambda}{2} \tag{12-56}$$

由于各处劈尖薄膜的厚度 e 不同，光程差也不同，因而产生明暗相间的干涉条纹。

产生明条纹的条件为

$$\delta = 2ne + \frac{\lambda}{2} = k\lambda \tag{12-57}$$

明条纹所在处的厚度为

$$e_k = (2k-1)\frac{\lambda}{4n} \quad (k = 1, 2, \cdots) \tag{12-58}$$

产生暗条纹的条件为

$$\delta = 2ne + \frac{\lambda}{2} = (2k+1)\frac{\lambda}{2} \tag{12-59}$$

暗条纹所在处的厚度为

$$e_k = k\frac{\lambda}{2n} \quad (k = 0, 1, 2, \cdots) \tag{12-60}$$

这里，k 是干涉条纹的级次，$k=0$ 的零级条纹在这里应为暗条纹，出现在 $e=0$ 处，即棱边处。

由干涉明暗条纹公式和劈尖的几何关系，可推算出 k 级条纹到棱边的距离

$$l_k = \frac{e_k}{\sin\theta} \approx \frac{e_k}{\theta} \tag{12-61}$$

式中，θ 是劈尖的夹角（一般很小）。

3. 劈尖等厚干涉的光强分布特点

1）同一级条纹，无论是明条纹还是暗条纹，都出现在厚度相同的地方，是一条等厚线，故称为等厚干涉（与地图的等高线类似）。这个特点对所有的等厚干涉都相同。

2）相邻明（或暗）条纹中心之间的厚度差相等，为

$$\Delta e = e_{k+1} - e_k = \frac{\lambda}{2n} \tag{12-62}$$

式（12-62）对所有的等厚干涉都成立。

3）相邻明（或暗）条纹中心之间的距离（简称条纹间距）相等，为

$$\Delta l = \frac{\Delta e}{\sin\theta} \approx \frac{\lambda}{2n\theta} \tag{12-63}$$

在劈尖上方观察干涉图形，劈尖的等厚条纹是一些与棱边平行、均匀分布、明暗相间的直条纹，如图 12-21b 所示。

对于空气劈尖，棱边是 0 级暗条纹的中心。对于其他形式的劈尖，棱边是 0 级暗条纹中心还是 1 级明条纹中心，涉及半波损失分析，与介质折射率排列的情况和观察方向有关，要具体分析。最常见的劈尖是空气劈尖，把一块平板玻璃放在另一块平板玻璃的上面，使它们构成一个很小的角度，就成为一个空气劈尖。空气劈尖条纹之间的厚度差为

$$\Delta e = \frac{\lambda}{2} \tag{12-64}$$

条纹间距为

$$\Delta l=\frac{\Delta e}{\theta}=\frac{\lambda}{2\theta} \qquad (12\text{-}65)$$

显然，劈尖的夹角 θ 越小，Δl 就越大，干涉条纹越疏；θ 角越大，Δl 就越小，干涉条纹越密。如果劈尖的夹角相当大，干涉条纹就会聚在一起，变得无法分辨。因此，干涉条纹只能在夹角 θ 很小的劈尖上看到，通常 $\theta<1°$。

4. 劈尖干涉的应用

注意到 $\lambda/2$ 即光波长的一半是一个很小的长度，因此劈尖干涉常用作精密测量的原理依据。例如，可用劈尖干涉来测定细丝直径、薄片厚度等微小长度。将细丝夹在两块平板玻璃之间，构成一个空气劈尖，如图12-21a所示。用波长为 λ 的单色光垂直照射劈尖，通过测距显微镜测出细丝和棱边之间出现的条纹数 N，即可得到细丝的直径 $d=N\lambda/2$，测量的精度可达0.1mm量级。通过细丝的直径还可以算出劈尖的夹角，故劈尖也可以作为测量微小角度的工具。如果使空气劈尖下面的一块玻璃板固定，而将上面一块玻璃板向上平移，由于等厚干涉条纹所在处空气膜的厚度要保持不变，故它们相对于玻璃板将整体向左平移，并不断地从右边生成，在左边消失。相对于一个固定的考察点，每移过一个条纹，表明动板向上移动了 $\lambda/2$。由此可测出很小的移动量，如零件的热膨胀、材料受力时的形变等。等厚线也可看作劈尖上表面到下表面的等高线，所以看到了等厚干涉条纹，就等于看到了劈尖的“地形图”，因而等厚条纹可用来检验工件的平整度。例如磨制平板光学玻璃时，将未磨好的玻璃板放在一块标准玻璃板上面构成一个空气劈尖，用光垂直照射。若等厚干涉条纹是一组平行、等间距的直线，则玻璃板就已经磨好了；若干涉条纹出现弯曲，则还有凸凹缺陷，凸凹的形状和程度都可以从等厚条纹的分布中分析出来。这种检验方法能检查出不超过 $\lambda/4$ 的不平整度（见例12-10）。

【例12-9】 在半导体元件生产中，为测定硅（Si）表面二氧化硅（SiO_2）薄膜的厚度，可将该膜一端用化学方法腐蚀成劈尖状，如图12-22a所示。已知 SiO_2 和Si的折射率分别为 $n=1.46$ 和 $n'=3.42$，用波长为589.3nm的钠光照射，若观测到 SiO_2 劈尖上出现7条暗条纹如图12-22b所示（图中实线表示暗条纹），第7条在斜坡的起点 M 处，问 SiO_2 薄膜的厚度是多少？

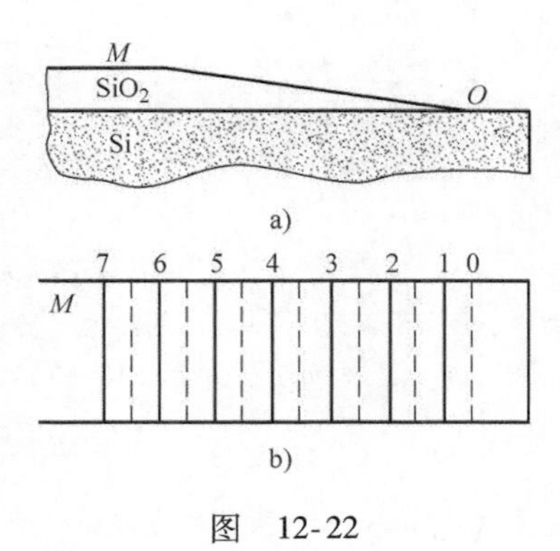

图　12-22

【解】 因 $n'>n>1$，可知反射光在膜的上、下表面都有半波损失，故 O 处为明条纹，OM 间共有6个半暗条纹间隔。因相隔一个条纹，膜厚相差 $\frac{\lambda}{2n}$，所以整个膜厚为

$$e=N\frac{\lambda}{2n}=6.5\times\frac{5.893\times10^{-1}}{2\times1.46}\mu\text{m}\approx1.31\mu\text{m}$$

【例12-10】 在检测某工件表面平整度时，观察到如图12-23所示的干涉条纹。如用 $\lambda=550$nm的光照射，观察到正常条纹间距 $\Delta l=2.25$mm，条纹弯曲处最大畸变量 $b=1.54$mm，问该工件表面有什么样的缺陷？其深度（或高度）如何？

【解】 过条纹最大畸变处 M 作直线 MD' 平行于其他平直条纹。若平面无缺陷，则点 M 处空气厚度应与 D' 处相等。而令 M 与 C 和 D 在同一等厚线上，因 D 处膜厚大于 D' 处，即 M 处膜厚大于 D' 处，故 M 处为凹陷，其深度可从 D 与 D' 处空气膜厚度差求出。因水平方向相隔一个条纹膜厚变化为 $\frac{\lambda}{2}$，故凹陷深度

$$\Delta h = b\sin\theta = b\frac{\frac{\lambda}{2}}{\Delta l} = \frac{1.54\times5.5\times10^{-4}}{2.25\times2}\text{mm} = 1.88\times10^{-4}\text{mm} = 0.188\mu\text{m}$$

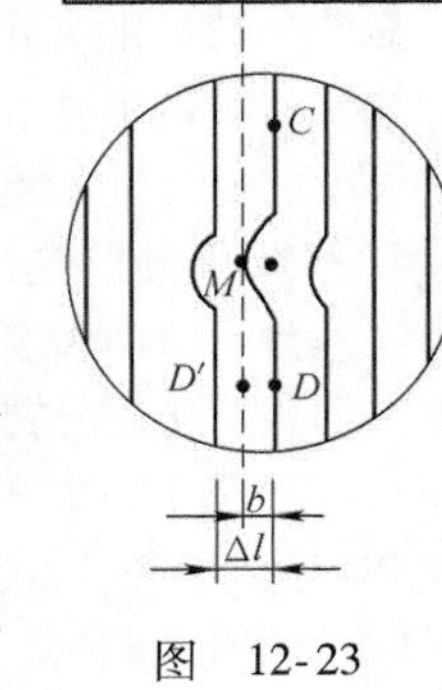

图 12-23

应用能力训练

牛顿环干涉

(1) 牛顿环的构成　在一块平的玻璃片 B 上，放一曲率半径 R 较大的平凸透镜 A，如图 12-24a 所示，在玻璃片和凸透镜之间形成的一厚度不等的空气薄膜叫牛顿环薄膜。

(2) 牛顿环干涉的光路和干涉条纹　用单色平行光垂直照射薄膜，就可以观察到在透镜表面上的一组以接触点 O 为中心的同心圆环的干涉条纹，称为牛顿环干涉。薄膜的每一个局部，都可以看作一个小的劈尖，但在不同的地方，它们的夹角不等，故条纹的间距不相同，中心要稀疏一些，边缘则要密集一些。

实验中常在透镜和玻璃片之间注油，形成油膜型牛顿环装置，同时还可以起到保护透镜的作用。牛顿环干涉仍为等厚干涉，其明暗条纹的厚度仍遵从等厚干涉的一般规律。若介质折射率的排列是 $n_1 > n_2 < n_3$ 的顺序，反射光干涉的光程差 $\delta = 2ne - \lambda/2$，所以明环和暗环所对应的薄膜厚度分别为

$$e_k = (2k+1)\frac{\lambda}{4n} \quad \text{明环}$$
$$e_k = k\frac{\lambda}{2n} \quad \text{暗环} \tag{12-66}$$

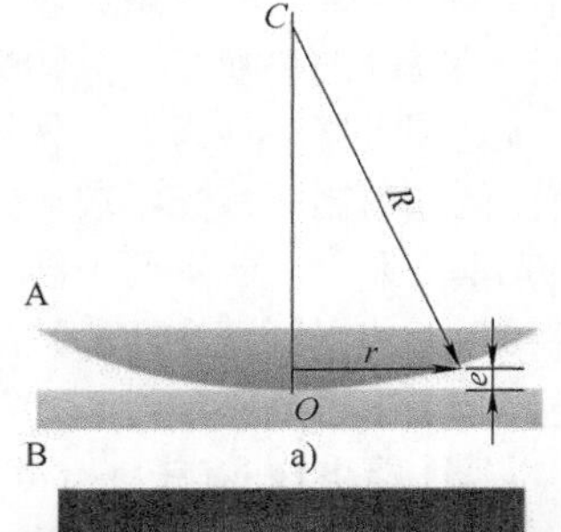

a)

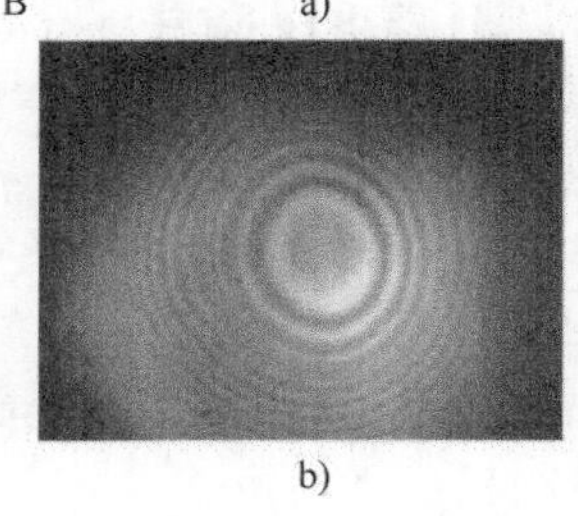

b)

图 12-24

(3) 牛顿环干涉条纹的半径

下面我们来计算牛顿环干涉条纹的半径，由图 12-24a 中的直角三角形得到

$$r^2 = R^2 - (R-e)^2 = 2Re - e^2 \tag{12-67}$$

式中，r 为牛顿环干涉条纹的半径。透镜的半径 R 一般为米的量级，而膜厚 e 一般为微米量级，故式 (12-67) 后一项可忽略，近似有

$$r^2 = 2Re \text{ 或 } e = \frac{r^2}{2R} \tag{12-68}$$

将式 (12-68) 代入明条纹厚度公式即得到明环半径公式

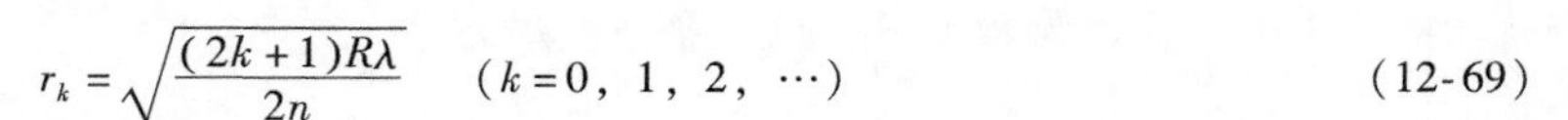

$$r_k = \sqrt{\frac{(2k+1)R\lambda}{2n}} \quad (k=0, 1, 2, \cdots) \tag{12-69}$$

代入暗条纹厚度公式则得到暗环半径公式

$$r_k = \sqrt{\frac{kR\lambda}{n}} \quad (k=1, 2, \cdots) \tag{12-70}$$

当牛顿环间的介质是空气时，暗环半径公式简化为

$$r_k = \sqrt{kR\lambda} \tag{12-71}$$

牛顿环干涉条纹的分布与劈尖干涉条纹不同。首先，它是圆环形条纹，这由薄膜的对称性决定。透镜和玻璃板的接触点，即薄膜厚度 $e=0$ 处，仍为零级暗条纹中心。但由于接触不可能为一点，所以一般为一个暗斑，称为 0 级暗斑。其次，干涉圆环的间距不相等。从干涉条纹的半径公式可以看出，由于 $r_k \propto \sqrt{k}$，故 k 越大，即离中心愈远的高级次条纹越密。

常用牛顿环来测量透镜的曲率半径及光的波长。亦可利用牛顿环来检验工件表面，特别是球面的平整

度。也可用来测量微小长度的变化。对于空气薄膜，保持玻璃片不动，使透镜向上平移，则可观察到牛顿环逐渐缩小并在中心处消失；若透镜向下平移，牛顿环将自中心处冒出并扩大。注意到每移过一个条纹对应于厚度 $\lambda/2$ 的变化，只要数出从中心处冒出或消失的条纹数 N，通过计算就可以测出透镜移动的距离 $d=N\frac{\lambda}{2}$。

【例12-11】 在牛顿环的实验中，用紫光照射，测得某 k 级暗环的半径 $r_k=4.0\times10^{-3}\text{m}$，第 $k+5$ 级暗环半径 $r_{k+5}=6.0\times10^{-3}\text{m}$，已知平凸透镜的曲率半径 $R=10\text{m}$，空气的折射率为1，求紫光的波长和暗环的级数 k。

【解】 根据牛顿环暗环公式 $r_k=\sqrt{\frac{kR\lambda}{n}}$ 可得

$$r_k=\sqrt{kR\lambda}$$

$$r_{k+5}=\sqrt{(k+5)R\lambda}$$

由以上两式即得

$$r_{k+5}^2-r_k^2=5R\lambda$$

$$\lambda=\frac{r_{k+5}^2-r_k^2}{5R}=4.0\times10^{-7}\text{m}$$

$$k=\frac{r_k^2}{R\lambda}=4$$

如果使用已知波长的光，牛顿环实验也可用来测定透镜的曲率半径。

本章总结

1. 波的干涉

惠更斯原理：波动传到的各点都可以看成是发射球面子波的波源，任一时刻这些子波的包络面就是新的波前。

波的叠加原理：几列波可以各自保持其原有特性通过同一介质，好像其他波不存在一样。在它们相遇的区域内，任一点的振动均为各列波单独存在时在该点引起的振动的合成。

相干条件：在相遇点振动方向平行、频率相同、相位相同或相位差恒定。

干涉相长： $\Delta\varphi=(\varphi_{20}-\varphi_{10})-2\pi(\frac{r_2-r_1}{\lambda})=\pm2k\pi\quad(k=0,1,2,.\cdots)$

干涉相消： $\Delta\varphi=(\varphi_{20}-\varphi_{10})-2\pi(\frac{r_2-r_1}{\lambda})=\pm(2k+1)\pi\quad(k=0,1,2,\cdots)$

若 $\varphi_{10}=\varphi_{20}$，可用波程差 δ 表示，即

$$\delta=r_2-r_1=\pm2k\frac{\lambda}{2}\quad(k=0,1,2,\cdots)\text{干涉加强}$$

$$\delta=r_2-r_1=\pm(2k+1)\frac{\lambda}{2}\quad(k=0,1,2,\cdots)\text{干涉减弱}$$

获得相干光的办法：分波阵面法和分振幅法。

光程：光在介质中传播的距离与该介质折射率的乘积，$l=nr$。

光程差： $\delta=l_2-l_1$

相位差与光程差的关系： $\Delta\varphi=\frac{2\pi}{\lambda}\delta$

半波损失：当光从光疏介质（n 小）入射到光密介质（n 大）而反射时，反射光的相位与入射光的相

比，在反射点突然改变 π，引起附加光程差 $\lambda/2$。

杨氏双缝干涉明条纹中心的位置：$x=\pm k\dfrac{D}{d}\lambda \quad (k=0,1,2,\cdots)$

杨氏双缝干涉暗条纹中心的位置：$x=\pm(2k+1)\dfrac{D}{d}\dfrac{\lambda}{2} \quad (k=0,1,2,\cdots)$

杨氏双缝干涉相邻两明条纹（或暗条纹）间的距离为 $\Delta x=\dfrac{D}{d}\lambda$

2. 驻波的特征

有波节和波腹，相邻波节或相邻波腹之间的距离为 $\lambda/2$；相邻波节间各点相位相同，波节两侧各点相位相反；没有能量和波形的传播，驻波实际上是分段稳定的振动。

3. 薄膜干涉

（1）等倾干涉

薄膜干涉的光程差

$$\delta=2e\sqrt{n_2^2-n_1^2\sin^2 i}+\frac{\lambda}{2}=\begin{cases}k\lambda \quad (k=1,2,\cdots) & (\text{加强})\\ (2k+1)\dfrac{\lambda}{2} \quad (k=0,1,2,\cdots) & (\text{减弱})\end{cases}$$

当光垂直照射（即 $i=0$）时干涉加强和减弱的条件：

$$\delta=2n_2e+\frac{\lambda}{2}=\begin{cases}k\lambda \quad (k=1,2,\cdots) & (\text{加强})\\ (2k+1)\dfrac{\lambda}{2} \quad (k=0,1,2,\cdots) & (\text{减弱})\end{cases}$$

（2）劈尖干涉

劈尖干涉明、暗条纹位置分布条件：

$$\delta=2ne+\frac{\lambda}{2}=\begin{cases}k\lambda \quad (k=1,2,\cdots) & \text{明条纹}\\ (2k+1)\dfrac{\lambda}{2} \quad (k=0,1,2,\cdots) & \text{暗条纹}\end{cases}$$

相邻两明条纹（暗条纹）的间距：$l=\dfrac{\lambda}{2n\sin\theta}\approx\dfrac{\lambda}{2\theta}$

相邻两明条纹（或暗条纹）所对应的劈尖厚度差：$\Delta e=e_{k+1}-e_k=\dfrac{\lambda}{2n}$

习　　题

（一）填空题

12-1　如习题 12-1 图所示，S_1 和 S_2 为同相位的两相干波源，相距为 L，P 点距 S_1 为 r；波源 S_1 在 P 点引起的振动振幅为 A_1，波源 S_2 在 P 点引起的振动振幅为 A_2，两波波长都是 λ，则 P 点的振幅 $A=$________。

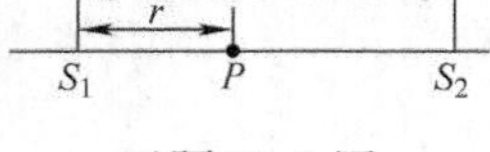

习题 12-1 图

12-2　两相干波源 S_1 和 S_2 的振动方程分别是 $y_1=A\cos\omega t$ 和 $y_2=A\cos(\omega t+\frac{1}{2}\pi)$。$S_1$ 距 P 点 3 个波长，S_2 距 P 点 $2\frac{1}{4}$ 个波长。两波在 P 点引起的两个振动的相位差是________。

12-3　两列波在一根很长的弦线上传播，其表达式为

$$y_1=6.0\times10^{-2}\cos\pi(x-40t)/2 \quad (\text{SI})$$

$$y_2=6.0\times10^{-2}\cos\pi(x+40t)/2 \quad (\text{SI})$$

则合成波的表达式为________；在 $x=0$ 至 $x=10.0\text{m}$ 内波节的位置是________；波腹的位置是________。

12-4　设反射波的表达式是

$$y_2=0.15\cos[100\pi(t-\frac{x}{200})+\frac{1}{2}\pi]\quad(\text{SI})$$

波在 $x=0$ 处发生反射，反射点为自由端，则形成的驻波的表达式为________。

12-5　用一定波长的单色光进行双缝干涉实验时，欲使屏上的干涉条纹间距变大，可采用的方法是：(1) ________________，(2) ________________。

12-6　在双缝干涉实验中，双缝间距为 d，双缝到屏的距离为 D ($D>>d$)，测得中央零级明条纹与第5级明条纹之间的距离为 x，则入射光的波长为________。

12-7　如习题12-7图所示，波长为 λ 的平行单色光斜入射到距离为 d 的双缝上，入射角为 θ。在图中的屏中央 O 处 ($\overline{S_1O}=\overline{S_2O}$)，两束相干光的相位差为________。

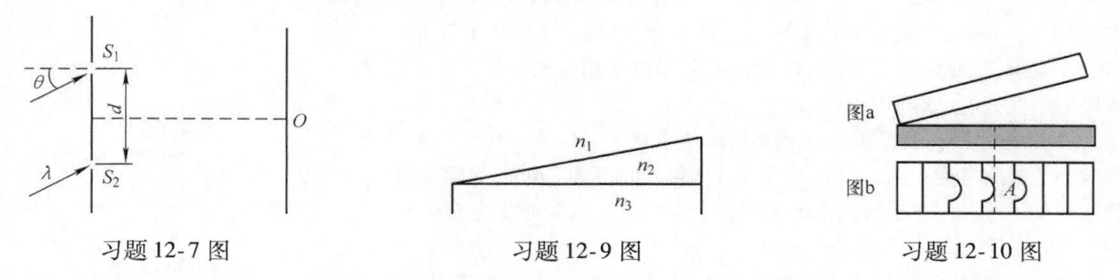

习题12-7图　　习题12-9图　　习题12-10图

12-8　波长为 λ 的平行单色光垂直照射到劈形膜上，若劈尖角为 θ（以弧度计），劈形膜的折射率为 n，则反射光形成的干涉条纹中，相邻明条纹的间距为________。

12-9　用波长为 λ 的单色光垂直照射如习题12-9图所示的、折射率为 n_2 的劈形膜 ($n_1>n_2$，$n_3>n_2$)，观察反射光干涉。从劈形膜顶开始，第2条明条纹对应的膜厚度 $e=$________。

12-10　习题12-10图a为一块光学平板玻璃与一个加工过的平面一端接触，构成空气劈尖；然后用波长为 λ 的单色光垂直照射。看到反射光干涉条纹（实线为暗条纹）如习题12-10图b所示，则干涉条纹上点 A 处所对应的空气薄膜厚度 $e=$________。

12-11　飞机涂上一种厚度为5mm、折射率 $n=1.50$ 的抗反射聚合体组成的涂层，雷达就侦测不到该飞机（雷达波长范围为0.1～100cm）。问：使飞机不被侦测到的雷达波的波长是________。

（二）计算题

12-12　如习题12-12图所示，S_1、S_2 为两平面简谐波相干波源。S_2 的相位比 S_1 的相位超前 $\pi/4$，波长 $\lambda=8.00\text{m}$，$r_1=12.0\text{m}$，$r_2=14.0\text{m}$，S_1 在 P 点引起的振动振幅为0.30m，S_2 在 P 点引起的振动振幅为0.20m，求 P 点的合振幅。

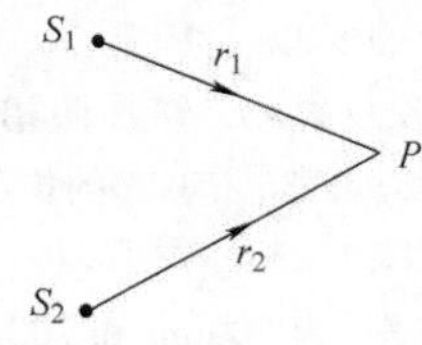

习题12-12图

12-13　两波在一很长的弦线上传播，其表达式分别为

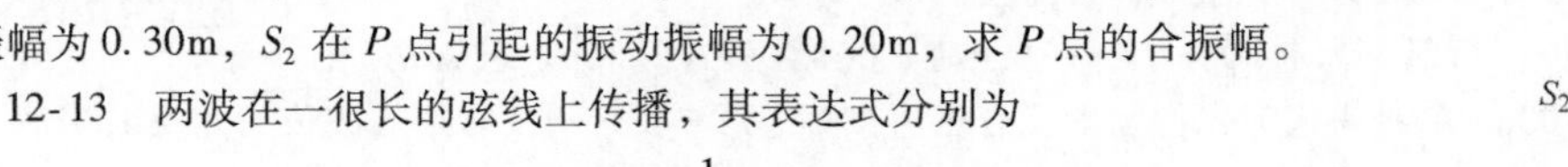

$$y_1=4.00\times10^{-2}\cos\frac{1}{3}\pi(4x-24t)\quad(\text{SI})$$

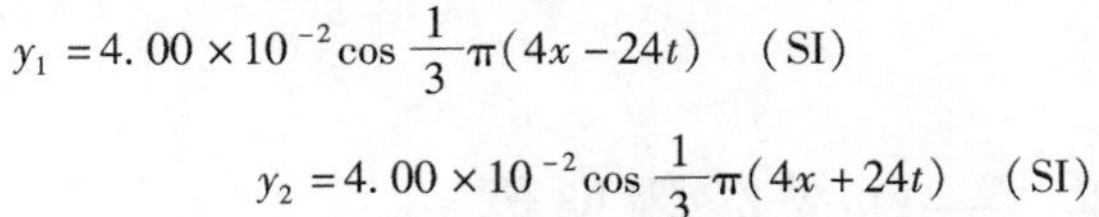

$$y_2=4.00\times10^{-2}\cos\frac{1}{3}\pi(4x+24t)\quad(\text{SI})$$

求：(1) 两波的频率、波长、波速；

(2) 两波叠加后的节点位置；

(3) 叠加后振幅最大的那些点的位置。

12-14　在习题12-14图中，A、B 是两个相干的点波源，它们的振动相位差为 $-\pi$（反相）。A、B 相距30cm，观察点 P 和点 B 相距40cm，且 $\overline{PB}\perp\overline{AB}$。若发自 A、B 的两波在 P 点处最大限度地互相削弱，问波长最长能是多少？

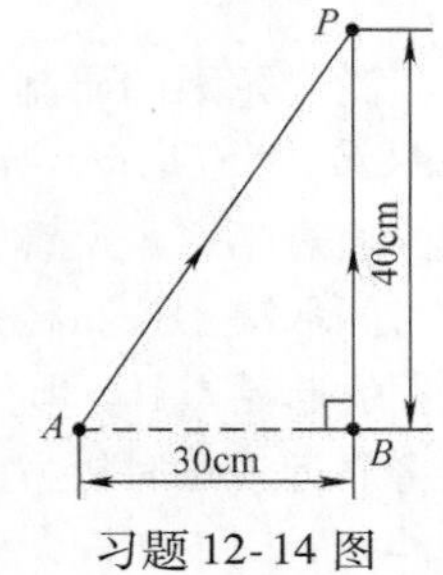

习题12-14图

12-15　如习题12-15图所示，同一介质中两相干波源位于 A、B 两点，其振幅相等，频率均为100Hz，B 点的相位比 A 点的相位超前 π，若 A、B 两点相距30m，且波的传播速度 $u=400\text{m}\cdot\text{s}^{-1}$，以 A 为坐标原点，试求 AB 连线上因干涉而静止的

各点的位置。

a)

b)

习题 12-15 图

12-16 在杨氏双缝实验中，设两缝之间的距离为 0.2mm。在距双缝 1m 远的屏上观察干涉条纹，若入射光是波长为 400 ~ 760nm 的白光，问屏上离 0 级明条纹 20mm 处，哪些波长的光被最大限度地加强？（$1\text{nm}=10^{-9}\text{m}$）

12-17 用白光垂直照射置于空气中的厚度为 0.50μm 的玻璃片。玻璃片的折射率为 1.50。在可见光范围（400 ~ 760nm）内，哪些波长的反射光有最大限度的增强？（$1\text{nm}=10^{-9}\text{m}$）

12-18 如习题 12-18 图所示，在折射率为 $n=1.50$ 的玻璃上，镀上 $n'=1.35$ 的透明介质薄膜。入射光波垂直于介质膜表面照射，观察反射光的干涉，发现对 $\lambda_1=600\text{nm}$ 的光波干涉相消，对 $\lambda_2=700\text{nm}$ 的光波干涉相长，且在 600 ~ 700nm 之间没有别的波长是最大限度相消或相长的情形。求所镀介质膜的厚度。（$1\text{nm}=10^{-9}\text{m}$）

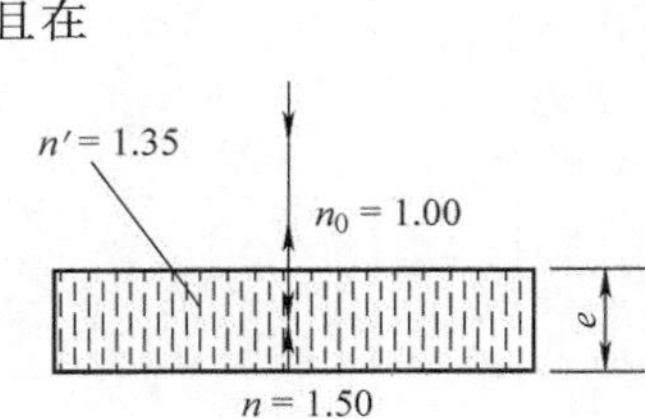

习题 12-18 图

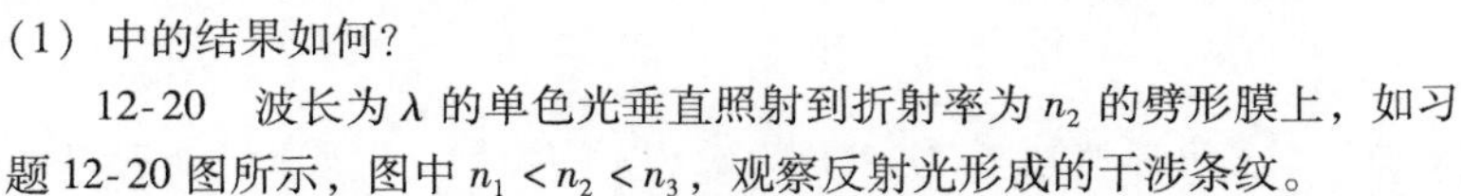

12-19 已知：肥皂膜与水有相同的折射率 $n=1.33$，现有一里外都充满空气的肥皂泡，问：（1）当光垂直入射，膜厚为 290nm 的肥皂膜时，哪些波长的可见光在反射光中产生相长干涉？（2）当膜厚变为 340nm 时，（1）中的结果如何？

12-20 波长为 λ 的单色光垂直照射到折射率为 n_2 的劈形膜上，如习题 12-20 图所示，图中 $n_1<n_2<n_3$，观察反射光形成的干涉条纹。

（1）从劈形膜顶部 O 开始向右数起，第 5 条暗条纹中心所对应的薄膜厚度 e_5 是多少？

（2）相邻的两明条纹所对应的薄膜厚度之差是多少？

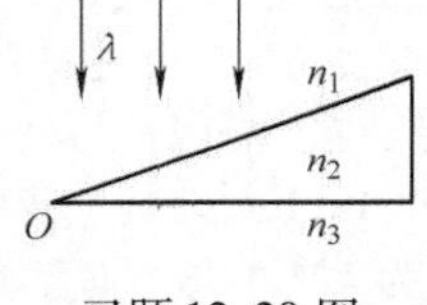

习题 12-20 图

12-21 如习题 12-21 图所示，有一牛顿环装置，设平凸透镜中心恰好和平玻璃接触，透镜凸表面的曲率半径是 $R=400\text{cm}$。用某单色平行光垂直入射，观察反射光形成的牛顿环，测得第 5 个明环的半径是 0.30cm。

（1）求入射光的波长。

（2）设图中 $OA=1.00\text{cm}$，求在半径为 OA 的范围内可观察到的明环数目。

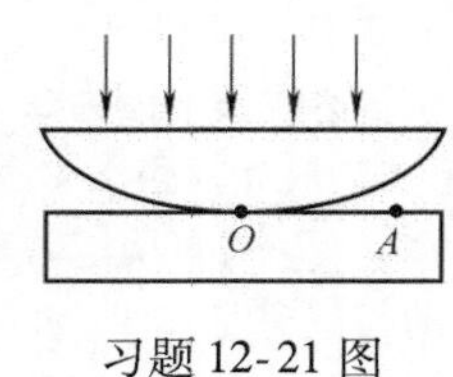

习题 12-21 图

12-22 波长 $\lambda=550\text{nm}$ 的黄绿光对人眼和照相底片最敏感，要使照相机对此波长反射小，可在照相机镜头上镀一层氟化镁（MgF_2）薄膜，已知氟化镁的折射率 $n=1.38$，玻璃的折射率 $n=1.55$，求氟化镁薄膜的最小厚度。

12-23 在玻璃板（折射率为 1.50）上有一层油膜（折射率为 1.30）。已知对于波长为 500nm 和 700nm 的垂直入射光都发生反射相消，而这两波长之间没有别的波长的光反射相消，求此油膜的厚度。

工程应用阅读材料——激光陀螺原理

激光陀螺的研制从理论到工艺、技术都是很复杂的，但基本的原理却源于光的分振幅干涉。如图 12-25a 所示，有一半径为 R 的圆形回路，一观察者站在圆环的 A 点，发射一光脉冲，该光脉冲通过半透半反镜分成两束，分别沿相反的方向绕圆环传播。光沿该圆形路径行进一周，所需的时间取决于该路径是静止不动的还是转动的。若圆环静止不动，则这两个脉冲会同时返回到它们的起始点 A。但如果圆环以角速度 ω 相对于惯性空间逆时针转动，如图 12-25b 所示，观察者将靠近沿顺时针方向传播的脉冲，而远离沿逆时针方向传播的脉冲，致使观察者接收到两个脉冲的时间不相同。设回路的周长为 L，所围面积为 S，逆时针光脉冲绕环路一周的时间为

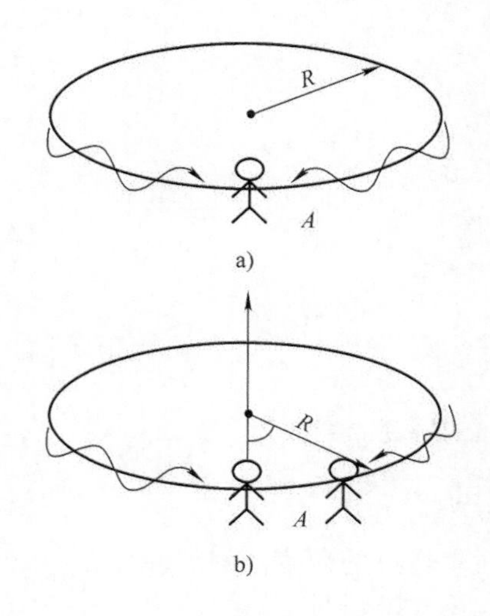

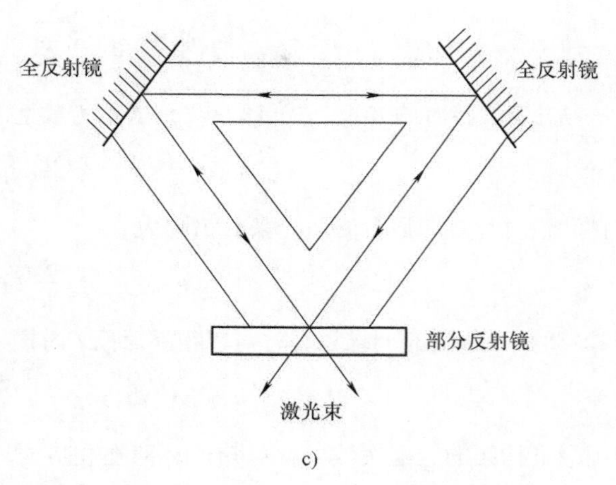

图 12-25

$$t_{+}=\frac{L_{+}}{c}=\frac{L+R\omega t_{+}}{c} \tag{12-72}$$

解得

$$t_{+}=\frac{L/c}{1-\frac{R\omega}{c}} \tag{12-73}$$

$$L_{+}=ct_{+}=\frac{L}{1-\frac{R\omega}{c}} \tag{12-74}$$

所以同理，可得顺时针光脉冲绕环路一周的光程为

$$L_{-}=\frac{L}{1+\frac{R\omega}{c}} \tag{12-75}$$

两束光的光程差为

$$\delta=L_{+}-L_{-}=\frac{2R\omega c}{c^{2}-(R\omega)^{2}}L\approx\frac{2R\omega}{c}L=\frac{4S}{c}\omega \tag{12-76}$$

事实上，此结论不仅适用于圆形回路，对于任意形状的回路也均适用。可见，由于系统的转动，可以在顺时针和逆时针方向运行的两光束之间产生一光程差，通过此光程差就能测定物体的旋转角速度和角度。但一般来说，单一环路的光程差很小，也很难测到，因此它没有实际的意义。欲通过此方法测定物体的旋转角速度和角度，就必须对系统进行改进。方法之一就是采用多匝光纤制成光纤陀螺，此时 $\Delta L=\frac{4NS}{c}\omega$，$N$ 为匝数。另一种方法是设计一个如图12-25c所示的环路，在环路上充满激活介质（如He－Ne），在低损耗情况下，出现的波长应由驻波条件 $L=k\lambda/2$（$k=1, 2, 3, \cdots$）决定。根据前面的分析，当整个系统以角速度 ω 逆时针转动时，顺时针和逆时针方向运行的两光束的光程为

$$L_{\pm}=\frac{L}{1\mp\frac{2S\omega}{cL}}=\frac{k\lambda_{\pm}}{2} \tag{12-77}$$

满足谐振条件的两路波长为

$$\lambda_{\pm} = \frac{\lambda}{1 \mp \frac{2S\omega}{cL}} \tag{12-78}$$

式中，λ 为没有旋转时的波长。式（12-78）表示为频率的形式

$$\nu_{\pm} = \frac{c}{\lambda_{\pm}} = \frac{c}{\lambda}\left(1 \mp \frac{2S\omega}{cL}\right) \tag{12-79}$$

故顺时针和逆时针方向运行的两光束的拍频为

$$\nu_{-} - \nu_{+} = \frac{4S\omega}{\lambda L} \tag{12-80}$$

将式（12-80）两边对时间求积分，可以得在时间 t 内拍频的振荡周期数为

$$N = \int_0^t (\nu_{-} - \nu_{+})\,\mathrm{d}t = \frac{4S}{\lambda L}\int_0^{\theta} \frac{\mathrm{d}\theta}{\mathrm{d}t}\mathrm{d}t = \frac{4S}{\lambda L}\theta \tag{12-81}$$

用仪器记录下拍频的振荡次数，就可知道环路在相应时间内转过的角度。例如，当 $\lambda = 0.7\mu\mathrm{m}$、$L = 40\mathrm{cm}$、地球自转的角速度 $\omega = 7.269\mathrm{rad/s}$ 时，代入相应公式得到两束光的拍频为 8.87Hz，用现有仪器完全可准确地测出。也就是说，当采用激光和谐振腔后，环路几何尺寸可大大减小，而测量灵敏度却可大大提高，这就是激光陀螺仪的基本原理。

如果我们在一个飞行器上沿互相垂直的三个方向各固定一个如图 12-25c 所示的环形谐振腔，即三个陀螺仪，就可以随时测定飞行器沿三个方向各转了多少角度，从而也就测定了飞行器的方位。

第13章　波的衍射

13.1　光的单缝夫琅禾费衍射

13.1.1　光的衍射现象和分类

1. 衍射现象

当波在传播过程中遇到障碍物时，其传播方向要发生改变，波能绕过障碍物的边缘继续前进，这种现象叫作波的衍射。在狭缝的中部，波还保持原来的传播方向，在狭缝的边缘，波面弯曲，波改变了传播方向，绕过障碍物向前传播。衍射现象是波动的特征之一。

用惠更斯作图法很容易解释波的衍射现象。如图13-1所示，当一平面波通过障碍物上的开口后，波动扩展到了按直线传播应该是阴影的区域。利用惠更斯原理解释这种现象时，就认为开口处各点都可看作是发射子波的波源，作出这些子波的包迹面，就得出新的波阵面。很明显，此时波阵面已不再是平面，在靠近边缘处，波阵面进入了阴影区域，表示波已绕过障碍物的边缘而传播了。

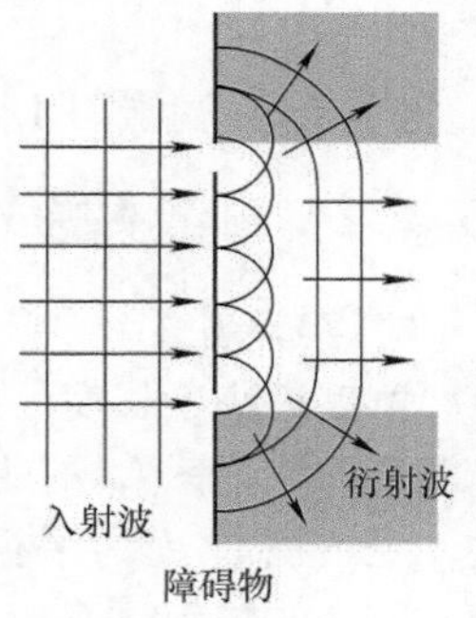

图　13-1

光的衍射和干涉一样，是波动的重要特征之一。同机械波类似，光波在传播过程中受到障碍物或孔、缝等的限制时偏离直线方向传播的现象称为光的衍射。

下面通过一组实验来说明光的衍射现象的特点。

如图13-2所示，一束平行光通过一个宽度可以调节的狭缝K以后，在屏幕P上将呈现光斑。当狭缝的宽度比波长大得多时，屏幕P上的光斑和狭缝完全一致（即缝的像），这时光遵从几何光学的规律，可看成是沿直线传播的，如图13-2a所示。

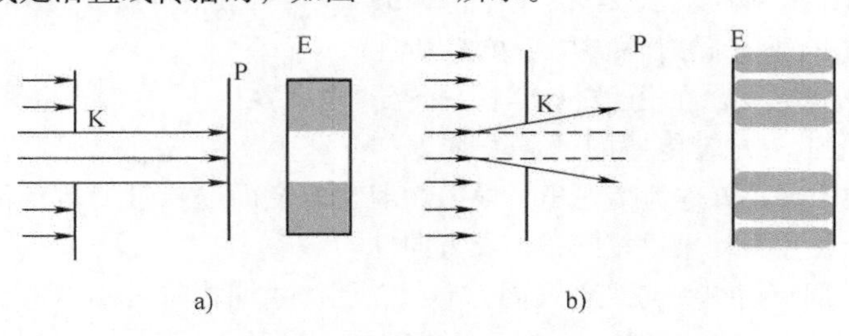

图　13-2

当缝的宽度缩小到可与光波波长相比拟时（10^{-4}m数量级以下），屏幕上将形成如图13-2b所示的明暗相间的条纹，几何光学的理论无法对其做出解释。

以上例子表明：

1）光波遇到障碍物且障碍物线度与光波波长相近时将产生光偏离直线传播和光的能量在空间不均匀分布的现象，即衍射现象。

2）光束在什么方向受到限制，衍射图样就在什么方向铺展，且限制越甚，铺展越强，即衍射效应越强。

2. 光的衍射分类

光的衍射一般可分为两种类型：障碍物距光源及接收屏（或两者之一）为有限远时的衍射称为菲涅耳衍射，如图 13-3a 所示，在实际中它对应显微镜等近场光学仪器；近场光源的波振面复杂。障碍物距光源及接收屏为无限远时的衍射称为夫琅禾费衍射，此时入射光和衍射光都是平行光，如图 13-3b 所示，在实际中它对应望远镜等远场光学仪器，远场光源的波振面近似平面，相对简单。本书仅讨论后一类衍射。

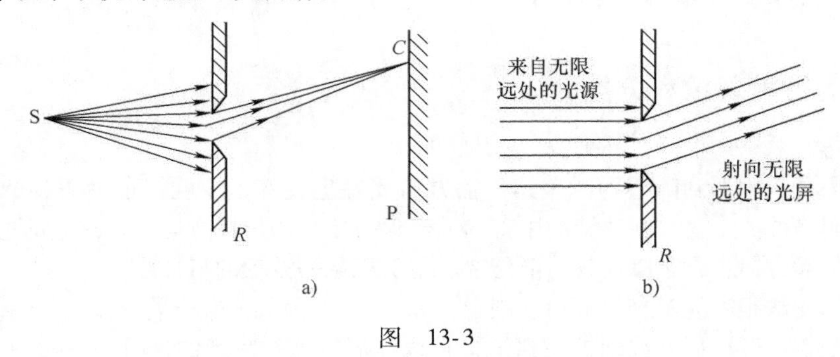

图 13-3

13.1.2 单缝夫琅禾费衍射实验

1. 实验装置

宽度远小于长度的矩形孔称为单缝。单缝夫琅禾费衍射实验的装置简图如图 13-4 所示。线光源 S 放在透镜 L_1 的主焦面上，光线从线光源 S 出发，经透镜 L_1 变为平行光，一部分光穿过细长狭缝 K，再经过透镜 L_2 会聚，在 L_2 的焦平面处的屏幕上将呈现衍射图样。对于单缝衍射条纹的形成，我们首先用菲涅耳半波带法进行研究。

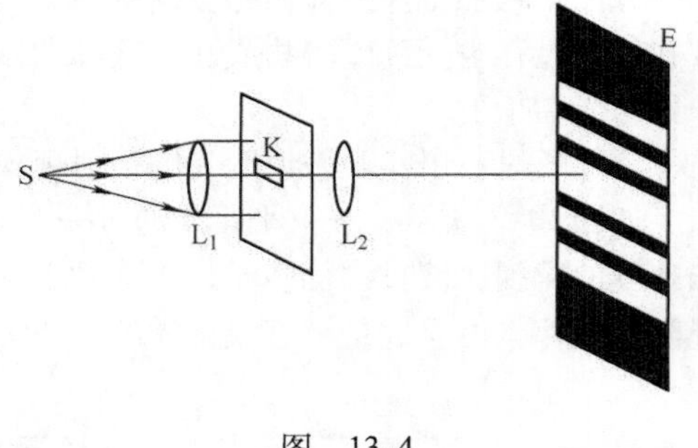

图 13-4

2. 菲涅耳半波带法

设单缝宽度为 a，入射光波长为 λ，如图 13-5a 所示，在平行单色光的垂直照射下，位于单缝所在处的波阵面 AB 上各点所发出的子波沿各个方向传播。我们把衍射后沿某一方向传播的子波波线即衍射线与缝平面法线间的夹角 θ 称为衍射角。根据物理学研究问题从最简单条件入手考虑的方法，我们假设各子波源光矢量振动振幅相同并且无方向性。

当衍射角 $\theta=0$，即衍射线 1 与入射线同方向时，因为由同相位面 AB 到 P_0 点等光程，故各衍射线到达 P_0 点时同相位，它们相互干涉加强，在 P_0 点处就形成平行于缝的明条纹，称为中央明条纹。

当 θ 角为其他任意值时，相同衍射角 θ 的衍射线（图 13-5a 中用 2 表示）经过透镜后聚焦在屏幕（焦平面）上同一点 P，由缝 AB 上各点发出的衍射线到 P 点光程不等，其光程差可这样来分析：过 A 点作平面 AC 与衍射线 2 垂直，由透镜的等光程性可知，从 AC 面上各点到 P 点等光程，所以两条边缘衍射线之间的光程差为

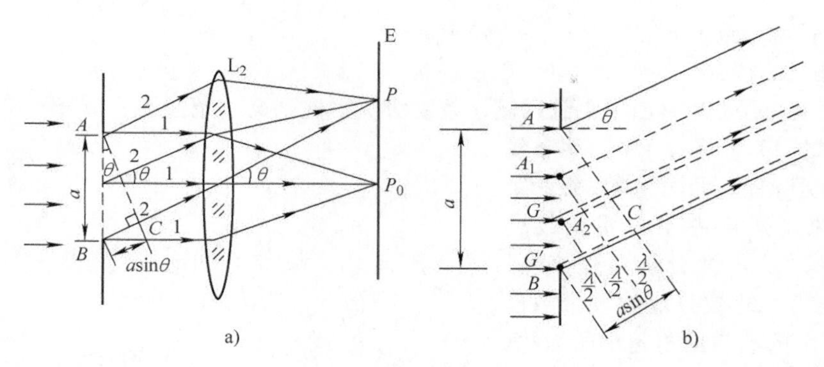

图　13-5

$$BC = a\sin\theta \tag{13-1}$$

P 点条纹的明暗完全取决于光程差 BC 的量值。菲涅耳在惠更斯 - 菲涅耳原理的基础上，提出了将波阵面分割成许多等面积的波带的方法。在单缝的例子中，可以作一些平行于 AC 的平面，使两相邻平面之间的距离等于入射光的半波长，即 $\lambda/2$。假定这些平面将单缝处的波阵面 AB 分成 AA_1、A_1A_2、A_2B 等整数个波带，如图 13-5b 所示，两相邻波带上任何两个对应点（如 A_1A_2 带上的 G 点与 A_2B 带上的 G'点）所发出的子波的光程差总是 $\lambda/2$，亦即相位差总是 π。经过透镜聚焦，由于透镜不产生附加光程差，所以到达 P 点时相位差仍然是 π。已假设各子波源电场强度振动振幅相同且无方向性，结果是，任何两相邻波带对应点（如 G 点、G'点）所发出的子波在 P 点引起的电场强度振动将完全相互抵消，由于各个波带的面积相等，从而导致两相邻波带在 P 点引起的电场强度振动相互抵消。由此可见，我们可以把一个波带看成一个大的子波源，由于各个波带的面积相等，各个波带在 P 点所引起的振动振幅近似相等，相邻波带子波源在 P 点的相位差是 π，所以振动叠加结果为零。考虑整个单缝，当 BC 是半波长的偶数倍时，亦即对应于某给定角度 θ，单缝可分成偶数个波带时，所有波带的作用成对地相互抵消，在 P 点处将出现暗条纹；如果 BC 是半波长的奇数倍，亦即单缝可分成奇数个波带时，相互抵消的结果是还留下一个波带的作用，在 P 点处将出现明条纹；如果 BC 不是半波长的整数倍，相互抵消的结果是还留下一个不完整波带的作用，在 P 点处条纹强度会根据波带的不完整程度发生变化。

3. 形成衍射明暗条纹的条件

在垂直入射的情况下，将以上分析结果用解析式表示，单缝在衍射方向上形成明暗条纹的中心位置由下面条件确定：

$$\theta = 0 \quad \text{零级明纹(中央明条纹)} \tag{13-2}$$

$$a\sin\theta = \pm(2k+1)\frac{\lambda}{2} \quad (k=1,2,\cdots) \quad \text{明条纹} \tag{13-3}$$

$$a\sin\theta = \pm 2k\frac{\lambda}{2} \quad (k=1,2,\cdots) \quad \text{暗条纹} \tag{13-4}$$

在式（13-3）和式（13-4）中，k 为衍射级次（$k\neq0$），$2k$ 和 $2k+1$ 是单缝面上可分的半波带数目，正、负号表示同级衍射条纹对称分布在中央明条纹两侧。

将单缝衍射的明暗条纹条件与之前双缝干涉的明暗条纹条件对比可见，两者的明暗条纹条件正好相反。这一矛盾的产生在于光程差的含义不同。在双缝干涉中的光程差是指两缝所发出的光波在相遇点的光程差，而在单缝衍射中的光程差是指衍射角为 θ 的一组平行光中的最大光程差，即单缝边缘那两条光线的光程差，当从单缝的波带中心考虑光程差时，单缝衍射与双缝干涉的明暗条纹条件就一致了。

4. 衍射图样的特点

（1）条纹及光强分布 由中央到两侧，条纹级次由低到高，光强迅速下降。单缝衍射的相对光强分布如图 13-6 所示，中央明条纹集中了绝大部分光能，而两侧第 1 级和第 2 级明条纹的光强仅占中央明条纹的 4.7% 和 1.7%。从定性分析角度来看，这是因为 k 越大，缝被分成的波带数越多，而未被抵消的波带面积越小的缘故。而对中央明条纹，$\theta=0$，会聚在此点的所有子波光程相等，振动同相，叠加时相互加强。

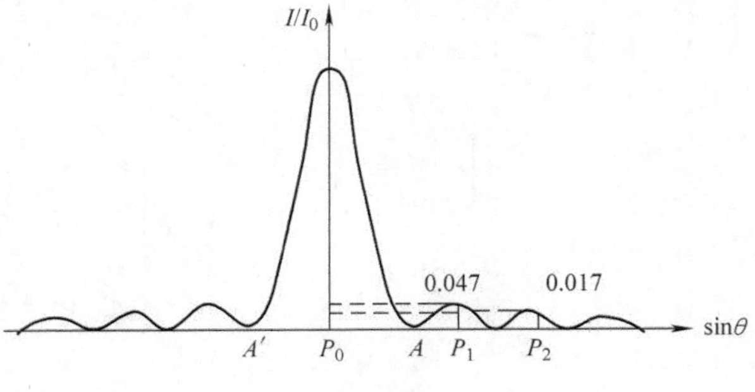

图 13-6

由式（13-3）、式（13-4）和衍射角度较小时衍射光路的几何条件 $x=f\tan\theta\approx f\theta$，可得衍射角 θ 较小时观察屏上衍射明条纹和暗条纹的位置：

暗条纹位置：
$$x_k=\pm\frac{k\lambda f}{a} \tag{13-5}$$

明条纹位置：
$$x_k=\pm\frac{(2k+1)\lambda f}{2a} \tag{13-6}$$

式中，$k=1, 2, \cdots$

（2）条纹宽度 通常把相邻暗条纹中心间的距离定义为明条纹宽度。

在两个第 1 级（$k=1$）暗条纹之间的区域，即 θ 满足 $-\lambda<a\sin\theta<\lambda$ 的范围为中央明条纹。在衍射角 θ 很小时，由衍射公式可得中央明条纹的半角宽度为

$$\theta_0\approx\sin\theta_0=\frac{\lambda}{a} \tag{13-7}$$

设透镜的焦距为 f，第 1 级暗条纹距衍射中心的距离为 $x_1=f\tan\theta_1\approx f\theta_1=f\lambda/a$，所以中央明条纹宽度为

$$\Delta x_0=2x_1=\frac{2\lambda f}{a} \tag{13-8}$$

其他任意两相邻暗条纹的距离，即明条纹的宽度为

$$\Delta x=x_{k+1}-x_k=\frac{(k+1)\lambda f}{a}-\frac{k\lambda f}{a}=\frac{\lambda f}{a}=\frac{\Delta x_0}{2} \tag{13-9}$$

类比定义相邻明条纹中心间的距离为暗条纹宽度，可得任意暗条纹的宽度和式（13-9）结果相同，可见，除中央明条纹外，所有其他明条纹和暗条纹均有同样的宽度，而中央明条纹的宽度为其他条纹宽度的 2 倍。

（3）缝宽对衍射图样的影响 由式（13-8）与式（13-9）可知，当波长 λ 不变时，各级条纹的宽度与缝宽 a 成反比，即缝宽 a 越小，缝对入射光的限制越甚，条纹铺展越宽，衍射效应越显著；反之，条纹将收缩变窄，衍射效应减弱。当 $a\gg\lambda$ 时，$\lambda/a\approx0$，即各级明条纹都向中央明条纹靠近而拥挤在一起，呈现出光的直线传播。这时，屏幕上的亮斑就是光经过透镜后所成的几何像，光的传播服从几何光学规律。所以，可认为几何光学是波动光学在 $\lambda/a\approx0$ 情况下的极限。

（4）波长对条纹的影响 由式（13-7）知，当缝宽 a 一定时，入射光的波长 λ 越大，衍射

角也越大。因此，若以白光照射，中央明条纹将是白色的，而其两侧则呈现出一系列由紫到红的彩色条纹。这种衍射图样被称为衍射光谱。

由以上讨论可知，光的衍射和干涉一样，本质上是光波相干叠加的结果。一般来说，干涉是指有限个分立光束的相干叠加，衍射则是连续的无限多个子波的相干叠加。干涉强调的是不同光束相互影响而形成相长和相消的现象，衍射强调的是光偏离直线传播而能进入阴影区域。事实上，干涉和衍射往往是同时存在的。双缝干涉的图样实际上是两个缝发出的光束的干涉和每个缝自身发出的光的衍射的综合效果，后面会详细讨论。

【例13-1】 在白光形成的单缝衍射图样中，某一波长的第2级次极大值与波长为500nm的第3级次极大值重合，求该光的波长。

【解】 由$a\sin\theta$取正值时的明条纹条件为

$$a\sin\theta=(2k+1)\frac{\lambda}{2}\quad(k=1,2,\cdots)$$

有

$$\sin\theta=(2k+1)\frac{\lambda}{2a}$$

重合时，

$$\sin\theta_2=\sin\theta_3$$

故

$$\frac{\lambda_1}{2}(2\times2+1)=\frac{\lambda_2}{2}(2\times3+1)$$

因$\lambda_2=500\text{nm}$，所以

$$\lambda_1=700\text{nm}。$$

物理知识应用案例：对称振子天线的辐射场

菲涅耳的半波带法没有给出单缝衍射光强的具体信息，把单缝波阵面按照波带划分子波源显得过于粗糙，这是一种定性的分析方法。把单缝划分成更小的子波微元，用积分的办法可以严格计算P点电场强度振动的振幅和光强，这里不再详细讨论，留给读者思考练习。我们下面讨论一个更复杂点的对称振子线天线辐射场的问题，其复杂性在于：单缝上的子波源的振幅假设是不变的，而对称振子的子波源的振幅则是按照正弦规律变化的，我们把对称振子分成无限多个电基本振子辐射微元，利用积分精确运算。

如图13-7所示，对称振子是中间馈电，其两臂由两段等长导线构成振子天线。一臂的导线半径为a，长度为l。两臂之间的间隙很小，理论上可忽略不计，所以振子的总长度$L=2l$，对称振子的长度与波长相比拟，本身已可以构成实用天线。理论和实验都已证实，细对称振子的电流分布与末端开路线上的电流分布相似，即非常接近于正弦驻波分布，若取如图13-7所示的坐标，并忽略振子损耗，则其形式为

$$I(z)=I_0\sin k(l-|z|)=\begin{cases}I_0\sin k(l-z) & z\geqslant0\\ I_0\sin k(l+z) & z<0\end{cases}\tag{13-10}$$

式中，I_0为电流波腹点的振幅；$k=\dfrac{2\pi}{\lambda}=\dfrac{\omega}{c}$为波数。根据正弦分布的特点，对称振子的末端为电流的波节点；电流分布关于振子的中心点对称，超过半波长就会出现反相电流。

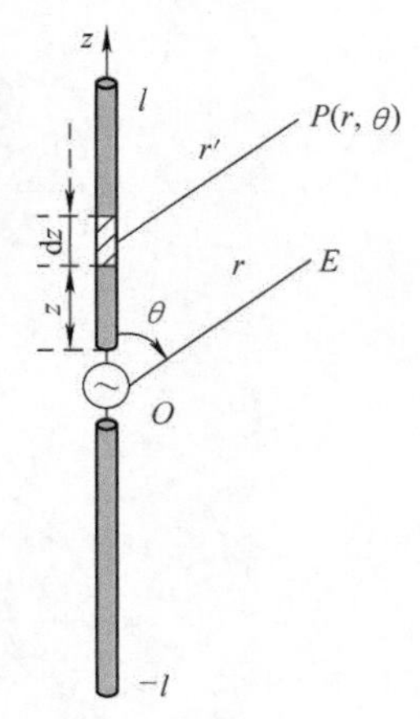

图 13-7

在对称振子上距中心z处取电流元段dz，根据式（10－104），它对远区场的贡献为

$$\mathrm{d}E_\theta=\frac{60\pi I_0\sin\theta\cdot\sin k(l-|z|)\,\mathrm{d}z}{r'\lambda}\sin(\omega t-kr')\tag{13-11}$$

由于式（13-11）中的r与r'可以看作互相平行，因而以从坐标原点到观察点的波程r作为参考时，r与r'的关系为

$$r' \approx r - z\cos\theta \tag{13-12}$$

由于$r - r' = z\cos\theta \ll r$，因此在式（13-11）中可以忽略$r$与$r'$的差异对无线电波振幅带来的影响，可以令$1/r \approx 1/r'$，但在实际中这种差异对无线电波相位带来的影响却不能忽略不计。实际上，正是波程差不同而引起的相位差$k(r - r') = 2\pi(r - r')/\lambda$才是形成天线方向性的重要因素之一。

将式（13-11）沿振子全长进行积分，结果为

$$\begin{aligned} E_\theta &= \frac{60\pi I_0 \sin\theta}{r\lambda} \int_{-l}^{l} \sin k(l - |z|) \cdot \sin(\omega t - kr + kz\cos\theta)\,\mathrm{d}z \\ &= \frac{60 I_0}{r\lambda} \frac{\cos(kl\cos\theta) - \cos(kl)}{\sin\theta} \sin(\omega t - kr) \end{aligned} \tag{13-13}$$

式（13-13）说明，对称振子的辐射场仍为球面波；辐射场的方向性不仅与θ有关，也和振子的长度有关。辐射场的方向性通常引入归一化方向函数来描述，对称振子的归一化方向函数为

$$f(\theta) = \left|\frac{E_\theta(\theta)}{E_{\theta,\max}}\right| = \left|\frac{E_\theta(\theta)}{60 I_0/(\lambda r)}\right| = \left|\frac{\cos(kl\cos\theta) - \cos(kl)}{\sin\theta}\right| \tag{13-14}$$

图13-8中绘出了对称振子E面归一化方向图。由图可见，由于电基本振子在其轴向无辐射，因此对称振子在其轴向也无辐射；对称振子的辐射与其电长度l/λ密切相关。当$l \leqslant 0.5\lambda$时，对称振子上各点电流同相，因此参与辐射的电流元越多，它们在$\theta = 90°$方向上的辐射越强，波瓣宽度越窄。当$l > 0.5\lambda$时，对称振子上出现反相电流，也就开始出现副瓣。当对称振子的电长度继续增大至$l = 0.75\lambda$时，最大辐射方向将发生偏移，当$l = \lambda$时，在$\theta = 90°$的平面内就没有辐射了。

在所有对称振子中，半波振子$l = 0.25\lambda$，$2l = 0.5\lambda$最具有实用性。将$l = 0.25\lambda$代入式（13-14）可得半波振子的方向函数

$$F(\theta) = \left|\frac{\cos\left(\frac{\pi}{2}\cos\theta\right)}{\sin\theta}\right| \tag{13-15}$$

方向图如图13-8所示。

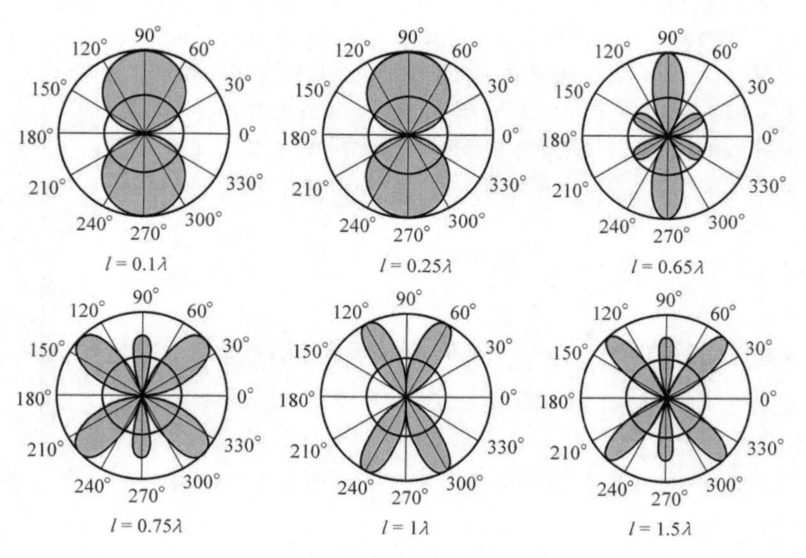

图 13-8

【例13-2】 如图13-9a所示，一雷达位于路边15m处，它的射束与公路成15°角。发射天线的输出口宽度 $a=0.10\text{m}$，发射的微波波长是18mm，则在它监视范围内公路长度约是多少？

【解】 将雷达天线输出口看作发出衍射波的单缝，衍射波能量主要集中在中央明条纹范围内。由暗条纹条件得

$$a\sin\theta=\lambda$$

$$\theta=\arcsin\frac{\lambda}{a}=10.37°$$

由几何关系（见图13-9b）有

$$\begin{aligned} s_2 &= s-s_1=d(\cot\alpha_2-\cot\alpha_1) \\ &= d[\cot(15°-\theta)-\cot(15°+\theta)]=153\text{m} \end{aligned}$$

所以监视范围内公路长度约是153m。

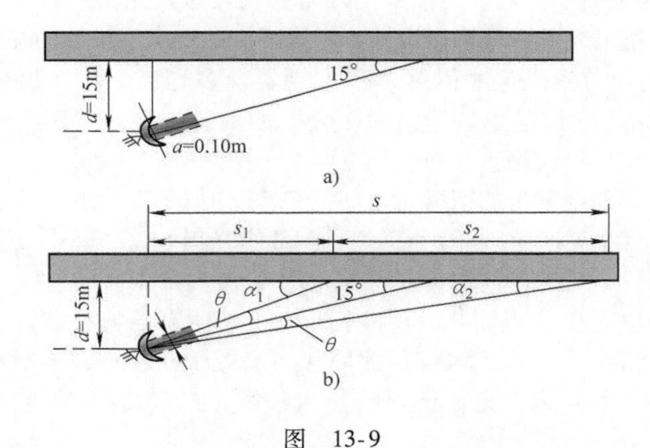

图 13-9

13.2 光栅衍射

13.2.1 光栅

双缝干涉和单缝衍射都不能用于高精度的光谱测量。因为条纹间距太小，亮度很暗，不易观测。如果将许多等宽的狭缝等距离地排列起来形成一种栅栏式的光学元件——透射光栅，并用平行光垂直照射整个光栅，则光栅衍射花纹的光强并不是每个单缝衍射条纹光强的简单叠加，这是因为各个缝发出的衍射光都是相干光，叠加时要产生干涉。干涉的结果是除了单缝时为暗条纹处仍为暗条纹之外，在原来明条纹的区域内，又因干涉而产生许多新的暗条纹，两暗条纹之间的明条纹也因干涉加强而变得更加明亮。所以光栅衍射能获得间距较大、极细、极亮的衍射条纹，便于进行精密测量。图13-10a表示的就是一个透射光栅。光栅中透光部分（缝）的宽度常用 a 表示，不透光部分的宽度用 b 表示。而将它们的和，也就是缝的中心间距称为光栅常数，用 d 表示，$d=a+b$。实际使用的光栅每毫米内有几十条甚至上千条刻痕，d 可达微米的数量级。

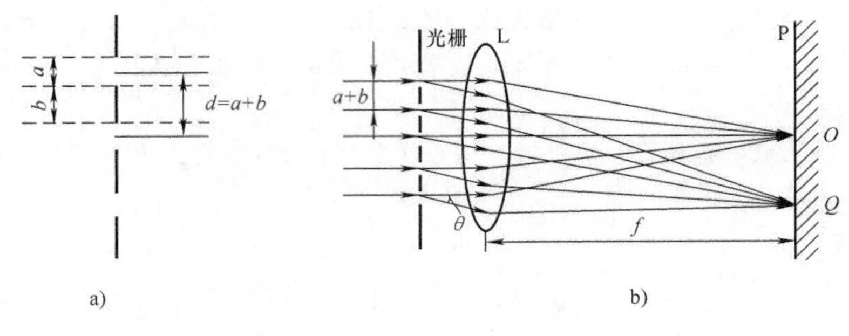

图　13-10

13.2.2　光栅衍射的方程、光强分布与光谱

1. 光栅方程

图13-10b为光栅衍射的示意图。当一束平行光垂直入射到光栅上时，各缝将发出各自的单缝衍射光，沿θ方向的衍射光通过透镜会聚到位于焦平面的观察屏上的同一点Q。θ称为衍射角，也是Q点对透镜中心的角位置。这些衍射光在Q点实现多光束干涉（每个缝都在此处有衍射光）。所以光栅衍射的结果应该是单缝衍射和多缝干涉的总效果。下面我们先讨论多缝干涉效果，单缝衍射的效果在稍后再讨论。

我们先考虑两个相邻的缝发出的衍射光之间的关系。从图13-10b中容易看出，相邻两缝的衍射光在Q点的光程差为$\delta=(a+b)\sin\theta$，显然，当邻缝光程差

$$\delta=(a+b)\sin\theta=\pm k\lambda\quad(k=0,1,2,\cdots)\tag{13-16}$$

时，相邻两缝发出的衍射光在Q点同相，干涉相长。由于所有的缝都彼此平行等间距排列，类推可知，此时所有缝的衍射光在Q点也都彼此同相，实现干涉相长，屏上出现明条纹，称为光栅衍射主极大，对应的明条纹称为光栅衍射的主明条纹。式（13-16）为计算光栅主极大的公式，也称为光栅方程。

（1）光栅衍射主极大的角位置公式　从光栅方程可知，k级主极大的角位置满足

$$\sin\theta_k=\pm k\frac{\lambda}{a+b}\quad(k=0,1,2,\cdots)\tag{13-17}$$

光栅常数$a+b$通常很小，例如，对于稍微好一些的光栅，光栅常数可达到微米的数量级，由于波长也是微米量级，所以主极大的衍射角不一定很小，有时可达到30°、60°甚至更大的角度，这说明光栅可实现大角度衍射。由于衍射角较大，光栅衍射条纹的间距大，易于实现精密测量，这是光栅衍射的一个特点。同样，由于衍射角较大，光栅衍射条纹的级次往往有限。

（2）最大衍射级次　由式（13-17）可知，由于正弦函数的值域所限，$|\sin\theta_k|=\left|k\frac{\lambda}{a+b}\right|\leqslant 1$，所以光栅衍射主极大的最高级次

$$k\leqslant\frac{a+b}{\lambda}\tag{13-18}$$

例如，某光栅每毫米有1000条缝，则$a+b=1\mu m$，若光的波长$\lambda=600nm$，则屏上只能出现0和±1级共三条明条纹。此外应注意，由于衍射角较大，计算时不能如同双缝和单缝那样，总认为有$\theta=\sin\theta=\tan\theta$，条纹之间也不一定是等间距分布，要具体问题具体分析。

2. 光栅衍射的光强分布

我们可以用矢量图解法来分析光栅衍射的光强分布。设光栅有N条狭缝，我们讨论由每条

狭缝射出的衍射角为 θ 的衍射光到达 P 点的情形。可以证明（此处略）一个狭缝单独存在时在 P 点引起的光振动的振幅为

$$E'_P = E_0\ \left(\frac{\sin\alpha}{\alpha}\right) \tag{13-19}$$

式中，$\boldsymbol{E}_0$表示单个狭缝在 O 点引起的光振动的振幅。现在有 N 个狭缝的衍射光同时到达 P 点并发生干涉，合振动的振幅用$\boldsymbol{E}_P$表示。任意两个相邻狭缝上对应点（见图 13-11）的衍射线到达 P 点的光程差 δ 和相位差 β 分别为

$$\delta = d\sin\theta,\ \beta = \frac{2\pi d}{\lambda}\sin\theta \tag{13-20}$$

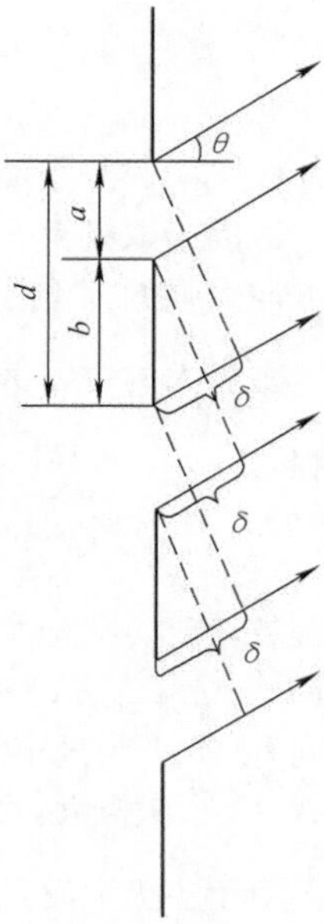

图 13-11

以任意一点 D 作为起点，连续作一系列（N 个）矢量，使后者的起点与前者的终点相重合，并且逐个转过 β 角，如图 13-12 所示。每个矢量的长度等于 E'_P。折线 DD_1，D_1D_2，…，$D_{N-1}D_N$必定是正多边形的边。若中心为 C，则 CDD_1，CD_1D_2，…，$CD_{N-1}D_N$必定都是顶角为 β 的等腰三角形。由图 13-12 中的几何关系可得

$$\overline{DD_1} = 2\ \overline{DC}\sin\frac{\beta}{2} \tag{13-21}$$

$$\overline{DD_N} = 2\ \overline{DC}\sin\frac{N\beta}{2} \tag{13-22}$$

由式（13-21）和式（13-22）消去$\overline{DC}$，便得

$$\overline{DD_N} = \overline{DD_1}\frac{\sin\dfrac{N\beta}{2}}{\sin\dfrac{\beta}{2}} \tag{13-23}$$

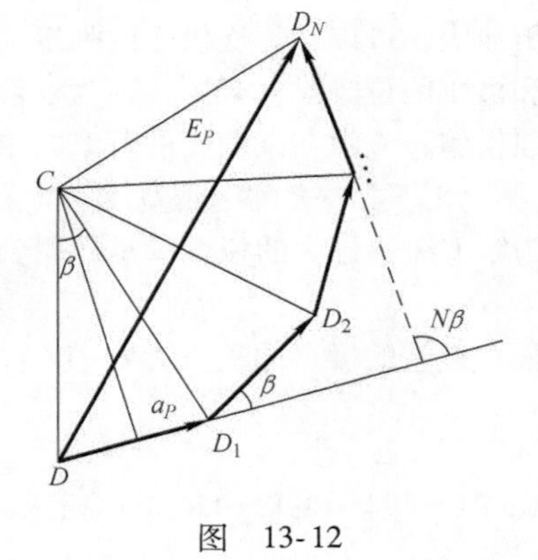

图 13-12

式中，$\overline{DD_1} = E'_P$，$\overline{DD_N}$是 N 个矢量的合矢量的长度，也就是由 N 个狭缝在 θ 方向上射出的衍射线在 P 点引起的合振动的振幅，即 E_P。所以式（13-23）可以改写为

$$E_P = E'_P\frac{\sin\dfrac{N\beta}{2}}{\sin\dfrac{\beta}{2}} = E_0\ \frac{\sin\alpha}{\alpha}\frac{\sin\dfrac{N\beta}{2}}{\sin\dfrac{\beta}{2}} \tag{13-24}$$

P 点的光强为

$$I_P = E_0^2\left(\frac{\sin\alpha}{\alpha}\right)^2\left(\frac{\sin\dfrac{N\beta}{2}}{\sin\dfrac{\beta}{2}}\right)^2 \tag{13-25}$$

其中，

$$\alpha = \frac{\pi a}{\lambda}\sin\theta,\quad \beta = \frac{2\pi d}{\lambda}\sin\theta \tag{13-26}$$

由于$\dfrac{\sin\alpha}{\alpha}$来源于单缝衍射，因而称为单缝衍射因子，$\dfrac{\sin\dfrac{N\beta}{2}}{\sin\dfrac{\beta}{2}}$来源于缝间干涉，称为缝间干涉因子。式（13-25）就是包含 N 个狭缝的光栅夫琅禾费衍射图样的光强分布公式。

（1）主极大　当 $\beta/2 = \pm k\pi$ 时，

$$\frac{\sin\frac{N\beta}{2}}{\sin\frac{\beta}{2}}=N \tag{13-27}$$

即干涉因子取极大，此时的干涉条纹称为光栅干涉条纹的主极大。显然，主极大的光强是单缝在该方向光强的N^2倍。因此，在单缝宽度一定的情况下，光栅狭缝越多，主极大的光强就越强。

主极大的位置由$\frac{\beta}{2}=\pm k\pi$决定，代入式（13-20）可得$d\sin\theta=\pm k\lambda$，即前面提到的光栅方程。

（2）次极大　当$\frac{N\beta}{2}=\pm k'\pi$　$(k'=1, 2, \cdots)$，而$\frac{\beta}{2}=\pm\frac{k'}{N}\pi$　$(k'=1, 2, \cdots)$又不是π的整数倍时，对应位置光强为零，出现暗线（极小）。满足这个条件的$k'=1, 2, \cdots, N-1, N+1, \cdots, 2N-1, 2N+1, \cdots$。因为$k'=0, N, 2N, \cdots$正好对应主极大，所以每两个相邻主极大间有$N-1$个极小。显然两个极小间还应有一极大，这样的极大称为次极大。在相邻主极大间有$N-2$个次极大。

由于主极大满足$\frac{\beta}{2}=\pm k\pi$，光强为零的极小的位置就满足$\frac{\beta}{2}=\pm\left(k+\frac{m}{N}\right)\pi$，即

$$d\sin\theta=\pm\left(k+\frac{m}{N}\right)\lambda \tag{13-28}$$

式中，$k=0, 1, 2, \cdots$；$m=1, 2, \cdots, N-1$。次极大在相邻的m值之间，由光强分布公式中的干涉因子可以计算次极大的强度，它较之主极大的强度小很多。对于实际光栅，准确讨论次极大和极小的位置没有必要，因为一般光栅的N都很大，在两主极大间有很多个次极大，它们的光强很弱，淹没在杂散光的背景之中，我们难以觉察出它们的存在。

（3）主极大的半角宽度　定义主极大的中心到邻近极小间的角距离为主极大的半角宽。因为第k级主极大的位置满足光栅公式

$$d\sin\theta_k=\pm k\lambda \tag{13-29}$$

最靠近它的极小的级数为$k+1/N$，此极小所在方向的角度$\theta_k+\Delta\theta$满足

$$d\sin(\theta_k+\Delta\theta)=\left(k+\frac{1}{N}\right)\lambda \tag{13-30}$$

式（13-29）和式（13-30）相减，整理可得

$$\begin{aligned}\sin(\theta_k+\Delta\theta)-\sin\theta_k&=\sin\theta_k\cos\Delta\theta+\cos\theta_k\sin\Delta\theta-\sin\theta_k\\&\approx\sin\theta_k-\sin\theta_k+\cos\theta_k\Delta\theta=\frac{\lambda}{Nd}\end{aligned} \tag{13-31}$$

因为实际上$\Delta\theta$很小，上面推导中用到$\cos\Delta\theta\approx1$，$\sin\Delta\theta\approx\Delta\theta$。第$k$级主极大的半角宽为

$$\Delta\theta=\frac{\lambda}{Nd\cos\theta_k} \tag{13-32}$$

式（13-32）表明，半角宽与单缝衍射因子无关，它随缝数的增加而减小，即随着缝数的增加，各级主极大将变细。

（4）单缝衍射对光栅衍射的调制作用　光栅方程只讨论了光栅各个缝之间的干涉，光栅衍射光强公式（13-25）告诉我们：光栅衍射实际上是每个缝的单缝衍射光再相互干涉的结果，所以多缝干涉的效果必然受到单缝衍射效果的影响，最终在屏上形成的光强分布是在单缝衍射调制下的多缝干涉分布，如图13-13所示。图中表现的是一个$N=5$、$a+b=3a$的光栅衍射条纹的光强分布曲线，其中图13-13a为缝宽a的单缝衍射光强曲线，图13-13b为多缝干涉曲线。多缝

干涉和单缝衍射共同决定的光栅衍射的总光强，如图 13-13c 所示。我们看到，多缝干涉条纹的光强分布（实线）受到单缝衍射分布（虚线，称为包络线）的调制。

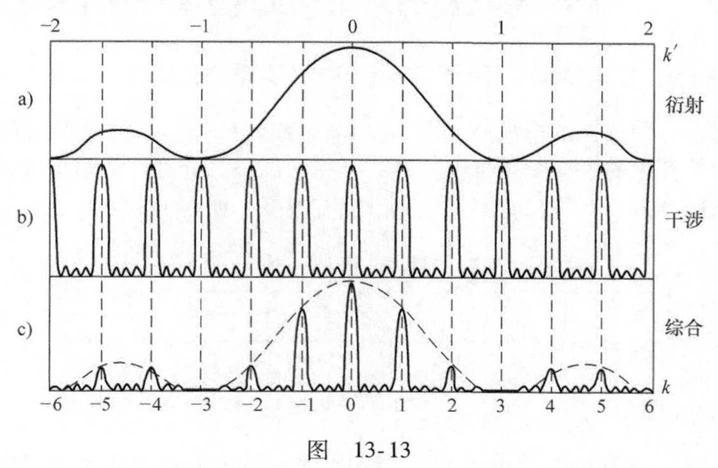

图　13-13

（5）缺级现象　从图 13-13 可以看出，单缝衍射调制下的多缝干涉光强分布使得光栅的各个主极大的光强不同，特别是当多光束干涉的主极大位置恰好为单缝衍射的暗条纹中心时，将产生抑制性的调制，这些主极大将在屏上消失，这种现象称为缺级现象。下面考虑缺级的条件，单缝衍射的极小条件为

$$a\sin\theta = k'\lambda \quad (k' = 1,\ 2,\ 3,\ \cdots) \tag{13-33}$$

多缝干涉的主极大条件为

$$(a+b)\sin\theta = k\lambda \quad (k = 0, 1, 2, \cdots) \tag{13-34}$$

式（13-33）和式（13-34）相除得缺级条件

$$\frac{a+b}{a} = \frac{k}{k'} \tag{13-35}$$

即若$\frac{a+b}{a}$为整数比$\frac{k}{k'}$，光栅多缝干涉的 k 级主极大的位置恰为单缝衍射 k'级暗条纹的位置，k 级主极大将不再出现，发生缺级。容易理解，如果$\frac{a+b}{a} = \frac{k}{k'}$，则必有$\frac{a+b}{a} = \frac{2k}{2k'} = \frac{3k}{3k'} = \cdots$，即此时 k，$2k$，$3k$，…这些级次的主极大都将缺级。例如，$\frac{a+b}{a} = \frac{2}{1}$时，2，4，6，8，…级次的主极大不再出现，发生缺级。$\frac{a+b}{a} = \frac{3}{1}$或$\frac{3}{2}$时，3，6，9，12，…级次的主极大出现缺级。

3. 光栅光谱

单色光在光栅上的衍射形成一系列明亮的线状主极大，称为线状光谱。若入射光为复色光，不同波长的光同一级主极大的位置不同，衍射光强在屏上按波长展开，称为光栅光谱。设波长范围为 $\lambda_1 \sim \lambda_2$，并设 $\lambda_1 < \lambda_2$，按光栅衍射主极大公式，λ_1 光的 k 级主极大在 $\sin\theta_{1k} = \pm k\frac{\lambda_1}{a+b}$，$\lambda_2$ 光的 k 级主极大在 $\sin\theta_{2k} = \pm k\frac{\lambda_2}{a+b}$，其他波长的 k 级主极大则在此二者之间，它们共同构成 k 级光谱，故 k 级光谱的角范围在 $\theta_{1k} \sim \theta_{2k}$内。

对于同一级主极大，波长长的光的衍射角度大，所以完整光谱的最高级次取决于波长长的谱线的最高级次。如果波长范围较大，相邻的两级光谱容易发生重叠而显得不清晰。k 级光谱不重叠的条件是 $\theta_{2k} \leqslant \theta_{1(k+1)}$，即 $k\dfrac{\lambda_2}{a+b} \leqslant (k+1)\dfrac{\lambda_1}{a+b}$，可得不重叠光谱的条件为 $k \leqslant \dfrac{\lambda_1}{\lambda_2-\lambda_1}$。例如对于白光，$\lambda_1=400\text{nm}$，$\lambda_2=700\text{nm}$，可算得 $k \leqslant \dfrac{4}{3}$，即不重叠光谱的级次只有1级，意味着用白色平行光照射光栅，各种波长的中央亮条纹（$k=0$）重叠在一起，仍呈现白色；在中央亮条纹的两侧对称地排列着各色的第1级亮条纹、第2级亮条纹等，分别称为第1级光谱、第2级光谱等，这就形成了光栅光谱。但是只有第1级光谱没有重叠，如图13-14所示。

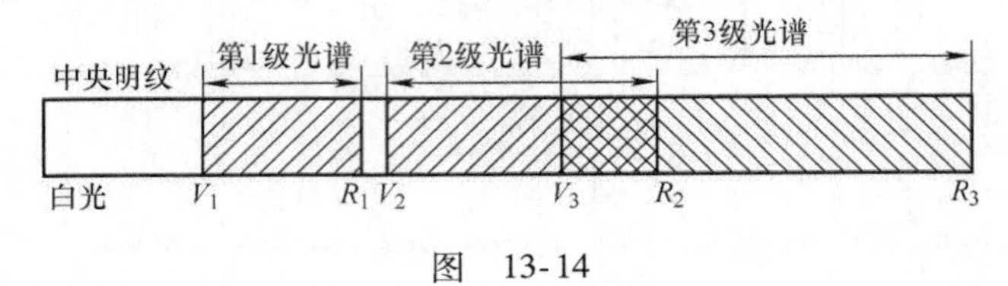

图 13-14

【例13-3】 波长为500nm和520nm的两种单色光同时垂直入射在光栅常数为0.002cm的光栅上，紧靠光栅后用焦距为2m的透镜把光线聚焦在屏幕上。求这两束光的第3级谱线之间的距离。

【解】 两种波长的第3级谱线的位置分别为 x_1、x_2，

由
$$a\sin\varphi = \pm k\lambda,\ \sin\varphi = \tan\varphi = \frac{x}{f}$$

得
$$x_1 = \frac{3f\lambda_1}{a},\quad x_2 = \frac{3f\lambda_2}{a}$$

所以
$$\Delta x = |x_1 - x_2| = 0.006\text{m}$$

【例13-4】 用波长为500nm的单色光垂直照射到每毫米有500条刻痕的光栅上。求：(1) 第1级和第3级明条纹的衍射角；(2) 若缝宽与缝间距相等，最多能看到的明条纹的条数。

【解】 (1) $d=\dfrac{1\times10^{-3}}{500}\text{m}=2\times10^{-6}\text{m}$，$d\sin\theta = \pm k\lambda$

$$k=1:\ \sin\theta_1 = \pm\frac{\lambda}{d} = 0.25,\ \theta_1 = \pm 14°28'$$

$$k=3:\ \sin\theta_3 = \pm\frac{3\lambda}{d} = 0.75,\ \theta_3 = \pm 48°35'$$

(2) $k_{\max} = \dfrac{d}{\lambda} = 4$，缺级为 $k = \pm k'\dfrac{d}{a} = \pm 2k' = \pm 2,\ \pm 4$，

故最多能看到5条明条纹：$k=0,\ \pm1,\ \pm3$。

物理知识应用案例：相控阵雷达

由前面分析可知，干涉的基本原理不仅适用于光波，也同样适用于各种波长的电磁波、声波和其他波动。相控阵雷达是利用干涉效应来控制微波发射和接收方向的装置，在通信和军事上有很大的实用价值。相控阵雷达由一列发射相干无线电波的天线阵列组成，通过调节各天线发射的无线电波的相对相位可以控制发射方向，并使某一定方向上的无线电波强度特别加强。

天线总数 N 更大的发射天线阵列具有十分锐窄的强度方向分布。调节各天线振荡的相对相位可以改变极大值的指向。如果连续改变振荡相位差，则极大值的方向随着连续变化，在空间扫描，这就是相控阵雷

达的原理。它并不需要旋转天线阵本身来改变发射方向。天线总数 N 越多，空间角方位确定得越精确。

根据式（13-32），主极大中心到第一极小值的角宽度近似为

$$\Delta\theta=\frac{\lambda}{Nd} \tag{13-36}$$

可见相干波源的总数 N 越多，则主波瓣的角宽度越小、指向性越好。

如果把发射天线阵列改为接收天线阵，在检测接收到的信号过程中将各天线收到的信号外加一定的相位差然后叠加，就成了无线电干涉望远镜，用它可以专门接收从特定方向射到地球上的电波。天线阵列最灵敏的特定空间方位取决于外加到各天线的信号上的相对相位。荷兰 Westerbork 无线电干涉望远镜由 11 个天线组成，相邻天线距离为 1062m，接收 6cm 的电磁波，它的半角宽度达到 $\Delta\theta=\frac{0.06}{11\times1062}\text{rad}\approx1.06$ 角秒。

和相控阵雷达相类似，我们可以把若干个扬声器排成一列成为声柱，以改善声波波场的空间分布。各个扬声器受同一放大器推动，它们发射的声波都有相同的初相位，这样可使扬声器排列的直线方向上的声场受到压缩。通常把扬声器沿铅直方向排列，使声场上、下分布的半角宽度减小，声场主要沿水平方向展开。正因为声柱具有这种特点，所以在大厅、剧场和广场的扩声系统中广泛使用，它可以把声音送得更远，并使声场均匀。

13.3　圆孔夫琅禾费衍射　光学仪器的分辨本领

13.3.1　圆孔夫琅禾费衍射

光通过圆孔也能产生衍射现象，称为圆孔衍射。一般光学仪器都由若干透镜组成，透镜相当于一个圆孔，光在通过光学系统的光阑或圆孔时，会产生衍射现象，衍射会使图像边缘变得模糊不清，使图像分辨率下降，因而研究圆孔衍射有很重要的实际意义。

如果在观察单缝夫琅禾费衍射的实验装置中用小圆孔代替狭缝，当单色平行光垂直照射到圆孔时，在位于透镜焦平面所在的屏幕上将出现环形衍射斑，中央是一个较亮的圆斑，它集中了全部衍射光强的84%，称为中央亮斑或艾里斑，外围是一组同心的暗环和明环，且强度随级次增大而迅速下降，如图 13-15 所示。严格理论推导的圆孔夫琅禾费衍射光强为

$$I=(\pi R^2)^2\,|C'|^2\left[\frac{2\mathrm{J}_1(kR\sin\theta)}{kR\sin\theta}\right]^2 \tag{13-37}$$

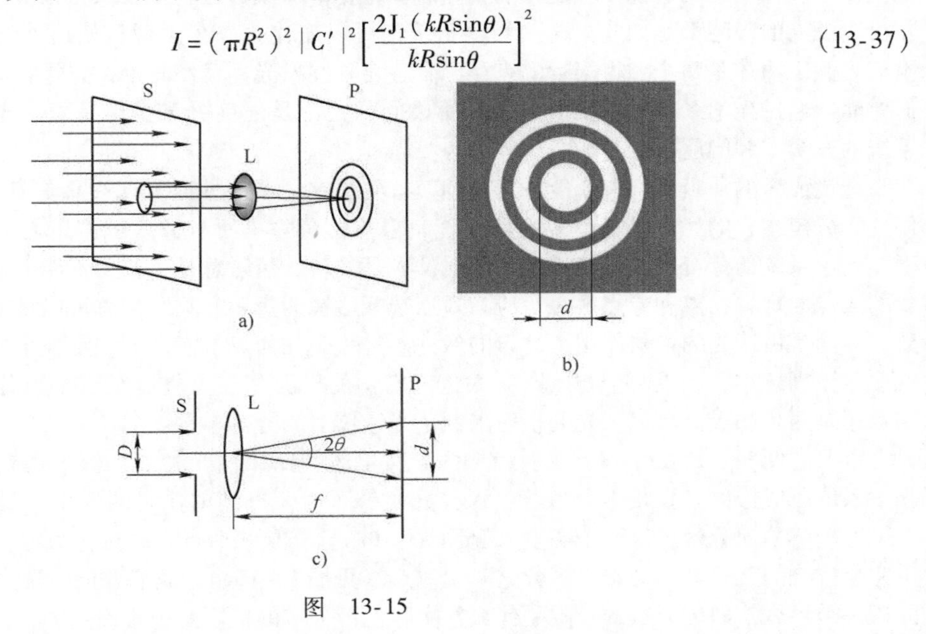

图　13-15

式中，J_1 为一阶贝塞尔函数；R 为圆孔半径。当 $\theta=0$ 时，$\dfrac{2J_1(kR\sin\theta)}{kR\sin\theta}=1$ 取最大值，此时为光强主极大位置，也是几何光学像点的位置。令 $I_0=I(\theta=0)=(\pi R^2)^2|C'|^2$，则

$$I=I_0\left[\frac{2J_1(kR\sin\theta)}{kR\sin\theta}\right]^2 \tag{13-38}$$

在 $J_1(x)=0$ 处，$x=3.83=\dfrac{2\pi}{\lambda}R\sin\theta_1$，$\theta_1$ 为第一极小值位置。所以第 1 级暗环的衍射角 θ_1 满足关系式

$$\sin\theta_1=0.61\frac{\lambda}{R}=1.22\frac{\lambda}{D} \tag{13-39}$$

式中，D 为圆孔的直径；λ 为单色光的波长。衍射角 θ_1 即为艾里斑的角半径，在透镜焦距 f 较大时，此角很小，故

$$\theta_1\approx\sin\theta_1=1.22\frac{\lambda}{D} \tag{13-40}$$

由此可知，中央艾里斑的半径 r 为

$$r=f\tan\theta_1=1.22\frac{\lambda}{D}f \tag{13-41}$$

由式（13-41）可以看出，衍射孔 D 越大，艾里斑越小；光波波长 λ 越短，艾里斑也越小。

13.3.2 光学仪器的分辨本领

当用光学仪器观察细小物体时，不仅需要它有一定的放大能力，还需要它有足够的分辨本领，才能把微小物体放大到清晰可见的程度。成像光学系统的分辨本领是光学系统所成图像可以分清细节的能力。这种能力是通过测定刚好能分辨的最靠近的两个像点的距离来定义的。成像仪器一般都是利用透镜使被观察的物体成像，再对所成像进行观察或记录。例如，望远镜、照相机以及人的眼睛都是如此。这些光学系统都可以简化为一个透镜，使远处物体成像在焦平面附近。假定物体是两个靠得很近的点光源，各自独立发光、互不相干，并且它们的亮度相近，我们要问：通过光学系统对这两个点光源所成的像是不是还能分辨得出是两个光源？这就是光学系统的分辨本领问题。

透镜成像的清晰程度以及能分辨的细节首先决定于透镜的像差（在聚焦良好的情况下）。我们关于分辨本领的讨论是基于透镜是十分完善并已消除了所有像差的假定之下的。在这种情况下，光学系统的分辨本领决定于光的衍射。光是波动，衍射总是存在且不能消除的。根据几何光学的成像原理，物点和像点一一对应，适当选择透镜的焦距和物距，总可以得到足够大的放大倍数。然而，由于光的衍射作用，物点的像并不是一个几何点，而是有一定大小的艾里斑，周围还有一些模糊斑纹。如果两个物点距离太近，它们的斑会相互重叠以至于不能分辨出究竟是一个物点还是两个物点。可见，光的衍射限制了光学仪器的分辨本领。

重要的问题是，在什么条件下能从两个艾里斑判断出两个物点？假定远处两个点光源通过光学系统所成像的光强相等，当两个像分开足够远时，得到的像是两个中央最大明显分开的衍射斑，能清楚地分辨出这两个像点（见图 13-16a）。如果两个点光源靠得太近，所成像是两个几乎完全重叠的艾里斑，则难以区分这两个像点（见图 13-16c）。我们要问：两个点刚好能被分开的条件是什么？即可分辨的极限是什么？实际上可分辨的极限是很难确定的，因为具体情况十分

复杂，还和观察者的主观因素有关。瑞利提出一个客观的判断标准，现在被称为瑞利判据：当一个艾里斑的中心正好落在另一个艾里斑的第一极小上时，两个像点被认为刚好可以分辨（见图13-16b）。在这种情况中，两个衍射斑重合成一个拉长的斑点，中间稍暗，两边较亮。中央暗处的光强约为两边最大值的80%，对于大多数人来说，恰好能辨别出是两个光点，这个标准称为瑞利判据。图13-17是处于分辨极限时的衍射图样照片。这时两个中央亮斑的中心对光学系统的张角 θ_1 称为光学系统的最小分辨角。如图13-18所示，两物点恰能分辨时，两艾里斑中心的距离正好是艾里斑的半径。因此，两个相邻物点的最小分辨角应等于艾里斑的角半径

$$\Delta\theta = \theta_1 = 1.22\frac{\lambda}{D} \tag{13-42}$$

图　13-16

对于光学仪器来说，最小分辨角越小越好。定义光学仪器的分辨本领为

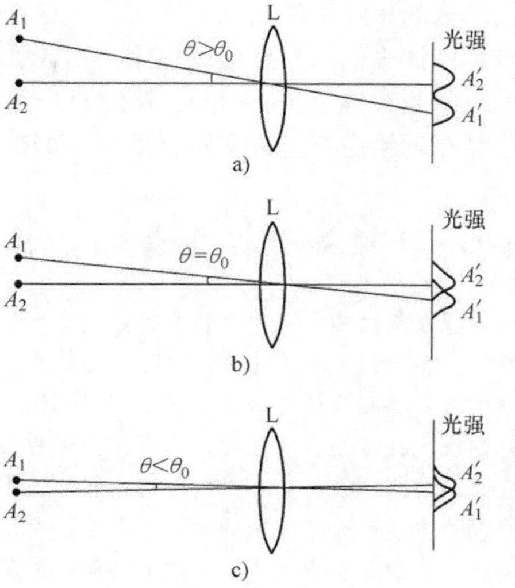

$$R = \frac{1}{\Delta\theta} = \frac{D}{1.22\lambda} \tag{13-43}$$

照相机和望远镜都是对远处物体成像，物体上各点所发出的光或反射的光是不相干的，对上面的讨论完全适用。对于用目镜观察的望远镜，分辨本领是指物镜的分辨本领。目镜只起放大的作用，分辨物体的细节依赖于物镜。许多天文望远镜用凹面反射镜作为物镜，圆孔衍射的原理也完全适用，上面得到的公式同样可以应用于反射式望远镜。显微镜的情况有些不同，用显微镜观察物体时，物体离开物镜的距离很近，不能看作对无限远处物体成像。但是为了消除物镜的像差，设计显微镜的物镜时总是要使它满足某些特定条件。在满足这些条件时，可以证明上面的关于分辨本领的公式的原理也适用于讨论显微镜的分辨本领。以上关于分辨本领的概念原则上同样也适用于利用各种波长的电磁波、声波等成像和观测的仪器。

图　13-17

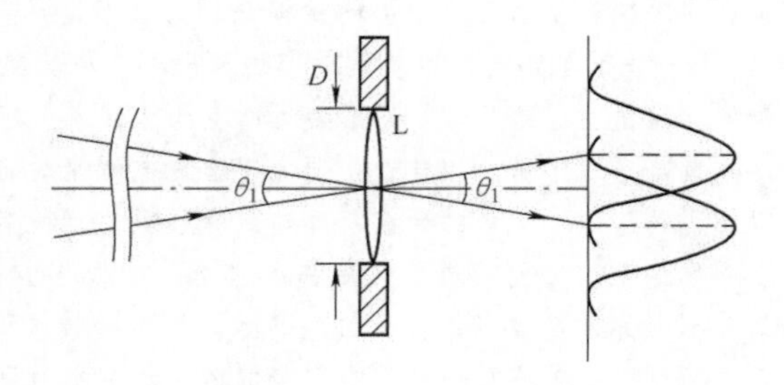

图　13-18

显然，光学仪器的分辨本领越大越好。式（13-43）表明，分辨本领的大小与仪器的孔径 D 成正比，与入射光波波长成反比。瑞利判据为设计光学仪器提供了理论指导，如电子显微镜用波长短的射线来提高分辨本领，目前用几十万伏高压产生的电子波（波长约为 10^{-3}nm）做成的电子显微镜可以对分子和原子的结构进行观察。按照这一思路发展下去，中子和质子的质量比电子大得多，它们的德布罗意波长也要短得多，于是利用重粒子的波动性就可以得到有关物质细

微结构的更详细的信息。事实上，这方面的研究还在进一步发展，例如利用中子衍射研究物质结构和固体表面已有广泛的应用。对于天文望远镜则可用大口径的物镜来提高分辨本领，例如哈勃空间望远镜总长12.8m，镜筒直径4.28m，主镜直径2.4m，连外壳孔径则为3m，全重11.5t。哈勃望远镜已有过许多重要发现，如拍摄到距地球5亿光年远的恒星碰撞。

物理知识应用案例：提高分辨本领的途径

现在最大的天文望远镜直径已达5m以上，图13-19是迈克耳孙用来测量恒星角直径的测星干涉仪示意图。他巧妙地运用了4块平面反射镜来扩大进入望远镜物镜的光线的范围，相当于将物镜直径增大到10m以上。由于大气密度涨落造成光传播路径的扰动，会带来星体视位置晃动，所以单靠增大孔径不能根本改善望远镜的分辨本领。而射电望远镜的工作波长比光波长得多，大气的影响相对不显著，所以可以把抛物面反射体做得很大。领先世界的中国天眼FAST射电望远镜反射体截面直径达500m，所发现的脉冲星数量已超过300颗，是同一时期国际上所有其他望远镜发现数量总和的3倍！分辨本领仍不如光学望远镜。显微镜主要通过减小入射波长来提高分辨本领，例如用紫外线来分辨指纹，量子理论的诞生给显微技术带来了根本性的变革，1890年光学显微镜差不多已经达到了它的极限分辨距离0.2μm，而1931年电子显微镜的诞生一下子就将显微镜的分辨率提高了两个数量级，1972年人们用扫描透射电子显微镜第一次观察到单个原子的运动图像。电子显微镜的极限分辨距离为0.1nm，而荣获1986年诺贝尔物理学奖的扫描隧穿显微镜的分辨距离已达0.001nm，由此发展起来的“纳米技术”将大大促进化学、生物学、医学和材料科学的发展。

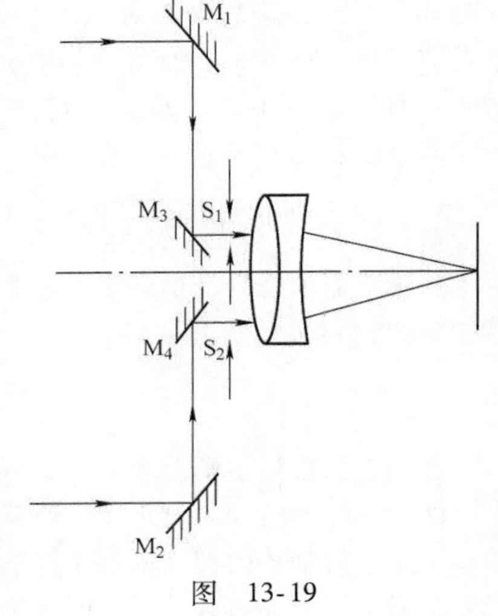

图　13-19

提高地面天文望远镜分辨本领的有效途径是综合孔径方法。如应用综合孔径的方法将相隔数千米的天线接收到的信号进行综合处理，这就相当于孔径D为数千米的射电天文望远镜，它的分辨本领就可达到1角秒。这种综合成像的方法是根据干涉原理得到的，需要精确记录下每个天线接收到的波信号的相位并且进行比较和叠加。由于能精确测定时间的氢脉冲钟、图像处理等其他技术的发展，使这种方法的实现成为可能。

例如，在美国新墨西哥州中部的沙漠高原上，27台结构完全相同的大型天线被分为三组（即三条支路），组成了一个Y字形的射电望远镜阵列，每条支路长度为21km。各天线得到的信号通过地下波导线传送到中心实验室进行综合处理。这套装置叫甚大天线阵，它的分辨本领可达0.1角秒，比最大的光学望远镜的分辨本领高了近十倍。但这对于研究宇宙射电源来说还不够。自20世纪60年代以来，由于精密原子钟的问世使得两地信号记录的时间精度达到微秒级，这就有可能将相距几千千米的射电天文台的数据记录在磁带上并发送至中央处理器，在中央处理器上将信号同步、相关，进行综合处理。最大的距离可达到8000km。这种技术称为甚长基线干涉测量术。用这种技术测量天体的角分辨本领可达到千分之一角秒。

综合孔径雷达也是成功使用综合孔径的例子，它把时间序列的信号综合起来。综合孔径雷达可应用于绘制地形图，将它安装在飞机上，当飞机在天空飞行时，雷达向地面发射脉冲微波信号。从地面反射回来的信号被雷达接收器接收，每一脉冲信号对地面都有一定的覆盖面积，相继的脉冲信号所覆盖的面积也有相当部分重叠，因为雷达的分辨本领与D成正比。微波的波长比光波大许多，而雷达天线的线度D不可能很大，为了提高所绘地面图形的分辨率，人们发明了综合孔径的方法。在飞机飞行途中记录接收到的从地面反射回来的脉冲信号的同时送入一个稳定的参考信号，叠加调制。这样就同时记录下了接收到信号的振幅和相位。飞机在飞行过程中在不同位置上发出一系列脉冲信号，并接收到一系列返回的信号，这相当于在空间不同位置上放置一系列接收天线。可通过适当的光学方法将接收到的信号进行综合处理，最终得到高分辨率的地形图。

【例 13-5】　通常人眼瞳孔直径约为 3mm，对于人最敏感的波长为 550nm 的黄绿光，人眼的最小分辨角为多大？在上述条件下，若有一个等号“=”，两条线的间距为 1mm，问等号距离人多远处恰能分辨出不是减号？

【解】　人眼的最小分辨角

$$\Delta\theta=\theta_1=1.22\frac{\lambda}{D}=1.22\times\frac{550\times10^{-9}}{3\times10^{-3}}\text{rad}=2.24\times10^{-4}\text{rad}\approx1'$$

设等号中两条线的间距为 d，人与等号的距离为 x，等号对人眼的张角为 $\theta=\frac{d}{x}$，恰能分辨时有

$$\theta=\frac{d}{x}=\Delta\theta$$

于是，恰能分辨时的距离为

$$x=\frac{d}{\Delta\theta}=\frac{1.0\times10^{-3}}{2.24\times10^{-4}}\text{m}=4.5\text{m}$$

本章总结

1. 光的衍射的分类

菲涅耳衍射、夫琅禾费衍射。

2. 菲涅耳半波带法

把波阵面分成许多半波带，且使相邻两半波带中的各对应点到观察点 P 的光程差为 $\lambda/2$。①相邻两波带发出的光线在相遇点完全干涉相消。②当半波带数为偶数时，相遇点为暗条纹；当半波带数为奇数时，相遇点为明条纹。

3. 单缝夫琅禾费衍射

$$a\sin\theta=\pm2k\frac{\lambda}{2}\quad(k=1,\ 2,\ \cdots)\quad\text{暗条纹}$$

$$a\sin\theta=\pm(2k+1)\frac{\lambda}{2}\quad(k=1,\ 2,\ \cdots)\quad\text{明条纹}$$

各级明条纹的角宽度：$\Delta\theta=\theta_{k+1}-\theta_k=\frac{\lambda}{a}$

中央明条纹的角宽度：$\Delta\theta_0=2\theta_1=2\frac{\lambda}{a}$

各级明条纹线宽度：$\Delta x=x_{k+1}-x_k=f\frac{\lambda}{a}$

中央明条纹线宽度：$\Delta x_0=2x_1=2f\frac{\lambda}{a}$

4. 光栅衍射

光栅：由 N（$N>>1$）个等宽、等间距的平行狭缝组成的光学元件。

光栅常数 d：光栅空间周期性的表示，$d=a+b$。

主极大的位置满足光栅方程：$(a+b)\sin\theta=k\lambda\quad(k=1,\ 2,\ \cdots)$。

缺级现象：若衍射角 θ 所对应的 k 级主极大不出现，则称第 k 级为缺级。此时，$k=\frac{a+b}{a}k'\quad(k'=\pm1,\ \pm2,\ \cdots)$。

5. 光学仪器的分辨本领

两个相邻物点的最小分辨角 θ_0 应等于艾里斑的角半径：$\Delta\theta=1.22\frac{\lambda}{D}$。

最小分辨角的倒数叫作光学仪器的分辨本领：$R=\frac{1}{\Delta\theta}=\frac{D}{1.22\lambda}$。

习　题

（一）填空题

13-1　在单缝的夫琅禾费衍射实验中，屏上第 3 级暗条纹对应于单缝处波面可划分为________个半波带，若将缝宽缩小一半，原来第 3 级暗条纹处将是________条纹。

13-2　在单缝夫琅禾费衍射实验中，设第 1 级暗条纹的衍射角很小，若钠黄光（$\lambda_1\approx589$nm）中央明条纹宽度为 4.0mm，则 $\lambda_2=442$nm（$1\text{nm}=10^{-9}$m）的蓝紫色光的中央明条纹宽度为________。

13-3　He－Ne 激光器发出 $\lambda=632.8$nm（$1\text{nm}=10^{-9}$m）的平行光束，垂直照射到一单缝上，在距单缝 3m 远的屏上观察夫琅禾费衍射图样，测得两个第 2 级暗条纹间的距离是 10cm，则单缝的宽度 $a=$________。

13-4　间谍卫星上的照相机能清楚识别地面上汽车的牌照号码。

（1）如果需要识别的牌照上的字符间的距离为 5cm，在 160km 高空的卫星上的照相机的角分辨本领应为________；（2）此照相机的孔径为________。光的波长按 500nm 计。

13-5　美国波多黎各阿西波谷地的无线电天文望远镜的“物镜”镜面孔径为 300m，曲率半径也是 300m。它工作的最短波长是 4cm。对于此波长，这台望远镜的角分辨本领是________。

13-6　某单色光垂直入射到一个每毫米有 800 条刻线的光栅上，如果第 1 级谱线的衍射角为 30°，则入射光的波长应为________ nm。

13-7　一束单色光垂直入射在光栅上，衍射光谱中共出现 5 条明条纹。若已知此光栅缝宽度与不透明部分宽度相等，那么在中央明条纹一侧的两条明条纹分别是第________级和第________级谱线。

（二）计算题

13-8　波长为 600nm（$1\text{nm}=10^{-9}$m）的单色光垂直入射到宽度为 $a=0.10$mm 的单缝上，观察夫琅禾费衍射图样，透镜焦距 $f=1.0$m，屏在透镜的焦平面处。求：（1）中央衍射明条纹的宽度 Δx_0；（2）第 2 级暗纹离透镜焦点的距离 x_2。

13-9　某种单色平行光垂直入射在单缝上，单缝宽 $a=0.15$mm。缝后放一个焦距 $f=400$mm 的凸透镜，在透镜的焦平面上，测得中央明条纹两侧的两个第 3 级暗条纹之间的距离为 8.0mm，求入射光的波长。

13-10　用波长 $\lambda=632.8$nm（$1\text{nm}=10^{-9}$m）的平行光垂直照射单缝，缝宽 $a=0.15$mm，缝后用凸透镜把衍射光会聚在焦平面上，测得第 2 级与第 3 级暗条纹之间的距离为 1.7mm，求此透镜的焦距。

13-11　在某个单缝衍射实验中，光源发出的光含有两种波长 λ_1 和 λ_2，垂直入射于单缝上。假如 λ_1 的第 1 级衍射极小与 λ_2 的第 2 级衍射极小相重合，试问：

（1）这两种波长之间有何关系？

（2）在这两种波长的光所形成的衍射图样中，是否还有其他极小相重合？

13-12　一束具有两种波长 λ_1 和 λ_2 的平行光垂直照射到一衍射光栅上，测得波长 λ_1 的第 3 级主极大衍射角和 λ_2 的第 4 级主极大衍射角均为 30°。已知 $\lambda_1=560$nm（$1\text{nm}=10^{-9}$m），试求：（1）光栅常数 $a+b$；（2）波长 λ_2。

13-13　用波长为 589.3nm（$1\text{nm}=10^{-9}$m）的钠黄光垂直入射在每毫米有 500 条缝的光栅上，求第 1 级主极大的衍射角。

13-14　波长范围为 450～650nm 的复色平行光垂直照射在每厘米有 5000 条刻线的光栅上，屏幕放在透镜的焦面处，屏上第 2 级光谱各色光在屏上所占范围的宽度为 35.1cm。求透镜的焦距 f。

第14章 光的偏振

14.1 自然光

若电场矢量 $\boldsymbol{E}$ 端点轨迹的运动没有规律性，则电磁波称为随机偏振波，例如，太阳光就是一种典型的随机偏振波。

任何光源从微观上讲都是由大量的发光原子或分子组成的，每个发光原子每次所发射的是一持续时间约为 10^{-8} s 的线偏振波列，在同一时刻有大量发光原子或分子发出大量线偏振波列。各个原子或分子的发光是一自发辐射的随机过程，各具独立性彼此没有关联，各波列的偏振方向及相位分布都是无规则的。因此，在同一时刻大量发光原子或分子发出的大量波列，不仅相互间无相位关联，而且电场振动矢量可以分布在轴对称的一切可能的方位上，即电场矢量对光的传播方向是轴对称分布的。这种由普通光源所发射的光波，在光的传播方向上的任一考察点，电场矢量既具有空间分布的均匀性，又有时间分布的均匀性，具有这种特点的光称为自然光。也就是说，自然光是由轴对称分布的、无固定相位关系的大量线偏振光集合而成，如图 14-1a所示。显然，自然光不具有偏振特性。

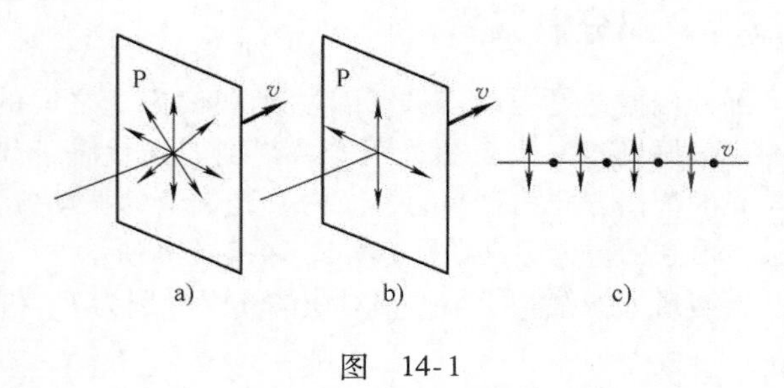

图 14-1

在自然光中，每一波列的任一取向的电场矢量 $\boldsymbol{E}_i$ 都可分解为两个相互垂直方向上的分量(例如平行于纸面方向和垂直于纸面的方向)，即

$$\boldsymbol{E}_i = \boldsymbol{i}E_{ix0}\cos(\omega t + \varphi_i) + \boldsymbol{j}E_{iy0}\cos(\omega t + \varphi_i) = \boldsymbol{i}E_{ix} + \boldsymbol{j}E_{iy} \tag{14-1}$$

则在两个垂直方向所有电矢量分量的振幅的二次方和分别为

$$I_x = \sum E_{ix}^2, \quad I_y = \sum E_{iy}^2 \tag{14-2}$$

由于自然光的轴对称性，这两个垂直方向电场分量的振幅二次方和相等，即 $I_x = I_y$，也就是说自然光可以看成两个振幅相同、振动方向相互垂直、没有确定相位差的偏振光的组合。由于各波列相位分布的随机性，$E_x = \sum E_{ix}$ 求和结果没有简单表达式，如图 14-1b 所示。此图也是自然光的一种表示方法，为了简单起见，自然光常用图 14-1c 所示的图形表示。图中短线“↕”（或“|”）表示平行于纸面的光振动，圆点“·”表示垂直于纸面的光振动。若自然光的光强为 I_0，则有

$$I_0 = I_x + I_y \tag{14-3}$$

显然，任一偏振方向的光强为

$$I_x = I_y = I_0/2 \tag{14-4}$$

14.2 偏振光

14.2.1 线偏振光

如果一束光的电场矢量 **E** 只沿一个固定的方向振动，我们把这样的光称为线偏振光（或面偏振光）。光的电场矢量与光传播方向所组成的平面称为振动面，如图 14-2a、b 所示。由原子（或分子）跃迁发出的每一个光波列都有其自身的振动方向，故都是线偏振光。不过我们通常所说的线偏振光（简称偏振光）不是指某个波列，而是指一束光是偏振光，意即光束中所有的波列都有相同的振动方向，但相位分布是随机的。用偏振光泵浦的激光是良好的线偏振光光源。

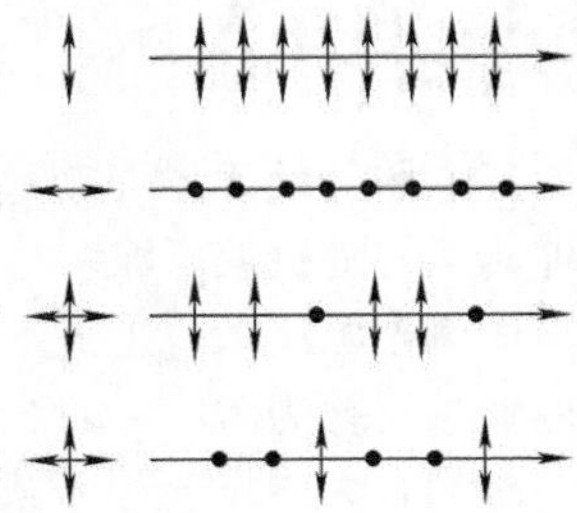

a)

b)

c)

d)

图 14-2

14.2.2 部分偏振光

部分偏振光是振动态介于自然光和偏振光之间的光。例如，把一束偏振光与一束自然光混合，得到的光就属于部分偏振光。在与光的传播方向相垂直的平面内，光矢量的振动方向沿各个方向分布，但沿某一方向的振动最强，沿它的垂向振动最弱，如图 14-2c、d 所示。

若与最大振幅和最小振幅对应的光强分别为 $I_{\max}$ 和 $I_{\min}$，则表示偏振程度的偏振度定义为

$$p=\frac{I_{\max}-I_{\min}}{I_{\max}+I_{\min}} \tag{14-5}$$

对于自然光，$I_{\max}=I_{\min}$，偏振度为零；对于线偏振光，$I_{\min}=0$，$p=1$，偏振度最大，对于部分偏振光 $0<p<1$。

14.2.3 椭圆偏振光和圆偏振光

光矢量 **E** 端点的轨迹是椭圆的称为椭圆偏振光，其端点轨迹为圆的则称为圆偏振光。光矢量端点的轨迹反映 **E** 的方向和量值随时间的变化。根据光矢量的旋转方向，偏振光还分为右旋偏振光和左旋偏振光。

14.3 偏振光的获得和检测

14.3.1 起偏与检偏

如果把自然光的两个光振动中的一个滤去，就得到线偏振光。由自然光获得偏振光的过程称为起偏，所用的光学器件称为起偏器。检查一光束是否是偏振的过程称为检偏，所用的光学器件称为检偏器。

偏振片是常用的既可作为起偏器，又可作为检偏器的光学器件。某些晶体对不同方向的光振动具有选择吸收的性质，如天然的电气石晶体、硫酸碘奎宁晶体等，它们能吸收某个方向上的光振动而仅让与此方向垂直的光振动通过。具有这种光学特性的晶体称为“二向色性”物质。如将这种晶体物质做成涂料定向涂敷于透明材料上，就制成了偏振片。偏振片上的标志“↕”表示允许通过的光振动方向，称为偏振化方向，或者振透方向。只有沿着这个方向振动的光波列

才能通过偏振片，而振动方向与其垂直的光波列则将被吸收。

用自然光垂直入射偏振片，由于自然光在任意方向分量的光强都为全部光强的一半，所以不管偏振片的偏振化方向如何，都会有一半的光能够通过它，因而我们能在偏振片后面获得光强为入射自然光光强 I_0一半的偏振光，即 $I=I_0/2$。

偏振片也可以作为检偏器，用来检验某光束是否为偏振光。图 14-3 是利用偏振片进行起偏和检偏的示意图。图 14-3 中 A 为起偏器，用自然光垂直入射，如上所述，出射光为偏振光，光强是自然光的一半。图 14-3 中 B 为检偏器，由 A 出来的偏振光射到 B 时，若 B 的偏振化方向与偏振光的振动方向平行，光将完全通过，得到最大的透射光强（见图 14-3a），而当 B 的偏振化方向与偏振光的振动方向垂直时，光完全不能通过，透射光强为零，称为消光（见图 14-3b）。如果以入射光线为轴，连续转动检偏器（偏振片 B），光强会呈现强弱交替的变化且有消光现象，由此能判断入射光（对 B 而言）为偏振光，并且可以根据透射光强最强时的偏振化方向，确定入射光的振动方向。偏振片也可以用来检验部分偏振光，与偏振光不同之处在于旋转时透射光的最弱光强不为零，没有消光现象。

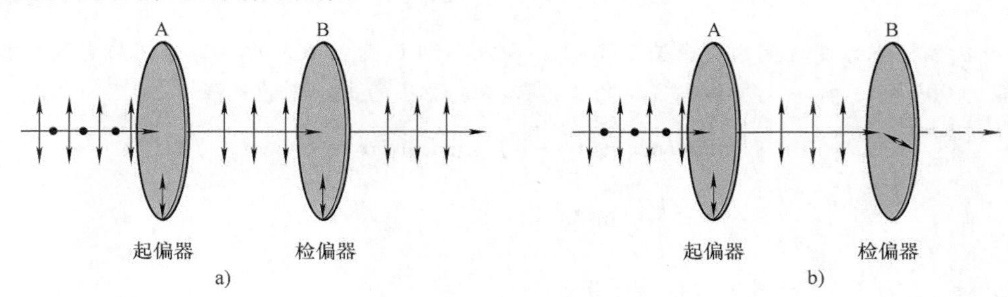

图　14-3

14. 3. 2　马吕斯定律

当偏振光入射到转动的检偏器时，只有平行于偏振化方向的光振动分量才能够通过，透射光强会呈现强弱变化。马吕斯定律给出了这种变化的规律。若用 E_0和 E 分别表示入射偏振光光矢量的振幅和透过检偏器的偏振光的振幅，那么，由图 14-4，当入射光的振动方向与检偏器的偏振化方向 OP 成 α 角时，有

$$E=E_0\cos\alpha \tag{14-6}$$

因光强与振幅的二次方成正比，透射的偏振光和入射偏振光光强之比为

$$\frac{I}{I_0}=\frac{E_1^2}{E_0^2}=\cos^2\alpha \tag{14-7}$$

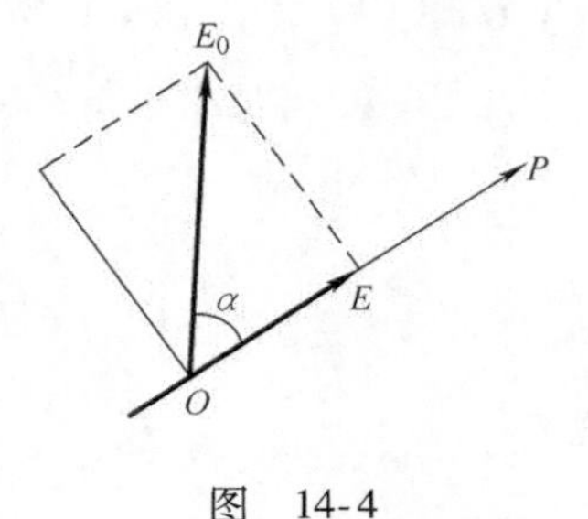

图　14-4

记为

$$I=I_0\cos^2\alpha \tag{14-8}$$

式（14-8）就是马吕斯定律。当 $\alpha=0$ 或 π，即二者平行时，$I=I_0$，透射光最强；当 $\alpha=\pi/2$，即二者垂直时，$I=0$，出现消光现象。

利用马吕斯定律可以检测线偏振光、部分偏振光和自然光。将被检测的光投射到偏振片上，以入射光线为轴线旋转偏振片，如果被测光是线偏振光，则当线偏振光的振动方向与偏振片的透振方向的夹角 α 为 90°时，透射光强为零，即出现消光现象；当 α 为 0°或 180°时，透射光强为

最大。如果被测光是自然光，则在旋转偏振片的过程中透射光强不变。如果被测的光是部分偏振光，则在某个α值时，透射光强为最大，而当偏振片的透振方向旋转到与该方向垂直时，透射光强为最小，但不等于零，即无消光现象。

【例 14-1】 如图 14-5 所示，在两块正交偏振片（偏振化方向相互垂直）P_1和P_3之间插入另一块偏振片P_2，光强为I_0的自然光垂直入射于偏振片P_1，求转动P_2时透过P_3的光强I与转角的关系。

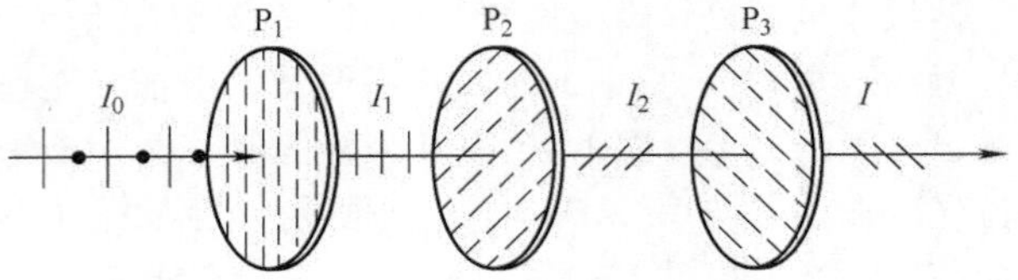

图 14-5

【解】 设入射自然光的光强为I_0，当它透过P_1后，将成为光强$I_1=\frac{1}{2}I_0$的偏振光，振动方向平行于P_1的偏振化方向。若用α表示P_1和P_2偏振化方向之间的夹角，由马吕斯定律，透过P_2的偏振光的光强是

$$I_2=I_1\cos^2\alpha=\frac{1}{2}I_0\cos^2\alpha$$

由于P_2和P_3偏振化方向之间的夹角为$90°-\alpha$，即入射到P_3的偏振光的振动方向与它的偏振化方向的夹角为$90°-\alpha$，再一次应用马吕斯定律，即得透过P_3的偏振光的光强

$$I_3=I_2\cos^2(90°-\alpha)=\frac{1}{2}I_0\sin^2\alpha\cos^2\alpha$$

$$=\frac{1}{8}I_0\sin^2 2\alpha$$

当$\alpha=45°$时，$I_3=\frac{1}{8}I_0$，为最大的透射光强。

【例 14-2】 将自然光入射到重叠在一起的两个偏振片上，测得透射光强为最大透射光强的1/3，忽略晶体的吸收。

（1）求两偏振片偏振化方向之间的夹角；

（2）若透射光强为入射光强的1/3，求两偏振片偏振化方向之间的夹角。

【解】（1）当P_1和P_2的偏振化方向平行时透射光强最大，即$I_m=\frac{1}{2}I_0$。

设P_1和P_2偏振化方向之间的夹角为θ，由马吕斯定律得

$$I_2=\frac{1}{2}I_0\cos^2\theta=\frac{1}{3}I_m=\frac{1}{6}I_0$$

所以

$$\cos^2\theta=\frac{1}{3}$$

可解得

$$\theta\approx 54.7°$$

（2）依题意：

$$I_2=\frac{I_0}{3}=\frac{I_0}{2}\cos^2\theta'$$

$$\cos^2\theta'=\frac{2}{3}\Rightarrow\theta'\approx 35.3°$$

14.4 布儒斯特定律

垂直于入射面偏振的波与平行于入射面偏振的波的反射和折射行为不同。如果入射波为自然

光（即两种偏振光的等量混合），经过反射或折射后，由于两个偏振分量的反射波和折射波强度不同，因而反射波和折射波都变为部分偏振光。反射光中垂直于入射面的光振动较强，折射光中平行于入射面的光振动较强，如图 14-6a 所示。

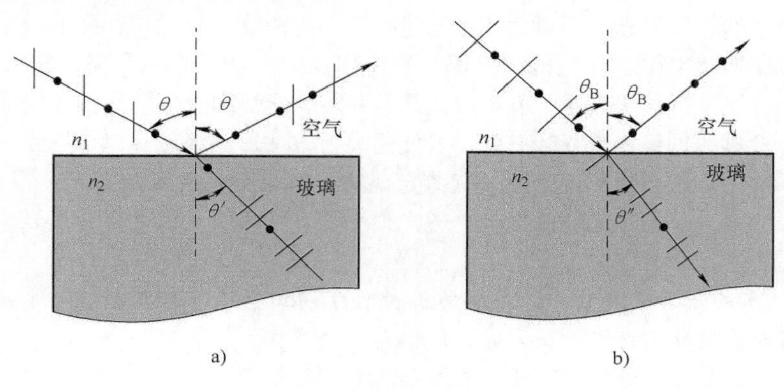

图　14-6

光的反射和折射实验还表明，反射光和折射光的光强以及偏振化的程度都与入射角的大小有关。特别是，当入射角 θ 等于某一特定值时，反射光是完全偏振光，振动方向垂直于入射面，如图 14-6b 所示。这个特定的入射角称为起偏角，用 θ_B 表示，它的大小取决于两种介质的相对折射率。并且，当光以起偏角入射到两种介质的界面上时，反射光线和折射光线相互垂直，如图 14-6b所示。于是有 $\theta_B+\theta''=90°$，根据折射定律

$$\frac{\sin\theta_B}{\sin\theta''}=\frac{n_2}{n_1} \tag{14-9}$$

式中，n_1 和 n_2 分别为入射光和折射光所在介质的折射率。由于 $\sin\theta''=\cos\theta_B$，得到

$$\tan\theta_B=\frac{n_2}{n_1} \tag{14-10}$$

式（14-10）称为布儒斯特定律，表示起偏角与介质折射率的关系，故 θ_B 又称为布儒斯特角。

当 $\theta=\theta_B$ 时，反射光为完全偏振光，而折射光一般仍然是部分偏振光，而且偏振化程度不高。因为对于多数透明介质，折射光的光强要比反射光的光强大很多。例如，当自然光由 $n_1=1$ 的空气射向 $n_2=1.5$ 的玻璃时，$\theta_B=\arctan(n_2/n_1)=56.3°$，入射光中平行于入射面的光振动全部被折射，垂直于入射面的光振动也有 85% 被折射，反射光只占垂直入射面光振动的 15%。

由于一次反射得到的偏振光的光强很小，偏振光的偏振化程度又不高，为了能够增强反射光的光强和提高折射光的偏振化程度，可以把许多相互平行的玻璃片叠在一起，构成一玻璃片堆，如图 14-7 所示。自然光以布儒斯特角入射时，光在各层玻璃面上的反射和折射都满足布儒斯特定律，这样就可以在多次的反射和折射中使反射光的光强增强，使折射光的偏振化程度提高。当玻璃片足够多时，就可以在反射和透射方向分别得到光振动方向互相垂直的两束偏振光。

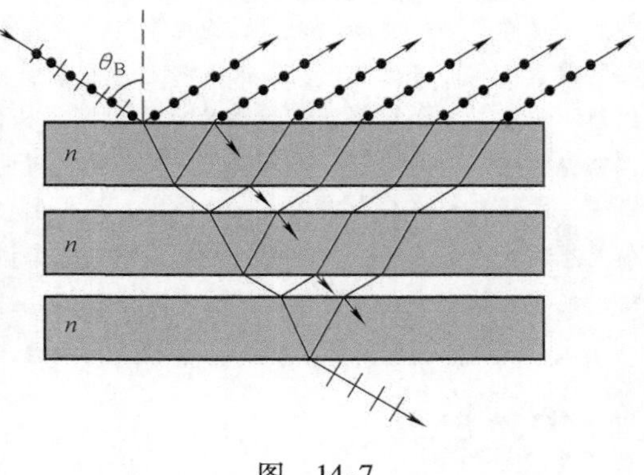

图　14-7

布儒斯特定律有很多实际的用途。例如，可用布儒斯特定律测量非透明介质的折射率。将自然光由空气中射向这种非透明介质表面，测出起偏角 θ_B，即可由 $\tan\theta_B = n$ 计算出该物质的折射率。

又如，在外腔式激光器中，把激光管的封口做成倾斜的，使激光以布儒斯特角入射，可以使光振动平行入射面的线偏振光不反射而完全通过，从而将激光的能量损耗降低最小程度。

可以使用布儒斯特定律进行起偏和检偏：若使用反射方法起偏，只需要将入射光以布儒斯特角入射即可。若使用折射法起偏，就可以使用玻片堆，通过多次折射达到起偏的目的。使用布儒斯特定律进行检偏的过程较为复杂一些。若使用反射方法，则将玻片以入射光为轴线旋转，观察反射光的光强变化。若光强交替变化并有消光现象，则入射光是线偏振光；若光强交替变化，但没有消光现象，则入射光是部分偏振光；若光强不变，则表明入射光是自然光。使用玻片堆也能检偏，其过程读者可以自己思考。

【例 14-3】 水的折射率为 1.33，玻璃的折射率为 1.50。当光由水中射向玻璃而反射时，起偏角为多少？当光由玻璃射向水而反射时，起偏角又为多少？

【解】 (1) 当光由水射向玻璃时，根据布儒斯特定律

$$\tan\theta_B = \frac{n_2}{n_1} = \frac{1.50}{1.33} = 1.128$$

起偏角为

$$\theta_B \approx 48.4° = 48°24'。$$

(2) 当光由玻璃射向水时，根据布儒斯特定律

$$\tan\theta_B = \frac{n_1}{n_2} = \frac{1.33}{1.50} = 0.887$$

起偏角为

$$\theta_B \approx 41.6° = 41°36'。$$

物理知识应用案例：偏振探测识别技术

地球表面和大气中的任何目标在反射、散射和电磁辐射的过程中，会产生由其自身性质决定的特征偏振。在自然界中，光滑的植物叶片，江河湖海的水面、冰雪、沙漠、云、鱼鳞和皮革等物体都充当着天然反射起偏器的作用。自然光照射后，反射光中电矢量的垂直分量和平行分量的振幅发生变化，成为部分偏振光或线偏振光。人造军事目标表面较光滑，它的反射偏振度与背景不同。物体表面结构、纹理、光入射角度的不同，都会影响反射光波的偏振状态，从而增强物体表面的某些信息。此外，物体的热辐射也有偏振效应。蕴涵着目标多种信息的偏振特性，能为目标识别提供帮助。

偏振探测技术是近几年发展起来的新型遥感探测技术，偏振成像可以增加目标物的信息量，在某种程度上能大大提高目标探测和地物识别的准确度，是其他探测手段无法替代的新型对地探测技术。与其他传统光度学和辐射度学的方法相比，偏振探测通过测量目标辐射和反射的偏振强度值、偏振度、偏振角和辐射率，可以解决传统光度学探测无法解决的一些问题，具有比辐射测量更高的精度。对 C—130 和 B—52 飞机进行线偏振光特性研究的实验数据表明，飞机不同位置的偏振光的光谱分布不一样，机身亮处在绿光波长上偏振度最大，暗处偏振度最大出现在红外谱段，机身偏振度远远大于天空，因此可以将二者区分。人造军事目标一般具有较光滑的表面，其辐射或是反射中的线偏振较强，而一般目标（如泥土、植被）都是相对很粗糙的，其辐射或反射偏振度相对较低。因此，基于偏振光进行空间目标识别具有重要的军事意义。

本章总结

1. 光的三类偏振态

自然光（无偏振）、偏振光（线偏振、椭圆偏振、圆偏振），部分偏振光。

2. 获得线偏振光的方法

利用二向色性物质的选择吸收；利用反射和折射。

3. 马吕斯定律

$$I = I_0 \cos^2\alpha$$

4. 布儒斯特定律

当入射角满足反射光线和折射光线垂直，即

$$\tan i_B = \frac{n_2}{n_1}$$

时（式中，θ_B 称为布儒斯特角），反射光为垂直于入射面的线偏振光，折射光仍为部分偏振光。

习　题

（一）填空题

14-1　光的干涉和衍射现象反映了光的波动性质，光的偏振现象说明光波是________波。

14-2　一束光垂直入射在偏振片P上，以入射光线为轴转动P，观察通过P的光强的变化过程。若入射光是________光，则将看到光强不变；若入射光是________，则将看到明暗交替变化，有时出现全暗；若入射光是________，则将看到明暗交替变化，但不出现全暗。

14-3　一束自然光垂直穿过两个偏振片，两个偏振片的偏振化方向成45°角。已知通过这两个偏振片后的光强为I，则入射至第二个偏振片的线偏振光强为________。

14-4　自然光以布儒斯特角θ_B从第一种介质（折射率为n_1）入射到第二种介质（折射率为n_2）内，则$\tan\theta_B =$________。

14-5　使光强为I_0的自然光依次垂直通过三块偏振片P_1、P_2和P_3，P_1与P_2的偏振化方向成45°角，P_2与P_3的偏振化方向成45°角，则透过三块偏振片的光强I为________。

（二）计算题

14-6　两个偏振片叠在一起，在它们的偏振化方向成$\alpha_1 = 30°$时，观测一束自然光。又在$\alpha_2 = 45°$时，观测另一束自然光。若两次所测得的透射光强相等，求两次入射自然光的光强之比。

14-7　设一部分偏振光由一自然光和一线偏振光混合构成。现通过偏振片观察到这部分偏振光在偏振片由对应最大透射光强位置转过60°时，透射光强减为一半，试求部分偏振光中自然光和线偏振光两光强的比。

14-8　自然光通过两个偏振化方向成60°角的偏振片后，透射光的光强为I_1。若在这两个偏振片之间插入另一偏振片，它的偏振化方向与前两个偏振片均成30°角，则透射光强为多少？

14-9　一束光强为I_0的自然光，相继通过两个偏振片P_1和P_2后出射光强为$I_0/4$。若以入射光线为轴旋转P_2，要使出射光强为零，P_2至少应转过的角度是多少？

14-10　当两偏振片的偏振化方向成30°夹角时，自然光的透射光强为I_1，若使两偏振片透振方向间的夹角变为45°时，同一束自然光的透射光强将变为I_2，那么I_2/I_1为多少？

14-11　一束太阳光以某入射角入射到平面玻璃上，这时反射光为完全偏振光，透射光的折射角为32°。问：（1）太阳光的入射角是多少？（2）玻璃的折射率是多少？

第 15 章　狭义相对论

19 世纪后期，随着电磁学的发展，电磁技术得到了越来越广泛的应用，与此同时，对电磁规律更加深入的探索成了物理学的研究中心，终于导致了麦克斯韦电磁理论的建立。麦克斯韦方程组不仅完整地反映了电磁运动的普遍规律，而且还预言了电磁波的存在，揭示了光的电磁本质，这是继牛顿之后经典物理学的又一伟大成就。

但是长期以来，物理学界机械论盛行，认为物理学可以用单一的经典力学图像加以描述，其突出表现就是“以太假说”。这个假说认为，以太是传递包括光波在内的所有电磁波的弹性介质，它充满整个宇宙。电磁波是以太介质的机械运动状态，带电粒子的振动会引起以太的形变，而这种形变以弹性波形式的传播就是电磁波。如果波速如此之大且为横波的电磁波真是通过以太传播的话，那么以太必须具有极高的剪切模量，同时宇宙中大大小小的天体在以太中穿行，又不会受到它的任何拖曳力，这样的介质真是不可思议。

从麦克斯韦方程组出发，可以立即得到在自由空间传播的电磁波的波动方程，而且在波动方程中，真空中的光速 c 是以普适常量的形式出现的，$c=1/\sqrt{\varepsilon_0\mu_0}$，$\varepsilon_0$ 和 μ_0 分别为真空的电容率和磁导率，它们与参考系的运动显然是无关的！因此，真空中的光速 c 与参考系的运动无关。但是从伽利略变换的角度看，速度总是相对于具体的参考系而言的，所以在经典力学的基本方程式中速度是不允许作为普适常量出现的。当时人们普遍认为，既然在电磁波的波动方程中出现了光速 c，这说明麦克斯韦方程组只在相对于以太静止的参考系中成立，在这个参考系中电磁波在真空中沿各个方向的传播速度都等于恒量 c，而在相对于以太运动的惯性系中则一般不等于恒量 c。

显然出现了矛盾，于是人们认为：经典物理学中的经典力学和经典电磁学具有很不相同的性质，前者满足伽利略相对性原理，所有惯性系都是等价的；而后者不满足伽利略相对性原理，并存在一个相对于以太静止的最优参考系。人们把这个最优参考系称为绝对参考系，而把相对于绝对参考系的运动称为绝对运动。地球在以太中穿行，测量地球相对于以太的绝对运动自然就成了当时人们首先关心的问题。最早进行这种测量的就是著名的迈克耳孙 - 莫雷实验，但实验给出了否定的结果，如何解决矛盾呢？

15.1　狭义相对论的基本原理

15.1.1　狭义相对论的基本原理

爱因斯坦（*A. Einstein*，1879—1955）认为，应该与机械论彻底决裂，完全抛弃以太假说，电磁场是独立的实体，是物质存在的一种基本形态。电磁现象与力学现象一样，不应该存在某个特殊的最优参考系。相对性原理应该具有普遍意义，不仅经典力学规律，而且经典电磁学规律和其他物理学规律在所有惯性系中都应该有不变的数学形式。这样一来，就必须寻找或建立各惯性系之间的新的变换关系，以代替伽利略变换。前面我们曾说，伽利略变换是经典时空观的集中体现，建立新的变换关系就意味着建立一种新的时空观，这就是下面要讨论的狭义相对论时空观。

如前所述，在经典电磁学理论，即麦克斯韦方程组中存在一个普适常量，这就是真空中的光速 c。只要认为经典电磁学理论满足一种新的相对性原理，那么在这种新的变换关系下麦克斯韦方程组应该有保持不变的数学形式，也就是说，在所有惯性系中，电磁波都以光速 c 传播。这就必须承认光速的不变性。

爱因斯坦将以上论述概括为狭义相对论的两条基本原理：

1）相对性原理：基本物理定律在所有惯性系中都保持相同形式的数学表达式，因此，一切惯性系都是等价的；

2）光速不变原理：在一切惯性系中，光在真空中的传播速率都等于 c，与光源的运动状态无关。

作为整个狭义相对论基础的这两条原理，最初是以假设提出的，而现在已为大量现代实验所证实。在欧洲核子研究中心（*CERN*），阿尔维格尔等人在 1964 年和 1966 年做了精密的实验测量：在质子同步加速器中，产生的 π^0 介子以 0.99975c 的速率飞行，它在飞行中发生衰变，辐射出能量为 6×10^9 eV 的光子。已测得光子对实验室的速度仍是 c。这个事实是对光速不变原理的直接验证。

15.1.2　狭义相对论的数学表述——洛伦兹变换

爱因斯坦的两个基本假设否定了伽利略变换，他认为，绝对的时间和长度都不一定是正确的，要建立新的时空变换关系，必须满足相对性原理和光速不变原理，这就是洛伦兹（*H. A. Lorentz*，1853—1928）变换。

设有两个惯性系 S 和 S′。在 S 和 S′上分别选取坐标系 $Oxyz$ 和 $O'x'y'z'$，令这两个坐标系的各对应轴互相平行，并设 S′系相对于 S 系以速度 $\boldsymbol{v}$ 沿 x 轴正向运动，且当 $t=t'=0$ 时，两坐标系的原点 O 和 O' 重合。S 系和 S′系中的观察者分别对同一事件 P 进行测量。S 系中的观察者测量到的空间坐标为（x，y，z），时间是 t；S′系中的观察者测量到的空间坐标为（x'，y'，z'），时间为 t'，则满足相对性原理的两惯性系间的变换关系为

$$\begin{cases} x'=\dfrac{x-vt}{\sqrt{1-v^2/c^2}} \\ y'=y \\ z'=z \\ t'=\dfrac{t-vx/c^2}{\sqrt{1-v^2/c^2}} \end{cases} \tag{15-1}$$

显然，在 $v \ll c$ 的情况下，洛伦兹变换就过渡到伽利略变换。

若设 S′系为静系，则 S 系相对于 S′系以 $-\boldsymbol{v}$ 运动，在式（15-1）中，将带撇的量与不带撇的量互换，并将 v 换成 $-v$，就得到洛伦兹变换的逆变换

$$\begin{cases} x=\dfrac{x'+vt'}{\sqrt{1-v^2/c^2}} \\ y=y' \\ z=z' \\ t=\dfrac{t'+vx'/c^2}{\sqrt{1-v^2/c^2}} \end{cases} \tag{15-2}$$

从洛伦兹变换可以看到，x'和 t'都必须是实数，所以速率 v 必须满足

$$1-\frac{v^2}{c^2}\geqslant 0 \text{ 或者 } v\leqslant c \tag{15-3}$$

于是我们得到了一个十分重要的结论：一切物体的运动速度都不能超过真空中的光速 c，或者说真空中的光速 c 是物体运动的极限速度。

15.1.3 速度变换法则

现在我们要讨论的是同一个运动质点在 S 系和 S′系中速度之间的变换关系。设质点在这两个惯性系中的速度分量分别为

在 S 系中

$$u_x=\frac{\mathrm{d}x}{\mathrm{d}t},u_y=\frac{\mathrm{d}y}{\mathrm{d}t},u_z=\frac{\mathrm{d}z}{\mathrm{d}t} \tag{15-4}$$

在 S′系中

$$u'_x=\frac{\mathrm{d}x'}{\mathrm{d}t'},u'_y=\frac{\mathrm{d}y'}{\mathrm{d}t'},u'_z=\frac{\mathrm{d}z'}{\mathrm{d}t'}, \tag{15-5}$$

为了求得上列各分量之间的变换关系，我们对洛伦兹变换［式（15-1）］中各式求微分，得

$$\begin{cases}\mathrm{d}x'=\dfrac{\mathrm{d}x-v\mathrm{d}t}{\sqrt{1-v^2/c^2}}\\ \mathrm{d}y'=\mathrm{d}y\\ \mathrm{d}z'=\mathrm{d}z\\ \mathrm{d}t'=\dfrac{\mathrm{d}t-v\mathrm{d}x/c^2}{\sqrt{1-v^2/c^2}}\end{cases} \tag{15-6}$$

由式（15-6）中的第一式除以第四式、第二式除以第四式以及第三式除以第四式，可以得到从 S 系到 S′系的速度变换公式

$$\begin{cases}u'_x=\dfrac{u_x-v}{1-vu_x/c^2}\\ u'_y=\dfrac{u_y\sqrt{1-v^2/c^2}}{1-vu_x/c^2}\\ u'_z=\dfrac{u_z\sqrt{1-v^2/c^2}}{1-vu_x/c^2}\end{cases} \tag{15-7}$$

在式（15-7）中，将带撇的量与不带撇的量互换，并将 v 换成 $-v$，就得到速度变换公式的逆变换

$$\begin{cases}u_x=\dfrac{u'_x+v}{1+vu'_x/c^2}\\ u_y=\dfrac{u'_y\sqrt{1-v^2/c^2}}{1+vu'_x/c^2}\\ u_z=\dfrac{u'_z\sqrt{1-v^2/c^2}}{1+vu'_x/c^2}\end{cases} \tag{15-8}$$

在上述速度变换公式中，有两点值得注意：一是尽管 $y'=y$，$z'=z$，但 $u'_y\neq u_y$，$u'_z\neq u_z$；二是变换保证了光速的不变性，这可以从后面的例题中看到。

对洛伦兹变换做以下几点说明：

1）在狭义相对论中，洛伦兹变换占有中心地位。狭义相对论时空观集中体现在洛伦兹变换中。相对性原理就是物理定律的数学表达式在洛伦兹变换下具有不变性。物质运动的时空属性被洛伦兹变换以确切的数学形式定量地描述出来。

2）从洛伦兹变换的表达式可以看出，不仅 x'是 x 和 t 的函数，t'也是 x 和 t 的函数，而且都与两惯性系的相对速度有关。这就是说，狭义相对论将时间、空间和物质运动三者不可分割地联系在一起了。

3）因时间坐标和空间坐标都是实数，所以洛伦兹变换中的 $\sqrt{1-(v/c)^2}$也应该是实数，这就要求 $v \leqslant c$。而速度 v 是选为参考系的任意两个物理系统之间的相对速度。由此得出这样一个结论：物体的运动速度有个上限，就是光速 c。这是狭义相对论体系本身要求的，它也被现代科学实践所证实。

4）在日常生活中，物体的速度远小于光速，即 $v \ll c$，于是

$$\sqrt{1-\left(\frac{v}{c}\right)^2} \to 1$$

在这种情况下，洛伦兹变换就与伽利略变换一致了，所以伽利略变换是洛伦兹变换在低速情况下的近似。在处理低速运动问题时，应用伽利略变换也就足够精确了。

5）洛伦兹变换是同一事件在不同惯性系中时空坐标之间的变换，因此，应用时必须首先核实（x，y，z，t）和（x'，y'，z'，t'）确实是代表同一事件的时空点。

6）洛伦兹变换要求各惯性系中的时间、空间的基准必须一致。时间基准（时钟）必须选择相同的物理过程；空间长度基准（直尺）必须选择相同的物体和对象。考虑到物体的时空性质会因为运动状态而变化，我们统一规定：各惯性系中的时钟和直尺必须相对于各自的惯性系处于静止状态。

物理知识应用案例：迈克耳孙－莫雷实验

迈克耳孙－莫雷实验的装置是设计精巧的迈克耳孙干涉仪，图 15-1 所示为迈克耳孙干涉仪的光路。单色光从光源 S 出发，经半镀银镜 R 分成光强相等的反射、透射光，它们分别由平面镜 M_2 和 M_1 反射沿原路返回产生干涉。

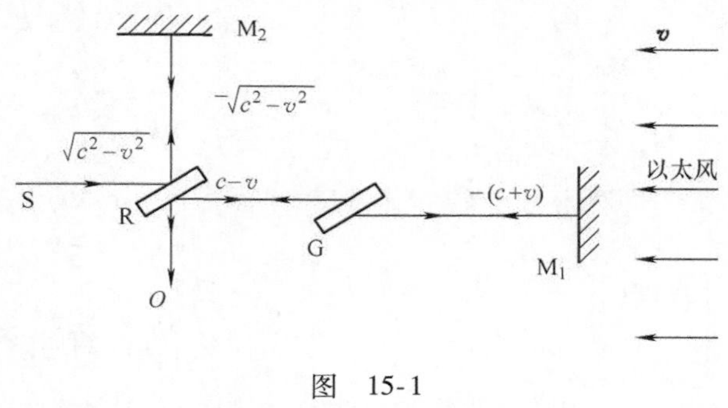

图　15-1

设“以太”相对于太阳参考系静止，地球相对于太阳系的速度为 v。实验中先将干涉仪的一臂（如 RM_1）与地球运动方向平行，另一臂（RM_2）与地球运动方向垂直。根据伽利略速度变换法则，在与地球固定在一起的实验室参考系中，光速沿不同方向的大小并不相等，因而可以看到干涉条纹。如果将整个装置缓慢地转过 90°，应该发现有条纹的移动。由条纹移动的数目，可以推算出地球相对于“以太”（太阳）参考系的运动速度 v。

取干涉仪 RM_1 臂长为 l_1，RM_2 臂长为 l_2。通过计算整个实验装置转动 90°前后光通过两臂的时间差的改变量，可得对应的条纹移动数目

$$\Delta N = \frac{l_1 + l_2}{\lambda}\left(\frac{v}{c}\right)^2$$

实验中通常取两臂相等，即 $l_1 = l_2 = l$，于是

$$\Delta N=\frac{2l}{\lambda}\left(\frac{v}{c}\right)^2$$

式中，λ 为实验所用光波波长。

1881 年迈克耳孙首先完成了这一实验。但是，他并没有观察到预期的条纹移动。1887 年，迈克耳孙和莫雷提高了实验精度。他们采用多次反射，使干涉仪臂长 $l=11\mathrm{m}$，光的波长 $\lambda=5.9\times10^{-7}\mathrm{m}$，如果地球相对于“以太”的速度为 $3.0\times10^4\mathrm{m\cdot s^{-1}}$（相当于地球绕太阳公转的速度），预期的条纹移动应该是 $\Delta N\approx0.37$。但是，实验观察却小于 0.01（此数值在仪器误差范围内）。后来，尽管迈克耳孙等人在不同的地理、季节条件下又进行了多次实验，但都得到了相同的结果：测不出地球相对于“以太”参考系的运动速度。

这个实验的“零”结果否定了宇宙中充满“以太”的机械观念，表明地球上沿各个方向的光速都是相同的，它与地球的运动状态无关；确定了光速不变原理，导致了新的空间－时间和物质运动理论，即相对论的建立。

物理知识拓展

洛伦兹变换的简易推导

洛伦兹变换相当于爱因斯坦狭义相对性原理的数学表述，它是如何得来的呢？

为简便起见，我们假设 S 系和 S′系是两个相对做匀速直线运动的惯性参考系，规定 S′系沿 S 系的 x 轴正方向以速度$\boldsymbol{v}$相对于 S 系做匀速直线运动，x'、y'、z'轴分别与 x、y 和 z 轴平行，S 系原点 O 与 S′系原点 O'重合时两惯性系在原点处的时钟都指示零点。我们就在这两个惯性系之间推导新的变换关系。

新变换首先应该满足狭义相对论的两条基本原理。另外，当运动速度远小于真空中的光速时，新变换应该过渡到伽利略变换，因为在这种情况下伽利略变换被实践检验是正确的。最后，新变换应该是线性的，因为只有这样才能保证当物体在一个参考系中做匀速直线运动时，在另一个参考系中也观察到它做匀速直线运动。

根据这些要求，我们可以用最简便的方法得到洛伦兹变换。我们做最简单的线性假设

$$x'=k(x-vt) \tag{15-9}$$

式中，k 是比例系数，与 x 和 t 都无关。按照狭义相对论的第一条基本原理，S 系和 S′系除了做相对运动外并无差异，考虑到运动的相对性，相应地应有

$$x=k(x'+vt') \tag{15-10}$$

于是容易写出另外两个坐标的变换

$$y'=y \tag{15-11}$$

$$z'=z \tag{15-12}$$

为得到时间坐标的变换，将式（15-9）代入式（15-10），得

$$x=k^2(x-vt)+kvt' \tag{15-13}$$

从中解出 t'，得

$$t'=kt+\left(\frac{1-k^2}{kv}\right)x \tag{15-14}$$

确定 k 需要用到狭义相对论的第二条基本原理。根据我们规定的初始条件，当两个惯性坐标系的原点重合时，有 $t=t'=0$。如果就在此时，在共同的原点处有一点光源发出一光脉冲，在 S 系和 S′系都观察到光脉冲以速率 c 向各个方向传播，所以在 S 系中有

$$x=ct \tag{15-15}$$

在 S′系中有

$$x'=ct' \tag{15-16}$$

将式（15-15）和式（15-16）代入式（15-9）和式（15-10），得

$$ct'=k(c-v)t \tag{15-17}$$

和

$$ct = k(c + v)t' \tag{15-18}$$

由以上两式消去 t 和 t' 后，可解得

$$k = \frac{1}{\sqrt{1 - v^2/c^2}} \tag{15-19}$$

将 k 代入式（15-9）和式（15-14）就得到新变换的最终形式

$$\begin{cases} x' = \dfrac{x - vt}{\sqrt{1 - v^2/c^2}} \\ y' = y \\ z' = z \\ t' = \dfrac{t - vx/c^2}{\sqrt{1 - v^2/c^2}} \end{cases} \tag{15-20}$$

这种新的变换称为洛伦兹（*H. A. Lorentz*，1853—1928）变换。显然，在 $v \ll c$ 的情况下，洛伦兹变换就过渡到伽利略变换。

15.2　狭义相对论的时空观

15.2.1　同时的相对性

同时的相对性是建立狭义相对论的一个关键进展。事实上，一切涉及时间的判断总是关于同时事件的判断。

“同时性”这个概念在日常生活中经常用到。例如，说“甲和乙同时从 A 点出发”，指的是同一个地点的两个“事件”是“同时”发生的。又如，说“正在远洋航行的船员与首都群众同时举行了庆祝会”，这是指不同地点的“事件”是“同时”发生的，而且其中之一是“运动参考系”。这两点往往不被人们注意。因为在人们的观念中，时间是绝对的，同时性也是绝对的。所有的人，不论在哪里，无论静止还是运动，都可以利用经过同一标准校准的标准钟（比如北京时间）。这说明，经典力学的时空观符合人们的生活经验和心理。但是，狭义相对论认为，同时的绝对性是不正确的。

在狭义相对论中，不存在同一的时间，时刻和时间间隔都与观察者的运动状态相联系。设有一列爱因斯坦火车，以速度 v 匀速通过一车站。从车站（S 系）上观测到，两个闪电同时击中车头和车尾，如图 15-2 所示，设闪电击中车尾为事件 1，在 S 系和 S′系中的时空坐标分别为（x_1，t_1）和（x'_1，t'_1）（y，z 坐标省略，下同）；设闪电击中车头为事件 2，在 S 系和 S′系中的时空坐标分别为（x_2，t_2）和（x'_2，t'_2）。从 S 系观测，两闪电同时击中，即 $t_2 = t_1$。为了确保这两个闪电光脉冲是同时发出的，可以在这两个地点连线的中点 M 处安放一光脉冲接收装置，若该

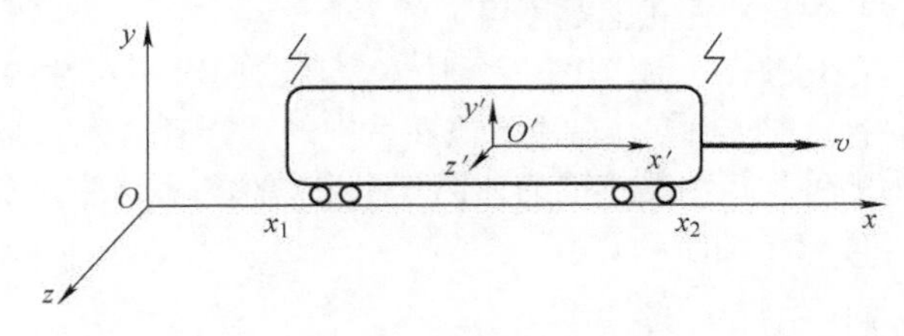

图　15-2

接收装置同时接收到光脉冲信号，就表示这两个信号是同时发出的。而在S′系中观察，这两个光脉冲信号发出的时间分别是

$$t_1'=\frac{t_1-vx_1/c^2}{\sqrt{1-v^2/c^2}} \text{和} \ t_2'=\frac{t_2-vx_2/c^2}{\sqrt{1-v^2/c^2}} \tag{15-21}$$

考虑到 $t_1=t_2$，故S′系时间间隔为

$$\Delta t'=t_2'-t_1'=\frac{v(x_1-x_2)/c^2}{\sqrt{1-v^2/c^2}}\neq 0 \tag{15-22}$$

式（15-22）表明，在S系中两个不同地点同时发生的事件，在S′系中看来不是同时发生的，即从火车（S′系）上观测，这两个闪电不是同时击中的。这里设 $v>0$，$x_2-x_1>0$，所以 $t_2'-t_1'<0$，即从火车上观测，击中车头的闪电比击中车尾的闪电早。这就是同时的相对性。因为运动是相对的，所以这种效应是互逆的，即在S′系中两个不同地点同时发生的事件，在S系中看来也不是同时发生的。由式（15-22）还可以看到，当 $x_1=x_2$ 时，即两个事件发生在同一地点，则同时发生的事件在不同的惯性系中看来才是同时的。从这里也可以得到，在狭义相对论中，时间与空间是互相联系的。

为全面地理解同时的相对性问题，要着重从下面四个方面去加深对这一问题的认识：

1）如前所述，在S系中不同地点（$\Delta x\neq 0$）但同时（$\Delta t=0$）发生的事件，在S′系中观测并不同时（$\Delta t'\neq 0$）发生。反之，在S′系中不同地点（$\Delta x'\neq 0$）但同时发生（$\Delta t'=0$）的两个事件，在S系中观测也不同时发生（$\Delta t\neq 0$）。

2）在S系中同时（$\Delta t=0$）又同地（$\Delta x=0$）发生的两个事件，在S′系中观测也是同时发生（$\Delta t'=0$）的，而且发生地点也相同（$\Delta x'=0$）。这就是说，同地事件的同时性具有绝对的意义。

3）在S系中既不同时（$\Delta t\neq 0$）也不同地（$\Delta x\neq 0$）发生的两件事，若满足

$$\Delta t=\frac{v}{c^2}\Delta x \text{ 或 } v\Delta x=c^2\Delta t$$

则在S′系中观测必有 $\Delta t'=0$，即两事件同时发生。

4）狭义相对论的另一个重要结论是，任何物体的运动速率都不可能大于真空中的光速。这一观点可以说明：在相对论中关联事件的时间次序是绝对的。这就是说，事件的因果关系顺序在任何惯性系中都不会发生颠倒。如在S系中 t 时刻位于 x 处的质点经时间 Δt 后运动到 $x+\Delta x$ 处，若在S′系中观测，由洛伦兹变换可知有

$$\Delta t'=\frac{\Delta t-\dfrac{v\Delta x}{c^2}}{\sqrt{1-\dfrac{v^2}{c^2}}}=\frac{\Delta t\left(1-\dfrac{uv}{c^2}\right)}{\sqrt{1-\dfrac{v^2}{c^2}}} \tag{15-23}$$

式中，$u=\dfrac{\Delta x}{\Delta t}$为质点的运动速度。显然，只要 $v\leqslant c$ 且 $u\leqslant c$，则必有 $\Delta t'$与 Δt 是同号的。这就说明了具有因果关系的事件，其先后次序仍然是不可逆的。

同时的相对性实质上是光速不变原理的一个具体表现。同时相对性的意义是：在一惯性系中，不同地点校准了的时钟（同步钟），在另一惯性系中的观察者看来，是没有校准的。S和S′系中的观察者看各自系内的钟均认为是校准的，但S′系中的观察者认为S系中的没有校准，钟沿运动方向是依次落后的（即较早的时刻）。

15.2.2　时间延缓效应

从上面的讨论中我们已经看到，在相对于事件发生地静止的参考系（即S系）中，两个事

件的时间间隔为零（即同时），而在相对于事件发生地做匀速直线运动的另一个参考系（即 S′系）中观测，时间间隔却大于零，这不就是时间膨胀或时间延缓了吗！不过那里所说的事件是发生在不同地点的，那么发生在同一地点的事件的情形又将怎样呢？

如果在 S′系中的同一地点 x_0' 处先后发生了两个事件，事件发生的时间是 t_1' 和 t_2'，时间间隔为 $\Delta t' = t_2' - t_1'$。而在 S 系中，这两个事件的时空坐标分别为（x_1，y_1，z_1，t_1）和（x_2，y_2，z_2，t_2），时间间隔为 $\Delta t = t_2 - t_1$。利用洛伦兹逆变换式（15-2），可以得到

$$\Delta t = t_2 - t_1 = \frac{t_2' + \frac{vx_0'}{c^2}}{\sqrt{1-\frac{v^2}{c^2}}} - \frac{t_1' + \frac{vx_0'}{c^2}}{\sqrt{1-\frac{v^2}{c^2}}} = \frac{\Delta t'}{\sqrt{1-\frac{v^2}{c^2}}} > \Delta t' \tag{15-24}$$

式（15-24）表示，如果在 S′系中同一地点相继发生的两个事件的时间间隔是 $\Delta t'$，那么在 S 系中测得同样两个事件的时间间隔 Δt 总要比 $\Delta t'$长，或者说相对于 S 系运动的时钟变慢了，这就是狭义相对论的时间延缓效应。由于运动是相对的，所以时间延缓效应是互逆的，即如果在 S 系中同一地点相继发生的两个事件的时间间隔为 Δt，那么在 S′系中测得的 $\Delta t'$总比 Δt 长。

如果定义：在一个运动物体上发生两个事件，则把固定于这个物体上的参考系（S′系）中的时钟所经过的时间称为固有时间（也称为原时），以 $\Delta\tau_0$ 表示，而从其他惯性参考系（S 系）上测得的时间 $\Delta\tau$ 称为观测时间，则由式（15-24）可知固有时间恒小于观测时间，即有

$$\Delta\tau = \frac{\Delta\tau_0}{\sqrt{1-\frac{v^2}{c^2}}} > \Delta\tau_0$$

时间的这种延缓效应现已被大量的实验结果所证实。特别是在粒子物理学中更是得到了直接的实验验证，基本粒子的寿命在自身坐标系中是完全确定的，但在实验室中，以不同速度运动的粒子的寿命却各不相同，并且与式（15-24）所给出的关系能很好地符合。

15.2.3　长度收缩效应

在 S′系中沿 x'轴放置一长杆，其两端的坐标分别为 x_1' 和 x_2'，它的静止长度为 $\Delta L' = \Delta L_0 = x_2' - x_1'$，静止长度也称为固有长度。当在 S 系中测量同一杆的长度时，必须同时测出杆两端的坐标 x_1 和 x_2 才能得到杆长的正确值 $\Delta L = x_2 - x_1$。根据洛伦兹变换，应有

$$x_1' = \frac{x_1 - vt_1}{\sqrt{1-\frac{v^2}{c^2}}} \tag{15-25}$$

和

$$x_2' = \frac{x_2 - vt_2}{\sqrt{1-\frac{v^2}{c^2}}} \tag{15-26}$$

考虑到在 S 系中测量运动杆两端的坐标必须同时满足这一要求，即 $t_1 = t_2$，杆的静止长度可以表示为

$$\Delta L_0 = x_2' - x_1' = \frac{x_2 - x_1}{\sqrt{1-\frac{v^2}{c^2}}} = \frac{\Delta L}{\sqrt{1-\frac{v^2}{c^2}}} \tag{15-27}$$

即

$$\Delta L = \Delta L_0 \sqrt{1 - \frac{v^2}{c^2}} \tag{15-28}$$

式（15-28）表示，在S系中观测到运动着的杆的长度比它的静止长度缩短了，这就是说，在相对于物体静止的惯性系中测得的物体的长度最长，称为固有长度。并且，长度收缩效应只发生在运动方向上，在与运动垂直的方向上并不发生收缩。长度收缩完全是相对论效应，是一种普遍的时空性质。从表面上看，长度收缩不符合日常经验，这是因为我们在日常生活和技术领域中所遇到的运动都比光速慢得多。在地球上宏观物体所能达到的最大速度与光速之比的数量级约为10^{-5}左右。在这样的速度下，长度收缩的数量级约为10^{-10}，可以忽略不计。

由于运动的相对性，长度收缩效应也是互逆的，静止放置在S系中的杆，在S′系中观测同样会得到收缩的结论。

时间膨胀和长度收缩是相关的。例如，宇宙射线中含有许多能量极高的μ子，这些μ子是在距离海平面10～20km的大气层顶端产生的。静止μ子的平均寿命只有2.2×10^{-6}s，如果不是由于相对论效应，这些μ子即使以光速c运动，在它们的平均寿命内，也只能飞行660m。但实际上很大一部分μ子都能穿透大气层到达底部。地面上的参考系把这类现象描述为运动μ子的寿命延长效应。但从固结于μ子上的参考系看来，它的寿命并没有延长，而是由于相对于它做高速运动的大气层的厚度缩小了，因此可以在μ子寿命内飞越大气层。

综上所述，相对论时空观有以下几个要点：其一，时间、空间是和物质运动的状况相关的。因此，同时性、时间、长度都是相对的，它们的量度跟惯性系的选择有关；其二，时间和空间是密切相关的，不存在绝对的时间和空间；其三，时间和空间是客观的，一切涉及长度的空间尺度都因运动而收缩，一切涉及时间的过程（如分子的振动、粒子的寿命、生命过程等）都因运动而膨胀，这是时空的性质，而不是观测者主观意志的结果。

【例15-1】 两惯性系S和S′沿x轴相对运动，当两坐标原点O和O'重合时为计时开始。若在S系中测得某两事件的时空坐标分别为$x_1 = 6 \times 10^4$m，$t_1 = 2 \times 10^{-4}$s，$x_2 = 12 \times 10^4$m，$t_2 = 1 \times 10^{-4}$s，而在S′系中测得这两个事件同时发生。试问：

（1）S′系相对S系的速度如何？

（2）S′系中测得这两个事件的空间间隔是多少？

【解】 （1）设S′系相对于S系的速度为v，由洛伦兹变换，在S′系中测得两事件的时间坐标分别为

$$t_1' = \frac{t_1 - \frac{vx_1}{c^2}}{\sqrt{1 - \frac{v^2}{c^2}}}, \quad t_2' = \frac{t_2 - \frac{vx_2}{c^2}}{\sqrt{1 - \frac{v^2}{c^2}}}$$

由题意$t_2' = t_1'$，即

$$t_2 - \frac{vx_2}{c^2} = t_1 - \frac{vx_1}{c^2}$$

解得

$$v = \frac{c^2(t_2 - t_1)}{x_2 - x_1} = -\frac{c}{2} = -1.5 \times 10^8 \mathrm{m \cdot s^{-1}}$$

式中，负号表示S′系沿x轴负向运动。

（2）设在S′系中测得两事件的空间坐标分别为x_1'和x_2'，由洛伦兹变换有

$$x_1=\frac{x_1'+vt_1'}{\sqrt{1-\frac{v^2}{c^2}}},\ x_2=\frac{x_2'+vt_2'}{\sqrt{1-\frac{v^2}{c^2}}}$$

因为 $t_2'=t_1'$，所以

$$x_2'-x_1'=(x_2-x_1)\sqrt{1-\frac{v^2}{c^2}}=5.2\times10^4\text{m}$$

【例15-2】 在惯性系S中，测得某两事件发生在同一地点，时间间隔为4s，在另一惯性系S′中，测得这两个事件的时间间隔为6s。试问在S′系中，它们的空间间隔是多少？

【解】 在同一地点先后发生两事件的时间间隔为固有时间，所以在S′系中测得的 $\Delta t'=6\text{s}$ 是由于相对论时间膨胀效应的结果，故利用

$$\Delta t'=\frac{\Delta t}{\sqrt{1-\frac{v^2}{c^2}}}$$

可得

$$\frac{\Delta t'}{\Delta t}=\frac{1}{\sqrt{1-\frac{v^2}{c^2}}}=\frac{6\text{s}}{4\text{s}}$$

所以

$$v=\frac{\sqrt{5}}{3}c=\sqrt{5}\times10^8\text{m}\cdot\text{s}^{-1}$$

根据洛伦兹变换，在S′系中测得两事件的空间坐标分别为

$$x_1'=\frac{x_1-vt_1}{\sqrt{1-\frac{v^2}{c^2}}},\qquad x_2'=\frac{x_2-vt_2}{\sqrt{1-\frac{v^2}{c^2}}}$$

由题意 $\Delta x=x_2-x_1=0$，$\Delta t=t_2-t_1=4\text{s}$，故

$$|\Delta x'|=\frac{v\Delta t}{\sqrt{1-\frac{v^2}{c^2}}}=\frac{3}{2}\times\sqrt{5}\times4\times10^8\text{m}=6\sqrt{5}\times10^8\text{m}$$

【例15-3】 在离地面6000m高空的大气层中，产生一个π介子以速度 $v=0.998c$ 飞向地球。假定π介子在自身参考系中的平均寿命为 $2\times10^{-6}\text{s}$，根据相对论理论，试问：

（1）地球上的观测者判断π介子能否到达地球？

（2）与π介子一起运动的参考系中的观测者的判断结果又如何？

【解】（1）π介子在自身参考系中的平均寿命 $\Delta t_0=2\times10^{-6}\text{s}$，为固有时间。对于地球上的观测者，由于时间膨胀效应，测得π介子的寿命为

$$\Delta t=\frac{\Delta t_0}{\sqrt{1-\frac{v^2}{c^2}}}=31.6\times10^{-6}\text{s}$$

即在地球观测者看来，π介子一生可飞行的距离为

$$L=v\Delta t\approx9460\text{m}>6000\text{m}$$

所以判断结果是π介子能到达地球。

（2）在与π介子共同运动的参考系中，π介子是静止的，地球以速率 $v=0.998c$ 接近π介子。从地面到π介子产生处为 $H_0=6000\text{m}$，是在地球参考系中测得的，由于空间收缩效应，在π介子参考系中，这段距离应为 $H=H_0\sqrt{1-v^2/c^2}=379\text{m}$，在π介子自身参考系中测，在其一生中

可飞行的距离为 $L_0 = v\Delta t_0 \approx 599\text{m} > 379\text{m}$，故判断结果是 π 介子能到达地球。

实际上，π 介子能到达地球，这是客观事实，不会因为参考系的不同而改变。

物理知识应用案例：孪生子佯谬和孪生子效应

1961 年，美国斯坦福大学的海尔弗利克在分析大量实验数据的基础上提出，寿命可以用细胞分裂的次数乘以分裂的周期来推算。对于人来说，细胞分裂的次数大约为 50 次，而分裂的周期大约是 2.4 年，照此计算，人的寿命应为 120 岁。因此，用细胞分裂的周期可以代表生命过程的节奏。

设想有一对孪生兄弟，哥哥告别弟弟乘宇宙飞船去太空旅行。在各自的参考系中，哥哥和弟弟的细胞分裂周期都是 2.4 年。但由于时间延缓效应，在地球上的弟弟看来，飞船上的哥哥的细胞分裂周期要比 2.4 年长，他认为哥哥比自己年轻。而飞船上的哥哥认为弟弟的细胞分裂周期也变长，弟弟也比自己年轻。假如飞船返回地球兄弟相见，到底谁年轻就成了难以回答的问题。

这里，问题的关键是，时间延缓效应是狭义相对论的结果，它要求飞船和地球同为惯性系。要想保持飞船和地球同为惯性系，哥哥和弟弟就只能永别，不可能面对面地比较谁年轻。这就是通常所说的孪生子佯谬（*twin paradox*）。

如果飞船返回地球，则在往返过程中有加速度，飞船就不是惯性系了。这一问题的严格求解要用到广义相对论，计算结果是，兄弟相见时哥哥比弟弟年轻。这种现象，被称为孪生子效应。

1971 年，美国空军用两组 Cs（铯）原子钟做实验，发现绕地球一周的运动钟变慢了（203 ± 10）ns，而按广义相对论预言运动钟变慢（184 ± 23）ns，在误差范围内理论值和实验值一致，验证了孪生子效应。应该注意，与钟一起运动的观测者是感受不到钟变慢的效应的。运动时钟变慢纯粹是一种相对论效应，并非运动时钟的结构发生什么改变。1s 定义为相对于参考系静止的 ^{135}Cs 原子发出的一个特征频率光波周期的 9 192 631 770 倍。在任何惯性系中的 1s 都是这样定义的。但是在不同惯性系中，观察同一个^{135}Cs 原子发出的特征频率光波的周期是不同的。当 $v \ll c$ 时，$\Delta t' = \Delta t$，这就回到绝对时间了。相对论效应在全球定位系统（GPS）中已有重要应用。

【例 15-4】 某火箭相对地面的速度为 $v = 0.8c$，火箭的飞行方向平行于地面，在火箭上的观察者测得火箭的长度为 50m，问：

（1）地面上的观察者测得这个火箭多长？

（2）若地面上平行于火箭的飞行方向有两棵树，两树的间距是 50m，问在火箭上的观察者测得这两棵树间的距离是多少？

（3）若一架飞机以 $v = 600\text{m}\cdot\text{s}^{-1}$ 的速度平行于地面飞行，飞机的静长为 50m，问地面上的观察者测得飞机的长度为多少？

【解】 （1）由题意 $l_0 = 50\text{m}$，地面上的观测者同时测量火箭两端的坐标，得出的火箭长度可直接用长度收缩公式计算。所以

$$l = l_0\sqrt{1 - \frac{v^2}{c^2}} = 50 \times \sqrt{1 - 0.8^2\frac{c^2}{c^2}} = 30\text{m}$$

（2）同理，同上计算 $l = 30\text{m}$

（3）同上分析，由于 v/c 太小，按级数展开，故

$$l = l_0\sqrt{1 - \frac{v^2}{c^2}} \approx l_0\left(1 - \frac{v^2}{2c^2}\right) \approx 50\text{m}$$

【例 15-5】 一位旅客在星际旅行中打了 5.0min 的瞌睡，如果他乘坐的宇宙飞船是以 0.98c 的速度相对于太阳系运动的，那么，太阳系中的观测者会认为他睡了多长时间？

【解】 由于飞船中的旅客打瞌睡这一事件相对飞船始终发生于同一地点（本地时、原时），

故可直接使用时间膨胀公式计算，即

$$\Delta t=\frac{\Delta t_0}{\sqrt{1-\frac{v^2}{c^2}}}=25\text{min}$$

故在太阳系中的观测者看来他睡了 25min。

【例 15-6】 地球的平均半径为 6370km，它绕太阳公转的速度约为 $v=30\text{km}\cdot\text{s}^{-1}$，在一较短的时间内，地球相对于太阳可近似看成是在做匀速直线运动。从太阳参考系看来，在运动方向上，地球的半径缩短了多少？

【解】 根据长度收缩公式 $l=l_0\sqrt{1-\frac{v^2}{c^2}}$，由于 v 很小，按级数展开，取前两项

$$\sqrt{1-\frac{v^2}{c^2}}=1-\frac{1}{2}\frac{v^2}{c^2}+\cdots$$

所以

$$l-l_0=\frac{l_0}{2}\frac{v^2}{c^2}=3.19\times10^{-3}\text{m}$$

可见，地球半径沿其运动方向收缩了约 3.2mm。

15.3　狭义相对论动力学

狭义相对论采用了洛伦兹变换后，建立了新的时空观，同时也带来了新的问题，这就是经典力学不满足洛伦兹变换，自然也就不满足新变换下的相对性原理。如何修正经典理论？一个方案是，坚持光速 c 是极限速度，物体质量是不变量。这样就不得不放弃动量守恒。而动量守恒是自然界的普遍规律，所以，这个方案是不可取的。另一方案，坚持光速 c 是极限速度，坚持动量守恒定律。这样，物体的质量就必须是个变量，是随物体速度 v 而变化的量。事实上，在电子发现不久，1901 年考夫曼从放射性实验中发现了电子质量随速度而改变的现象。爱因斯坦对经典力学进行改造或修正，以使它满足洛伦兹变换和洛伦兹变换下的相对性原理。经这种改造的力学就是相对论力学，应用于高速领域。

15.3.1　相对论质量

在经典力学中，根据动能定理，做功将会使质点的动能增加，质点的运动速率将增大，速率增大到多大，原则上是没有上限的。而实验证明这是错误的。例如，在真空管的两个电极之间施加电压，用以对其中的电子加速。实验发现，当电子速率越高时加速就越困难，并且无论施加多大的电压都不能达到光速。这一事实意味着物体的质量不是绝对不变量，可能是速率的函数，随速率的增加而增大。爱因斯坦给出了运动物体的质量与它的静止质量的一般关系为

$$m=\frac{m_0}{\sqrt{1-\frac{v^2}{c^2}}}\tag{15-29}$$

这一关系改变了人们在经典力学中认为质量是不变量的观念。

静止质量 m_0 可以看作物体静止时测到的相对论质量，它在洛伦兹变换下是不变的。相对论质量 m 是运动速率的函数，在不同惯性系中有不同的值，是在相对论中物体惯性的量度，简称质量。从式（15-29）可以看出，当物体的运动速率无限接近光速时，其相对论质量将无限增

大，其惯性也将无限增大。所以，施以任何有限大的力都不可能将静止质量不为零的物体加速到光速。可见，用任何动力学手段都无法获得超光速运动。这就从另一个角度说明了在相对论中光速是物体运动的极限速度。

1966年在美国斯坦福投入运行的电子直线加速器，全长3×10^3m，加速电势差为$7\times10^6\text{V}\cdot\text{m}^{-1}$，可将电子加速到$0.9999999997c$，接近光速，但不能超过光速，这有力地证明了相对论质速关系的正确性。

15.3.2 相对论动力学基本方程

根据质速关系，相对论动量应定义为

$$\boldsymbol{p}=m\boldsymbol{v}=\frac{m_0\boldsymbol{v}}{\sqrt{1-\frac{v^2}{c^2}}} \tag{15-30}$$

由上面的定义可见，在相对论中动量并不正比于速度v，而正比于$\frac{m_0 v}{\sqrt{1-v^2/c^2}}$。可以证明，动量的这种形式使动量守恒定律在洛伦兹变换下保持数学形式不变。同时，在物体运动速率远小于光速的情况下，动量将过渡到经典力学中的形式。

在经典力学中，质点动量的时间变化率等于作用于质点的合力。在相对论中这一关系仍然成立，不过应将动量写为式（15-30）的形式，于是就有

$$\boldsymbol{F}=\frac{\mathrm{d}\boldsymbol{p}}{\mathrm{d}t}=\frac{\mathrm{d}}{\mathrm{d}t}\left(\frac{m_0\boldsymbol{v}}{\sqrt{1-\frac{v^2}{c^2}}}\right) \tag{15-31}$$

这就是相对论动力学基本方程。显然，当质点的运动速率$v \ll c$时，式（15-31）将回到牛顿第二定律。可以说，牛顿第二定律是物体在低速运动情况下对相对论动力学方程的近似。

15.3.3 相对论能量

根据相对论动力学基本方程可以得到

$$\boldsymbol{F}=m\frac{\mathrm{d}\boldsymbol{v}}{\mathrm{d}t}+\boldsymbol{v}\frac{\mathrm{d}m}{\mathrm{d}t} \tag{15-32}$$

式（15-32）中的力和速度都可以表示为标量。在经典力学中，质点动能的增量等于合力做的功，我们将这一规律应用于相对论力学中，考虑到式（15-32），于是有

$$\boldsymbol{F}\cdot\mathrm{d}\boldsymbol{r}=\frac{\mathrm{d}\boldsymbol{p}}{\mathrm{d}t}\cdot\mathrm{d}\boldsymbol{r}=\mathrm{d}\boldsymbol{p}\cdot\boldsymbol{v}=(\boldsymbol{v}\mathrm{d}m+m\mathrm{d}\boldsymbol{v})\cdot\boldsymbol{v}=v^2\mathrm{d}m+mv\mathrm{d}v \tag{15-33}$$

将质速关系式（15-29）变形，得

$$m_0^2c^2+m^2v^2=m^2c^2$$

对上式两边求微分，得

$$mv\mathrm{d}v+v^2\mathrm{d}m=c^2\mathrm{d}m$$

将上式代入式（15-33），得

$$E_\mathrm{k}=\int_L\boldsymbol{F}\cdot\mathrm{d}\boldsymbol{r}=\int_{m_0}^{m}c^2\mathrm{d}m=mc^2-m_0c^2 \tag{15-34}$$

$$E_\mathrm{k}=m_0c^2\left(\frac{1}{\sqrt{1-\frac{v^2}{c^2}}}-1\right) \tag{15-35}$$

这就是相对论中质点动能的表示式。

显然，当 $v \ll c$ 时，可对 $\left(1-\frac{v^2}{c^2}\right)^{-\frac{1}{2}}$ 进行泰勒展开，得

$$\left(1-\frac{v^2}{c^2}\right)^{-\frac{1}{2}}=1+\frac{1}{2}\frac{v^2}{c^2}+\frac{3}{8}\frac{v^4}{c^4}+\cdots \tag{15-36}$$

取式（15-36）的前两项，代入式（15-35），得

$$E_k=m_0c^2\left(1+\frac{1}{2}\frac{v^2}{c^2}-1\right)=\frac{1}{2}m_0v^2 \tag{15-37}$$

这正是经典力学中动能的表达式。

可以将式（15-35）改写为

$$mc^2=E_k+m_0c^2 \tag{15-38}$$

爱因斯坦认为，上式中的 m_0c^2 是物体静止时的能量，称为物体的静能，而 mc^2 是物体的总能量，它等于静能与动能之和。物体的总能量若用 E 表示，可写为

$$E=mc^2=\frac{m_0c^2}{\sqrt{1-\frac{v^2}{c^2}}} \tag{15-39}$$

这就是著名的相对论质能关系。

在相对论建立以前，人们是将质量守恒定律与能量守恒定律看作两个互相独立的定律。质能关系把它们统一起来了，认为质量的变化必定伴随着能量的变化，而能量的变化同样伴随着质量的变化，质量守恒定律和能量守恒定律就是一个不可分割的定律了。

关于静能，实际上它代表了物体静止时内部一切能量的总和（在粒子的碰撞、不稳定粒子的衰变以及粒子的湮灭或产生等各种高能物理过程中，都证明静能的存在。例如，静质量为 m_π 的中性 π^0 介子被原子核吸收后，原子核的能量将从能级 E_1 跃迁到能级 E_2。实验表明，这两个能级的能量差 $\Delta E=E_2-E_1$ 是一定的，并正好等于 π^0 介子的静能 $m_\pi c^2$。

无论是在重核裂变反应还是在轻核聚变反应中，总伴随着巨大能量的释放。实验表明，在这些反应前粒子系统的总质量一定大于反应后粒子系统的总质量，质量的减少量 Δm_0 称为质量亏损，反应中释放的能量 ΔE 满足下面的关系

$$\Delta E=\Delta m_0c^2 \tag{15-40}$$

这正是爱因斯坦的质能关系。在上述过程中，减少的静能以动能的形式释放出来了。

将质速关系式（15-29）变形为

$$m_0^2c^4+m^2v^2c^2=m^2c^4 \tag{15-41}$$

将质能关系式（15-39）和动量定义式代入式（15-41），经整理可以得到

$$E^2=p^2c^2+m_0^2c^4 \tag{15-42}$$

这就是相对论能量－动量关系。

对于静止质量为零的粒子，如光子，能量－动量关系变为下面的形式：

$$E=pc \tag{15-43}$$

或者进一步化为

$$p=\frac{E}{c}=\frac{mc^2}{c}=mc \tag{15-44}$$

将式（15-44）与动量表示式 $p=mv$ 相比较，立即可以得到一个重要结论，即静止质量为零的粒子总以光速 c 运动。

物理知识应用案例：轻核的聚变——氢弹

当某些轻核结合成质量较大的核时，发生质量亏损，能释放出更多的能量。例如，一个氘核和一个氚核结合成一个氦核时，释放出17.6MeV的能量，平均每个核子放出的能量在3MeV以上，这时的核反应方程是

$${}_1^2H+{}_1^3H \to {}_2^4He+{}_0^1n$$

轻核结合成质量较大的核称为聚变。要使核发生聚变，必须使它们接近到10^{-15}m距离范围内，也就是接近到核力能够发生作用的范围。由于原子核都是带正电的，要使它们接近到这种程度，必须克服电荷之间的很大的斥力作用。这就要使核具有很大的动能。用什么办法能使大量的轻核获得足够的动能来产生聚变呢？有一种办法，就是把它们加热到很高的温度。从理论分析知道，当物质达到几百万摄氏度以上的高温时，原子的核外电子已经完全和原子脱离，成为等离子体，这时小部分原子核就具有足够的动能，能够克服相互间的静电力，在互相碰撞中接近到可以发生聚变的程度。因此，这种反应又称为热核反应。原子弹爆炸时就能产生这样高的温度，所以可以用原子弹引起热核反应。氢弹就是根据这种原理制造出来的。

当原子弹爆炸时，维持几百万摄氏度到几千万摄氏度高温的时间仅约百万分之几秒，所以由原子弹引起的热核反应也要求在百万分之几秒时间内完成。为此，要求轻核燃料的密度要大，以便在这相当短的时间内有足够多的轻核燃料发生聚变反应，放出巨大能量。然而，氘和氚在普遍条件下都是气体，密度很小，只有在零下200多摄氏度的低温下才成为液体，并要装在笨重的冷藏设备中，这样制造出来的氢弹体积大，运输困难。此外，氚在自然界中无储备，需人工制造，价格昂贵。因此，现代氢弹一般是将氚－氘反应作为热核爆炸过程的一个中间环节，利用它所产生的超高温，为其他较易发生的热核反应提供进行的条件。研究表明，锂（${}_3^6Li$）受中子轰击后会分裂为氦和氚核，同时释放出4.8MeV的能量。因此，通常采用锂（${}_3^6Li$）和氘的化合物——氘化锂作为氢弹的主要热核反应材料，由于氘化锂是固体，不需进行冷却处理来压缩，且价格比氚便宜得多，用氘化锂制造氢弹不但成本低，而且体积小，质量轻，便于运输。

由于在相同质量下，轻核聚变反应所释放的能量是重核裂变反应所释放能量的4倍，因此尽管氢弹杀伤破坏因素与原子弹相同，但威力比原子弹大很多。

如果热核反应能够控制，那么把它作为一种能源是非常理想的，它释放出的能量，就每一个核子平均来说，比裂变反应还要大好几倍。而且裂变反应会产生带有强放射性的物质，会对环境造成放射性污染；热核反应对环境的污染要轻得多，也比较容易处理。热核反应需要的原料——氘，在世界上的储量是非常丰富的。1L海水中大约有0.03g的氘，如果用来发生热核反应，那么，它放出的能量就和燃烧300L汽油相当。可见，海水中的氘就是异常丰富的能源。

物理知识拓展

相对论质量公式的推导

相对论质量公式是怎么来的呢？下面就让我们来探求运动质量与速率的函数关系。

如图15-3所示是设计的一个理想实验，取两个惯性系S系和S′系（坐标轴与以上各节中的规定相同）。现在S系中有一静止在$x=x_0$处的粒子，由于内力的作用而分裂为质量相等的两部分（A和B），即$m_A=m_B$，并且分裂后m_A以速度$\boldsymbol{v}$沿x轴正方向运动，而m_B以速度$-\boldsymbol{v}$沿x轴负方向运动。设S′系固联在m_A上，所以，S′系也相对于S系以速度$\boldsymbol{v}$沿x轴正方向运动，从S′系看m_A是静止不动的，即$v'_A=0$。而m_B相对于S′系的运动速度v'_B可以由洛伦兹速度变换公式求出，得

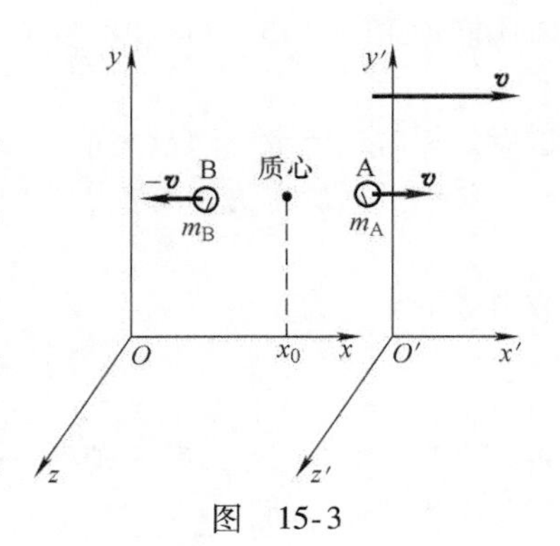

图　15-3

$$v'_B = \frac{-v-v}{1-\frac{(-v)v}{c^2}} = \frac{-2v}{1+\frac{v^2}{c^2}} \tag{15-45}$$

从 S 系看，粒子分裂后其质心仍在 x_0 处不动，但从 S′系看，质心是以速度 $-\boldsymbol{v}$ 沿 x 轴负方向运动。也可以根据质心的定义求质心相对于 S′系的运动速度

$$v'_0 = -v = \frac{dx'_0}{dt} = \frac{d}{dt}\left(\frac{m_A x'_A + m_B x'_B}{m_A + m_B}\right) = \frac{m_A v'_A + m_B v'_B}{m_A + m_B} = \frac{m_B}{m_A + m_B} v'_B \tag{15-46}$$

在式（15-46）中考虑了 $v'_A = 0$。由式（15-46）可以解得

$$\frac{m_B}{m_A} = \frac{v'_0}{v'_B - v'_0} = \frac{-v}{v'_B + v} \tag{15-47}$$

由式（15-45）解出 v，得

$$v = -\frac{c^2}{v'_B}\left[1-\sqrt{1-\left(\frac{v'_B}{c}\right)^2}\right] \tag{15-48}$$

将式（15-48）代入式（15-47），得

$$\frac{m_B}{m_A} = \frac{\frac{c^2}{v'_B}\left[1-\sqrt{1-\left(\frac{v'_B}{c}\right)^2}\right]}{v'_B - \frac{c^2}{v'_B}\left[1-\sqrt{1-\left(\frac{v'_B}{c}\right)^2}\right]} = \frac{c^2 - c\sqrt{c^2 - v'^2_B}}{v'^2_B - c^2 + c\sqrt{c^2 - v'^2_B}} = \frac{c(c-\sqrt{c^2 - v'^2_B})}{\sqrt{c^2 - v'^2_B}(c-\sqrt{c^2 - v'^2_B})}$$

即

$$\frac{m_B}{m_A} = \frac{1}{\sqrt{1-\left(\frac{v'_B}{c}\right)^2}} \tag{15-49}$$

或者

$$m_B = \frac{m_A}{\sqrt{1-\left(\frac{v'_B}{c}\right)^2}} \tag{15-50}$$

由式（15-50）可以看到，在 S 系观测，粒子分裂后的两部分以相同速率运动，质量相等，但从 S′系观测，由于它们运动的速率不同，质量也不相等。m_A 静止，可看作静质量，用 m_0 表示；m_B 以速率 v'_B 运动，可视为运动质量，称为相对论质量，用 m 表示。去掉 v'_B 的上下标，于是就得到运动物体的质量与它的静质量的一般关系

$$m = \frac{m_0}{\sqrt{1-\frac{v^2}{c^2}}} \tag{15-51}$$

【例 15-7】 一个电子的总能量为它的静止能量的 5 倍，问它的速率、动量、动能各为多少？

【解】 由公式 $E = mc^2$ 和 $E_0 = m_0 c^2$ 可知

$$\frac{E}{E_0} = \frac{m}{m_0} = 5$$

由公式

$$m = \frac{m_0}{\sqrt{1-\frac{v^2}{c^2}}}$$

可求得电子的速率

$$v = \frac{\sqrt{24}}{5}c = 2.94 \times 10^8 \mathrm{m \cdot s^{-1}}$$

电子的动量

$$p = mv = \sqrt{24}m_0c = 1.34 \times 10^{-21}\,\text{kg} \cdot \text{m} \cdot \text{s}^{-1}$$

电子的动能

$$E_k = E - E_0 = 4m_0c^2 = 3.28 \times 10^{-13}\,\text{J}$$

[常见错误] 误认为电子的动能 $E_k = \frac{1}{2}mv^2$。

本章总结

1. 狭义相对论的两条基本原理

(1) 狭义相对性原理　基本物理定律在所有惯性系中都保持相同形式的数学表达式，因此一切惯性系都是等价的；

(2) 光速不变原理　在一切惯性系中，光在真空中的传播速率都等于 c，与光源的运动状态无关。

2. 洛伦兹坐标变换

$$\begin{cases} x' = \dfrac{x - vt}{\sqrt{1 - v^2/c^2}} \\ y' = y \\ z' = z \\ t' = \dfrac{t - vx/c^2}{\sqrt{1 - v^2/c^2}} \end{cases} \quad \text{逆变换：} \begin{cases} x = \dfrac{x' + vt'}{\sqrt{1 - v^2/c^2}} \\ y = y' \\ z = z' \\ t = \dfrac{t' + vx'/c^2}{\sqrt{1 - v^2/c^2}} \end{cases}$$

3. 相对论速度变换

$$\begin{cases} u'_x = \dfrac{u_x - v}{1 - vu_x/c^2} \\ u'_y = \dfrac{u_y\sqrt{1 - v^2/c^2}}{1 - vu_x/c^2} \\ u'_z = \dfrac{u_z\sqrt{1 - v^2/c^2}}{1 - vu_x/c^2} \end{cases} \quad \text{逆变换：} \begin{cases} u_x = \dfrac{u'_x + v}{1 + vu'_x/c^2} \\ u_y = \dfrac{u'_y\sqrt{1 - v^2/c^2}}{1 + vu'_x/c^2} \\ u_z = \dfrac{u'_z\sqrt{1 - v^2/c^2}}{1 + vu'_x/c^2} \end{cases}$$

4. 狭义相对论的时空观

(1) 同时性是相对的。

(2) 长度缩短：
$$\Delta L = \Delta L_0\sqrt{1 - v^2/c^2}$$

(3) 时间膨胀：
$$\Delta\tau = \frac{\Delta\tau_0}{\sqrt{1 - v^2/c^2}}$$

5. 相对论质量
$$m = \frac{m_0}{\sqrt{1 - \dfrac{v^2}{c^2}}}$$

6. 相对论动量
$$\boldsymbol{p} = m\boldsymbol{v} = \frac{m_0\boldsymbol{v}}{\sqrt{1 - \dfrac{v^2}{c^2}}}$$

7. 相对论能量
$$E = mc^2 = \frac{m_0c^2}{\sqrt{1 - v^2/c^2}}$$

相对论动能
$$E_k = E - E_0 = m_0c^2\left(\frac{1}{\sqrt{1 - v^2/c^2}} - 1\right)$$

8. 相对论动量和能量的关系
$$E^2 = p^2c^2 + m_0^2c^4$$

习 题

（一）填空题

15-1 μ 子是一种基本粒子。在相对于 μ 子静止的坐标系中测得其寿命为 $\tau_0=2\times10^{-6}$s，如果 μ 子相对于地球的速度为 $v=0.988c$，则在地球坐标系中测出 μ 子的寿命为________。

15-2 观察者甲以 $0.8c$ 的速度相对于观察者乙运动，若甲携带一长度为 L、截面积为 S、质量为 m 的棒，这根棒安放在运动方向上，则①甲测得此棒的密度为________，②乙测得此棒的密度为________。

15-3 牛郎星距离地球约 16l. y.（光年），宇宙飞船若以________的匀速度飞行，将用 4 年的时间（宇宙飞船上的钟指示的时间）抵达牛郎星。

15-4 一电子以 $0.99c$ 的速率运动（电子静止质量为 9.11×10^{-31}kg，则电子的总能量是________，电子的经典力学动能与相对论动能之比是________。

（二）计算题

15-5 一宇航员要到离地球为 5l. y.（光年）的星球去旅行。如果宇航员希望把这路程缩短为 3l. y.（光年），则他所乘的火箭相对于地球的速度是多少？

15-6 飞船 A 以 $0.8c$ 的速率相对地球向正东飞行，飞船 B 以 $0.6c$ 的速率相对地球向正西方向飞行。当两飞船即将相遇时飞船 A 在自己的天窗处相隔 2s 发射两颗信号弹。在飞船 B 的观测者测得两颗信号弹相隔的时间间隔为多少？

15-7 一粒子的动量是按非相对论计算结果的二倍，该粒子的速率是多少？

15-8 一物体的速度使其质量增加了 10%，试问此物体在运动方向上缩短了百分之几？

15-9 一静止质量为 m_0 的粒子裂变成两个粒子，速率分别为 $0.6c$ 和 $0.8c$。求裂变过程的静质量亏损和释放出的动能。

第16章　量子物理基础

16.1　光的波粒二象性

1800年，英国天文学家威·赫谢耳为了寻找观察太阳时保护眼睛的方法，研究了太阳光谱各部分的热效应。当他把灵敏的水银温度计放在被棱镜色散的太阳光谱的不同部分时发现，产生热效应最大的位置是在可见光谱的红端以外，从而首先发现了太阳光谱中还包含看不见的辐射能。当时他称这种辐射能为“看不见的光线”，后来称为红外线，简称红外。

在不同的研究领域和技术应用中，往往根据红外辐射的产生机理与方法、传输特性和探测方法的不同，把整个红外光谱区划分为几个波段。虽然划分的方法至今并不完全统一，但大体上可用表16-1来概括。今后，随着红外科学技术发展水平的逐渐提高以及应用的不断推广，也可能会出现更细致、更合理的分段方法。

表16-1　红外光谱的波段划分　　（单位：μm）

适用的研究和应用领域	近红外	中红外	远红外	极远红外
军事、空间和大多数工业应用	0.75～3.0	3.0～6.0	6.0～15.0	15.0～1000
红外烘烤加热技术	0.75～1.4	1.4～3.0	3.0～1000	
红外光谱学研究	0.75～2.5	2.5～25	25～1000	

根据上述分析和其他基础研究工作，我们可以说，红外物理学是现代物理学的一个分支，它是以电磁波谱中的红外辐射为特定的对象，研究红外辐射与物质之间相互作用的学科。具体讲，就是运用物理学的理论和方法研究与分析红外辐射的产生、各种物质的红外辐射特性、红外辐射传输与探测过程中的现象、机理、特性和规律，从而为红外辐射的技术应用探索新的原理、新的材料、新型器件和开拓新的波谱区提供理论基础和实验依据。

到目前为止，红外在现代军事技术、工农业生产、空间技术、资源勘测、天气预报和环境科学等许多领域中的应用日益增多。例如，应用红外技术的夜视、摄影、通信、搜索、跟踪、制导、火控、热成像和前视、目标侦察与伪装探测等，不仅保密性好，抗电子干扰性强，而且分辨率高，准确可靠，大大提高了军队装备的现代化水平。利用红外遥感技术进行地球资源勘测、海洋研究、气象观测、大气研究和污染监视，覆盖面积大，不受地理位置和条件限制，获得信息迅速、丰富，并可及时掌握动态变化。在工农业生产中广泛使用的红外辐射测温、无损检测、成分分析与流程控制、辐射加热技术等，也都显示出红外技术的独特优点。

16.1.1　热辐射的描述

组成物体的分子中都包含着带电粒子，当分子做热运动时，物体将会向外辐射电磁波，由于这种电磁辐射与物体的温度有关，故称为热辐射。实验表明，热辐射能谱是连续谱，发射的能量及其按波长的分布是随物体的温度而变化的。温度越高，物体在一定时间内发射的能量越大，而辐射能的波长越短。测量发现，如果物体的温度在800K以下，绝大部分辐射能分布于红外区域，随着温度继续升高，不仅辐射能在增大，而且辐射能的波长范围也会向短波区移动，逐渐进入可见光区域。

为了定量地描述物体的热辐射，我们首先引入辐射出射度（简称辐出度）这个量，可将其定义为在单位时间内从物体表面单位面积上发射出的各种波长的电磁波能量的总和。显然，这个量是物体温度 T 的函数，可表示为 $M(T)$。如果在单位时间内从物体表面单位面积上发射出的波长在 λ 到 $\lambda+\mathrm{d}\lambda$ 范围内的电磁波能量为 $\mathrm{d}E_{\lambda}$，则定义

$$M_{\lambda}(T)=\frac{\mathrm{d}E_{\lambda}}{\mathrm{d}\lambda} \tag{16-1}$$

为该物体的单色辐射出射度，简称为单色辐出度。显然，它是辐射物体的温度 T 和辐射波长 λ 的函数。由上面的定义可以得到辐出度 $M(T)$ 与单色辐出度 $M_{\lambda}(T)$ 之间的关系为

$$M(T)=\int_0^{\infty}M_{\lambda}(T)\,\mathrm{d}\lambda \tag{16-2}$$

物体不仅能辐射电磁波，还能吸收和反射电磁波。当电磁波射至某一不透明物体的表面时，一部分能量被物体吸收，另一部分能量被物体的表面反射，吸收和反射的情形既与物体自身的温度有关，也与入射电磁波的波长有关。为了定量描述物体对电磁波的吸收和反射，我们引入物体的单色吸收比和单色反射比。物体的单色吸收比 $\alpha(\lambda,T)$ 定义为，温度为 T 的物体吸收波长在 λ 到 $\lambda+\mathrm{d}\lambda$ 范围内的电磁波能量与相应波长的入射电磁波能量之比；物体的单色反射比 $r(\lambda,T)$ 定义为，温度为 T 的物体反射波长在 λ 到 $\lambda+\mathrm{d}\lambda$ 范围内的电磁波能量与相应波长的入射电磁波能量之比。因为物体是不透明的，所以同一物体的单色吸收比与单色反射比有下面的关系：

$$\alpha(\lambda,T)+r(\lambda,T)=1 \tag{16-3}$$

假如有一个物体在任何温度下对任何波长的入射辐射能的吸收比都等于1，即 $\alpha(\lambda,T)=1$，则称这种理想物体为绝对黑体，简称黑体。

我们把绝对黑体称为理想物体，是因为自然界并不存在这种物体，它仅是一种理想模型。然而，我们可以用人工方法制作一种十分接近于绝对黑体的物体，图16-1所示的一个用不透明材料制成的带有小孔的空心容器空腔就是这种物体。因为通过小孔射入空腔的电磁波需经多次反射才有可能再从小孔射出，而每次反射，腔壁都要吸收一部分电磁波，以致最后从小孔射出的电磁波已微乎其微了，所以空腔的电磁辐射就可以被认为是黑体辐射。

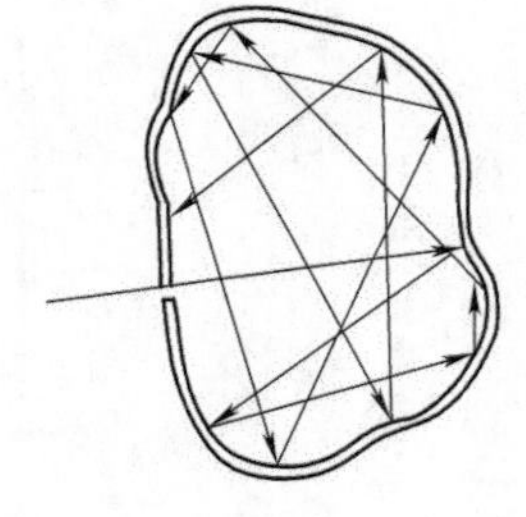

图　16-1

黑体热辐射的基本规律是红外科学和辐射热交换领域中许多理论研究和技术应用的基础。黑体热辐射规律揭示黑体发射与吸收的辐射将如何随辐射波长和黑体温度的变化而变化。下面我们来探讨物体热辐射的单色辐出度与单色吸收比之间的内在联系。试设想，在一个真空容器内有若干个不同的物体 a_1、a_2、a_3、…和一个绝对黑体 b。在真空中不发生对流和传导，各物体之间以及物体与容器壁之间的辐射和吸收就成为它们彼此传递能量的唯一途径。当达到热平衡后整个系统的温度为 T，并保持不变。由于系统中每个物体的温度都恒定不变，所以任一物体辐射出去的能量必定等于在相同时间内吸收的能量，这种热辐射称为平衡辐射。在平衡辐射的情况下，尽管不同物体的单色辐出度和吸收比各不相同，但是可以肯定，辐出度大的物体，其吸收比一定大，辐出度小的物体，其吸收比也一定小，只有这样才能使空间保持恒定的辐射能密度和各个物体的热平衡。因此，各物体的单色辐出度与其单色吸收比之间必定存在正比关系，即

$$\frac{M_{\lambda 1}(T)}{\alpha_1(\lambda,T)}=\frac{M_{\lambda 2}(T)}{\alpha_2(\lambda,T)}=\cdots=\frac{M_{\lambda 0}(T)}{\alpha_0(\lambda,T)} \tag{16-4}$$

式中，$M_{\lambda 0}(T)$和$\alpha_0(\lambda,T)$分别是绝对黑体 b 的单色辐出度和单色吸收比。根据绝对黑体的性质，$\alpha_0(\lambda,T)=1$，所以式（16-4）可以改写为

$$\frac{M_{\lambda}(T)}{\alpha(\lambda,T)}=M_{\lambda 0}(T) \tag{16-5}$$

这表示，任何物体的单色辐出度与单色吸收比之比，等于同一温度下绝对黑体的单色辐出度，这就是基尔霍夫（*G. R. Kirchhoff*，1824—1887）辐射定律。基尔霍夫辐射定律是关于物体热辐射的普遍规律，它表明物体的辐出度与其吸收比的比值和物体的性质无关。式（16-5）表明，吸收率越大的物体辐出度也势必越大，所以，好的辐射吸收体也必然是好的辐射发射体。

16.1.2　黑体辐射的基本规律

基尔霍夫辐射定律表明，确定绝对黑体的单色辐出度$M_{\lambda 0}(T)$是研究热辐射的核心问题。从理论上导出绝对黑体单色辐出度与波长和温度的函数关系，即$M_{\lambda 0}=f(\lambda,T)$，是 19 世纪末期理论物理学所面临的重大课题。

1. 经典辐射模型的困难

维恩假定了谐振子的能量按频率的分布类似于麦克斯韦速率分布律，然后用经典统计物理学方法导出了下面的公式

$$M_{\lambda 0}(T)=\frac{c_1}{\lambda^5}\mathrm{e}^{-c_2/\lambda T} \tag{16-6}$$

式中，c_1 和 c_2 是两个由实验确定的参量。式（16-6）称为维恩公式。维恩公式只是在短波波段与实验曲线相符，而在长波波段明显偏离实验曲线，如图 16-2 所示。

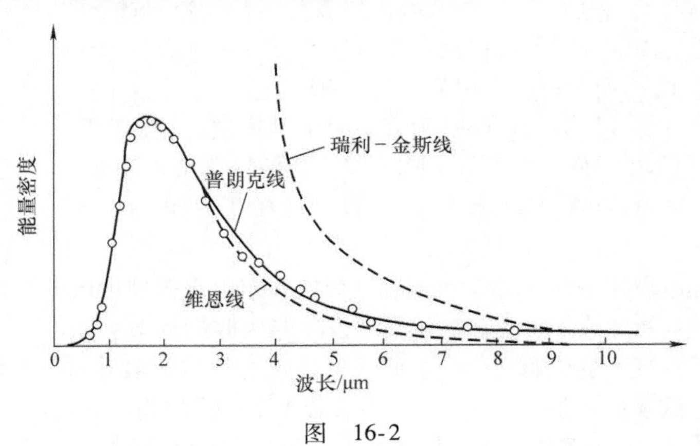

图　16-2

瑞利（*J. W. S. Rayleigh*，1842—1919）－金斯（*J. H. Jeans*，1877—1946）公式是根据经典电动力学和经典统计物理学理论导出的另一个力图反映绝对黑体单色辐出度与波长和温度关系的函数，即

$$M_{\lambda 0}(T)=\frac{2\pi c}{\lambda^4}kT \tag{16-7}$$

式中，c 是真空中的光速；k 是玻耳兹曼常数。从图 16-2 可以看到，瑞利－金斯公式在长波波段与实验相符，而在短波波段与实验曲线有明显差异，这在物理学史上曾称为“紫外灾难”。

2. 普朗克辐射公式和能量子的概念

用经典理论解释黑体辐射问题已到了山穷水尽的困境，要开创柳暗花明的新局面，必须突破经典理论框架的束缚，寻找新的规律，建立新的理论。

普朗克能量子假设：

1）金属空腔壁中电子的振动可视为一维谐振子，当它吸收或发射电磁波辐射能时，以与振子的频率成正比的能量子 $h\nu$ 为基本单元来吸收或发射能量。

2）空腔壁上带电谐振子所吸收或发射的能量是 $h\nu$ 的整数倍。

$$E = n\varepsilon = nh\nu \quad (n = 1, 2, \cdots) \tag{16-8}$$

按此假设，普朗克推导出了温度为 T 的黑体单位面积上频率在 $\lambda \sim \lambda + \mathrm{d}\lambda$ 范围内辐射的能量为

$$M_{\lambda 0}(T) = \frac{2\pi hc^2}{\lambda^5}\frac{1}{\mathrm{e}^{hc/\lambda kT} - 1} \tag{16-9}$$

式中，h 称为普朗克常量，其1986年的推荐值为 $h = 6.626\ 075\ 5 \times 10^{-34}\ \mathrm{J \cdot s}$。这个公式不仅与实验结果相符合，也解决了在经典热力学中固体比热容与实验不符的问题。

普朗克的能量子思想与经典物理学理论是不相容的，但是也就是这一新思想，使物理学发生了划时代的变化。

在不同温度下，绝对黑体的单色辐出度 $M_{\lambda 0}(T)$ 按波长分布的实验曲线如图16-3所示。从图中的曲线可以明显看出黑体辐射具有下列几个特征：

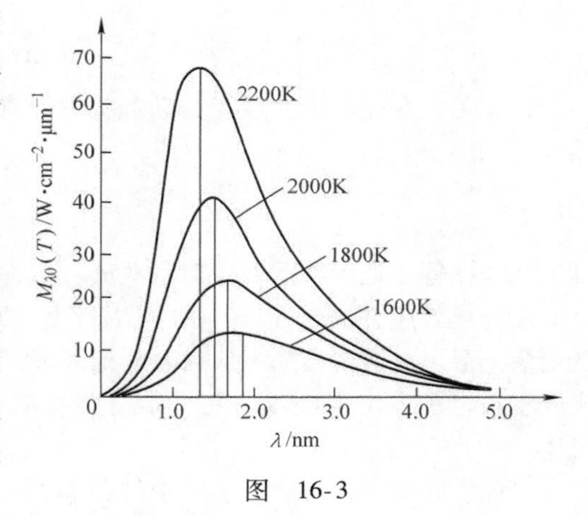

图　16-3

1）在任何温度下，黑体的光谱辐出度 $M_{\lambda 0}(T)$ 都随波长连续变化，每条曲线只有一个极大值。

2）各条曲线互不相交，并且曲线随黑体温度的提高而整个提高，即在任一指定波长 λ 处，与较高温度相应的光谱辐出度 $M_{\lambda 0}(T)$ 也较大，反之亦然。因为每条曲线下包围的面积代表黑体在给定温度下的全辐出度，所以黑体的全辐出度随温度的提高而迅速增大。

3）随着温度的提高，与光谱辐出度 $M_{\lambda 0}(T)$ 极大值对应的波长减小。这表明，随着温度的提高，黑体辐射中包含的短波部分所占的比例增大。

4）上述的辐射特性与构成黑体的材料无关，只取决于黑体的热力学温度。

16.1.3　光电效应　康普顿效应　光的波粒二象性

1. 光电效应

电子逸出金属表面时要克服原子核的束缚而做功，所做的功称为金属的逸出功，数量级为几个电子伏特，例如，钠的逸出功为2.29eV。在室温（300K）下，估算电子的平均热运动动能仅为 3×10^{-2}eV，比逸出功小得多，因此，电子不能逸出金属表面。只要电子获得的能量能使其动能达到或超过逸出功，电子就能逸出金属表面。

按照光的经典波动理论，在光照下金属中的电子吸收光能而做受迫振动。电子可以连续地吸收光波的能量，只要光照时间足够长，不管入射光的频率如何，电子的动能总会达到逸出功而逸出金属表面。但实验结果是：对于频率低于截止频率的入射光，无论光照多长时间，都不发生

光电效应。

在经典的波动理论中，光能是均匀分布在波前上的，而电子吸收光能的有效面积不会大于一个原子的截面面积。因此，即使入射光很强，电子能量积累过程的时间也远远大于光电效应的弛豫时间 10^{-9}s。总之，光的经典波动理论与光电效应的实验结果发生了尖锐矛盾。

爱因斯坦在普朗克能量子假设的基础上，于1905年提出光量子（即光子）的概念，用以解释光电效应。爱因斯坦假设：普朗克的一份一份的量子化能量是局限在空间很小的体积内的，即集中在光子上的。光子的能量 E 与光的频率 ν 成正比，即

$$E = h\nu \tag{16-10}$$

式中，比例系数 h 就是普朗克常量。为解释光电效应，他还假设在光电效应中光子的能量是整个地被金属中的电子吸收的。

爱因斯坦的光量子理论可以解释光电效应的全部实验规律。按照光量子理论，入射光束 λ 可以看成是光子流，光强与单位时间内入射的光子数成正比，因此，单位时间内发射的光电子数与光强成正比，饱和光电流与光强成正比。

在光电效应中，电子吸收一个频率为 ν 的入射光子，获得的能量 $h\nu$ 转变成电子的动能。如果能量 $h\nu$ 大于金属的逸出功 A，则由能量守恒定律可知光电子获得的最大初动能为

$$\frac{1}{2}mv^2 = h\nu - A \tag{16-11}$$

式（16-11）称为光电效应方程，它表明，光电子的最大初动能与入射光的频率呈线性关系，而与光强无关。令光电子的最大初动能为零，则由式（16-11）可得截止频率 ν_0 与逸出功 A 的关系为

$$\nu_0 = \frac{A}{h} \tag{16-12}$$

即截止频率等于逸出功除以普朗克常量。

由光电效应方程式（16-11）可以看出，如果光子的频率低于截止频率，电子所吸收的光子的能量不足以克服逸出功，那么无论光强多大，光照时间多长，都不能引起光电效应。此外，由于光子被电子整个地吸收，几乎不需要能量积累的时间，所以光电子的发射几乎与光照同时发生。

可能有人会问，虽然入射光子的频率低于截止频率，但如果电子同时吸收两个或两个以上这样的光子，不是也能发生光电效应吗？实验和理论都表明，电子同时吸收两个或两个以上光子的概率十分微小，实际上几乎不会发生。接着的疑问是，电子吸收一个频率低于截止频率的光子，紧接着再吸收一个这样的光子，通过能量积累是否也能发生光电效应？这也不行，电子吸收频率低于截止频率的光子后仍留在金属内，由于电子之间、电子和晶格格点之间的频繁碰撞，电子所吸收的光子能量来不及积累就损失掉了。典型的光量子理论的实验验证就是康普顿效应。

2. 康普顿效应

（1）康普顿效应及其观测　在1922—1923年间，康普顿（*A. H. Compton*，1892—1962）研究了X射线经金属、石墨等物质散射后的光谱成分，结果表明，散射的X射线中不仅有与入射线波长相同的射线、而且也有波长大于入射线波长的射线。这种现象就称为康普顿效应。1926年，我国物理学家吴有训进一步指出，原子量小的物质，康普顿散射较强，原子量大的物质，康普顿散射较弱；波长的改变量随散射角（散射线与入射线之间的夹角）而异：当散射角增大时，波长的改变量也随着增加，在同一散射角下，对于所有散射物质，波长的改变量都相同。

观测康普顿效应的实验装置如图16-4所示。由X射线管发出的单色X射线射到所研究的散

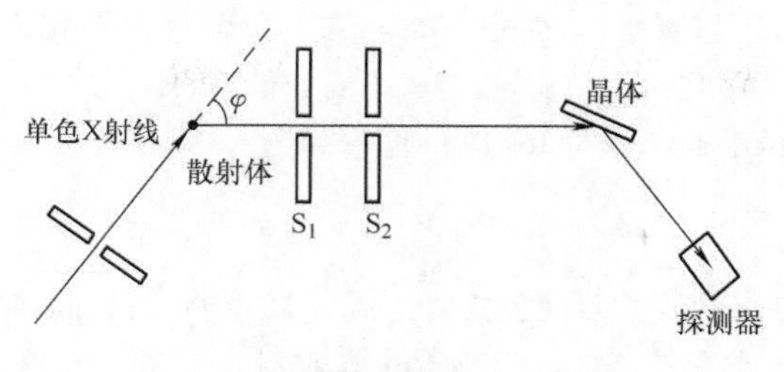

图　16-4

射体（如石墨、金属等）上，便产生向各个方向散射的 X 射线。调节 X 射线管和散射体的位置，可使不同散射角的散射线通过起准直作用的狭缝 S_1 和 S_2，作为 X 射线衍射光栅使用的晶体和探测器组成的光谱仪可以检测散射 X 射线的波长和光强。

（2）光子论对康普顿效应的解释　从经典物理学理论的观点看，波长为 λ_0（或频率为 ν_0）的 X 射线进入散射体后，将引起构成物质的带电粒子做受迫振动，每一个做受迫振动的带电粒子将向四周辐射电磁波，这就是散射的 X 射线。不过，系统做受迫振动时的频率与驱动力的频率是相等的。所以，散射的 X 射线波长应该等于入射 X 射线的波长 λ_0，即不可能产生康普顿效应。可见，经典物理学理论在解释康普顿效应时同样遇到了困难。

爱因斯坦的光量子理论却能圆满地解释康普顿效应。当波长为 λ_0 的 X 射线进入散射体后，光子将要与构成物质的粒子发生弹性碰撞，进行能量和动量的传递。而构成散射物质的粒子，包括点阵离子和自由电子，光子与它们碰撞将产生不同的结果。

1）光子与点阵离子的碰撞：由于离子的质量比光子的质量大得多，碰撞后光子的能量基本不变，所以散射光的波长是不变的，这就是散射光中与入射线同波长的射线。

2）光子与自由电子的碰撞：如果该自由电子在碰撞前是静止的，动量为零，其质量为 m_0，则能量为 m_0c^2。碰撞后自由电子获得了一定的能量，因而称为反冲电子。设反冲电子的速度为 u，与 x 轴成 θ 角，质量变为 m，根据相对论关系，m 可以表示为

$$m = \frac{m_0}{\sqrt{1 - u^2/c^2}} \qquad (16\text{-}13)$$

碰撞后，光子沿与 x 轴成 φ 角的方向运动，如图 16-5 所示，能量和动量分别变为 $h\nu$ 和 $h\nu/c$。碰撞过程中能量是守恒的，即

$$h\nu_0 + m_0c^2 = h\nu + mc^2 \qquad (16\text{-}14)$$

或改写为

$$mc^2 = h(\nu_0 - \nu) + m_0c^2 \qquad (16\text{-}15)$$

碰撞过程还满足动量守恒定律，设 $\boldsymbol{e}_0$ 和 $\boldsymbol{e}$ 分别为碰撞前后光子运动方向上的单位矢量，则下面的关系成立

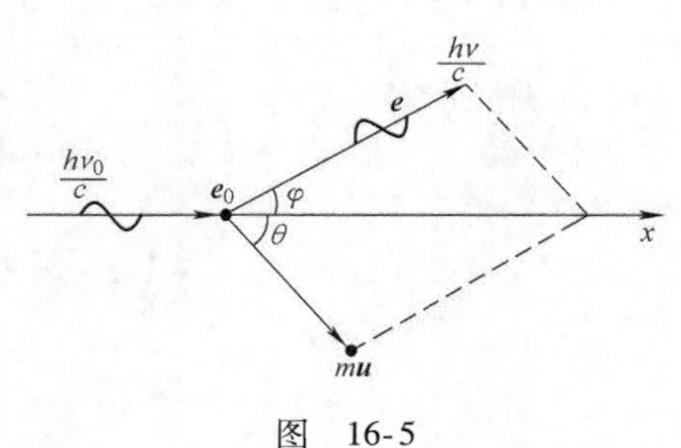

图　16-5

$$\frac{h\nu_0}{c}\boldsymbol{e}_0 = \frac{h\nu}{c}\boldsymbol{e} + m\boldsymbol{u} \qquad (16\text{-}16)$$

移项、平方并改写为

$$m^2u^2c^2 = h^2\nu_0^2 + h^2\nu^2 - 2h^2\nu_0\nu\cos\varphi \qquad (16\text{-}17)$$

将式（16-15）两端平方后减去式（16-17），得

$$m^2c^4\left(1 - \frac{u^2}{c^2}\right) = m_0^2c^4 - 2h^2\nu_0\nu(1 - \cos\varphi) + 2m_0c^2h(\nu_0 - \nu) \qquad (16\text{-}18)$$

考虑到电子的静质量 m_0 与运动质量 m 之间的关系，式（16-18）可化为

$$2m_0c^2h(\nu_0-\nu)=2h^2\nu_0\nu(1-\cos\varphi) \tag{16-19}$$

根据波长 λ 和频率 ν 之间的关系，式（16-19）可改写为

$$\Delta\lambda=\lambda-\lambda_0=\frac{h}{m_0c}(1-\cos\varphi) \tag{16-20}$$

式（16-20）就是我们所寻求的波长改变公式。由式（16-20）可以得到下面的结论：

1）散射 X 射线的波长改变量 $\Delta\lambda$ 只与光子的散射角 φ 有关，φ 越大，$\Delta\lambda$ 也越大。当 $\varphi=0$ 时，$\Delta\lambda=0$，即波长不变；当 $\varphi=\pi$ 时，$\Delta\lambda=2h/(m_0c)$，即波长的改变量为最大值。$h/(m_0c)$ 也是基本物理常量，称为电子的康普顿波长，用 λ_c 表示，$\lambda_c=2.426\,310\,58\times10^{-12}\mathrm{m}$。

2）在散射角 φ 相同的情况下，所有散射物质波长的改变量都相同。

以上结论都为实验所证实。

3. 光的波粒二象性

一个理论若被实验证实，它必定具有一定的正确性。光子论被黑体辐射、光电效应和康普顿效应以及其他实验所证实，说明它具有一定的正确性。而早已被大量实验证实了的光的波动论以及其他经典物理理论的正确性也是无可非议的。因此，在对光的本质的解释上，不应该在光子论和波动论之间进行取舍，而应该把它们同样地看作是对光的本质的不同侧面的描述。光在传播过程中表现出波的特性，而在与物质相互作用的过程中表现出粒子的特性，说明光具有波和粒子这两方面的特性，这称为光的波粒二象性。

既是粒子，又是波，这在人们的经典观念中是不容易接受的。但是，用统计的观点可以把两者统一起来。光是由具有一定能量、动量和质量的微观粒子组成的，在它们运动的过程中，在空间某处发现它们的概率却服从波动的规律。实际上，这里所说的粒子和波，都是人们经典观念中对物质世界认识上的一种抽象和近似。这种抽象和近似是不能用来对微观世界的事物做出恰当描述的，因为微观世界的事物有着与宏观世界的事物不同的性质和规律。从这个意义上说，光既不是粒子，也不是波，即既不是经典观念中的粒子，也不是经典观念中的波。

物理知识应用案例：

1. 维恩位移定律

普朗克辐射定律指出，当提高黑体温度时，辐射谱向短波方向移动。维恩位移定律则以简单形式给出了这种变化的定量关系。

为了确定与黑体光谱辐出度极大值相对应的波长 λ_m（俗称峰值波长），可以把普朗克辐射定律对波长 λ 求微商，并令其等于零：

$$\frac{hc}{\lambda_m kT}=5(1-e^{-hc/\lambda_m kT}) \tag{16-21}$$

设 $x=\dfrac{hc}{\lambda_m kT}$，可将式（16-21）简化为

$$\left(1-\frac{x}{5}\right)e^x=1$$

解此方程可以得到

$$x=\frac{hc}{\lambda_m kT}=4.9651142$$

所以

$$\lambda_{\mathrm{m}} T=\frac{hc}{kx}=b=2.897756\times10^{-3}\mathrm{m}\cdot\mathrm{K} \tag{16-22}$$

这就是维恩位移定律，b 是维恩常量。这个规律表示，随着黑体温度的升高，其单色辐出度最大值所对应的波长 λ_{m} 按照 T^{-1} 的规律向短波方向移动。维恩位移定律也能从图 16-2 中大致看出，图中的维恩线对应的波长就是单色辐出度最大值对应的波长 λ_{m}。

2. 斯特藩－玻耳兹曼定律

普朗克辐射定律和维恩位移定律以不同的形式说明了黑体辐射的光谱变化规律。下面讨论的斯特藩－玻耳兹曼定律则描述黑体辐射的总功率（全辐出度）随其温度的变化规律。

尽管在普朗克辐射定律提出以前，玻耳兹曼已用热力学的方法推导出这个定律，但为了简单而又能反映该定律的物理意义，我们将采用对普朗克辐射公式积分的方法来推导。很明显，只要把式（16-9）对波长从 0 到∞积分，所得结果就是黑体在给定温度时的全辐出度，即

$$M_B(T)=\int_0^{\infty}M_{\lambda0}(T)\,\mathrm{d}\lambda=\sigma T^4 \tag{16-23}$$

式中，$\sigma=5.67051\times10^{-8}\mathrm{W}\cdot\mathrm{m}^{-2}\cdot\mathrm{K}^{-4}$ 称为斯特藩常量。这就是斯特藩－玻耳兹曼定律，该定律表明：黑体的辐射出射度与黑体温度的四次方成正比。根据式（16-23），在一定温度下，黑体的辐射出射度应等于在该温度下黑体的单色辐出度 $M_{\lambda0}(T)$ 按波长分布曲线下的面积，依照斯特藩－玻耳兹曼定律，随着温度的升高，曲线下的面积按 T^4 增大。

斯特藩－玻耳兹曼定律和维恩位移定律在现代科学技术中有着广泛的应用。通常用于测量高温物体（如冶炼炉、钢水、太阳或其他发光天体等）的温度，这两个定律也是遥感技术和红外跟踪技术的理论依据。

【例 16-1】 可将星体视为绝对黑体，利用维恩位移定律测星体表面的温度，已知太阳的 $\lambda_{\mathrm{m}}=0.55\mu\mathrm{m}$，北极星的 $\lambda_{\mathrm{m}}=0.35\mu\mathrm{m}$，天狼星的 $\lambda_{\mathrm{m}}=0.29\mu\mathrm{m}$；试求各星体表面的温度（取 $b=2.9\times10^{-3}\mathrm{m}\cdot\mathrm{K}$）。

【解】 由 $\lambda_{\mathrm{m}}T=b$，

$$T=\frac{b}{\lambda_{\mathrm{m}}}$$

太阳表面温度：$T=5.3\times10^3\mathrm{K}$；

北极星表面的温度：$T=8.3\times10^3\mathrm{K}$；

天狼星表面的温度：$T=1.0\times10^4\mathrm{K}$。

【例 16-2】 温度为室温（20℃）的黑体，其单色辐出度的峰值所对应的波长是多少？辐出度是多少？

【解】（1）由维恩位移定律

$$\lambda_{\mathrm{m}}=\frac{b}{T}=\frac{2.898\times10^{-3}}{293}\mathrm{nm}=9890\mathrm{nm}$$

（2）由斯特藩－玻耳兹曼定律

$$\begin{aligned}M(T)&=\sigma T^4=5.67\times10^{-8}\times293^4\\&=4.17\times10^2\mathrm{W/m^2}\end{aligned}$$

16.2 物质波

16.2.1 原子的核型结构模型及其与经典理论的矛盾

金属受热、光或电场的作用会发射电子，这说明电子是原子的组成部分。在正常情况下物质总是显示电中性的，而电子是带负电的，这说明原子中除了电子以外还包含带等量正电的部分。

另外，由于电子的质量比整个原子的质量小得多，所以可以断定，原子的质量主要是由除电子以外的其余部分提供的。那么，质量很小的电子和质量很大的正电部分是如何组成原子的呢？

1909 年，盖革和马斯顿在卢瑟福的指导下，用 α 粒子轰击金箔中的原子。实验发现，绝大多数 α 粒子穿过金箔后沿原方向（即散射角为零）运动，散射角很小（一般只有 1° ~ 2°），也有少数 α 粒子发生了较大角度的散射，还有个别 α 粒子（约占 1/8000）散射角超过 90°，甚至被反弹回去。这些实验事实是对汤姆孙“原子枣糕”模型的否定。

1911 年，卢瑟福提出了原子的核型结构模型。在这个模型中，原子中央有一个带正电的核，称为原子核，它几乎集中了原子的全部质量。电子以封闭的轨道绕原子核旋转，如同行星绕太阳的运动。原子核的半径比电子的轨道半径小得多，对于电中性原子，全部电子所带的负电荷的总量等于原子核所带的正电荷的总量。

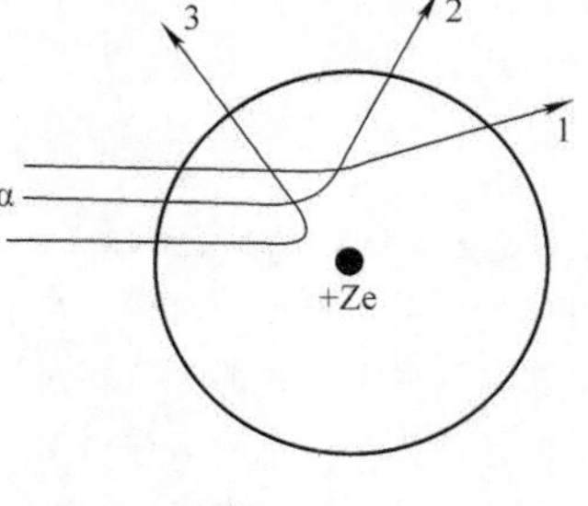

图 16-6

根据卢瑟福的模型，绝大多数 α 粒子可以从原子内部穿越，而不会受到原子核的显著的斥力作用，因而散射角很小，如图 16-6 中轨迹 1 所示；少数 α 粒子打在原子核附近，因而有较大的散射角，如图中轨迹 2 所示；个别 α 粒子几乎对着原子核入射，因而被反弹回去，如图中轨迹 3 所示。

原子的核型结构模型表明，原子由原子核和绕核旋转的电子组成。但是，按照经典物理学理论，当带电粒子做加速运动时要辐射电磁波，同时，由于电磁能量的不断释放，原子系统的能量不断减少，电子的轨道半径将随之不断减小，所以由经典物理学理论关于原子的核型结构必定会得到以下两点结论：

1）原子不断地向外辐射电磁波，随着电子运动轨道半径的不断减小，辐射的电磁波的频率将发生连续变化；

2）原子的核型结构是不稳定结构，绕核旋转的电子最终将落到原子核上。

经典物理学理论的上述结论是与实际情况完全不符的。首先，在正常情况下原子并不辐射能量，只在受到激发时才辐射电磁波，即发光。原子发光的光谱是线光谱，而不是经典物理学理论所预示的连续谱。另外，实验表明，原子的各种属性都具有高度的稳定性，并且同一种原子若处于不同条件下，其属性总是一致的，而这种属性的稳定性恰恰说明了原子结构的稳定性。

16. 2. 2 氢原子光谱的规律性

原子光谱是原子结构性质的反映，研究原子光谱的规律性是认识原子结构的重要手段。在所有的原子中，氢原子是最简单的，其光谱也应该是最简单的，而对其进行详细研究有望为复杂原子结构的认识提供思路。在可见光范围内容易观察到氢原子光谱的 4 条谱线，这 4 条谱线分别用 H_α，H_β，H_γ 和 H_δ 表示，如图 16-7 所示。1885 年，巴耳末发现，可以用简单的整数关系表示这 4 条谱线的波长

$$\lambda = B\frac{n^2}{n^2-2^2} \quad (n=3,4,5,6) \tag{16-24}$$

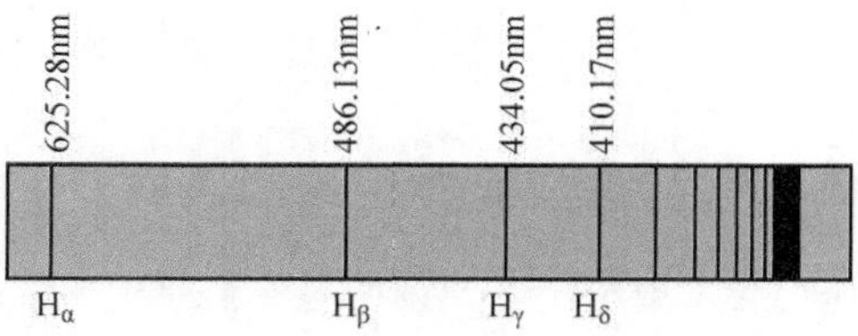

625.28nm 486.13nm 434.05nm 410.17nm

H_α H_β H_γ H_δ

图 16-7

式中，B 是常量，其数值等于 364.57nm。后来实验中还观察到相当于 n 为其他正整数的谱线，这些谱线连同上面的 4 条谱线，统称为氢原子光谱的巴耳末系。

光谱学上通常用波数 $\widetilde{\nu}$ 表示光谱线，它被定义为波长的倒数，即

$$\widetilde{\nu}=\frac{1}{\lambda} \tag{16-25}$$

引入波数后，式（16-24）可以改写为

$$\widetilde{\nu}=R\left(\frac{1}{2^2}-\frac{1}{n^2}\right)\quad(n=3,4,\cdots) \tag{16-26}$$

式中，$R=\frac{2^2}{B}=1.096776\times10^7\mathrm{m}^{-1}$，称为里德伯常量。

在氢原子光谱中，除了可见光范围的巴耳末线系以外，在紫外区、红外区和远红外区分别有莱曼（*T. Lyman*）系、帕邢（*F. Paschen*）系、布拉开（*F. S. Brackett*）系和普丰德（*A. H. Pfund*）系。这些线系中的谱线的波数也都可以用与式（16-24）相似的形式表示，即

$$\text{莱曼系}\ \widetilde{\nu}=R\left(\frac{1}{1^2}-\frac{1}{n^2}\right)\quad(n=2,3,\cdots) \tag{16-27}$$

$$\text{帕邢系}\ \widetilde{\nu}=R\left(\frac{1}{3^2}-\frac{1}{n^2}\right)\quad(n=4,5,\cdots) \tag{16-28}$$

$$\text{布拉开系}\ \widetilde{\nu}=R\left(\frac{1}{4^2}-\frac{1}{n^2}\right)\quad(n=5,6,\cdots) \tag{16-29}$$

$$\text{普丰德系}\ \widetilde{\nu}=R\left(\frac{1}{5^2}-\frac{1}{n^2}\right)\quad(n=6,7,\cdots) \tag{16-30}$$

可见，氢原子光谱的 5 个线系所包含的几十条谱线都服从相似的规律。我们可以将上述 5 个公式综合为一个公式：

$$\widetilde{\nu}_{kn}=R\left(\frac{1}{k^2}-\frac{1}{n^2}\right) \tag{16-31}$$

也可以写为

$$\widetilde{\nu}_{kn}=T(k)-T(n) \tag{16-32}$$

式中，

$$T(k)=\frac{R}{k^2},T(n)=\frac{R}{n^2} \tag{16-33}$$

$T(k)$和 $T(n)$称为光谱项。在式（16-31）~式（16-33）中，k 和 n 取一系列有顺序的正整数，k 从 1 开始；一旦 k 值确定，n 将从 $k+1$ 开始。对于确定的线系，k 为某一固定值。对于确定线系中的一系列谱线，n 分别取 $k+1$、$k+2$、$k+3$ 等。例如，对于巴耳末线系，$k=2$，对于其中的 H_α 谱线和 H_β 谱线，n 分别取 3 和 4。

把对应于任意两个不同整数的光谱项合并起来组成它们的差，便得到氢原子光谱中一条谱线的波数，这个规律称为组合原理。实验表明，组合原理不仅适用于氢原子光谱，也适用于其他元素的原子光谱，只是光谱项的表示形式比式（16-32）要复杂些。

组合原理所表示的原子光谱的规律性是原子结构性质的反映，但经典物理学理论无法予以解释。

16.2.3 玻尔的量子论

基于严谨的科学实验的卢瑟福原子核型结构的建立，以及氢原子光谱的规律及组合原理的

发现对经典物理理论提出了严竣挑战，也为玻尔提出量子论奠定了基础。玻尔的量子论主要包括以下三个假设：

1）原子存在一系列不连续的稳定状态，即定态，处于这些定态中的电子虽做相应的轨道运动，但不辐射能量；

2）做定态轨道运动的电子的角动量 l 的数值只能等于 $\hbar\left(=\dfrac{h}{2\pi}\right)$的整数倍，即

$$l=m_e vr=n\hbar \quad (n=1,2,\cdots) \tag{16-34}$$

这称为角动量量子化条件。式中，m_e 是电子的质量；n 称为主量子数。

3）当原子中的电子从某一轨道跳跃到另一轨道时，就对应于原子从某一定态跃迁到另一定态，这时才辐射或吸收相应的光子，光子的能量由下式决定：

$$h\nu=E_a-E_b \tag{16-35}$$

式中，E_a 和 E_b 分别是初态和末态的能量，$E_a<E_b$ 表示吸收光子，$E_a>E_b$表示辐射光子。

我们可以根据玻尔的上述假设来分析氢原子的轨道能量和发光原理。氢原子核所带正电荷为 e，电子在它提供的电场中做圆周运动，如果电子的轨道半径为 r，运动速率为 v，由库仑定律和牛顿第二定律可以写出下面的关系：

$$\frac{e^2}{4\pi\varepsilon_0 r^2}=m_e\frac{v^2}{r} \tag{16-36}$$

式中，m_e 是电子的质量。由式（16-34）和式（16-35）可以算出电子的轨道半径和运动速率，由于电子存在与主量子数 n 相对应的一系列轨道，从而也存在不同的运动速率，所以轨道半径和运动速率都附加角标 n。

$$r_n=n^2\left(\frac{\varepsilon_0 h^2}{\pi me^2}\right) \tag{16-37}$$

$$v_n=\frac{e^2}{2\varepsilon_0 hn} \tag{16-38}$$

式中，n 可取从 1 开始的一系列正整数。这表明，半径满足式（16-37）的轨道是电子绕核运动的稳定轨道。对应于 $n=1$ 的轨道半径 r_1 是最小轨道的半径，称为玻尔半径，常用 a_0 表示，其数值为

$$a_0=r_1=\frac{\varepsilon_0 h^2}{\pi me^2}=5.29177249\times10^{-11}\mathrm{m} \tag{16-39}$$

这个数值与用其他方法估计的数值一致。根据式（16-37）和式（16-38），氢原子系统的总能量为

$$E_n=\frac{1}{2}mv^2-\frac{e^2}{4\pi\varepsilon_0 r}=-\frac{m_e e^4}{8\varepsilon_0^2 h^2 n^2} \tag{16-40}$$

可见，原子的一系列定态的能量是不连续的，这种性质就称为原子能量状态的量子化，而每一个能量值称为原子的能级。式（16-40）就是氢原子的能级公式。通常，氢原子处于能量最低的状态，这个状态称为基态，或正常态，对应于主量子数 $n=1$，即 E_1。$n>1$ 的各个稳定状态的能量均大于基态的能量，称为激发态或受激态。处于激发态的原子会自动地跃迁到能量较低的激发态或基态，同时释放出一个能量等于两个状态能量差的光子，这就是原子发光的原理。

根据玻尔理论关于原子发光的论述，若原子处于能量为 E_n 的激发态，电子在主量子数为 n 的轨道上运动，当它跃迁到主量子数为 $k(k<n)$的轨道上时，所发出光子的频率为

$$\nu_{kn}=\frac{1}{h}(E_n-E_k)=\frac{me^4}{8\varepsilon_0^2 h^3}\left(\frac{1}{k^2}-\frac{1}{n^2}\right) \tag{16-41}$$

对应的波数为

$$\widetilde{\nu}_{kn}=\frac{\nu_{kn}}{c}=\frac{me^4}{8\varepsilon_0^2h^3c}\left(\frac{1}{k^2}-\frac{1}{n^2}\right)=R\left(\frac{1}{k^2}-\frac{1}{n^2}\right) \tag{16-42}$$

式中，

$$R=\frac{me^4}{8\varepsilon_0^2h^3c} \tag{16-43}$$

只要式（16-43）所表示的 R 值等于里德伯常量，式（16-42）就与式（16-31）完全相同。将有关数据代入式（16-43），可以得到 $R=1.097\ 373\times10^7\mathrm{m}^{-1}$，这个数值与里德伯常量的实验值符合得很好。这表明，玻尔的量子论在解释氢原子光谱的规律性方面是十分成功的，同时也说明它在一定程度上反映了原子内部的运动规律。

尽管玻尔的量子理论在氢原子问题上取得了很大成功，但是，由于这个理论是经典力学与量子化条件相结合的产物，必然存在自身无法克服的局限性。例如，玻尔理论虽然对氢原子光谱做了很好的解释，但对于氢以外的其他元素的原子光谱，如碱金属原子光谱的双重线、其他元素原子光谱的多重线等，却无法解释。又例如，对氢原子光谱的解释只限于谱线的频率，而关于谱线的强度、偏振性和相干性等问题却没有涉及。所以，它必定要被另一新的理论——量子力学所取代。进一步的工作首先从思考和解决玻尔量子理论中很难被人接受的基本假设开始。

16.2.4　微观粒子的波粒二象性

1. 德布罗意波

由光的波粒二象性人们自然会想到，既然光子具有波和粒子两方面的性质，那么其他微观粒子是否也具有这两方面的性质呢？1924 年德布罗意提出，兼有波和粒子两方面性质，不只是光子，而是光子和一切实物粒子共同的本性。他指出，一个质量为 m、以速率 v 做匀速运动的实物粒子，从粒子性看，可以用能量 E 和动量 p 描述它，从波动性看，可以用频率 ν 和波长 λ 描述它，这两个方面以下列关系相联系：

$$E=h\nu \tag{16-44}$$

$$p=\frac{h}{\lambda} \tag{16-45}$$

这就是德布罗意（*L. V. de Broglie*）关系。根据这个关系，对于一个静质量为 m_0 的粒子而言，当它以速率 v 运动时，它相当于一个单色平面波，其波长为

$$\lambda=\frac{h}{p}=\frac{h}{mv}=\frac{h}{m_0v}\sqrt{1-\left(\frac{v}{c}\right)^2} \tag{16-46}$$

这种波就称为德布罗意波，由式（16-46）所表示的波长称为德布罗意波长。式中，m 是粒子以速率 v 运动时的质量。

2. 物质波的实验观测

1927 年，戴维孙（*C. J. Davisson*，1881—1958）和革末（*L. H. Germer*，1896—1971）用电子衍射证实了德布罗意假说。实验装置如图 16-8 所示。由热灯丝 K 发出的电子被电势差 U 产生的电场加速后，经小孔射出成为很细的平行电子束。电子束的能量决定于加速电势差 U，并可用电位器 R 加以控制。电子束射到单晶体上，被晶面反射，反射后的电子束由集电器俘获，并提供了电流 i，i 可用电流计 G 测量。电流 i 表征反射电子束的强度。实验时，将集电器对准某一固定方向，使进入集电器的反射电子束对于单晶的某晶面满足反射定律。改变加速电势差 U，测出相应的反射电流 i。实验发现，当加速电势差 U 单调增加时，电流 i 并不单调变化，而表现出对 U

的有规律的选择性，即在某些 U 值时，i 出现极大值，如图 16-9 所示。这表明，以一定方向投射到晶面上的电子束，只有在具有某些特定速率时，才能准确地按照反射定律在晶面上反射。

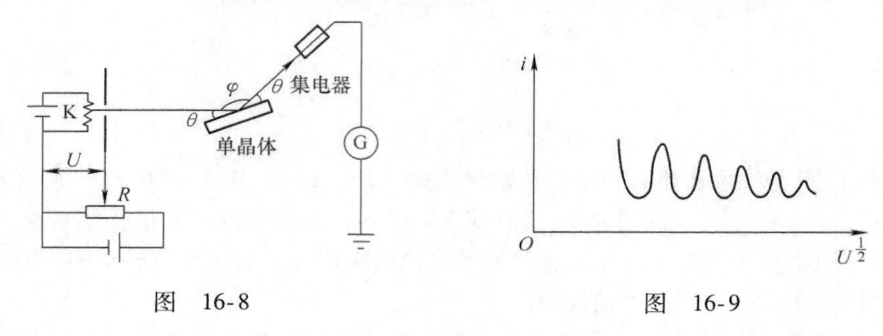

图 16-8　　图 16-9

上述实验结果与晶体对 X 射线的衍射情形是极其相似的。以掠射角 θ 射至一组间距为 d 的晶面，被晶面所反射的 X 射线中只有波长 λ 满足布拉格公式

$$2d\sin\theta = k\lambda \quad (k=1,2,\cdots) \tag{16-47}$$

的那些射线才能在符合反射定律的方向上被观察到反射线。电子射线反射与 X 射线衍射的相似性有力地说明了电子具有波动性。将电子的德布罗意波长代入布拉格公式，得

$$2d\sin\theta = k\frac{h}{m_e v} \tag{16-48}$$

考虑到电子运动速率 v 与加速电势差 U 之间存在关系

$$v=\sqrt{\frac{2eU}{m_e}} \tag{16-49}$$

式（16-49）可以化为

$$2d\sin\theta = k\frac{h}{\sqrt{2em_e U}} \quad (k=1,2,\cdots) \tag{16-50}$$

这表示，只有当加速电势差 U 满足上式所表示的关系时，集电器才能在对晶面符合反射定律的方向上获得最大的电流 i。根据式（16-50）计算出的各个加速电势差 U 的数值与实验结果（图 16-9）相一致。这就证明了德布罗意假说的正确性。

后来还证实了不仅电子具有波动性，而且其他微观粒子，如原子、质子和中子等也都具有波动性。人们利用电子的波动性制成高分辨率的电子显微镜；利用中子的波动性制成了中子谱仪。这些设备都是现代科学技术中进行物性分析所不可缺少的。

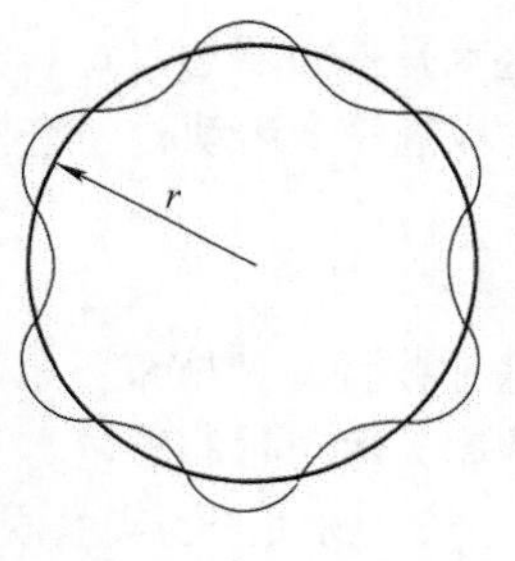

图 16-10

既然微观粒子具有波动性，原子中绕核运动的电子无疑也具有波动性。不过，处于原子定态中的电子的波动形式与戴维孙 - 革末实验中由小孔射出的电子束的波动形式是不同的，可以认为后者是行波，而前者则应视为驻波。处于定态中的电子形成驻波的情形与端点固定的振动弦线形成驻波的情形是相似的。原子中的电子驻波可形象地用图 16-10 表示。由图可以看到，当电子波在离开原子核半径为 r 的圆周上形成驻波时，圆周的周长必定等于电子波长的整数倍，即

$$2\pi r = n\lambda \quad (n=1,2,\cdots) \tag{16-51}$$

根据德布罗意假说，波长 λ 与动量 p 应满足

$$\lambda = \frac{h}{p} \tag{16-52}$$

将式（16-52）代入式（16-51），得到电子的轨道角动量，它应满足下面的关系：

$$L = rp = n\frac{h}{2\pi} = n\hbar \quad (n = 1,2,\cdots) \tag{16-53}$$

这正是玻尔作为假定引入的量子化条件。在这里，考虑了微观粒子的波动性自然地得出来了。式（16-53）中的 $\hbar = \dfrac{h}{2\pi}$。

 物理知识应用案例：原子发射光谱分析技术原理介绍

原子发射光谱法是利用原子或离子在一定条件下受激而发射的特征光谱来研究物质化学组成的分析方法。根据激发机理不同，原子发射光谱有三种类型：① 原子的核外电子受热或电激发而发射的光谱，通常是指以电弧、电火花和电火焰为激发光源。以化学火焰为激发光源得到原子发射光谱的，称为火焰光谱法。②原子核外电子受到光激发而发射的光谱，称为原子荧光。③原子受到X射线或其他微观粒子激发使内层电子电离而出现空穴，较外层的电子跃迁到空穴，同时产生次级X射线，即X射线荧光。

通常，原子处于基态。基态原子受到激发跃迁到能量较高的激发态。激发态原子是不稳定的，平均寿命为 $10^{-10} \sim 10^{-8}$s。随后，激发原子就要跃迁回到低能态或基态，同时释放出多余的能量。如果以辐射的形式释放能量，该能量就是释放光子的能量。因为原子核外电子能量是量子化的，所以伴随电子跃迁而释放的光子能量就等于电子发生跃迁的两能级的能量差。根据谱线的特征频率和特征波长，可以进行定性分析。常用的光谱定性分析方法有铁光谱比较法和标准试样光谱比较法。

原子发射光谱的谱线强度 I 与试样中被测组分的浓度 c 成正比，据此可以进行光谱定量分析。光谱定量分析所依据的基本关系式是 $I = \alpha cb$，式中，b 是自吸收系数；α 为比例系数。为了补偿因实验条件波动而引起的谱线强度变化，通常用分析线和内标线强度比对元素含量的关系来进行光谱定量分析，称为内标法。

原子发射光谱分析的优点是：①灵敏度高：许多元素绝对灵敏度为 $10^{-13} \sim 10^{-11}$g。②选择性好：许多化学性质相近而用化学方法难以分别测定的元素，如铌和钽、锆和铪等稀土元素，其光谱性质有较大差异，用原子发射光谱法则容易进行各元素的单独测定。③分析速度快：可进行多元素同时测定。④试样消耗少（毫克级）：适用于微量样品和痕量无机物组分分析，广泛用于金属、矿石、合金和各种材料的分析检验。

【例16-3】 计算氢原子基态电子的轨道角动量和线速度。

【解】 基态 $n = 1$

$$L_1 = n\frac{h}{2\pi} = \frac{6.6 \times 10^{-34}}{2\pi}\text{J} \cdot \text{s} = 1.051 \times 10^{-34}\text{J} \cdot \text{s}$$

$$v_1 = \frac{L_1}{m_e r_1} = \frac{1.051 \times 10^{-34}}{9.11 \times 10^{-31} \times 0.529 \times 10^{-10}}\text{m/s} = 2.18 \times 10^6\text{m/s}$$

【例16-4】 用12.6eV的电子轰击基态氢原子，求这些氢原子所能达到的最高态。

【解】 如果氢原子吸收电子的全部能量，则它所具有能量为

$$E = E_1 + 12.6\text{eV} = (-13.6 + 12.6)\text{eV} = -1.0\text{eV}$$

轨道能量

$$E_n = \frac{E_1}{n^2} = \frac{-13.6}{n^2}\text{eV} = -1.0\text{eV}$$

$$n = \sqrt{13.6} = 3.69$$

故取 $n = 3$。

16.2.5 测不准原理

在经典物理学中，描述和确定一个质点的运动状态需要用两个物理量，即位置和动量，并且这两个物理量在任何瞬间都具有可以准确确定的值。但是，对于具有波粒二象性的微观粒子来说，其位置和动量是不可能同时准确测定的。微观粒子的位置和动量不可能同时准确确定的规律，是由海森伯于1927年提出的，称为测不准原理。

为了说明这个问题，让我们看一下电子束经过单缝发生衍射的现象。图16-11表示电子束沿 y 方向射至宽度为 Δx 的狭缝A上，则在置于光屏B处的照相板上将得到像光的单缝衍射现象一样的强度分布图样。第1级暗条纹所对应的衍射角 φ 应满足下面的关系：

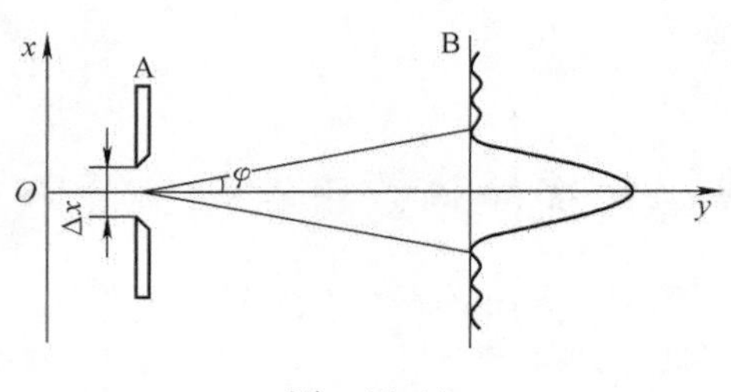

图 16-11

$$\sin\varphi = \frac{\lambda}{\Delta x} \tag{16-54}$$

式中，λ 是电子束的德布罗意波长。两个第1级暗条纹之间就是中央主极大的区域，在这个区域内都有电子投射。电子通过狭缝发生了 φ 角的偏斜，表明其动量 p 在 x 方向产生了 Δp_x 的弥散。根据衍射现象的一般规律，狭缝宽度 Δx 越小，即电子的位置在 x 方向越准确，动量在 x 方向的弥散就越大。电子动量在 x 方向的弥散量 Δp_x 可以表示为

$$\Delta p_x = p\sin\varphi$$

将式（16-54）代入上式，再利用德布罗意关系式（16-45），可得

$$\Delta x \Delta p_x = h$$

如果把电子衍射的次极大也考虑在内，Δp_x 还要大些，上式则应写成

$$\Delta x \Delta p_x \geqslant h \tag{16-55}$$

这就是海森伯（*W. K. Heisenberg*，1901—1976）的测不准原理。这个关系表明，由于微观粒子具有波动性，其位置和动量不可能同时准确测定，粒子在某个方向上位置的不确定量和在该方向上动量的不确定量的乘积大于或等于普朗克常量。也就是说，若粒子的位置测得越准确（即 Δx 越小），则动量就越不确定（即 Δp_x 越大），反之亦然。测不准原理在量子力学中可以严格证明，并得出下面的形式：

$$\Delta x \Delta p_x \geqslant \frac{\hbar}{2} \tag{16-56}$$

测不准原理本来就是一种数量级上的估计，式（16-55）和式（16-56）并无实质差异，有时可以采用式（16-55）。

在能量和时间之间也存在类似的不确定关系，即

$$\Delta E \Delta t \geqslant \frac{\hbar}{2} \tag{16-57}$$

这一关系在讨论原子或其他系统的束缚态性质时是十分重要的。实验表明，原子所处激发态的能量并不是单一数值，而是存在某个能量范围，这个能量范围称为能级宽度，用 dE 表示。同时，原子处于这个激发态的时间是有一定长短的，原子处于这个激发态的平均时间 dt 称为该激发态的寿命。实验测量证明，能级宽度 dE 与该状态的寿命 dt 的乘积必定满足式（16-57）的关系。

16.3　微观粒子运动的描述

16.3.1　描述物质波的波函数

微观粒子波动性的发现使我们对物质世界的认识向前迈进了一大步。一切微观粒子都具有波粒二象性。实验已清楚地表明，微观粒子的波动性已成为与它们的粒子性同样确定的事实。

由于微观粒子的二象性，当粒子的位置 r 确定后，动量 p 就完全不确定，所以不能像经典力学那样用 r 和 p 来描述粒子的状态。为了寻找描述微观粒子运动状态的新方法，我们首先来考察一下描述自由粒子的平面波在数学上是怎样表示的。一个自由粒子，不受力场作用，沿 x 轴运动，有一确定能量 E 和动量 p，其物质波为平面简谐波。

由波动理论知道，沿 x 方向传播的单色余弦平面波的波动方程是

$$y(x,t)=A\cos 2\pi(\nu t-x/\lambda) \tag{16-58}$$

式中，A 是振幅；ν 是频率；λ 是波长。对于机械波，y 表示位移；对于电磁波，y 表示电场强度 E 或磁场强度 H，它们随时间和空间连续地做周期性变化，波的强度正比于 A 的二次方。式 (16-58) 也可改用复数表示为

$$y(x,t)=A\mathrm{e}^{-\mathrm{j}2\pi(\nu t-x/\lambda)} \tag{16-59}$$

对于不受外力作用的自由粒子，在运动过程中其能量 E 和动量 p 保持恒定。根据德布罗意假设，与自由粒子相联系的物质波的频率（$\nu=E/h$）和波长（$\lambda=h/p$）也都保持不变。因此，自由粒子的物质波是单色平面波，可用平面波方程来表示。沿 x 方向运动的自由粒子的单色平面波可写成

$$\psi(x,t)=\psi_0\mathrm{e}^{-\mathrm{j}\frac{2\pi}{h}(Et-px)} \tag{16-60}$$

式 (16-60) 叫作自由粒子的波函数，ψ_0 为该波函数的振幅。

上述波函数把波（平面波）、粒（p，E）统一在其中，故认为该波函数 $\psi(x,t)$ 可以完全描述动量为 p 和能量为 E 的自由粒子的状态。因此，波函数又称为态函数。在一般情况下，当微观粒子受到外界力场作用时，它不再是自由粒子，其运动状态当然也不能再用上式来描述。但是，这样的粒子仍然具有波粒二象性，因而，作为德布罗意假设很自然的推广，这样的微观粒子运动状态可以用一个波函数 $\psi(x,y,z,t)$ 来描述。这就是量子力学的基本原理（假设）之一。当然，对于处在不同情况下的微观粒子，描述其运动状态的波函数 $\psi(x,y,z,t)$ 的具体形式是不一样的。由此可见，量子力学用和经典力学完全不同的方式来描述粒子的状态。

16.3.2　波函数的统计解释

1. 两种不同的认识

为了说明波函数的物理意义，现在来看一下电子双缝干涉实验的结果。图 16-12 所示为 1989 年发表的实验结果，图 16-12a ~ d 是入射电子流的密度逐渐增大所形成干涉图像的几张照片。开始时，照片上只出现随机分布的几个小亮点，它们是由一个一个的电子打在底片上形成的，此时并未发现整个底片普遍感光的现象，这表现出电子的粒子性，说明电子只在空间很小区域内作为一个整体产生效果。随着电子流密度的增大，亮点增多并逐渐累积成强度按一定规律分布的干涉条纹，干涉条纹的出现表明发生了相干叠加，显示出电子的波动性。在实验中，电子既显示出粒子性，又显示出波动性。

从粒子性的观点看，干涉图样表明，极大值处有较多的电子到达，而极小值处则很少甚至没

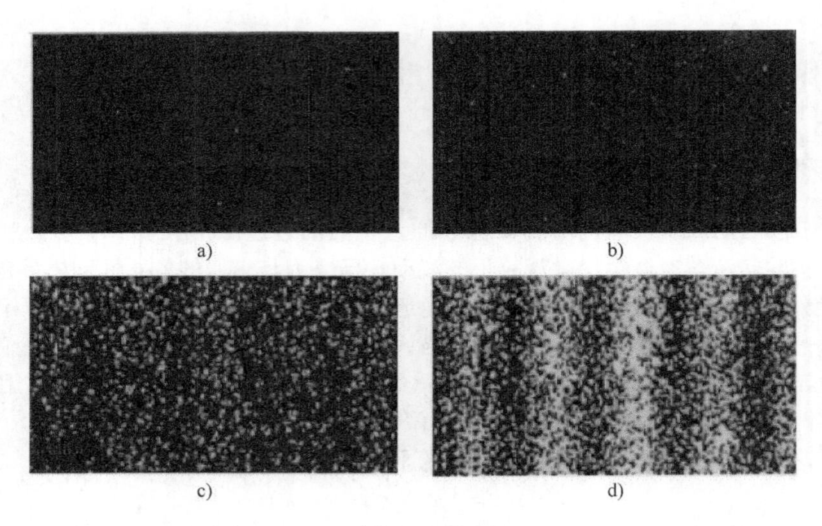

图 16-12

有电子到达。从波动性的观点来看，在干涉图样中，极大值处波的强度为极大，而极小值处波的强度为极小，甚至为零。如果用一个波函数来描述干涉实验中电子的状态，那么波函数复振幅模的二次方$|\Psi(x,y,z,t)|^2$就表示在t时刻空间某处（x，y，z）波的强度。对比上述两种观点，我们可以这样使波和粒子的概念统一起来：如果粒子的状态用波函数$\Psi(x,y,z,t)$来描写，那么波函数模的二次方$|\Psi(x,y,z,t)|^2$与t时刻在空间（x，y，z）处单位体积内找到粒子的数目成正比。也就是说，在波的强度为极大的地方，找到粒子的数目为极大，在波的强度为零的地方，找到粒子的数目为零。

2. 波函数的统计解释

上述波函数物理意义的解释是对处在同一状态下的大量粒子而言的（在电子干涉实验中指的是含有大量粒子的电子束），对于单个粒子而言，描述它的运动状态的波函数又将怎样解释呢？实验中可以控制电子束的强度，以致让电子一个一个地通过。假如时间不长，则在照相底片上呈现的是一些无规则的点，而不是扩展开的整个干涉图样。就这个意义而言，电子是粒子而不是扩展开的波，但时间一长，则感光点在底片上的分布显示出干涉图样，与强度较大的电子束在较短时间内得到的干涉图样相同。根据这种一个电子在相同条件下多次重复实验的结果，我们可以认为，尽管不能确定每一个电子一定到达照相底片的什么地点，但是它到达干涉图样极大值的概率必定较大，而到达干涉图样极小值处的概率必定较小，甚至为零。所以对一个粒子而言，描述其状态的波函数$\Psi(x,y,z,t)$可以解释为：波函数模的二次方$|\Psi(x,y,z,t)|^2$与t时刻在空间（x，y，z）处单位体积内发现粒子的概率（称为概率密度）$W(x,y,z,t)$成正比。

波函数的上述解释是由玻恩首先提出的。他不仅成功地解释了电子的衍射实验，而且在解释其他许多问题时，所得结果也与实验相符合。按照这样的解释，波函数所描述的是处于相同条件下的大量粒子的一次行为或者是一个粒子的多次重复行为。一般来说，我们不能根据描述粒子状态的波函数来预言一个粒子某一时刻一定在什么地方出现，但是可以指出在空间各处找到该粒子的概率。所以波函数所表示的是概率波。

波函数与经典波有着本质的区别。波函数描述微观粒子的状态，它按波动的方式变化和传播，充分体现了微观粒子的波动性。但在对微观粒子进行探测时，它总是作为一个整体的概率被发现，这又充分地表现出它的粒子性。这样，就把波粒二象性有机地统一起来了。

3. 波函数的归一化条件和标准条件

由于粒子肯定存在于空间中，在整个空间粒子出现的概率应等于1，所以有

$$\int_V |\psi_0|^2 \mathrm{d}V \equiv 1 \tag{16-61}$$

此式称为波函数的归一化条件。

微观粒子的状态必须由波函数描述，但并不是随便哪一个函数都可以作为波函数。前面讲过，波函数模的二次方表示粒子在空间某处出现的概率密度。量子力学认为，某一时刻在空间给定点粒子出现的概率应该是唯一的，不可能既是这个值又是那个值，并且还应该是有限的；从空间一点到另一点，概率的分布应该是连续的，不能逐点跃变或在任何点处发生突变。一句话，粒子的概率在空间随时间的演化应该是单值、连续和有限的，因此，波函数也应该满足单值、连续和有限的条件，此条件称为波函数的标准条件。

虽然波函数本身“测不到，看不见”，是一个很抽象的概念，但是它的模的二次方却给我们展示了粒子在空间分布的图像，即粒子坐标的取值情况。当测量粒子的某一力学量的取值时，只要给定描述粒子状态的波函数，按照量子力学给出的一套方法就可以预言一次测量可能测到哪个值，以及测到这个值的概率是多少。

对玻恩的统计诠释也是有争论的，爱因斯坦就反对统计诠释。他不相信“上帝玩掷骰子游戏”，认为用波函数对物理实在的描述是不完备的，还有一个我们尚不了解的“隐参数”。虽然至今所有实验都证实统计诠释是正确的，但是这种关于量子力学根本问题的争论不但推动了量子力学的发展，而且还为量子信息论等新兴学科的诞生奠定了基础。

16.3.3 薛定谔方程

薛定谔方程是量子力学的基本动力学方程，它在量子力学中的作用和牛顿方程在经典力学中的作用是一样的。同牛顿方程一样，薛定谔方程也不能由其他的基本原理推导得到，而只能是一个基本的假设，其正确性也只能靠实验来检验。对于在势场 $U(x,y,z)$ 中的运动粒子来说，薛定谔方程为

$$\mathrm{j}\hbar \frac{\partial \Psi(x,y,z,t)}{\partial t} = \left[-\frac{\hbar^2}{2m}\left(\frac{\partial^2}{\partial x^2} + \frac{\partial^2}{\partial y^2} + \frac{\partial^2}{\partial z^2} \right) + U(x,y,z) \right]\psi(x,y,z,t) \tag{16-62}$$

式中，$\hat{H} = -\frac{\hbar^2}{2m}\left(\frac{\partial^2}{\partial x^2} + \frac{\partial^2}{\partial y^2} + \frac{\partial^2}{\partial z^2} \right) + U(x,y,z)$ 是与粒子的总能量相对应的算符，称为粒子的哈密顿量，它与粒子的能量相对应，因此也叫能量算符。这样，薛定谔方程可写为

$$\mathrm{j}\hbar \frac{\partial \Psi(x,y,z,t)}{\partial t} = \hat{H}\psi(x,y,z,t) \tag{16-63}$$

薛定谔方程还是一个线性的齐次方程，这保证波函数满足叠加原理：若 $\psi_1(x,y,z,t)$ 和 $\psi_2(x,y,z,t)$ 是方程的解，代表粒子的两个可能状态，则它们的线性叠加 $C_1\psi_1(x,y,z,t) + C_2\psi_2(x,y,z,t)$ 也是方程的解，也代表粒子的一个可能状态。由薛定谔方程可以看出，微观粒子波函数随时间的演化是由粒子的哈密顿量 $\hat{H}$ 决定的，外界对粒子的作用包括不能用力来表达的微观相互作用，一般都可以用哈密顿量来概括。而在经典力学中，改变宏观粒子运动状态的原因是作用在粒子上的力。

16.3.4 能量本征方程和定态

如果粒子的势能函数不显含时间，即只是坐标的函数，仅考虑一维情况 $U(x)$，那么薛定谔方程可采用分离变量的方法求解。把待求波函数写成分离变量形式

$$\psi(x,t)=\Phi(x)T(t) \tag{16-64}$$

代入薛定谔方程得

$$\mathrm{j}\hbar\frac{\partial\Phi(x)T(t)}{\partial t}=\left[-\frac{\hbar^2}{2m}\frac{\partial^2}{\partial x^2}+U(x)\right]\Phi(x)T(t) \tag{16-65}$$

用 $\Phi(x)T(t)$ 除式（16-65）两边，得

$$\frac{\mathrm{j}\hbar}{T(t)}\frac{\mathrm{d}T(t)}{\mathrm{d}t}=\frac{1}{\Phi(x)}\left[-\frac{\hbar^2}{2m}\frac{\partial^2}{\partial x^2}+U(x)\right]\Phi(x) \tag{16-66}$$

可以看出，上式左边只与 t 有关，右边只与 x 有关，而 t 和 x 互相独立，因此，只有当式（16-66）两边都等于同一个与 t 和 x 均无关的常数时等式才能成立。用 E 代表这一常数，可得两个方程，即

$$\mathrm{j}\hbar\frac{\mathrm{d}T(t)}{\mathrm{d}t}=ET(t) \tag{16-67}$$

$$\left[-\frac{\hbar^2}{2m}\frac{\partial^2}{\partial x^2}+U(x)\right]\Phi(x)=E\Phi(x) \tag{16-68}$$

容易看出，方程（16-67）的解就是简谐振动，即

$$T(t)\approx \mathrm{e}^{-\frac{\mathrm{j}}{\hbar}Et} \tag{16-69}$$

于是，薛定谔方程的求解就转化成解方程（16-68），求 $\Phi(x)$ 和 E 的问题。由于式（16-69）指数中的 $E/\hbar$ 代表角频率 ω，所以常数 E 具有能量的量纲。方程（16-68）称为定态（不含时）薛定谔方程，它也可以写成

$$\begin{aligned}&\hat{H}\Phi(x)=E\Phi(x)\\&\hat{H}=-\frac{\hbar^2}{2m}\frac{\partial^2}{\partial x^2}+U(x)\end{aligned} \tag{16-70}$$

在数学上，如果一个算符作用到函数上等于一个数乘这个函数，则这个方程称为该算符的本征方程。因此，式（16-70）或式（16-68）就是哈密顿量 $\hat{H}$ 的本征方程，或能量算符的本征方程。

能量本征方程是一个二阶微分方程。在数学上，只要势能函数 $U(x)$ 给定，一般对任何 E 值方程都有解。但在物理上就不同了，物理上要求波函数 $\Phi(x)$ 满足自然条件，所以一般只对一些特定的 E 值方程才可能有解。这些特定的 E 值称为能量本征值，而波函数 Φ 叫作属于本征值 E 的能量本征波函数。能量本征值和本征波函数的物理含义是：在属于能量本征值 E 的本征波函数 Φ 所描述的状态上测量粒子的能量，所得结果一定是 E。因此，称本征态 Φ 是能量取确定值 E 的状态。

求解能量本征方程解出 E 和 Φ，就得到薛定谔方程的一个解

$$\Psi_E(x,t)=\Phi(x)\mathrm{e}^{-\frac{\mathrm{j}}{\hbar}Et} \tag{16-71}$$

这个解称为薛定谔方程的定态解，简称为定态。处于定态 $\Psi_E(x,t)$ 上的粒子具有确定的能量 E，并且其概率密度 $W_E(x,t)$ 不随时间变化，即

$$W_E(x,t)=|\Psi_E(x,t)|^2=|\Phi(x)\mathrm{e}^{-\frac{\mathrm{j}}{\hbar}Et}|^2=|\Phi(x)|^2 \tag{16-72}$$

这也就是把这种状态称为“定态”的原因。应该指出，定态并不意味着与时间无关，只是它随时间变化的规律比较简单，是简谐振动。

16.3.5　一维无限深方势阱中的粒子

金属中的电子在逸出金属表面时要克服逸出功，因此，对于电子来说，金属外的势能要比金属内的高，通常把这样的势能函数称为势阱，金属中的电子相当于在一个势阱中运动。作为一个

理想模型，我们假设势能的空间分布情况如图 16-13 所示，这样的势能分布称为一维无限深方势阱，其势能表达式为

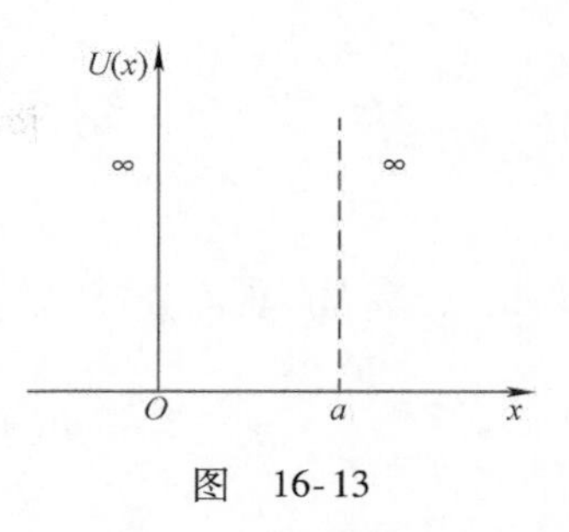

图　16-13

$$U(x)=\begin{cases}0, & 0<x<a\\ \infty, & x\leqslant 0, x\geqslant a\end{cases}$$

设有一个质量为 m 的粒子在一维无限深方势阱中运动，下面求它的能量本征值和本征波函数。

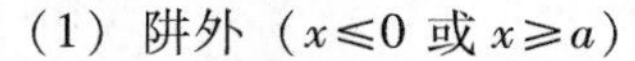
（1）阱外（$x\leqslant 0$ 或 $x\geqslant a$）

由于势能函数 $U\to\infty$，所以能量本征方程为

$$\Phi''(x)+\frac{2m}{\hbar^2}(E-\infty)\Phi(x)=0$$

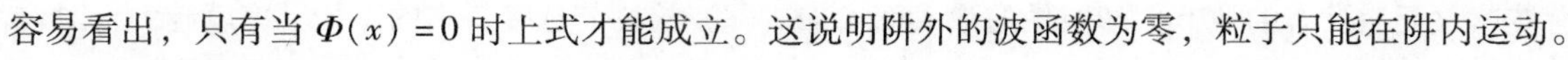
容易看出，只有当 $\Phi(x)=0$ 时上式才能成立。这说明阱外的波函数为零，粒子只能在阱内运动。

（2）阱内（$0<x<a$）

因为 $U(x)=0$，所以能量本征方程为

$$\Phi''(x)+\frac{2mE}{\hbar^2}\Phi(x)=0$$

其中，E 是待求的能量本征值。由于在阱内势能为零，而粒子具有动能，所以能量 E 不可能取负值，只讨论 $E\geqslant 0$ 的情况就可以了。设 $k=\frac{\sqrt{2mE}}{\hbar}$，上式变成

$$\Phi''(x)+k^2\Phi(x)=0$$

其通解为

$$\Phi(x)=A\sin kx+B\cos kx \tag{16-73}$$

（3）用波函数的连续性条件确定特解

由于阱外的波函数为零，根据波函数的连续性要求，在阱壁（$x=0$，$x=a$）的波函数为零。在 $x=0$ 处 $\Phi(0)=0$，要求式（16-73）中的 $B=0$，因此波函数为

$$\Phi(x)=A\sin kx \tag{16-74}$$

而在 $x=a$ 处要求

$$\Phi(a)=A\sin ka=0$$

式中，$A\neq 0$，否则 $\Phi(x)=0$，即波函数在全空间为零，意味着粒子不存在。因此有

$$\sin ka=0$$

所以

$$\begin{cases}k=\dfrac{n\pi}{a}, & (n=1,2,\cdots)\\ E_n=\dfrac{k\hbar^2}{2m}=\dfrac{n^2\hbar^2\pi^2}{2ma^2}, & (n=1,2,\cdots)\end{cases} \tag{16-75}$$

式中，整数 n 称为量子数，$n=1$ 代表基态，n 取其他值代表激发态。式（16-75）表明，在一维无限深方势阱中运动的粒子，其能量是量子化的。能量本征值也称为能级，在一定条件下粒子的状态可以从一个能级变化到另一个能级，这种变化称为跃迁。

把式（16-75）代入式（16-74），就得到属于能量本征值 E_n 的本征波函数

$$\Phi(a)=A\sin\frac{n\pi}{a}x \tag{16-76}$$

归一化常数 A 可由归一化条件求出，即

$$\int_0^a |\Phi_n(x)|^2 \mathrm{d}x = |A|^2 \int_0^a \left(\sin\frac{n\pi}{a}x\right)^2 \mathrm{d}x = 1 \tag{16-77}$$

$$A = \sqrt{\frac{2}{a}} \tag{16-78}$$

因此，一维无限深方势阱中粒子的能量本征波函数为

$$\Phi(x) = \begin{cases} \sqrt{\frac{2}{a}}\sin\frac{n\pi}{a}x & (n=1,2,\cdots,0<x<a) \\ 0 & (x\leqslant 0, x\geqslant a) \end{cases} \tag{16-79}$$

图 16-14 所示为一维无限深方势阱中粒子的本征能量、本征波函数和概率密度。可以看出，每一个能量本征态 Φ_n 都对应一个驻波，阱壁（$x=0$，$x=a$）是驻波的波节。在阱内，基态波函数没有波节，而激发态的波节数随能量的增大而增加。驻波的波节越多，它的本征频率就越大，对应的能量也就越高。

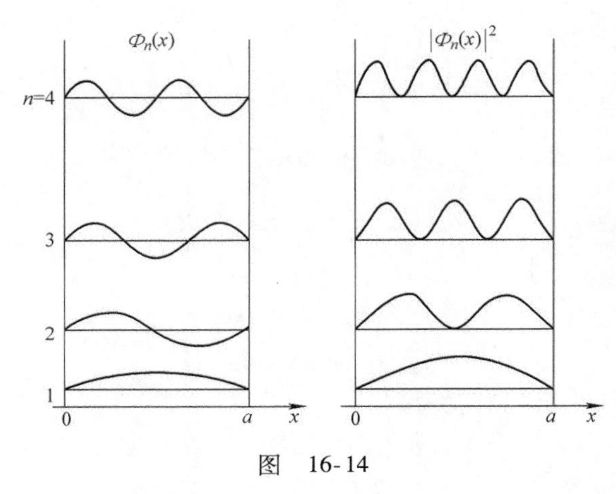

图 16-14

图中 $|\Phi_n(x)|^2$ 代表粒子的概率分布，它是 x 的周期函数。这和宏观粒子的情况不同，宏观粒子在势阱内自由运动，在阱内各处的概率都相同。此外，与经典概念不同的是存在最低能量 $E_1 = \frac{\hbar^2\pi^2}{2ma^2}$，这是由于粒子被限制在阱内，坐标的不确定度为有限值（阱宽），由不确定度关系可知动量不取确定值，因此，粒子不可能静止，能量也就不能为零。

请读者注意，在量子力学中不再讨论粒子在哪里、它有多少动量。量子力学中只讨论具有某种能量值的粒子在某位置出现的概率为多少。

16.3.6 势垒散射和隧穿效应

所谓势垒，是指如图 16-13 所示的势能函数

$$U(x) = \begin{cases} U_0 & (0<x<a) \\ 0 & (x\leqslant 0, x\geqslant a) \end{cases} \tag{16-80}$$

式中，$U_0>0$，代表势垒的高度；a 代表势垒的宽度。

设有一质量为 m 的粒子以能量 E 从左边沿 x 轴射向势垒。我们只讨论 $E<U_0$ 的情况，并假设势垒没有吸收，即假设在与势垒相互作用过程中，粒子的能量 E 保持不变。由于粒子具有波动性，所以入射粒子可以有一定的概率穿透势垒，这称为量子隧穿效应。在给定入射能量和势能函数的条件下，通过求解不含时薛定谔方程得到波函数 Φ，再由 Φ 出发计算粒子在空间的分布，

就可以求出粒子穿透势垒出现在 $x>a$ 区域的概率。下面列出求解的主要步骤和势垒穿透概率的计算公式。

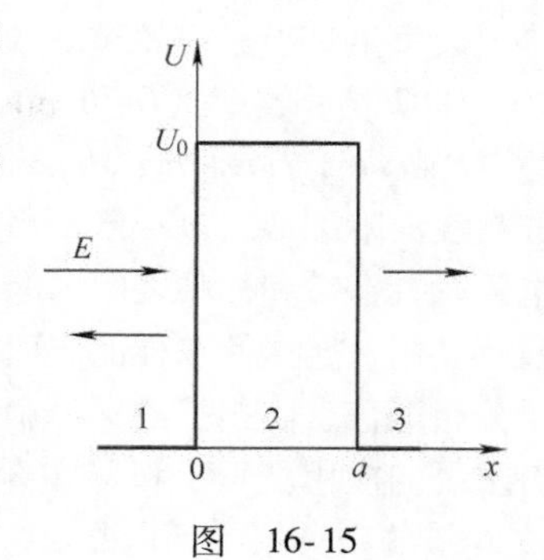

图　16-15

按照图 16-15 所示坐标 x 的三个区域，分别列出不含时薛定谔方程，即

$$\Phi''_1(x)+\frac{2mE}{\hbar^2}\Phi_1(x)=0\quad(x\leqslant 0)\tag{16-81}$$

$$\Phi''_2(x)-\frac{2m}{\hbar^2}(U_0-E)\Phi_2(x)=0\quad(0<x<a)\tag{16-82}$$

$$\Phi''_3(x)+\frac{2mE}{\hbar^2}\Phi_3(x)=0\quad(x\geqslant a)\tag{16-83}$$

令 $k=\dfrac{\sqrt{2mE}}{\hbar},\lambda=\dfrac{\sqrt{2m(U_0-E)}}{\hbar}$，有

$$\Phi_1(x)=e^{jkx}+Re^{-jkx}\tag{16-84}$$

$$\Phi_2(x)=Ae^{\lambda x}+Be^{-\lambda x}\tag{16-85}$$

$$\Phi_3(x)=Se^{jkx}\tag{16-86}$$

其中，R、A、B、S 为待定常数。可以看出，只要 S 不等于零，$\Phi_3(x)$ 就不等于零，粒子就有一定的概率出现在 $x>a$ 的区域，就会发生量子隧穿效应，如图 16-16 所示。

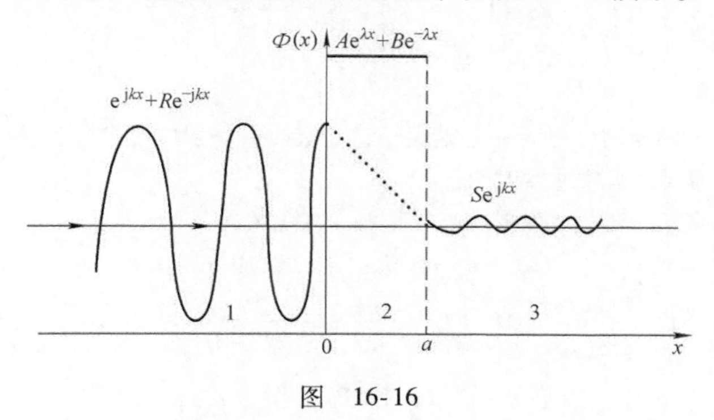

图　16-16

粒子穿透势垒的概率等于透射波的概率密度除以入射波的概率密度。如果用 T 代表穿透概率，则有

$$T=\frac{|Se^{jkx}|^2}{|e^{jkx}|^2}=|S|^2\tag{16-87}$$

穿透概率 T 又称为穿透系数。为确定 S，要用到在 $x=0$ 和 $x=a$ 这两点波函数的连续性条件

$$\Phi_1(0)=\Phi_2(0),\quad \Phi_2(a)=\Phi_3(a)\tag{16-88}$$

以及波函数一阶导数的连续性条件

$$\Phi'_1(0)=\Phi'_2(0),\quad \Phi'_2(a)=\Phi'_3(a)\tag{16-89}$$

由此可得关于 R、A、B、S 的四个代数方程，解出 S 并代入式（16-87）就可以得到穿透系数的计算公式。应该说明的是，波函数一阶导数的连续性条件并不是统计诠释要求的结果，而是通过在 $x=0$ 和 $x=a$ 点附近无限小邻域内，对不含时薛定谔方程的两边进行积分得到的。

对于 $E\ll U_0$ 或垒宽 a 较大的情况，势垒穿透系数的计算公式为

$$T=T_0e^{-\frac{2a}{\hbar}\sqrt{2m(U_0-E)}}\tag{16-90}$$

式中，T_0是一个常数因子。上式表明，只要势垒不是无限高或无限宽，穿透系数就不等于零，就

一定会发生量子隧穿效应。

1982 年，宾宁（*G. Binning*）和罗雷尔（*H. Rohrer*）利用量子隧穿效应研制出扫描隧穿显微镜（*Scanning Tunneling Microscopy*，*STM*）。由于量子隧穿效应，电子可以穿透样品表面势垒，在样品表面附近形成电子云。当金属探针的针尖非常接近样品表面，并在探针和样品间加一微小电压时，探针和样品之间的电子云形成隧穿电流。隧穿电流对针尖和样品表面之间的距离非常敏感。用金属探针在样品表面扫描，通过隧穿电流的变化就能记录下样品表面的微观形貌和电子分布等信息。扫描隧穿显微镜在表面物理、材料科学、化学和生物等很多领域的科学研究中都有重要的应用。宾宁和罗雷尔以及在 1932 年发明电子显微镜的鲁斯卡（*E. Ruska*）共同获得 1986 年的诺贝尔物理学奖。

本章总结

1. 辐射出射度

单色辐出度： $M_\lambda(T)=\dfrac{\mathrm{d}E_\lambda}{\mathrm{d}\lambda}$

辐射出射度与单色辐出度的关系： $M(T)=\int_0^\infty M_\lambda(T)\,\mathrm{d}\lambda$

2. 基尔霍夫辐射定律 $\dfrac{M_\lambda(T)}{\alpha(\lambda,T)}=M_{\lambda0}(T)$

3. 普朗克能量子假设

1）金属空腔壁中电子的振动可视为一维谐振子，它吸收或发射电磁波辐射能时，以与振子的频率成正比的能量子 $h\nu$ 为基本单元来吸收或发射能量。

2）空腔壁上带电谐振子所吸收或发射的能量是 $h\nu$ 的整数倍。

$$E=n\varepsilon=nh\nu\quad(n=1,2,\cdots)$$

3）普朗克黑体辐射公式 $M_{\lambda0}(T)=\dfrac{2\pi hc^2}{\lambda^5}\dfrac{1}{\mathrm{e}^{hc/\lambda kT}-1}$

4. 维恩位移定律 $\lambda_\mathrm{m}T=\dfrac{hc}{kx}=2.897756\times10^{-3}\mathrm{m\cdot K}$

斯特藩 - 玻耳兹曼定律： $M_B(T)=\sigma T^4$

5. 玻尔假设

1）原子存在一系列不连续的稳定状态，即定态，处于这些定态中的电子虽做相应的轨道运动，但却不辐射能量；

2）做定态轨道运动的电子的角动量 l 的数值只能等于 $\hbar\left(=\dfrac{h}{2\pi}\right)$的整数倍，即

$$l=m_\mathrm{e}vr=n\hbar\quad(n=1,\ 2,\ \cdots)$$

3）当原子中的电子从某一轨道跳跃到另一轨道时，就对应于原子从某一定态跃迁到另一定态，这时才辐射或吸收一相应的光子，光子的能量由下式决定：

$$h\nu=E_a-E_b$$

6. 氢原子能级和波数

$$E_n=-\frac{m_\mathrm{e}e^4}{8\varepsilon_0^2h^2n^2}$$

$$\widetilde{\nu}_{kn}=\frac{me^4}{8\varepsilon_0^2h^3c}\left(\frac{1}{k^2}-\frac{1}{n^2}\right)$$

习　题

（一）填空题

16-1　普朗克能量子假设的内容是：①________；②________。

16-2　普朗克黑体辐射公式是________。

16-3　玻尔氢原子理论的三个基本假设是：①________；②________；③________。

16-4　按玻尔理论，当电子轰击基态氢原子时，如果仅产生一条光谱线，则该电子的能量范围是________。

（二）计算题

16-5　用玻尔氢原子理论判断，氢原子巴耳末系（向第 1 激发态跃迁而发射的谱线系）中最小波长与最大波长之比为多少？

16-6　根据玻尔理论：（1）计算氢原子中电子在量子数为 n 的轨道上做圆周运动的频率；（2）计算当该电子跃迁到 $n-1$ 轨道上所发出光子的频率；（3）证明当 n 很大时，上述（1）和（2）的结果近似相等。

16-7　测量星体表面温度的方法之一是将其看作黑体，测量它的峰值波长 λ_m，利用维恩定律便可求出 T。已知太阳、北极星和天狼星的 λ_m 分别为 0.50×10^{-6}m，0.43×10^{-6}m 和 0.29×10^{-6}m，试计算它们的表面温度。

16-8　宇宙大爆炸遗留在宇宙空间的均匀背景辐射相当于温度为 3K 的黑体辐射，试计算：

（1）此辐射的单色辐出度的峰值波长；

（2）地球表面接收到此辐射的功率。

16-9　天文学中常用热辐射定律估算恒星的半径。现观测到某恒星热辐射的峰值波长为 λ_m，辐射到地面上单位面积的功率为 P。已测得该恒星与地球间的距离为 l，若将恒星看作黑体，试求该恒星的半径。（维恩常量 b 和斯特藩－玻耳兹曼常量 σ 均为已知）

16-10　一个氢原子从 $n=1$ 的基态激发到 $n=4$ 的能态。

（1）计算原子所吸收的能量；

（2）若原子回到基态，可能发射哪些不同能量的光子？

习题参考答案

第 9 章

9-1 $\frac{(\pi U d^2)}{4\rho L e}$, $\frac{U}{ne\rho L}$

9-2 1.59

9-3 40mA, 1.77×10^{-3}V/m

9-4 $\frac{\mu_0 I}{4}\left(\frac{1}{a}+\frac{1}{b}\right)$；垂直纸面向里

9-5 （1）$\mu_0 I$

（2）0

（3）$2\mu_0 I$

9-6 1∶1

9-7 （1）0

（2）$-\mu_0 I$

9-8 $\left(\frac{\pi}{2}\right)^{-3/2}$

9-9 $\sqrt{2}BIR$；沿 y 轴正向

9-10 $\pi R^3\lambda B\omega$；在画面中向上

9-11 6.67×10^{-7}T；$7.20\times10^{-7}\mathrm{A\cdot m^2}$

9-12 铁磁质，顺磁质，抗磁质。

9-13 $I/(2\pi r)$，$\mu I/(2\pi r)$

9-14 $R=\frac{\rho}{2\pi a}$

9-15 （1）$2.2\times10^{-5}\Omega$；（2）2.3×10^{3}A；

（3）$1.4\mathrm{A/mm^2}$；（4）2.5×10^{-2}V/m；

（5）1.16×10^{2}W

9-16 6.175km

9-17 $\frac{\sqrt{2}\pi}{8}$

9-18 $\frac{\mu_0 I}{R}\left(\frac{1}{12}+\frac{1}{2\pi}-\frac{\sqrt{3}}{4\pi}\right)$

9-19 $B=B_1+B_2=\frac{\mu_0}{2}\left[\frac{I_1R_1^2}{(R_1^2+(b+x)^2)^{\frac{3}{2}}}+\frac{I_2R_2^2}{(R_2^2+(b-x)^2)^{\frac{3}{2}}}\right]$

9-20 $\frac{\mu_0 I}{2\pi a}\ln\frac{a+b}{b}$

9-21 $\Phi=\frac{\mu_0 Ia}{2\pi}\ln 2$

9-22 $\Phi=\Phi_1+\Phi_2=\frac{\mu_0 I}{4\pi}+\frac{\mu_0 I}{2\pi}\ln 2$

9-23 $B=\mu_0 i\sin a$

9-24 （1）$J=2.16\times10^{-3}\mathrm{kg\cdot m^2}$

（2）$A=2.5\times10^{-3}$J

9-25 $\frac{\mu_0 I\Delta l}{4\pi^2R^2}$

9-26 $\frac{\mu_0 I_3}{2\pi}(I_1-I_2)\ln 2$，

若 $I_2>I_1$，$\boldsymbol{F}$ 方向向下

若 $I_2<I_1$，$\boldsymbol{F}$ 方向向上

9-27 9.35×10^{-3}T

9-28 $0<r<R_1$ 区域：$B=\frac{\mu_0 Ir}{2\pi R_1^2}$

$R_1<r<R_2$ 区域：$B=\frac{\mu I}{2\pi r}$

$R_2<r<R_3$ 区域：

$B=\mu_0 H=\frac{\mu_0 I}{2\pi r}\left(1-\frac{r^2-R_2^2}{R_3^2-R_2^2}\right)$

$r>R_3$ 区域：$B=0$

9-29 $p_m=2\pi BR^3/\mu_0\approx8.10\times10^{22}\mathrm{A\cdot m^2}$

9-30 $B=13.03$T，

$p_m=9.2\times10^{-24}\mathrm{A\cdot m^2}$

9-31 （1）3.3μT

（2）略

9-32 428.6

9-33 （1）$I=6.6\times10^{8}$A

（2）不能

第 10 章

10-1 $\frac{\mu_0 I\pi r^2}{2a}\cos\omega t$；$\frac{\mu_0 I\omega\pi r^2}{2Ra}\sin\omega t$

10-2 $-\mu_0 nS\omega I_m\cos\omega t$

10-3 $NBbA\omega\cos(\omega t+\pi/2)$ 或 $NBbA\omega\sin\omega t$

10-4 $3B\omega l^2/8$；$-3B\omega l^2/8$；0

10-5 1.11×10^{-5}V；A 端

10-6 πBnR^2; O

10-7 $\dfrac{\mu_0 Iv}{2\pi}t\ln\dfrac{a+b}{a-b}$

10-8 0.400H

10-9 1:16

10-10 $\dfrac{\mu_0 I^2}{8\pi^2 a^2}$

10-11 1.5mV

10-12 $\dfrac{1}{2}B\pi r^2\omega$，从 a 到 b 的方向

10-13 5.18×10^{-8}V；其方向为逆时针绕行方向

10-14 $|i(t)|=\dfrac{\mu_0}{2\pi R}\lambda a\left|\dfrac{\mathrm{d}v(t)}{\mathrm{d}t}\right|\ln2$

10-15 (1) $\Phi=\dfrac{\mu_0 Il}{2\pi}\ln\dfrac{b+vt}{a+vt}$

(2) $\mathscr{E}_i=-\left.\dfrac{\mathrm{d}\Phi}{\mathrm{d}t}\right|_{t=0}=\dfrac{\mu_0 lIv(b-a)}{2\pi ab}$

10-16 $\dfrac{3\mu_0\pi r^2 Iv}{2N^4R^2}$

10-17 $\mathscr{E}=\dfrac{\mu_0 Iv}{2\pi}\ln\dfrac{d+l\cos\alpha}{d}$，方向为 $b\to a$ 方向

10-18 $M=\dfrac{\mu_0\pi R_1^2}{2R_2}$

10-19 $\dfrac{\mu_0 Iv}{2\pi}\ln\dfrac{2(a+b)}{2a+b}$；$D$ 端电势较高

10-20 (1) $\dfrac{\mu_0 i^2 l}{4\pi}\ln\dfrac{b}{a}$

(2) 7.8×10^{-7}J/m = 780nJ/m

10-21 (1) $M=\dfrac{\pi\mu_0 N_1N_2R_2^2}{2R_1}$

(2) 2.29×10^{-3}H

10-22 O 点加速度 $a=0$。P 点加速度为 $a=7.03\times10^7\mathrm{m/s^2}$，沿逆时针切线方向

10-23 (1) 2.6×10^{-3}V

(2) 1.0×10^{-3}V/m

(3) $9.1\times10^{-15}\mathrm{C/m^2}$

10-24 略

第 11 章

11-1 2:1

11-2 $x=0.04\cos\left(\pi t+\dfrac{1}{2}\pi\right)$

11-3 (1) π

(2) $-\pi/2$

(3) $\pi/3$

11-4 3/4; $2\pi\sqrt{\Delta l/g}$

11-5 0.02

11-6 π

11-7 0.8m, 0.2m, 125Hz

11-8 $y=A\cos[\omega(t+(1+x)/u)+\varphi]$

11-9 $y_1=A\cos(2\pi t/T+\varphi)$,

$y_2=A\cos(2\pi(t/T+x/\lambda)+\varphi)$

11-10 $\dfrac{\omega\lambda}{2\pi}Sw$

11-11 (1) $x=0.1\cos(7.07t)$ (SI)

(2) 29.2N

(3) 0.074s

11-12 $x=0.1\cos(5\pi t/12+2\pi/3)$ (SI)

11-13 (1) $\pm4.24\times10^{-2}$m

(2) 0.75s

11-14 (1) $x=5\sqrt{2}\times10^{-2}\cos\left(\dfrac{\pi t}{4}-\dfrac{3\pi}{4}\right)$ (SI)

(2) $3.93\times10^{-2}\mathrm{m\cdot s^{-1}}$

11-15 $x=6.48\times10^{-2}\cos(2\pi t+1.12)$ (SI)

11-16 如下图所示

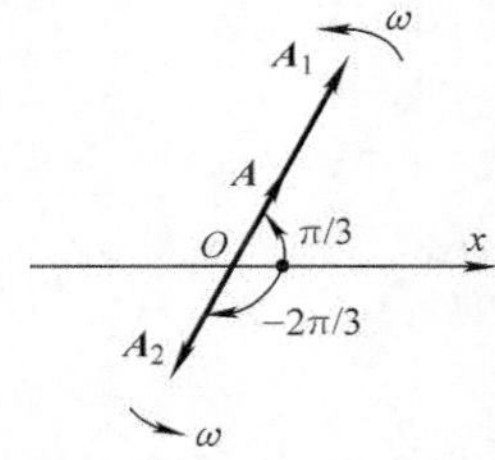

$x=2\times10^{-2}\cos(4t+\pi/3)$ (SI)

11-17 (1) $\omega=8\pi\mathrm{s^{-1}}$, $T=(1/4)$s, $A=0.5$cm, $\varphi=\pi/3$

(2) $v=-4\pi\times10^{-2}\sin\left(8\pi t+\dfrac{1}{3}\pi\right)$ (SI)

$a=-32\pi^2\times10^{-2}\cos\left(8\pi t+\dfrac{1}{3}\pi\right)$ (SI)

(3) 7.90×10^{-5}J;

(4) 3.95×10^{-5} J, 3.95×10^{-5}J

11-18 (1) $y=0.04\cos\left[2\pi\left(\dfrac{t}{5}-\dfrac{x}{0.4}\right)-\dfrac{\pi}{2}\right]$ (SI)

(2) $y_P=0.04\cos\left(0.4\pi t-\dfrac{3\pi}{2}\right)$ (SI)

11-19 (1) $A=0.05$m, $u=50\mathrm{m\cdot s^{-1}}$, $v=50$Hz, $\lambda=1.0$m

(2) $v_{\max}=15.7\mathrm{m\cdot s^{-2}}$, $a_{\max}=4.93\times10^3\mathrm{m\cdot s^{-2}}$

(3) $\Delta\varphi=2\pi(x_2-x_1)/\lambda=\pi$，两振动反相

11-20 （1）$y=3\times10^{-2}\cos4\pi[t+(x/20)]$ （SI）

（2）$y=3\times10^{-2}\cos\left[4\pi\left(t+\frac{x}{20}\right)-\pi\right]$ （SI）

11-21 （1）$y=0.10\cos\left(\pi t-\frac{1}{2}\pi\right)$ （SI）

（2）$y=0.10\cos\pi t$ （SI）

或 $y=0.10\cos(\pi t-2\pi)$ （SI）

11-22 （1）$y=A\cos\left[2\pi\left(250t+\frac{x}{200}\right)+\frac{1}{4}\pi\right]$ （SI）

（2）$v=-500\pi A\sin\left(500\pi t+\frac{5}{4}\pi\right)$ （SI）

11-23 （1）$y=0.1\cos\left[\pi\left(t-\frac{x}{2}\right)+\frac{\pi}{2}\right]$；

（2）$y_P=0.1\cos\pi t$

11-24 （1）$A=0.05\text{m}$，$u=2.5\text{m}\cdot\text{s}^{-1}$，$\nu=5\text{Hz}$，$\lambda=0.5\text{m}$

（2）$v_{max}=1.57\text{m}\cdot\text{s}^{-1}$；$a_{max}=49.3\text{m}\cdot\text{s}^{-2}$

（3）9.2π，0.92s

11-25 $37.79\text{m}\cdot\text{s}^{-2}$

11-26 $2763.2\text{rad}\cdot\text{s}^{-1}$，$2.07\text{m}\cdot\text{s}^{-1}$，$5726.46\text{m}\cdot\text{s}^{-2}$

11-27 （1）略

（2）12.48kg

（3）54.49kg

11-28 （1）$7.25\times10^{6}\text{N}\cdot\text{m}^{-1}$

（2）50人

11-29 8.77s

11-30 $21\text{m}\cdot\text{s}^{-1}$

第12章

12-1 $\sqrt{A_1^2+A_2^2+2A_1A_2\cos\left(2\pi\frac{L-2}{\lambda}\right)}$

12-2 0

12-3 $y=12.0\times10^{-2}\times\cos\left(\frac{1}{2}\pi x\right)\cos20\pi t$ （SI）；

$x=(2n+1)\text{m}$，即 $x=1\text{m}$，3m，5m，7m，9m

$x=2n\text{m}$，即 $x=0\text{m}$，2m，4m，6m，8m，10m

12-4 $y=0.30\cos\left(\frac{1}{2}\pi x\right)\times\cos\left(100\pi t+\frac{1}{2}\pi\right)$ （SI）

12-5 使两缝间距变小；使屏与双缝之间的距离变大

12-6 $xd/(5D)$

12-7 $2\pi d\sin\theta/\lambda$

12-8 $\lambda/(2n\theta)$

12-9 $3\lambda/(4n_2)$

12-10 $\frac{3}{2}\lambda$

12-11 $\frac{3}{2k+1}\text{cm}$ （$k=0$，1，…，14）

12-12 $A=0.464\text{m}$

12-13 （1）$\nu=4\text{Hz}$，$\lambda=1.50\text{m}$，$u=6.00\text{m/s}$

（2）节点位置：$x=\pm3\left(n+\frac{1}{2}\right)\text{m}$，（$n=0$，1，…）

（3）波腹位置：$x=\pm3n/4\text{m}$，（$n=0$，1，…）

12-14 $\lambda_{max}=10\text{cm}$

12-15 $x=1$，3，5，…，29（m）

12-16 400nm，444.4nm，500nm，571.4nm，666.7nm 这五种波长的光在所给定观察点最大限度地加强

12-17 600nm 和 428.6nm

12-18 $7.78\times10^{-4}\text{mm}$

12-19 （1）514nm，绿光；（2）603nm，橙光

12-20 （1）$9\lambda/(4n_2)$；（2）$\lambda/(2n_2)$

12-21 （1）500nm；（2）50

12-22 100nm

12-23 673.1nm

第13章

13-1 6；第1级明

13-2 3.0mm

13-3 $7.6\times10^{-2}\text{mm}$

13-4 $3\times10^{-2}\text{rad}$；2m

13-5 $1.6\times10^{-4}\text{rad}$

13-6 625

13-7 1；3

13-8 （1）1.2cm （2）1.2cm

13-9 500nm

13-10 400mm

13-11 （1）$\lambda_1=2\lambda_2$，即 λ_1 的任一 k_1 级极小都有 λ_2 的 $2k_1$ 级极小与之重合

（2）略

13-12 （1）$3.36\times10^{-4}\text{cm}$；（2）420nm

13-13 17.1°

13-14 100cm

第14章

14-1 横

14-2 自然；线偏振光；部分偏振光

14-3 $2I$

14-4 n_2/n_1

14-5 $I_0/8$

14-6 $I_1/I_2=\cos^2\alpha_1/\cos^2\alpha_2=2/3$

14-7 $I_0:I_1=1:1$

14-8 $I_1'=\frac{9}{4}I_1$

14-9 45°

14-10 $\frac{2}{3}$

14-11 （1）58°；（2）1.6

第15章

15-1 1.3×10^{-5}s

15-2 $m/(LS)$，$25m/(9LS)$

15-3 $0.24c$

15-4 5.8×10^{-13}J，0.08:1

15-5 $u=4c/5$

15-6 6.2s

15-7 $\tau=0.886$c

15-8 9%

15-9 $0.286m_0$，$0.286m_0c^2$

第16章

16-1 ① 金属空腔壁中电子的振动可视为一维谐振子，它吸收或发射电磁波辐射能时，以与振子的频率成正比的能量子 $h\nu$ 为基本单元来吸收或发射能量

② 空腔壁上带电谐振子所吸收或发射的能量是 $h\nu$ 的整数倍，即 $E=n\varepsilon=nh\nu$　$(n=1,2,\cdots)$

16-2 $M_{\lambda0}(T)=\frac{2\pi hc^2}{\lambda^5}\frac{1}{e^{hc/\lambda kT}-1}$

16-3 ① 原子存在一系列不连续的稳定状态，即定态，处于这些定态中的电子虽做相应的轨道运动，但不辐射能量；

② 做定态轨道运动的电子的角动量 l 的数值只能等于 $\hbar\left(=\frac{h}{2\pi}\right)$的整数倍，即

$$l=m_evr=n\hbar\quad(n=1,2,\cdots)$$

③ 当原子中的电子从某一轨道跳跃到另一轨道时，就对应于原子从某一定态跃迁到另一定态，这时才辐射或吸收一相应的光子，光子的能量由下式决定

$h\nu=E_a-E_b$

16-4 10.2～12.08eV

16-5 $\frac{\lambda_1}{\lambda_2}=\frac{5}{9}$

16-6 （1）$\nu=\frac{me^4}{4\varepsilon_0^2h^3n^3}$

（2）$\nu_{n,n-1}=\frac{me^4}{8\varepsilon_0^2h^3}\left(\frac{2n-1}{n^2(n-1)^2}\right)$

（3）略

16-7 太阳：5800K；北极星：6744K；天狼星：10000K

16-8 （1）9.66×10^{-4}m

（2）2.36×10^{9}W

16-9 $r=\frac{l\lambda_m^2}{b^2}\sqrt{\frac{W}{\sigma}}$

16-10 （1）12.78eV；（2）4－1：12.78eV；4－2：2.56eV；4－3：0.66eV；3－2：1.89eV；3－1：12.11eV；2－1：10.22eV

附　　录

附录 A　常用物理常数表

光速	$c = 2.99792458 \times 10^{8}\,\mathrm{m \cdot s^{-1}}$
万有引力常数	$G = 6.67259 \times 10^{-11}\,\mathrm{N \cdot m^{-2} \cdot kg^{-2}}$
普朗克常量	$h = 6.6260 \times 10^{-34}\,\mathrm{J \cdot s}$
	$\hbar = h/2\pi = 1.05457266 \times 10^{-34}\,\mathrm{J \cdot s}$
玻耳兹曼常数	$k = 1.380662 \times 10^{-28}\,\mathrm{J \cdot K^{-1}}$
里德伯常量	$R_{\infty} = 2\pi^2 m_e e^4/ch^3 = 109737.312\mathrm{cm}^{-1}$
斯特藩常量	$\sigma = 5.66956 \times 10^{-5}\,\mathrm{erg\ cm^{-2}\ deg^{-4}\ sec^{-1}}$
电子电量	$e = 1.602192 \times 10^{-19}\,\mathrm{C} = 4.80325 \times 10^{-10}\,\mathrm{esu}$
电子质量	$m_e = 9.10956 \times 10^{-31}\,\mathrm{kg}$
原子质量单位	$1\mathrm{amu} = 1.660531 \times 10^{-27}\,\mathrm{kg}$
精细结构常数	$1/\alpha = hc/2\pi e^2 = 137.0360$
第一玻尔轨道半径	$a_0 = h^2/4\pi^2 m_e e^2 = 0.5291775 \times 10^{-10}\,\mathrm{m}$
经典电子半径	$r_e = e^2/m_e c^2 = 2.8179380 \times 10^{-15}\,\mathrm{m}$
质子质量	$m_p = 1.672661 \times 10^{-27}\,\mathrm{kg} = 1.007276470\mathrm{amu}$
中子质量	$m_n = 1.67492 \times 10^{-27}\,\mathrm{kg} = 1.00866\mathrm{amu}$
电子静止能量	$m_e c^2 = 0.5110034\mathrm{MeV}$
地球质量	$m_{\oplus} = 5.976 \times 10^{24}\,\mathrm{kg}$
地球赤道半径	$R_{\oplus} = 6378.164\mathrm{km}$
地球表面重力	$g_{\oplus} = 9.80665\,\mathrm{m \cdot s^{-2}}$
天文单位	$1\mathrm{AU} = 1.495979 \times 10^{8}\,\mathrm{km}$
1 光年	$1\mathrm{l.\ y.} = 9.460 \times 10^{12}\,\mathrm{km}$
1 秒差距	$1\mathrm{pc} = 3.084 \times 10^{13}\,\mathrm{km} = 3.262\mathrm{l.\ y.}$
千秒差距	$1\mathrm{kpc} = 1000\mathrm{pc}$
地月距离	$3.8 \times 10^{5}\,\mathrm{km}$
太阳到冥王星的平均距离	$5.91 \times 10^{9}\,\mathrm{km}$
最近的恒星（除太阳）的距离	$4 \times 10^{13}\,\mathrm{km} = 1.31\mathrm{pc} = 4.3\mathrm{l.\ y.}$
太阳到银心的距离	$2.4 \times 10^{17}\,\mathrm{km} = 8\mathrm{kpc}$
太阳质量	$m_{\odot} = 1.989 \times 10^{30}\,\mathrm{kg}$
太阳半径	$R_{\odot} = 6.9599 \times 10^{8}\,\mathrm{m}$

（续）

太阳光度	$L_{\odot} = 3.826 \times 10^{33} erg \cdot sec^{-1}$
太阳表面重力	$g_{\odot} = 2.74 \times 10^{2} m \cdot s^{-2}$
太阳有效温度	$T_{efff} = 5800K$
第一宇宙速度：	7.9km/s
第二宇宙速度：	11.2km/s
第三宇宙速度：	16.7km/s
哈勃常数	$H_0 = 50km\ s^{-1}\ Mpc^{-1}$ $H_0 = 100\ km\ sec^{-1}\ Mpc^{-1}$
哈勃时间	$1/H_0 = 19.7 \times 10^9\ y(H_0 = 50)$ $1/H_0 = 9.8 \times 10^9\ y(H_0 = 100)$
宇宙平均密度	$\rho_c = 3H_0^2/8\pi G = 6 \times 10^{-30} g \cdot cm^{-3}$
宇宙体积	$\frac{4}{3}\pi R^3 = 7 \times 10^{11} Mpc^3$

附录 B 质量尺度表

（单位：g）

钱德拉塞卡质量（白矮星的质量上限）	2.8×10^{33}
奥本海默—沃尔科夫极限（中子星的质量上限）	6.0×10^{33}
演化结果为黑洞的恒星所具有的最小质量	4×10^{34}
恒星由于不稳定而脉动时的质量	1.2×10^{35}
球状星团的质量	$1. \times 10^{39}$
银河系中心黑洞的最可几质量	6×10^{39}
小麦哲伦云的质量	4×10^{42}
大麦哲伦云的质量	2×10^{43}
银河系中可视物质和暗物质的总质量	2.6×10^{45}
后发星系团中恒星的总质量	1.3×10^{47}
后发星系团的维里质量	2.7×10^{48}
阿贝尔 2163 星系团的维里质量	6×10^{49}
星系团中的所有物质的质量（包括重子物质和非重子物质）	2×10^{52}
宇宙中所有可视物质的质量	8×10^{52}
原初核合成理论预言的重子物质的质量	1×10^{54}
宇宙的临界密度所对应的总质量	2×10^{55}

参 考 文 献

[1] 白晓明．飞行特色大学物理［M］.3 版．北京：机械工业出版社，2018.

[2] 康颖．大学物理［M］.2 版．北京：科学出版社，2005.

[3] 张三慧．大学物理学［M］.3 版．北京：清华大学出版社，2005.

[4] 范中和．大学物理［M］.2 版．西安：西北大学出版社，2008.

[5] 哈里德，瑞斯尼克，沃克，等．物理学基础［M］. 张三慧，李椿，滕小瑛，等译．北京：机械工业出版社，2005.

[6] 杨，等．西尔斯当代大学物理（英文版）［M］. 北京：机械工业出版社，2010.

[7] 鲍尔，等．现代大学物理（英文版）［M］. 北京：机械工业出版社，2012.